ITAT 教/育/部/实/用/型/信/息/技/术/人/才/培/养/系/列/教/材

计算机基础与应用

张红玲 李秋菊 编著 全国信息技术应用培训教育工程工作组 审定

人民邮电出版社
北京

图书在版编目（C I P）数据

计算机基础与应用 / 张红玲，李秋菊编著. -- 北京
: 人民邮电出版社，2013.10
教育部实用型信息技术人才培养系列教材
ISBN 978-7-115-32951-6

I. ①计… II. ①张… ②李… III. ①电子计算机－
教材 IV. ①TP3

中国版本图书馆CIP数据核字(2013)第199351号

内 容 提 要

本书以 Windows XP 为平台，从实际应用出发，结合 Windows XP 操作系统和 Office 2003 等软件的应用功能，循序渐进地讲述了计算机基础和应用的相关知识。

全书共 9 章，主要包括计算机基础知识、使用 Windows XP 操作系统、计算机网络基础与应用、使用 Word 文档编辑软件、使用 Excel 电子表格软件、使用 PowerPoint 演示文稿软件、使用常用工具软件、系统管理与维护以及计算机安全。

本书采用任务驱动的方式，利用精心设计的小任务激发读者的学习兴趣，使得读者在完成任务的同时学会相关知识，并掌握相应的操作方法。每章均提供上机实训，帮助读者灵活运用所学知识，提高综合操作能力，学以致用。每章末尾提供了大量习题，主要包括选择题和上机操作题，供读者强化练习。

本书可作为各类院校和企业的相关教材，也可作为各类培训班的培训用书。

◆ 编　　著　张红玲　李秋菊
审　　定　全国信息技术应用培训教育工程工作组
责任编辑　李　莎
责任印制　程彦红　杨林杰

◆ 人民邮电出版社出版发行　　北京市崇文区夕照寺街 14 号
邮编　100061　　电子邮件　315@ptpress.com.cn
网址　http://www.ptpress.com.cn
大厂聚鑫印刷有限责任公司印刷

◆ 开本：787×1092　1/16
印张：13.75
字数：369 千字　　　　2013 年 10 月第 1 版
印数：1－2 500 册　　　2013 年 10 月河北第 1 次印刷

定价：29.00 元

读者服务热线：(010)67132692　印装质量热线：(010)67129223
反盗版热线：(010)67171154

教育部实用型信息技术人才培养系列教材编辑委员会

（暨全国信息技术应用培训教育工程专家组）

出 版 说 明

信息化是当今世界经济和社会发展的大趋势，也是我国产业优化升级和实现工业化、现代化的关键环节。信息产业作为一个新兴的高科技产业，需要大量高素质复合型技术人才。目前，我国信息技术人才的数量和质量远远不能满足经济建设和信息产业发展的需要，人才的缺乏已经成为制约我国信息产业发展和国民经济建设的重要瓶颈。信息技术培训是解决这一问题的有效途径，如何利用现代化教育手段让更多的人接受到信息技术培训是摆在我们面前的一项重大课题。

教育部非常重视我国信息技术人才的培养工作，通过对现有教育体制和课程进行信息化改造、支持高校创办示范性软件学院、推广信息技术培训和认证考试等方式，促进信息技术人才的培养工作。经过多年的努力，培养了一批又一批合格的实用型信息技术人才。

全国信息技术应用培训教育工程（简称 ITAT 教育工程）是教育部于 2000 年 5 月启动的一项面向全社会进行实用型信息技术人才培养的教育工程。ITAT 教育工程得到了教育部有关领导的肯定，也得到了社会各界人士的关心和支持。通过遍布全国各地的培训基地，ITAT 教育工程建立了覆盖全国的教育培训网络，对我国的信息技术人才培养事业起到了极大的推动作用。

ITAT 教育工程被专家誉为“有教无类”的平民学校，以就业为导向，以大、中专院校学生为主要培训目标，也可以满足职业培训、社区教育的需要。培训课程能够满足广大公众对信息技术应用技能的需求，对普及信息技术应用起到了积极的作用。据不完全统计，在过去 12 年中共有 150 余万人次参加了 ITAT 教育工程提供的各类信息技术培训，其中有近 60 万人次获得了教育部教育管理信息中心颁发的认证证书。ITAT 教育工程为普及信息技术、缓解信息化建设中面临的人才短缺问题做出了一定的贡献。

ITAT 教育工程聘请来自清华大学、北京大学、人民大学、中央美术学院、北京电影学院、中国传媒大学等单位的信息技术领域的专家组成专家组，规划教学大纲，制订实施方案，指导工程健康、快速地发展。ITAT 教育工程以实用型信息技术培训为主要内容，课程实用性强，覆盖面广，更新速度快。目前已开设培训课程 20 余类，共计 50 余门，并将根据信息技术的发展，继续开设新的课程。

本套教材由清华大学出版社、人民邮电出版社、机械工业出版社、北京希望电子出版社等出版发行。根据教材出版计划，全套教材共计 60 余种，内容汇集信息技术应用各方面的知识。今后将根据信息技术的发展不断修改、完善、扩充，始终保持追踪信息技术发展的前沿。

ITAT 教育工程的宗旨是：树立民族 IT 培训品牌，努力使之成为全国规模最大、系统性最强、质量最好，而且最经济实用的国家级信息技术培训工程，培养出千千万万个实用型信息技术人才，为实现我国信息产业的跨越式发展做出贡献。

全国信息技术应用培训教育工程负责人
系列教材执行主编 **薛玉梅**

编者的话

随着信息技术的发展，计算机在人们的生活和工作中的应用越来越广泛，人们几乎每天都在与计算机打交道。从某种角度来说，对计算机的熟悉程度和对信息技术的掌握水平已成为衡量一个人的基本职业能力和素质的重要指标。

本书针对计算机初学者的实际需要，结合大量工作任务进行讲解，全面介绍了计算机基础与应用的各个知识点。同时通过上机实训，让读者进一步提高动手能力，在短时间内实现熟练操作计算机和现代化办公软件与设备的能力，从而为其职业生涯和终身学习奠定扎实的计算机基础。

写作特点

1. 简化理论阐述，强调应用

对于计算机初学者而言，理论式的讲解往往枯燥且不利于形象地理解，因此很难将讲解的内容快速应用到生活和工作中。而实训为初学者展现了最贴近实际工作的操作方式，方便理解和记忆，提高初学者的动手能力，从而更好、更快地应用到工作中。本书通过细致剖析各种任务实训，如安装和启用杀毒软件、利用网络搜集资料并发送邮件、制作“个人简历”文档、制作和编辑“班级考勤”电子表格等，逐步引导读者掌握相关技能，让读者真正做到“学了就能干活”。

2. 知识体系完善，循序渐进

本书由浅入深，循序渐进，详细讲解了计算机基础与应用的相关知识，包括计算机中信息的表示、计算机系统的组成、Windows XP 系统的基础操作、附件工具的使用、控制面板的使用、使用 Internet 上网搜索和下载资料、发送邮件、使用 Word 2003 编辑文档、使用 Excel 2003 编辑表格、使用 PowerPoint 2003 编辑表格以及计算机系统的管理、维护和安全等。本书由资深计算机教学工作者精心编写，并融入了许多计算机工作者多年的工作经验和实战技巧，可以帮助读者全面掌握计算机的基本应用技能。

3. 通俗易懂，易于上手

本书每一章基本上是先通过一个小任务引导读者了解某个操作的具体步骤，再深入地讲解相关知识，使读者更易于理解该操作在实际工作中的作用和应用方法，最后通过“上机实训”引领读者体验实际工作中的设计思路、设计方法以及工作流程。不管是初学者还是有一定基础的读者，只要按照书中介绍的方法一步步学习和操作，都能快速掌握计算机中各种软件的使用方法并能独立对计算机系统和软、硬件进行维护。

体例结构

本书的基本结构为“本章导读+基础知识+上机实训+练习与上机+拓展知识”，旨在帮助读者夯实理论基础，锻炼应用能力，不断巩固所学知识与技能，从而达到温故知新、举一反三的学习效果。

- 本章导读。简要介绍知识点，明确所要学习的内容，便于读者明确学习目标，分清主次、重点与难点。
- 基础知识。通过小任务及相关知识讲解计算机基础与应用的方法，以帮助读者深入理解各个知识点。
- 上机实训。通过综合实训帮助读者灵活运用所学知识。
- 练习与上机。读者可据此检验自己的知识掌握程度并巩固所学知识，提高实际动手能力、拓展设计思维和自我提高。选择题的答案位于本书的附录，对于部分上机题，则在光盘中提供了相关提示和视频演示。
- 拓展知识。用于介绍相关的高层次知识、行业应用与技能拓展等，使读者了解更多与相应章节相关的知识。

配套教学资源

为了使读者更好地学习本书的内容，本书提供以下配套教学资源。

- 书中所有实例的素材文件和实例效果文件。
- 书中上机实训和上机操作题的操作演示文件。这类文件是 Flash 格式，读者可以使用 Windows Media Player 等播放器直接播放。
- 供考试练习的模拟考试系统，提供有相关权威认证考试及各类高等院校考试的试题。
- PPT 格式的教学课件。
- PDF 格式的教学教案。

作者团队

本书由张红玲、李秋菊编著，参加编写工作的还有肖庆、黄晓宇、蔡长兵、牟春花、张倩、蔡飓、熊春、李凤、耿跃鹰、马鑫、高志清、付子德、李美月、黄超、王丽君、赵阳等人。

为了更好地服务于读者，我们提供了本书的答疑服务，若您在阅读本书过程中遇到问题，可以发邮件至 dxbook@qq.com，我们会尽心为您解答。若您对图书出版有所建议或者意见，请发送邮件至 lisha@ptpress.com.cn。

编者

目 录

第1章 计算机基础知识

📖 学习目标

通过学习计算机的基础知识，掌握自主连接和使用计算机的技能。包括了解计算机的诞生和发展、计算机中信息的表示方法、计算机系统的组成、计算机的基本操作和多媒体技术基础等。通过完成本章上机实训，实现由基本操作向综合项目实践的转化。

📖 学习重点

熟悉计算机的发展及趋势；掌握计算机中信息的表示方法；掌握计算机系统的组成；掌握计算机的基本操作和多媒体技术基础，能够熟练地使用计算机。

📖 主要内容

- 信息技术的发展
- 计算机的主流应用与发展趋势
- 计算机中信息的表示方法
- 计算机系统的组成
- 计算机的基本操作
- 多媒体技术基础

1.1 信息技术的发展

信息技术（Information Technology，IT），是管理和处理信息所采用的各种技术的总称，它主要包括传感技术、计算机技术和通信技术。

信息技术的高速发展带动了人类社会的进步，如今，知识和信息的生产能力已经成为衡量社会生产力的重要指标。

1.2 计算机的主流应用与发展趋势

目前计算机已成为信息时代必不可少的通信工具。计算机是一种能自动、高效地进行大量数值计算和处理各种信息的现代化智能设备。要学习计算机的各种操作，首先应该对计算机的发展与应用有一个全面的了解。

1.2.1 计算机的诞生及发展过程

1946 年 2 月 14 日，世界上第一台计算机 ENIAC（Electronic Numerical Integrator and Calculator）在美国宾夕法尼亚大学诞生。ENIAC 的问世标志着计算机时代的到来，它是自第二次世界大战以来，发展最快、影响最深的新兴科技之一。

计算机的发展过程实际上也是计算机不断进化与完善的过程，大致可分为以下 4 个阶段。

- 电子管计算机（1946～1958 年）阶段。电子管计算机是第一代计算机，主要采用电子管作为基本电子元器件，其缺点是体积大、耗电量大、寿命短、可靠性低和成本高等。这个时期的计算机只能用机器语言和汇编语言进行编程操作，并且只能在少数尖端领域中得到运用，但它奠定了计算机技术发展的基础。图 1-1 所示为世界上第一台计算机 ENIAC。

图 1-1 电子管计算机

- 晶体管计算机（1958～1964 年）阶段。晶体管计算机是第二代计算机。晶体管不仅能实现电子管的功能，而且具有尺寸小、重量轻、寿命长、效率高、发热少和功耗低等优点。晶体管计算机的出现使电子线路的结构得到很大改观，也为以后制造高速电子计算机提供了条件。同时软件也有了很大发展，出现了各种各样的高级语言及其编译程序，还出现了以批处理为主的操作系统，主要应用于科学计算和各种事务处理等方面，并开始用于工业控制。图 1-2 所示为欧洲最早的一种全晶体管计算机。

图 1-2 晶体管计算机

- 中小规模集成电路计算机（1965～1970 年）阶段。集成电路是制作在晶片上的电子电路，这种晶片的面积比手指甲还小，但其中包含了几千个晶体管元件。这一时期的一些小型计算机在程序设计技术方面也逐渐形成了操作系统、编译系统和应用程序的划分。这个阶段的计算机称为第三代计算机，其特点是体积更小、功耗更低、价格更便宜、稳定性更高、计算速度更快等，图 1-3 所示为第三代中小规模集成电路计算机。

图 1-3　集成电路计算机

- 大规模集成电路计算机（1971 年～至今）阶段。这一阶段的计算机称为第四代计算机，也是目前广泛使用的计算机。大规模集成电路是指在单硅片上集成 1 000 个以上晶体管的集成电路，其集成度比中、小规模的集成电路提高了 1～2 个数量级。其特点是微型化、耗电极少、可靠性高等，图 1-4 所示为目前最为常见的微型计算机。

图 1-4　微型计算机

1.2.2　计算机的特点与应用

计算机之所以能得到青睐，在于其运算速度快、计算精确、存储量大、逻辑判断能力强以及自动化与通用性的特点，并且能广泛应用在科学计算、处理数据、网络应用、人工智能开发、计算机辅助设计以及过程检测与控制等方面。

1. 计算机的特点

计算机凭借其强大的功能，已经成为生产和生活中不可或缺的一部分，其主要特点有如下几点。

- 运算速度快。运算速度是计算机的一个重要性能指标。计算机的运算速度通常以每秒钟执行运算的次数来衡量。早期的计算机运算速度为每秒几千次，如今的计算机最高可执行每秒几千亿乃至万亿次的运算。计算机运算速度的高效性使工作效率得到了极大的提高，同时把人们从繁杂的脑力劳动中解放出来。
- 计算精确。在科学研究和工程设计中，对计算结果的精确度要求非常严格。计算机的出现使计算数据结果的精确度可达到十几位至几十位有效数字，甚至可根据需要计算达到任意精度的运算。
- 存储量大。计算机的存储器可以存储大量数据，这使计算机具有了“记忆”功能。目前计算机的存储容量越来越大，已高达千兆数量级的容量。计算机具有“记忆”功能，是与传统计算工具的一个重要区别。
- 逻辑判断能力强。计算机的运算器除了能够完成基本的算术运算外，还具有比较、判断等逻辑运算的功能。这种能力是计算机处理逻辑推理问题的前提。
- 自动化与通用性。计算机的工作方式是将程序和数据先存放在机内，工作时按程序规定的操作，一步一步地自动完成，一般无须人工干预，因而自动化程度高。这一特点是一般计算工具所不具备的。计算机通用性的特点表现在几乎能求解自然科学和社会科学中一切类型的问题，能广泛地应用于各个领域。

2. 计算机的应用

计算机以其强大的功能、日益减小的体积及逐步降低的价格，在生活、学习和工作中得以普及，总的来说，计算机的应用可归纳为以下几类。

- 科学计算。计算机凭借其运算速度快、精度高及容量大等特点，可以完成人工无法完成的各种大型科学计算。
- 处理数据。计算机可以对各种数据进行

存储、收集、分类、整理、统计、加工和传送等操作，使用计算机进行数据处理，不仅可以节约人力资源，而且能极大地提高工作效率。

- 网络应用。越来越多的企事业单位、组织、部门或个人直接或间接地使用计算机共享资源和即时通信，这些功能的实现都需要网络的畅通。计算机若没有连接到网络，其功能也会大大减弱，所以网络的应用也是计算机应用的一个重要方面。
- 人工智能开发。人工智能是指利用计算机模拟人类的一些活动，从而使计算机完成一些数量巨大的基础工作或代替人们完成一些高危工作。
- 计算机辅助设计。计算机辅助设计是指计算机帮助人们进行各种设计和工程处理等，如利用 AutoCAD 辅助绘制建筑图纸和设计图纸等。
- 过程检测与控制。利用计算机可以对生产过程进行检测与控制，从而实现生产自动化，减少人力资源的浪费，避免一些人为错误，提高生产效率和质量。

【知识补充】计算机在实际工作与生活中的应用非常广泛，对于一般用户来说，在工作中可以编辑文档、制作表格和处理图片等；在生活娱乐方面可以网上浏览、收发邮件和网上购物等。

1.2.3 计算机的分类

按照体积的大小，可将计算机分为巨型机、大型机、中型机、小型机和微型机 5 类。巨型机和大型机主要用于计算量大、速度要求高的科研机构和国防事业，中型机和小型机主要用于中小型企业。微型机简称微机，又称个人计算机（Personal Computer，PC），因价格便宜、功能齐全，被广泛应用于机关、学校、企事业单位和家庭。我们在日常生活和工作中接触最多的计算机就是个人计算机。

个人计算机主要分为台式计算机和笔记本电脑两种。

- 台式计算机。主要由显示器、主机、键盘和鼠标等部分组成。台式计算机具有性价比高和功能强大等优点，如图 1-5 所示。

图 1-5 台式计算机

- 笔记本电脑。也称手提电脑，如图 1-6 所示。它与台式计算机的功能和特征类似，且体积更小，可用电池供电，具有便于携带和功耗低等优点。

图 1-6 笔记本电脑

1.2.4 计算机的新技术与发展趋势

21 世纪是信息大爆炸的时代，计算机的不断推陈出新以及功能的不断强化，加速了人类社会的发展，同时，伴随着人类社会的发展而衍生出的新技术，如人机交互、全息投影和虚拟现实技术等，也带动了计算机的发展。下面简要介绍计算机未来的发展趋势。

- 智能化超高速计算机。超高速计算机采用平行处理技术改进计算机结构，使计算机系统同时执行多条指令或同时对多个数据进行处理，进一步提高了计算机的运行速度。这种超级计算机通常是由数百数千甚至更多的处理器构成，能完成普通计算机和服务器不能计算的大型复杂任务。
- 量子计算机。量子计算机是一类遵循量

子力学规律进行高速数学和逻辑运算、存储及处理量子信息的物理装置。量子计算机是基于量子效应的基础开发的，它利用一种链状分子聚合物的特性来表示开与关的状态，利用激光脉冲来改变分子的状态，使信息沿着聚合物移动，从而进行运算。

- 纳米计算机。纳米计算机是用纳米技术研发的新型高性能计算机。纳米管元件尺寸在几到几十纳米范围，质地坚固，有着极强的导电性，能代替硅芯片制造计算机。现在纳米技术正从微电子机械系统起步，把传感器、电动机和各种处理器都放在一个硅芯片上构成一个系统。
- 光子计算机。光子计算机利用光子取代电子来实现对数据的运算、传输和存储等操作。光子计算机使用光互联代替导线互联，光硬件代替电子硬件，光运算代替电运算，可以对复杂度高、计算量大的任务实现快速并行处理。可以预见，光子计算机将使运算速度呈指数上升。
- 分子计算机。分子计算机与电子计算机相比，体积小、耗电少、运算快、存储量大。分子计算机的运算过程就是蛋白质分子与周围物理化学介质相互作用的过程。运算过程中的转换开关为酶，而程序则在酶合成系统本身和蛋白质的结构中极其明显地表示出来。目前正在研究的主要有生物分子或超分子芯片、自动机模型、仿生算法及分子化学反应算法等几种类型。

1.3 计算机中信息的表示方法

计算机中信息的表示方法多种多样，包括文字、图像、声音等，这些存放在计算机中的信息均采用二进制数存储在计算机中。世界第一台计算机诞生之时，其设计者就将计算机中的信息采用二进制数来表示，并且这种信息表示方式一直沿用至今。

1.3.1 数制

日常生活中常见的进位计数制有计算数量的十进制、计算天数的 24 进制以及计算分钟和秒钟的 60 进制，这些进制统称为进位计数制，计算机所采用的数制称为二进制。

进位计数制有两个基本要素：基数和位权。

- 基数。基数是进位计数制使用的进制单位。如十六进制是根据“逢十六进一”的原则进行计数，则它的数值是由数码 0、1、2、…、8、9、A、B、C、D、E、F 来表示，其基数为 16。二进制是根据“逢二进一”的原则计数，它的数值由数码 0、1 表示，其基数为 2。一般来说，K 进制数有 K 个数字，所以基数为 K，最大数码为 K-1。
- 位权。位权表示一个数码所在的位。数码所处的位不同，代表数的大小也不同。如十进制数从右起第一位是个位，第二位是十位，第三位是百位，…。“个，十，百，千，…”就是十进制的“位权”。每一位数码与该位“位权”的乘积表示该位数值的大小。

对于任何一种进位计数制的数字，都可以用一个表达式对其进行表示，其表达式如下。

$$S=K_{n-1}P^{n-1}+K_{n-2}P^{n-2}+K_1P^1+K_0P^0+K_{-1}P^{-1}+\cdots+K_{-m}P^{-m}$$

S 表示任一数；i 表示数的某一位，K_i 为第 i 位的数码；P 表示该进位计数制的基数，P^i 代表第 i 位的位权；n 为小数点左边位数；m 为小数点右边位数，这表达式又叫做进位计数制的按权展开式。

十进制数 205.15 可表示如下。

$$(205.15)_{10}=2\times10^2+0\times10^1+5\times10^0+1\times10^{-1}+5\times10^{-2}$$

二进制数 1010 可表示如下。

$(1010)_2=1\times2^3+0\times2^2+1\times2^1+0\times2^0$

计算机的二进制计数制与计算机内信息借助脉冲的有无、电位的高低或磁性的正负来进行存储、传输和运算相对应。

1.3.2 数制间的转换

在计算机中只能使用二进制进行工作，但在解决实际问题时人们通常使用的是十进制。因此，使用计算机处理十进制的运算时，会遇到数制转换的问题，也就是需要在二进制和十进制之间相互转化。在计算机中输入的数值是十进制，计算机进行十进制运算时首先会将十进制转换成二进制进行计算，计算完成后又会将二进制的结果转换为十进制再输出。

1. 二进制数与十进制数之间的转换

将二进制数转换为十进制数一般直接套用上面所讲的按权展开式。

例如，将二进制数 1101.101 转换为十进制数的方法如下。

$$\begin{aligned}(1101.101)_2&=1\times2^3+1\times2^2+0\times2^1+1\times2^0+\\&\quad 1\times2^{-1}+0\times2^{-2}+1\times2^{-3}\\&=8+4+0+1+0.5+0+0.125\\&=(13.625)_{10}\end{aligned}$$

将十进制数转换为二进制数，需要将整数部分和小数部分分别进行转换，转换之后再用小数点进行连接。

- 整数转换采用除 2 取余法。用 2 多次除被转换的十进制整数，在每次相除之后，若余数为 1，则对应的二进制位为 1；若余数为 0，则对应的二进制位为 0。首次除法得到的余数为二进制数的最低位。最后一次除法得到的余数为二进制数的最高位。从低位到高位逐次进行，直到商为 0 为止。
- 小数部分的转换采用乘 2 取整法。即用 2 多次乘被转换的十进制整数，每次相乘后，所得乘积的整数部分为对应的二进制位的数。第一次乘积所得整数部分就是二进制数小数部分的最高位，其次为次高位，最后一次是最低位。

例如，将十进制数 13.625 转换为二进制数的方法如下。

第一步，用除 2 取余法进行整数部分转换。

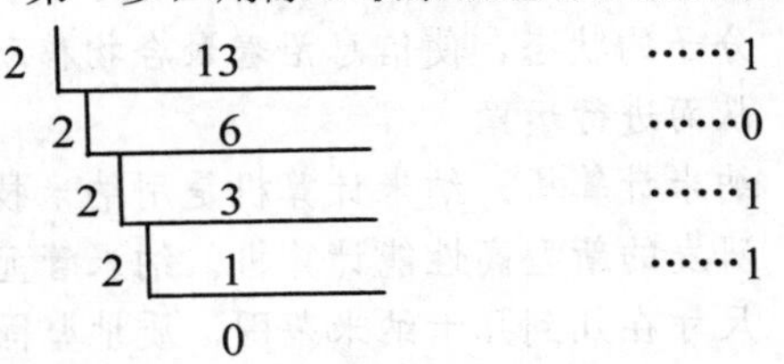

所以 $(13)_{10}=(1101)_2$

第二步，用乘 2 取整法进行小数部分转换。

$0.625\times2=1.250$……1

$0.250\times2=0.500$……0

$0.500\times2=1.000$……1

所以$(0.625)_{10}=(0.101)_2$，得出$(13.625)_{10}=(1101.101)_2$

【知识补充】在进行小数转换时，有些十进制小数不能转换为有限位的二进制小数，则只有用近似值表示。

例如：$(0.57)_{10}$不能用有限位二进制表示，如果求 6 位小数近似值，则得

$$(0.57)_{10}\approx(0.100100)_2$$

2. 二进制数与八进制数、十六进制数的相互转换

由于 $2^3=8$，所以每三位二进制数恰好对应一位八进制数。

把二进制数转换为八进制数时，只需将整数部分自右向左和小数部分自左向右每三位为一组分配，若不足三位时用 0 补齐，然后将每三位二进制数转换为一位八进制数，即可完成转换。

例如，将二进制数 1101001.1011 转换为八进制数的方法如下。

$$(1101001.1011)_2=(001)\ (101)\ (001)\ .\ (101)\ (100)=(151.54)_8$$

把八进制数转换为二进制数时，只需把每位八进制数用对应的三位二进制数表示即可。

二进制和十六进制数的转换与二进制数和八

进制数的转换相似，只是由于 $2^4 = 16$，所以按四位进行分组。

例如，将十六进制数 5D.7A4 转换为二进制数的方法如下。

$$(5D.7A4)_{16} = (0101)(1101).(0111)(1010)(0100) = (1011101.0111101001)_2$$

1.3.3　存储单位和常见信息编码

单位是量度中作为计数单元所规定的标准量，在计算机中同样也有这样的单位，称为存储单位。信息编码是计算机中各种不同单位信息之间转换使用的标准量。

1. 存储单位

存储单位是衡量计算机内存、硬盘容量的计量词，通常以位（bit）、字节（Byte）等作为标准量。

- 位（bit）。位指二进制码的一个数位，英文叫做比特（bit），是计算机处理和存储信息的最小单位。
- 字节（Byte）。8 位二进制数为一个字节（Byte，简写为 B），字节是最基本的数据单位，计算机的数据、代码、地址、指令多以字节为单位，一个汉字通常需要两个字节。
- 其他单位。除字节（Byte）外，信息存储容量的单位还有千字节（KB）、兆字节（MB）和吉字节（GB），它们之间的换算关系如下。

1KB=1 024B

1MB=1 024KB=1 048 576B

1GB=1 024MB=1 073 741 824B

2. 信息编码

信息编码（Information Coding）是为了方便信息的存储、检索和使用，在进行信息处理时赋予信息元素以代码的过程。即用不同的代码与各种信息中的基本单位组成部分建立一一对应的关系。信息编码必须标准化和系统化，设计合理的编码系统是关系信息管理系统生命力的重要因素。

世界上不同的国家和地区在运用计算机方面使用不同的编码，比如 GB2312、GB18030 是汉字编码，Big5 是繁体汉字编码。ASCII 码，即美国标准信息交换码，是最基础的编码。

ASCII 码是用七位二进制数进行编码的，可以表示 128 个字符，其中包括 0～9 十个数码，以及大小写英文字母和一些其他字符，如字母“A”的 ASCII 码为“1100001”，“!”的 ASCII 码为“1000001”。

1.4　计算机系统的组成

完整的计算机系统包括计算机硬件系统和计算机软件系统两大组成部分，如图 1-7 所示。计算机硬件系统是指构成计算机的各种物理设备，如硬盘和显示器等；计算机软件系统是指运行于计算机硬件系统中的各种程序和代码，即安装在计算机中并在计算机中运行的各类软件，如 Word 和 Photoshop 等软件。

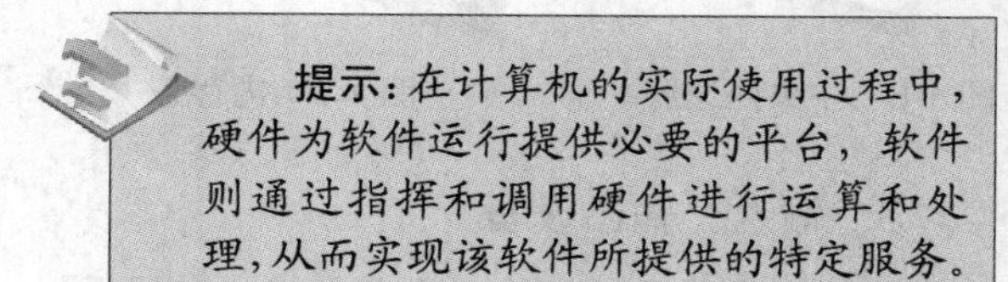

提示：在计算机的实际使用过程中，硬件为软件运行提供必要的平台，软件则通过指挥和调用硬件进行运算和处理，从而实现该软件所提供的特定服务。

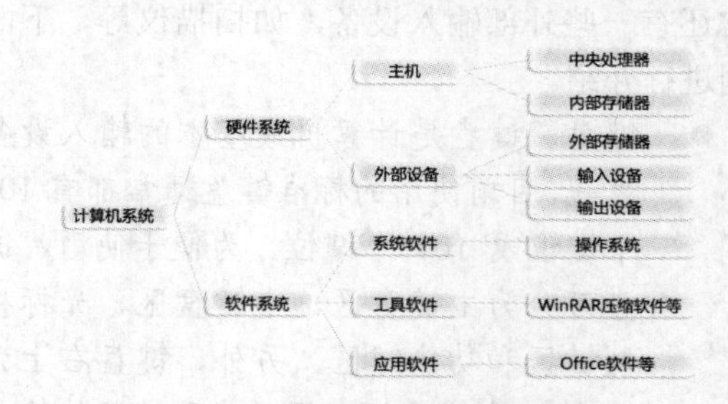

图 1-7　计算机系统的组成

1.4.1　计算机的硬件系统

计算机硬件系统主要是指计算机的每一个物理组成部分，包括中央处理器、输入设备、输出设备和存储器等，也就是通常所说的主机、显示器、键盘、鼠标和音箱等外观设备，而计算机的主机中则包含了主板、中央处理器、硬盘和光盘驱动器等硬件设备。

1. 中央处理器

中央处理器（Central Processing Unit，CPU），它由控制器和运算器两个部件构成。运算器用于对数据进行算术运算和逻辑运算；控制器用于对程序所执行的指令进行分析，并协调计算机各个部件的工作。CPU 的运算能力在很大程度上决定了计算机的基本性能，图 1-8 所示为一款 Intel CPU 的外观。

2. 内存储器

内存储器包括只读存储器和随机存取存储器等。只读存储器断电后信息不丢失，常用来保存计算机启动用的 BIOS 程序；随机存取存储器能高速存取，读写时间快，但断电信息会丢失。计算机内存条如图 1-9 所示。

图 1-8 中央处理器

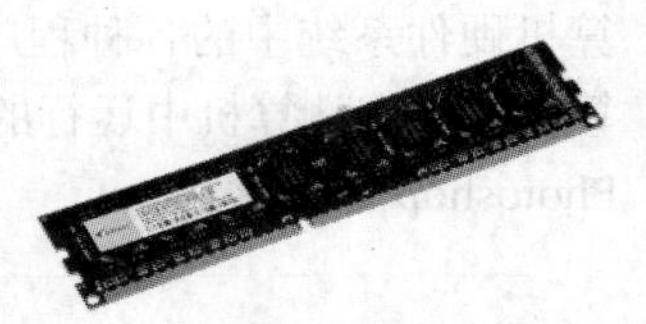

图 1-9 内存条

3. 输入／输出设备

计算机中最常用的输入设备是键盘和鼠标，通常还有一些外部输入设备，如扫描仪等，下面分别进行介绍。

- 键盘。键盘是计算机最基本的输入设备之一，目前使用的标准键盘通常都有 101 个键位或 104 个键位。为便于使用，键盘可分为主键盘区、小键盘区、光标控制键区和功能键区。另外，键盘右上角还有 3 个指示灯，用于表示键盘的输入状态。图 1-10 所示为键盘。

图 1-10 键盘

- 鼠标。鼠标同键盘一样是计算机中非常重要的输入设备，图 1-11 所示为常见的激光鼠标。一般来说，单击鼠标左键可选择对象，双击鼠标左键可打开或运行对象，滚动滚轮可切换显示内容，单击鼠标右键可弹出快捷菜单，移动鼠标可控制鼠标指针在桌面上的位置。
- 扫描仪。扫描仪是计算机的常用输入设备之一，如图 1-12 所示，它可以把文字和图像等输入到计算机中。扫描仪按颜色可分为黑白扫描仪和彩色扫描仪，按扫描原理可分为平板式、手持式和滚筒式 3 大类。

图 1-11 鼠标

图 1-12 扫描仪

在计算机系统中，输出设备用来输出运算结果或加工处理后的信息，常用的输出设备有显示器和打印机。

- 显示器。显示器是计算机必不可少的输出设备，主要用于显示系统界面、系统提示、程序运行的状态和结果以及人机互动等。目前市场上常见的显示器有两种：CRT（阴极射线管）显示器和 LED（液晶）显示器。CRT 显示器经历了由小到大的过程，现在市面上以 14 英寸、15 英寸和 17 英寸为主，其调控方式分为模拟调节和数字调节，按照显像管表面平坦度的不同可分为球面管、平面直角管、柱面管及纯平管。LED 显示器按结构分，有反射罩式、单条七段式及单片集成式，按照发光段电极连接方式分为共阳极和共阴极两种。图 1-13 和图 1-14 所示分别为 CRT 显示器和液晶显示器。

图 1-13　CRT 显示器

图 1-14　液晶显示器

- 打印机。打印机是一种常用输出设备，如图 1-15 所示，通过打印机可以把计算机中编辑和处理后的图形、文字和表格等信息在纸张上打印出来，方便用户查看。按打印方式可将其分为针式打印机、喷墨打印机和激光打印机 3 种。

图 1-15　打印机

4. 微型计算机的基本硬件配置

前面介绍了有关计算机的硬件设备，下面介绍一下微型计算机的基本硬件配置。

微型计算机的基本硬件配置有：功能强大且速度快的中央处理器（CPU）；管理与控制计算机的输入设备（鼠标、键盘）；可存放大量数据的存储空间（硬盘）；高分辨率显示设备（显示器）；声音播放设备（音箱）；放置临时数据的内存空间（内存条）；提供设备运行平台的硬件（主板）。

一般在购买一台微型计算机时，通常要考虑到的因素有 CPU、内存、主板和硬盘等，这些部分是计算机能正常运作的核心。

5. 微型计算机的性能指标

计算机的性能指标不能以单一的硬件设备来衡量，它是综合了所有设备的性能以及契合度从而评测出来的一个最终指标，主要从以下几个方面进行评测。

- 运算速度。运算速度是衡量计算机性能的一项重要指标。通常所说的计算机运算速度是指计算机每秒钟所能执行的指令条数。影响计算机运算速度的主要有 CPU 的主频、字长以及指令系统的合理性。
- 存储器的指标。一是存取速度，内存储器完成一次读或写操作所需的时间称为存储器的存取时间，连续两次读或写所需的最短时间称为存储周期；二是存储容量，存储容量一般用字节（Byte）数来度量。微型计算机的内存储器已由 286 机配置的 1MB，发展到现在的 1GB、2GB 甚至 2GB 以上。内存容量越大，运行大型软件就会越顺畅，内存容量过小，会造成计算机运行十分缓慢。
- 输入输出（I/O）的速度。计算机 I/O 的速度取决于 I/O 总线的设计。这对于慢速设备（如键盘、打印机）的影响不大，但对于高速设备则效果十分明显。例如，当前的硬盘的外部传输率已可达 20MB/s、40MB/s 以上。

提示： 微型计算机还有其他一些性能指标，如外存储器的容量，一般来讲，外存储器的容量是指硬盘的容量，包括内置的硬盘和移动硬盘，外存储器容量越大，可存储的信息就越多。

1.4.2　计算机的软件系统

计算机的软件系统是指存储在计算机中，并且可编辑和运行的计算机程序，具体包括以下几类软件。

- 系统软件。系统软件直接管理计算机中各种硬件和软件资源，它为各种程序提供运行环境，是计算机运行的平台。常见的系统软件有 Windows 操作系统、Linux 操作系统等。
- 应用软件。应用软件是专业性的编辑软件，应用软件的作用各不相同，如 Photoshop 是图像处理软件、Office 是

办公处理软件及 3ds max 是三维图像制作软件等。

- 工具软件。工具软件是指专门针对某些特定问题，或为了实现某些特定功能而制作的程序，如杀毒软件、电子邮件收发软件和文件压缩软件等。

1.4.3 计算机硬件与软件的关系

没有安装软件的计算机称为裸机，裸机不能正常进行工作。计算机的硬件与软件是相辅相成的，没有软件的计算机只是一个空壳，而软件则必须要通过计算机硬件这个载体才能运行。

在计算机系统中，计算机硬件和软件互相依存，硬件是软件进行正常工作的物质基础，软件的正常工作体现出硬件性能的指标。计算机系统必须要配备完善的软件系统才能正常工作，且软件的运行能充分发挥硬件的各种功能。计算机硬件和软件会协同发展，计算机软件会随硬件技术的发展而发展，而软件的不断发展与完善又会促进硬件的更新，两者密不可分，缺一不可。

1.5 计算机的基本操作

使用计算机之前应当对计算机的基本操作有一个大致的了解，下面将对这些基本操作进行介绍。

1.5.1 计算机各部分的连接

在了解了计算机的基本硬件之后，可以对这些设备进行连接，正确连接之后便可投入使用。在连接之前应对主板上的各种接口有个大致的了解，图 1-16 所示为主板上各接口。

图 1-16 主板上的各种硬件接口

【任务】对计算机的电源、鼠标与键盘进行连接，掌握连接计算机外部设备的基本方法。

Step 1 将电脑主机放到适合操作的位置，便于清楚地看到主机背面的各插槽和接口，如图 1-17 所示。

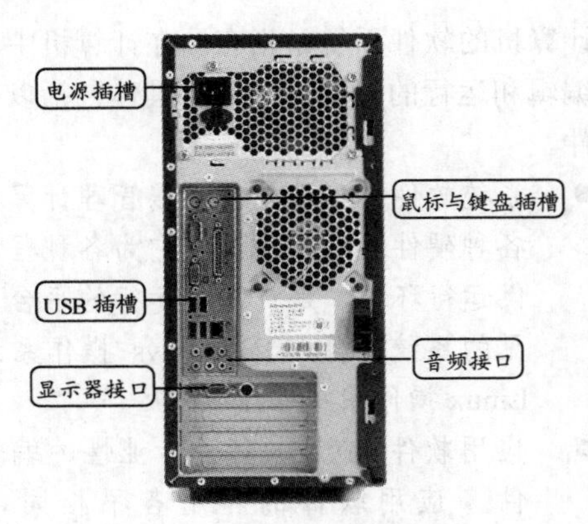

图 1-17 主机背面插槽

Step 2 将显示器信号线的插头插到主机后部的显示器接口上，如图 1-18 所示，然后拧紧显示器插头两侧的螺丝，将其固定在主机上，显示器信号线的另一端与显示器背后的接口相连。

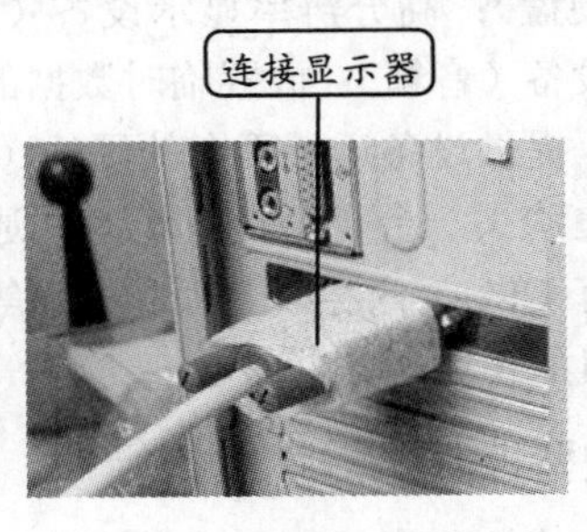

图 1-18 连接显示器插头

Step 3 将键盘的圆形接头插入主机后部的紫色键盘插槽中，将鼠标的圆形接头插入绿色鼠标插槽中，如图 1-19 所示，然后将音箱的信号线插头插入主机后部的音频输出接口中。

图 1-19 连接鼠标和键盘

Step 4 将主机电源线的一端插入主机后部的电源插槽，如图 1-20 所示，然后分别将主机、显示器和音箱的电源插头连接到电源插座上，完成电脑硬件的连接。

图 1-20 连接电源插头

提示：计算机的发展日新月异，现在市面上鼠标和键盘的接口大多是 USB 接口，PS/2 圆形接口的鼠标和键盘比较少。连接 USB 接口的鼠标和键盘时，可直接将接口插入 USB 插槽中。

1.5.2 启动与关闭计算机

1. 启动计算机

计算机的启动方式分为冷启动、热启动和复位启动 3 种。

- 冷启动。冷启动用于计算机尚未通电的情况。首先打开电源插座开关，然后打开显示器，最后接通主机电源。这种操作顺序是为了避免在接通外设电源的瞬间，强大的电流对主机内部器件的冲击，以保护主机，延长其使用寿命。
- 热启动。在计算机运行过程中，当遇到系统突然没有响应时，可以通过热启动重新启动计算机。方法是单击屏幕左下角的“开始”按钮或者按下键盘上的【Windows】键，在弹出的菜单中选择“关闭计算机”命令，在打开的对话框中单击“重新启动”按钮即可重新启动计算机。
- 复位启动。复位启动是指已进入到操作系统界面，由于系统运行中出现异常且热启动失效时所采用的一种重新启动计算机的方式。方法是按下主机箱上的“复位”（Reset）按钮重新启动计算机。

2. 关闭计算机

使用完计算机后需要将其关闭，直接关闭计算机的电源不但会丢失保存的信息，也容易损坏计算机。在关闭计算机前，首先应关闭操作系统中仍处于运行状态的程序或文件，然后单击按钮，在菜单中选择“关闭计算机”命令。这时将打开图 1-21 所示的“关闭计算机”对话框。单击“关闭”按钮，即可安全关闭计算机，然后再关闭显示器，最后关闭电源总开关。

图 1-21 “关闭计算机”对话框

1.5.3 鼠标和键盘的使用

在学会操作计算机之前，首先要学习鼠标与键盘的操作，作为计算机最重要的输入设备，学会鼠标与键盘的使用是使用好计算机的前提条件。

1. 鼠标的基本操作

Windows 操作系统具有很直观的图形化操作界面，可以通过鼠标进行操作。鼠标的基本操作包括移动定位、单击、双击、拖动和用鼠标右键单击 5 种，下面介绍各种操作的具体使用方法。

- 移动定位。移动定位鼠标的方法是握住鼠标，在光滑的桌面或鼠标垫上随意移动，此时，指针会随之在显示屏幕上同步移动，将指针移到某一对象上停留片刻，这就是定位操作。被定位的对象通常会出现相应的提示信息。

- 单击。方法是先移动鼠标，让指针指向某个对象，然后用食指按下鼠标左键后快速松开按键，鼠标左键将自动弹起还原。单击操作常用于选择对象，被选择的对象呈高亮显示。
- 双击。双击是指用食指快速、连续地按鼠标左键两次，双击操作常用于启动某个程序、执行任务以及打开某个窗口或文件夹。
- 拖动。拖动是指将鼠标指向某个对象后按住鼠标左键不放，然后移动鼠标把对象从屏幕的一个位置拖动到另一个位置，最后释放鼠标左键，这个过程也被称为“拖曳”。拖动操作常用于移动对象。
- 用鼠标右键单击。方法是用中指按一下鼠标右键，松开按键后鼠标右键将自动弹起还原。该操作常用于打开与对象相关的快捷菜单。

【知识补充】鼠标指针在屏幕上的基本形状为↖，会随着操作的对象和过程不同发生改变，其中↖⌛表示系统正在执行操作，⌛表示系统处于忙碌状态，☝表示单击当前目标可打开对应的链接，⊘表示无法执行其他操作，I表示正处于编辑状态，此时可以输入或选定文本，✥表示可移动窗口或选中的对象，↖?表示通过单击可获得相关的帮助信息，↕↔⤡⤢表示此时拖动鼠标可改变所选对象的大小。

2. 键盘的使用

键盘主要分为 5 个区域，包括功能键区、指示灯区、主键盘区、编辑键区和小键盘区，如图 1-22 所示。

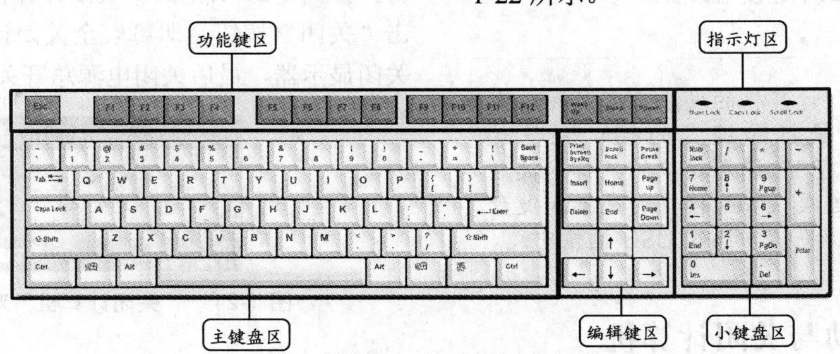

图 1-22　键盘的键面

手指的键位分工是指把键盘上的键位合理地分配给 10 个手指，使得每个手指在键盘上都有明确的分工。根据手指的灵活程度和各键的分布，可将键盘进行图 1-23 所示的指法分区。除大拇指外，其余 8 个手指各有一定的活动范围，每个手指负责各自区域字符的输入。

掌握正确的键盘打字姿势是准确、快速输入的前提，若姿势不正确，不但会影响录入速度，还容易产生疲劳感，造成视力下降。因此初学者必须注意保持打字的正确姿势，包括以下几点内容。

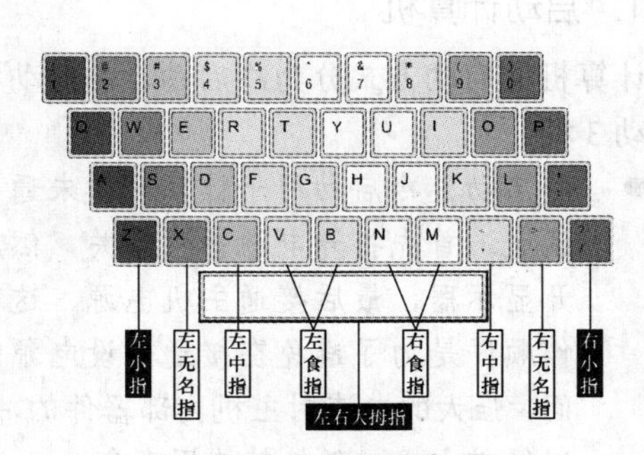

图 1-23　手指的键位分工

- 双脚的脚尖和脚跟自然放在地面上，无悬空，大腿自然平直，小腿与大腿之间的角度近似 90°。

- 座椅的高度与计算机键盘、显示器的放置高度适中。一般以双手自然垂放在键盘上时肘关节略高于手腕为宜。显示器的高度则以操作者坐下后，眼睛距显示器的距离为 30～40cm，其目光水平线处于显示屏幕上的 2/3 处。

1.6 多媒体技术基础

多媒体技术是将文本、图形、影像、动画、声音和视频等多种媒体信息类型整合在一起，通过计算机进行综合处理和控制，建立一系列交互式操作的信息技术，从而使电脑具有交互展示不同媒体形态的能力，以满足人们对不同信息的获取和阅读方式。

1.6.1 多媒体技术的特点

多媒体技术具有以下几项特性。

- 多样性。信息媒体的多样化和媒体处理方式的多样化。
- 集成性。能够对信息进行统一的获取、存储、组织与合成等操作。
- 交互性。多媒体技术实现了人对信息的主动选择和控制权，不再是单一的被动接受信息。
- 实时性。在用户给出操作命令时，多媒体能实时地将命令执行并给出操作结果。

1.6.2 多媒体技术的应用领域

多媒体技术具有广泛的用途，其主要应用领域如下。

- 教育。制作电子教案、形象教学、模拟交互过程、网络多媒体教学以及仿真工艺过程。
- 广告。制作影视商业广告、公共招贴广告、大型显示屏广告以及平面印刷广告等。
- 影视娱乐。主要应用在影视作品中，电视/电影/卡通混编特技、演艺界 MTV 特技制作、三维成像模拟特技以及仿真游戏等。
- 医疗。网络多媒体技术、网络远程诊断和网络远程操作（手术）。
- 旅游。风光重现、风土人情介绍和服务项目。
- 人工智能模拟。生物形态模拟、生物智能模拟和人类行为智能模拟。

多媒体技术以其覆盖面广、影响力深等优势，受到各方面的青睐。它不仅改变了信息传递的方式，还促进了通信技术的变革。交互的、动态的多媒体技术能够在网络环境中创建出更加生动逼真的二维与三维场景，向社会提供全新的信息服务。

1.6.3 常见多媒体文件格式与浏览方式

通常的计算机系统可以处理文字、数据和图形等信息，而多媒体计算机除了可以处理以上的信息外，还可以处理图像、声音、动画和视频等信息，不同的多媒体文件的格式和使用的软件各不相同，表 1-1 列举了计算机中常见的多媒体文件格式以及其对应的软件浏览方式。

表 1-1 多媒体文件格式与浏览方式

文件格式	类别	浏览方式	文件格式	类别	浏览方式
txt	文本文件	记事本	mp3	音频文件	千千静听、酷狗音乐盒
doc	文档文件	Word	wma	音频文件	Windows Media Player
jpg	图像文件	ACDSee	wav	音频文件	Windows Media Player
bmp	图像文件	ACDSee	rmvb	视频文件	暴风影音
swf	动画文件	Adobe Flash Player	wmv	视频文件	Windows Media Player
flv	动画文件	暴风影音	avi	视频文件	Windows Media Player

1.7 上机实训

1.7.1 【实训一】设备连接及开关计算机

1. 实训目的

通过实训具体了解计算机各主要硬件的外观，加深印象，并且熟练掌握计算机的打开和关闭的方法。

具体的实训目的如下。

- 熟悉计算机各硬件的组成。
- 对计算机各主要硬件的外观形态加深印象，深入了解计算机硬件的组成。
- 熟练掌握计算机各外观设备的连接方法。

2. 实训要求

连接计算机的外部硬件设备，熟练掌握计算机的打开和关闭操作。

具体要求如下。

（1）观察计算机的各硬件组成部分，对各硬件加深印象。

（2）连接各硬件设备，然后打开和关闭计算机。

3. 完成实训

视频演示：第 1 章\上机实训\实训一.swf

Step 1 仔细观察计算机的各硬件连接情况，一般状况下，只有鼠标、键盘、音箱（或耳麦）、网线、电源和显示器这几个接口是需要连接上的。

Step 2 将主机的机箱盖拆开，仔细观察机箱内各硬件。

Step 3 观察完毕后，装回主机的机箱盖，并对各外部硬件设备进行连接，将各设备的接口分别插入主机上的插孔中，完成主机的连接。

Step 4 将主机连接完毕后，打开电源插座开关，找到显示器上的电源开关并按下。电源开关的标志通常如图 1-24 所示。

图 1-24 开关标志

Step 5 找到主机上的电源开关并按下，主机与显示器的电源开关标志一致，即可启动计算机。

Step 6 等待一段时间后，计算机进入操作系统界面，即可使用计算机。

Step 7 关闭计算机时应首先关闭计算机中所有正在运行的程序，然后选择【开始】/【关闭计算机】命令，如图 1-25 所示，在打开的图 1-26 所示的对话框中单击⏻按钮，计算机即可自动关闭。

图 1-25 选择“关闭计算机”命令

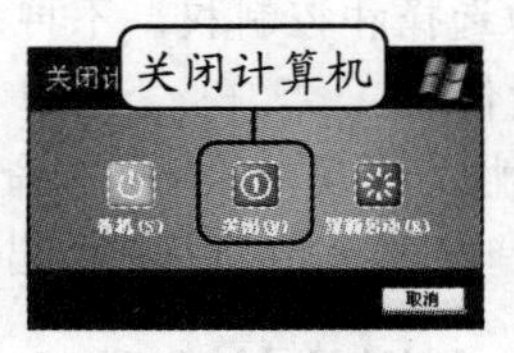

图 1-26 关闭计算机

Step 8 关闭显示器，然后关闭电源插座开关。

1.7.2 【实训二】用键盘录入一篇英文文档

1. 实训目的

通过录入英文文档，熟悉键盘的使用。

具体的实训目的如下。

- 能够熟练地使用键盘输入字符和数据。

- 进一步熟悉键盘指法。
- 熟悉键盘上各个主要按键的作用和位置。

2. 实训要求

使用键盘在“记事本”中输入一篇英文文档，练习键盘的使用，图 1-27 所示为英文文档的内容。

完成效果：效果文件\第 1 章\I have a dream.txt

视频演示：第 1 章\上机实训\实训二.swf

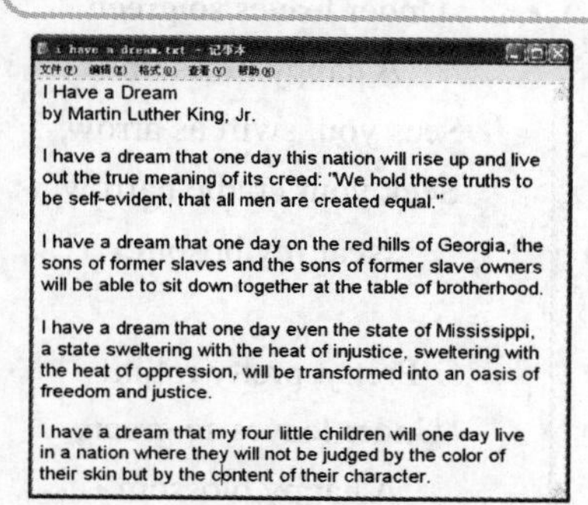

I Have a Dream
by Martin Luther King, Jr.

I have a dream that one day this nation will rise up and live out the true meaning of its creed: "We hold these truths to be self-evident, that all men are created equal."

I have a dream that one day on the red hills of Georgia, the sons of former slaves and the sons of former slave owners will be able to sit down together at the table of brotherhood.

I have a dream that one day even the state of Mississippi, a state sweltering with the heat of injustice, sweltering with the heat of oppression, will be transformed into an oasis of freedom and justice.

I have a dream that my four little children will one day live in a nation where they will not be judged by the color of their skin but by the content of their character.

图 1-27 英文文档

具体要求如下。

（1）利用鼠标通过“开始”菜单启动记事本程序。

（2）在记事本中用正确的指法和击键方式录入文档内容。

（3）反复练习多遍，可以提高打字速度。

3. 完成实训

Step 1 启动计算机，选择【开始】/【所有程序】/【附件】/【记事本】程序，启动记事本程序。

Step 2 选择【格式】/【字体】命令，在打开的“字体”对话框中将“字体”设置为“Arial”，“字形”设置为“常规”，“字号”设置为“三号”，然后单击 确定 按钮。

Step 3 将光标插入点定位在记事本左上角顶端，左手小指按住“Shift”键不放，右手中指单击“I”键，然后将手指放开，输入大写字母“I”。

Step 4 用左手拇指单击“Space”键，输入一个空格，左手小指按住“Shift”键不放，右手食指单击“H”键，然后将手指放开，输入大写字母“H”。

Step 5 接着上一步骤按下“A”“V”“E”键，将题目“I Have a Dream”输入记事本中，如图 1-28 所示。

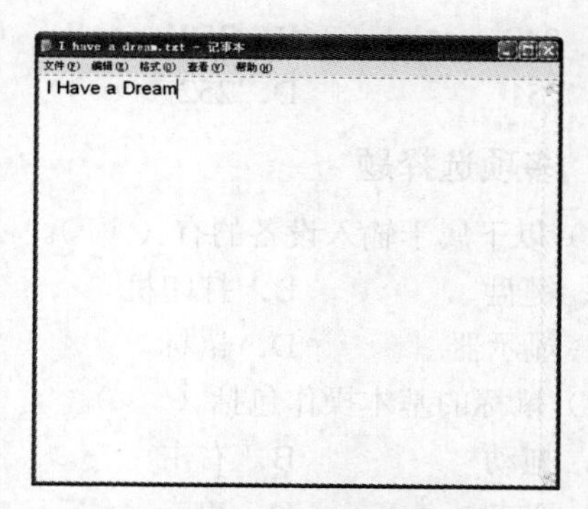

图 1-28 输入“I Have a Dream”

Step 6 右手小拇指按下“Enter”键，将光标跳到下一行开头，继续输入“by Martin Luther King,Jr.”，如图 1-29 所示。

图 1-29 输入“by Martin Luther King,Jr.”

Step 7 以此类推，采用正确的键盘指法输入整个英文文档的内容。

1.8 练习与上机

1. 单项选择题

（1）计算机中的显示器属于（ ）。

A．输入设备　　B．输出设备

C．操作系统　　　　D．软件

（2）世界上第一台计算机叫（　　）。

A．ENIAC　　　　B．ENICA

C．EINAC　　　　D．EAINC

（3）二进制数 11111010 转换为十进制数是（　　）。

A．249　　　　B．250

C．251　　　　D．252

2．多项选择题

（1）以下属于输入设备的有（　　）。

A．键盘　　　　B．打印机

C．显示器　　　　D．鼠标

（2）鼠标的基本操作包括（　　）。

A．拖动　　　　B．右击

C．双击　　　　D．单击

（3）从外观上看，计算机可分为（　　）和音箱等部分。

A．主机　　　　B．显示器

C．键盘　　　　D．鼠标

3．实训操作题

（1）观察计算机，指出主机、显示器、键盘和鼠标。

（2）指出机箱正面的各按钮和指示灯的名称与作用，再指出机箱背面的各接口的作用。

（3）利用键盘练习输入以下内容。

The Blossom（by William Blake,1757-1827）

Merry, merry sparrow!
Under leaves so green,
A happy blossom
Sees you, swift as arrow,
Seek your cradle narrow
Near my bosom.

Pretty, pretty robin!
Under leaves so green,
A happy blossom
Hears you sobbing, sobbing,
Pretty, pretty, robin,
Near my bosom.

拓展知识

本章主要讲解了计算机系统的组成以及信息技术和多媒体技术的相关知识，下面再介绍几个计算机的相关术语。

1．CMOS

在计算机领域，CMOS 是主板上的一块可读写的 RAM 芯片，用来保存 BIOS 的硬件配置和用户对某些参数的设定。CMOS 由主板的电源供电，即使系统断电，信息也不会丢失。

2．BIOS

BIOS 是固化到计算机主板上的一个 ROM 芯片上的程序。它保存着计算机最重要的基本输入/输出程序、系统设置信息、开机后自检程序和系统自启动程序。只有在开机时才可以设置 BIOS，方法是启动计算机后，系统开始自检时按小键盘上的“Del”键（某些品牌的计算机可能不同）进入，然后对系统的启动顺序、系统时间、开机密码等进行设置，需注意的是，如果不了解其中各个选项的参数作用，就不要设置 BIOS，否则会出现无法正常启动计算机的故障。

3．CMOS 和 BIOS 的联系与区别

CMOS 是计算机主机板上一块特殊的 RAM 芯片，是系统参数存放的地方，而 BIOS 中系统设置程序是完成参数设置的手段。

第2章 使用Windows XP操作系统

📖 学习目标

通过学习如何操作 Windows XP，掌握在 Windows XP 操作系统环境下对计算机进行日常管理和应用的技能。包括 Windows XP 的基本操作、管理文件与文件夹、使用汉字输入法、管理应用程序、使用 Windows XP 附件和使用控制面板等。通过完成本章上机实训，实现由基本操作向综合项目实践的转化。

📖 学习重点

熟悉 Windows XP 界面各组成元素的作用及操作方法；掌握文件与文件夹的新建、复制、移动、删除、搜索和属性设置；掌握拼音输入法的使用，能够熟练运用绘图程序和记事本；掌握应用程序的安装与卸载操作。

📖 主要内容

- 操作系统基础
- 开始使用 Windows XP 操作系统
- 使用汉字输入法
- 管理文件和文件夹
- 管理应用程序
- 使用 Windows XP 的附件工具
- 使用控制面板

2.1 操作系统基础

操作系统的英文名称是Operating System，简称OS，它是一种管理计算机硬件与软件资源的程序，也是计算机系统的内核与基石。

2.1.1 操作系统的功能与分类

计算机中的大部分操作都是在操作系统下完成的，任何程序都必须安装在操作系统中才可以运行，因此掌握操作系统的使用是操作计算机的基础。

1. 操作系统的功能

操作系统是一个庞大的管理控制程序，主要包括进程与处理器管理、设备管理、文件管理、程序控制和人机交互等功能。操作系统是控制其他程序运行，管理系统资源并为用户提供操作界面的系统软件的集合，它负责管理与配置内存、决定系统资源供需的优先次序、控制输入与输出设备、操作网络与管理文件系统等基本事务。

下面对操作系统的基本功能进行具体介绍。

- 处理器管理和调度。处理器管理和调度是操作系统资源管理功能的一个重要内容。在允许多个程序同时执行的系统中，操作系统会根据一定的策略将处理器交替地分配给系统内等待运行的程序。一个等待运行的程序只有在获得了处理器后才能运行。一个程序在运行中若遇到某个事件，如启动外部设备而暂时不能继续运行时，或一个外部事件发生时，操作系统将先处理相应的事件，然后再将处理器重新分配。
- 设备管理。设备管理功能主要是分配和回收外部设备以及控制外部设备按用户程序的要求进行操作等。对于非存储型外部设备，如打印机、显示器等，可以直接作为一个设备分配给一个用户程序，在使用完毕后回收以便给另一个有需求的用户使用。对于存储型的外部设备，如磁盘、磁带等，则是提供存储空间给用户，用来存放文件和数据。存储性外部设备的管理与信息管理是密切结合的。
- 文件管理。文件管理是操作系统的又一个重要功能，主要是向用户提供一个文件系统，文件系统向用户提供创建文件、删除文件、读写文件、打开和关闭文件等功能。有了文件系统后，用户可按文件名存取数据而无需知道这些数据存放在哪里。这种做法不仅便于用户使用文件资源，而且还有利于用户共享公共数据。另外，由于文件建立时允许创建者规定使用权限，从而可以保证数据的安全性。
- 程序控制。一个用户程序的执行自始至终是在操作系统控制下进行的。操作系统控制用户的执行主要包括：调入相应的编译程序，将用某种程序设计语言编写的源程序编译成计算机可执行的目标程序，分配内存储等资源将程序调入内存并启动，按用户指定的要求处理执行中出现的各种事件以及与操作员联系请示有关意外事件的处理等。
- 人机交互。操作系统的人机交互功能是决定计算机系统"友善性"或"人性化"的一个重要因素。人机交互功能主要依靠可输入输出的外部设备和相应的软件来完成。供人机交互使用的设备主要有显示器、键盘、鼠标及各种识别设备等，与这些设备相应的软件就是操作系统提供人机交互功能的部分。

2. 操作系统的分类

按照操作系统所提供的服务分类，可将操作系统分为批处理操作系统、分时操作系统、实时操作系统、分布操作系统和网络操作系统。下面就对这几种操作系统进行简要介绍。

- 批处理操作系统。批处理操作系统是早期的一种大型机用操作系统，用户将一批作业交给操作系统后，系统根据性质将它们分组，然后再根据分组进行处理，在整个处理过程中不能再进行人为干预。
- 分时操作系统。分时操作系统允许多个用户在与计算机相连的终端上同时与计算机系统进行一系列的交互。分时操作系统将系统处理时间与内存空间按一定的时间间隔，轮流地切换给各终端用户的程序使用。由于时间间隔很短，每个用户的感觉就像独占计算机一样。它具有同时性、独立性、及时性和交互性等优点。
- 实时操作系统。实时操作系统是保证一定时间内完成特定任务、要求或功能的操作系统，它具有及时响应、快速处理等优点。实时操作系统还具有可靠性和安全性，不强求系统资源的利用率。实时操作系统的时间要求是强制性严格规定的，仅在限定的时间内返回一个正确结果时，才能认为系统的功能是正确的。
- 分布操作系统。在分布操作系统中，大量计算机通过网络被连接在一起，分布计算系统配置。由于分布计算机系统不像网络分布很广，同时分布操作系统还要支持并行处理，因此它提供的通信机制和网络操作系统提供的有所不同，它要求通信速度高。分布操作系统的结构也不同于其他操作系统，它分布于系统的各台计算机上，能并行地处理用户的各种需求，有较强的容错能力。
- 网络操作系统。在网络操作系统的支持下，网络中的各台计算机能互相通信和共享资源。其主要特点是与网络的硬件相结合来完成网络的通信任务。网络操作系统是基于计算机网络，在各种计算机操作系统上按网络体系结构协议标准开发的软件，包括网络管理、通信、安全、资源共享和各种网络应用。

2.1.2　常用的微机操作系统

目前微机上常见的操作系统有 DOS、OS/2、UNIX、Windows、Mac OS 等，下面就对这几种操作系统进行简要介绍。

- DOS 操作系统。DOS 操作系统是最原始的微机操作系统，从问世至今，DOS 操作系统不断地改进和完善，虽然 DOS 操作系统对硬件的要求很低，但是 DOS 操作系统仍然是单用户、单任务并且只能进行 16 位运算，因此一般只有在开发应用软件系统时才会使用到。
- OS/2 操作系统。OS/2 操作系统是为 IBM 公司推出的 PS/2 系列计算机而开发的一个新型多任务多操作系统。OS/2 是 32 位系统，不仅可以处理 32 位的 OS/2 系统应用软件，也可以运行 DOS 和 Windows 软件。但由于 OS/2 仅限于 PS/2 机型，兼容性较差，所以并没有得到广泛的推广和应用。
- UNIX 操作系统。UNIX 操作系统最初是在中小型计算机上运用。UNIX 为用户提供了一个分时的系统以控制计算机的活动和资源，并且提供了一个交互且灵活的界面。
- Windows 操作系统。Windows 操作系统由 Microsoft 公司开发，是当今应用最普遍的操作系统，它的出现使 PC 机开始进入了图形用户界面时代，这种界面方式为用户提供了很大的方便，将计算机的使用提高到了一个新的阶段。
- Mac OS 操作系统。Mac OS 操作系统是美国苹果计算机公司为它的 Macintosh 计算机设计的操作系统。Mac OS 操作系统采用了一些为人称道的技术，并且在出版、印刷、影视制作和教育等领域有着广泛的应用。

2.2 开始使用 Windows XP 操作系统

Windows XP 是 Microsoft 公司发布的一款视窗操作系统，“Windows” 的中文意思为“窗口”，表示该操作系统基于图形化界面，“XP” 是英文 Experience 的缩写，中文翻译为“体验”，寓意这个全新的操作系统将会带给用户全新的数字化体验，引领用户进入更加自由的数字世界。

Windows XP 是目前用户使用率较高的操作系统之一，它功能强大，安全性和稳定性高，操作方便且界面漂亮。与以往的操作系统相比，Windows XP 在网络以及多媒体应用等方面新增了更多的人性化功能，使其更加容易使用。

提示：Windows XP 无论是在软件还是在硬件方面的兼容性和稳定性都已趋于完善，几乎可以满足各个层次用户不同的应用需求，通过它可以上网、听音乐、看电影、排版文档和编辑图像等。

2.2.1 Windows XP 操作系统的启动与退出

启动和退出 Windows XP 操作系统实际上就是打开和关闭计算机的操作，第一次启动 Windows XP 时，只需按下计算机主机上的电源开关即可，若设置了多个用户账户或为某个账户设置了登录密码，则需要选择相应的账户并输入正确的密码才能登录。登录 Windows XP 后可通过单击桌面左下角的开始按钮来退出 Windows XP 操作系统。

【任务1】登录Windows XP，然后利用开始按钮退出该操作系统。

Step 1 按下计算机主机的电源按钮，此时显示器屏幕上将显示计算机的自检状态，如图 2-1 所示。

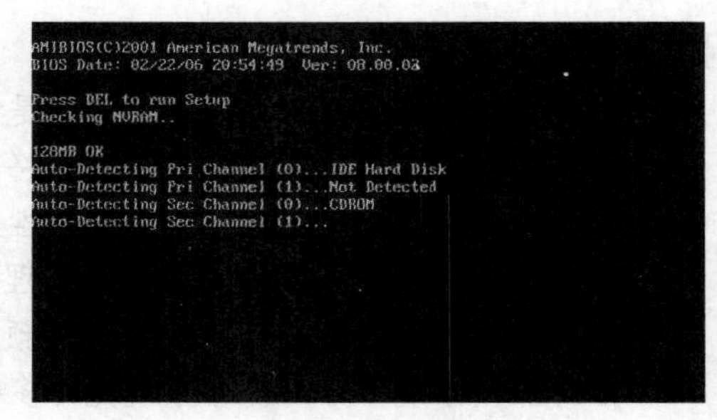

图 2-1 计算机开始自检

Step 2 稍后将进入 Windows XP 操作系统的登录等候界面，如图 2-2 所示。

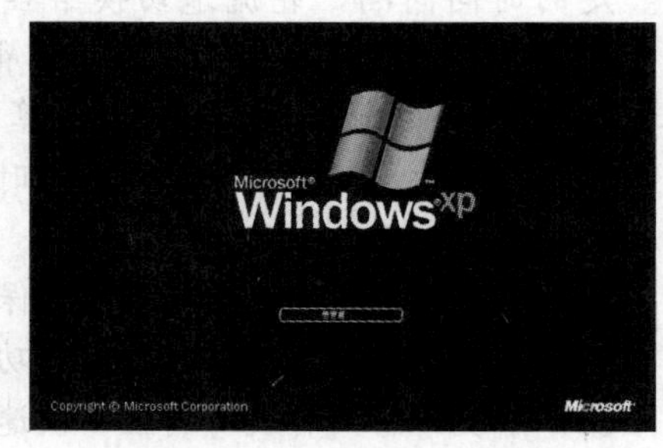

图 2-2 正在登录 Windows XP

Step 3 登录后进入选择账户的界面，单击账户的头像图标并输入密码，如图 2-3 所示。

图 2-3 选择账户并输入密码

Step 4 此时将开始加载所选账户的个人设置信息，稍后即可成功登录到 Windows XP，此时默认在桌面右下方显示“回收站”图标，如图 2-4 所示。

Step 5 单击桌面左下角的开始按钮，在弹出的“开始”菜单中单击关闭计算机(U)按钮，如图 2-5 所示。

图 2-4 登录 Windows XP 后显示的桌面

图 2-5 准备退出 Windows XP

Step 6 在打开的“关闭计算机”对话框中单击“关闭”按钮，如图 2-6 所示。计算机开始注销并关闭系统，用户只需等待其自动关闭计算机即可。

图 2-6 关闭计算机

【知识补充】单击“重新启动”按钮，可以在计算机开启的情况下重新启动。

2.2.2 认识 Windows XP 的桌面

Windows XP 的桌面由桌面图标、任务栏和桌面背景 3 部分组成，如图 2-7 所示。各部分的主要作用介绍如下。

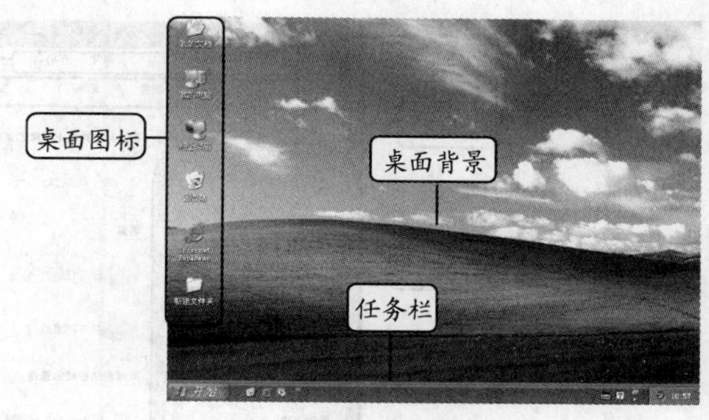

图 2-7 Windows XP 的桌面

- 桌面背景。Windows XP 操作系统默认的背景为蓝天绿地，用户也可根据自己的需要将其他图片或照片设置成桌面背景。
- 桌面图标。桌面图标代表一个程序、文件或文件夹，它由图形和图标名称组成。双击桌面图标便可打开相应的程序、文件或文件夹。除“回收站”图标外，其他如“我的电脑”“我的文档”等系统图标可通过“显示 属性”对话框显示到桌面上，而其他应用程序或文件的图标则可通过“开始”菜单显示在桌面上。
- 任务栏。任务栏位于桌面底端，是一个蓝色的长条形区域，它主要由开始按钮、快速启动栏、任务按钮区和后台提示区等部分组成。通过对任务栏的属性进行设置可调整任务栏大小、位置、锁定任务栏或自动隐藏任务栏等。

2.2.3 操作 Windows XP 的窗口

窗口是 Windows XP 操作系统中非常重要的对象，因为大多数的程序和操作都是以“窗口”形式呈现的，因此有必要熟悉窗口的外观和基本操作。

“我的电脑”窗口是一个典型的 Windows 窗口，在 Windows XP 中，所有窗口的外观及组成部分都与“我的电脑”窗口大致相同，主要包括标题栏、菜单栏、工具栏、地址栏、任务窗格、工作区和状态栏等，如图 2-8 所示。各部分的作用介绍如下。

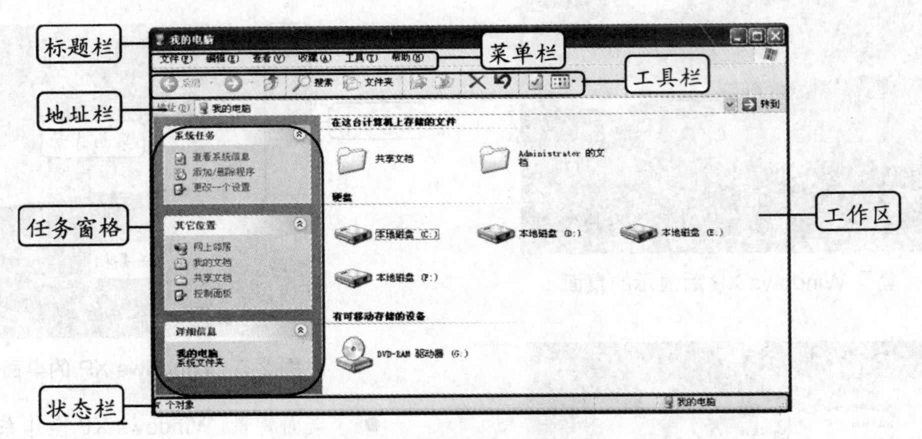

图 2-8 “我的电脑”窗口

- 标题栏。位于窗口顶部，用于显示窗口的名称以及控制窗口位置和大小等。右上角的 3 个按钮分别是“最小化”按钮、“最大化/还原”按钮（）和“关闭”按钮。
- 菜单栏。位于标题栏下方，包含多个菜单，每一个菜单中又包含一组下拉菜单命令，通过这些菜单命令可以完成各种操作。
- 工具栏。位于菜单栏下方，以按钮的形式列出了一些常用的命令，如后退按钮、“搜索”按钮等。单击某个按钮将执行相应的操作。
- 地址栏。位于工具栏下方，单击其右侧的按钮，在弹出的下拉列表中选择相应的文件路径。
- 任务窗格。位于窗口左侧，提供了与当前窗口相关的快捷操作。
- 工作区。位于任务窗格右侧，其中包括了当前窗口中的各种文件资源。
- 状态栏。位于窗口最下方，显示当前窗口的资源数量和一些工作状态。

【任务 2】打开“我的电脑”窗口，并调整窗口大小和位置，然后打开“我的文档”窗口，在两个窗口之间进行切换，最后关闭所有窗口。

Step 1 在桌面上双击“我的电脑”图标，打开“我的电脑”窗口。

Step 2 将鼠标指针移至“我的电脑”窗口右下角，按住鼠标左键不放向右下方拖动，扩大窗口范围，如图 2-9 所示。若向左上方拖动则可缩小窗口。

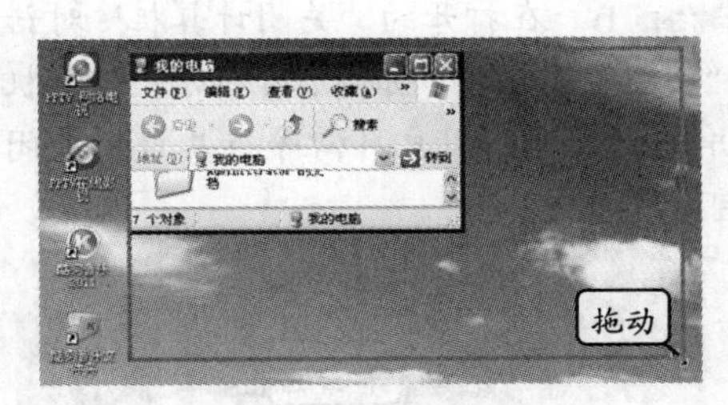

图 2-9 调整窗口大小

Step 3 将鼠标指针移至窗口标题栏空白区域，按住鼠标左键不放向屏幕其他位置拖曳，调整窗口位置，如图 2-10 所示。

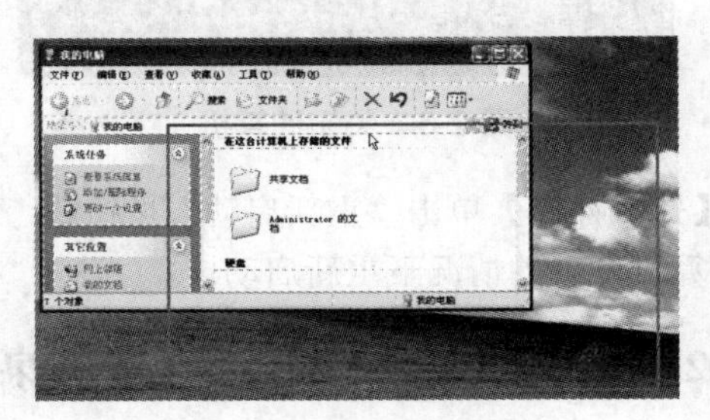

图 2-10 调整窗口位置

注意：当窗口没有处于最大化状态下才能通过鼠标拖动的方式调整窗口的大小，调整时拖动四角上的角框将等比放大或缩小窗口，而拖动四边的边框则是非等比放大或缩小窗口。

Step 4　在桌面上双击“我的文档”图标，打开“我的文档”窗口，此时“我的文档”窗口将会位于最前面，即会遮住部分原来的“我的电脑”窗口。

Step 5　单击“我的电脑”窗口的局部可见部分，将当前窗口切换成“我的电脑”窗口，然后分别单击两个窗口标题栏右上角的“关闭”按钮关闭窗口，完成操作。

【知识补充】在 Windows XP 中还可对窗口进行如下常用操作。

- 打开窗口。选择对象后按“Enter”键，或用鼠标右键单击对象，在弹出的快捷菜单中选择“打开”命令也可打开该对象窗口。
- 切换窗口。当桌面上同时打开多个窗口后，在任务栏中单击相应的任务名称按钮，也可将其切换为当前窗口。
- 排列窗口。当桌面上同时打开多个窗口后，在任务栏的空白处单击鼠标右键，在弹出的快捷菜单中选择相应的命令可以层叠窗口、横向平铺窗口、纵向平铺窗口和显示桌面等。

2.2.4　操作 Windows XP 的菜单和对话框

菜单和对话框是 Windows XP 中两个经常会用到的元素，下面介绍其使用方法。

1. Windows XP 的菜单

Windows XP 中的菜单主要分为“开始”菜单、下拉菜单和快捷菜单 3 种。

- “开始”菜单。单击开始按钮打开“开始”菜单，在其中通过“所有程序”命令可以启动安装在 Windows XP 中的所有程序，也可打开“我的电脑”窗口等各种文件窗口。图 2-11 所示为“开始”菜单的组成介绍。
- “下拉”菜单。这类菜单是指在某个窗口或对话框中单击某个菜单项后弹出的下拉菜单，通过选择这类菜单可以执行该窗口或文件的相关命令。
- 快捷菜单。快捷菜单是指在某个对象上单击鼠标右键后弹出的菜单，这类菜单可根据不同的对象包含不同的命令，作用在于快速执行与该对象相关的各种操作。

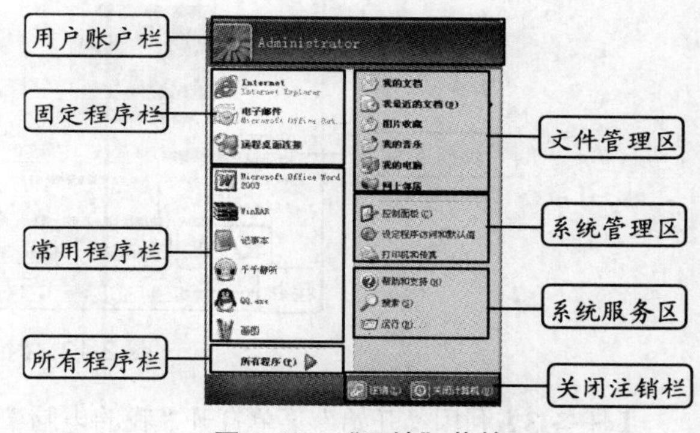

图 2-11　“开始”菜单

2. Windows XP 的对话框

对话框是 Windows XP 中一种特殊的窗口，它可以对执行的操作进行进一步设置，对话框一般包括图 2-12 所示的组成部分，各部分的作用介绍如下。

- 选项卡。当对话框的内容很多时，Windows XP 将按类别把这些内容分成多个选项卡，每个选项卡都有一个名称，排列在一起，单击其中一个选项卡，将会显示出相应的设置参数。
- 下拉列表框。下拉列表框的右侧通常有一个下拉按钮，单击该按钮，将弹出一个下拉列表，从中可以选择所需的选项。

- 列表框。列表框将直接显示其中包含的所有选项，而无需像下拉列表框那样通过单击下拉按钮来展开选项列表。
- 复选框。当复选框被选中时，其左侧的方框中将出现☑标记；未被选中时，方框为☐标记。若要选中或取消选中某个复选框，只需单击该方框即可。
- 单选项。当选中单选项时，其左侧的圆圈中将出现◉标记；未选中时，圆圈为○标记，与复选框不同的是，单选项往往是成组出现的，当选中该组中的一个单选项后，其他单选项将自动设置为未选中状态。
- 文本框。文本框主要用来输入文本和数据。
- 数值框。用于调整数值大小，可以直接在数值框中输入数值，也可单击右侧的微调按钮逐步设置。
- 按钮。单击某一按钮表示将执行相应的操作，如单击"确定"按钮表示执行设置的操作，单击"取消"按钮表示放弃所设置的操作。

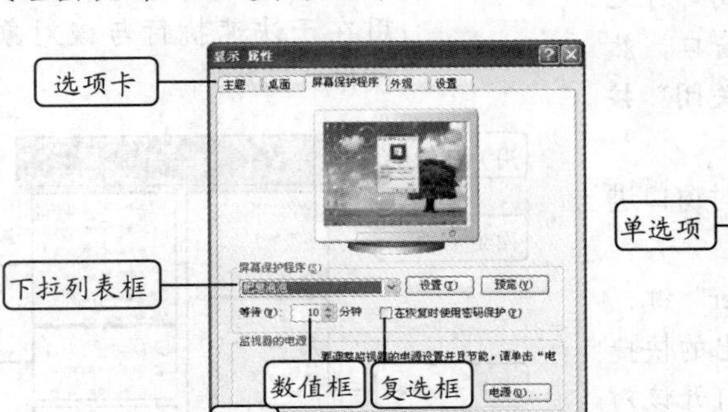

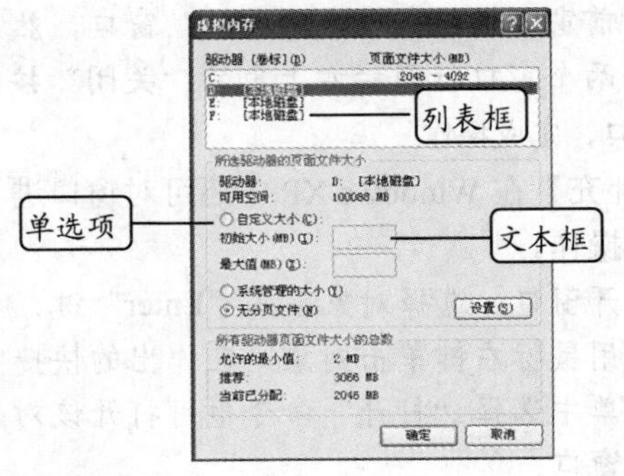

图 2-12 对话框的组成部分

【任务 3】利用"开始"菜单打开"我的电脑"窗口，利用下拉菜单调整窗口对象的显示方式，然后利用快捷菜单打开 C 盘对应的窗口，最后利用对话框设置窗口为传统显示风格。

Step 1 单击"开始"按钮，在弹出的"开始"菜单中选择"我的电脑"命令，打开"我的电脑"窗口。

Step 2 单击"我的电脑"窗口上方的"查看"菜单项，在弹出的下拉菜单中选择"缩略图"命令，如图 2-13 所示。

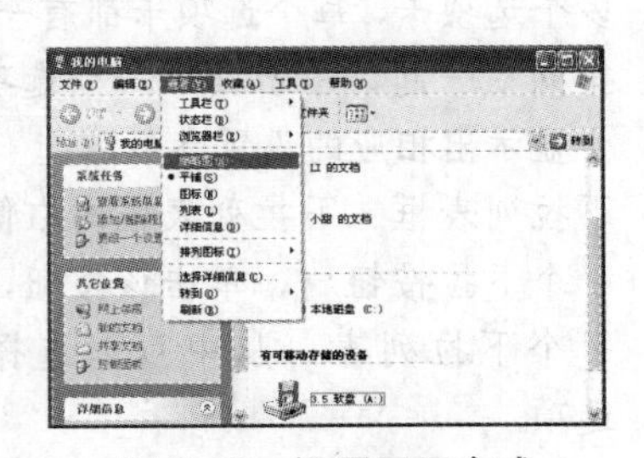

图 2-13 设置显示方式

Step 3 此时"我的电脑"窗口中对象的显示方式便发生了变化，在"本地磁盘(C:)"图标上单击鼠标右键，在弹出的快捷菜单中选择"打开"命令，如图 2-14 所示。

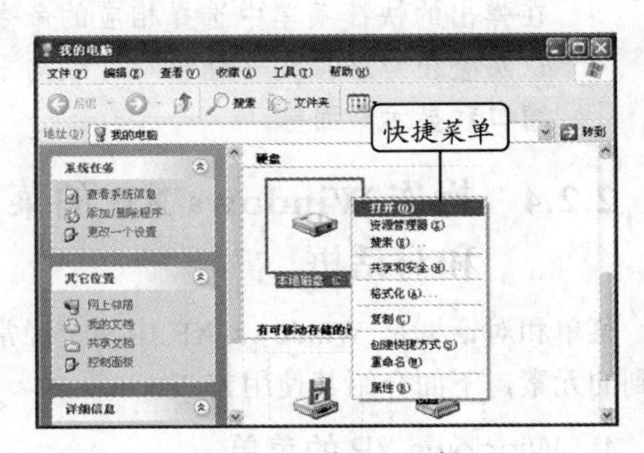

图 2-14 打开 C 盘

Step 4 此时弹出的窗口中显示 C 盘包含的内容，单击窗口上方的"工具"菜单项，在弹出的下拉菜单中选择"文件夹选项"命令，如图

2-15 所示。

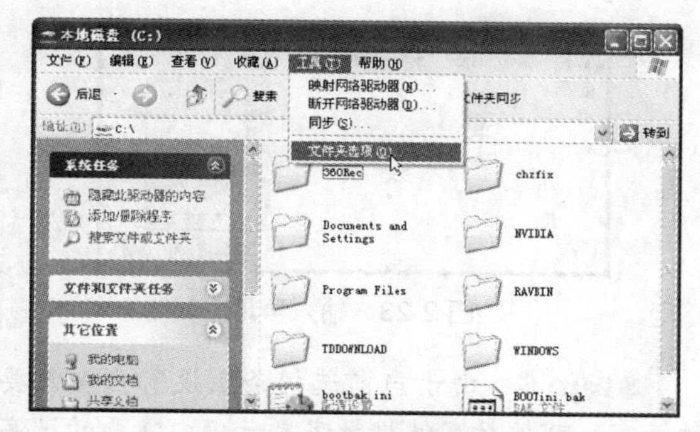

图 2-15 选择“文件夹选项”命令

Step 5 打开“文件夹选项”对话框，单击“常规”选项卡，选中“使用 Windows 传统风格的文件夹”单选项，如图 2-16 所示。单击 确定 按钮，即可将窗口设置为传统风格样式，如图 2-17 所示。

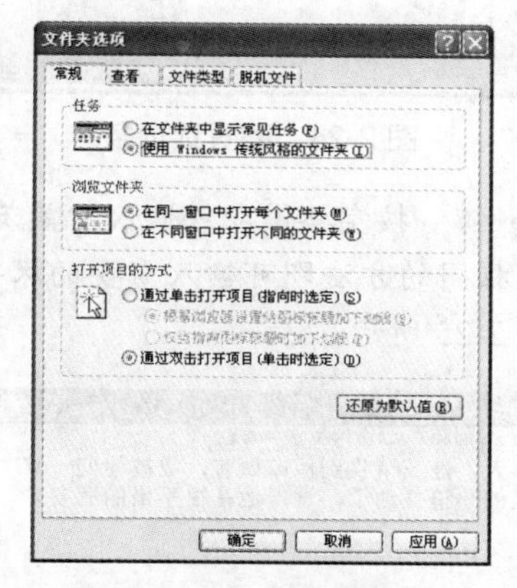

图 2-16 设置窗口风格

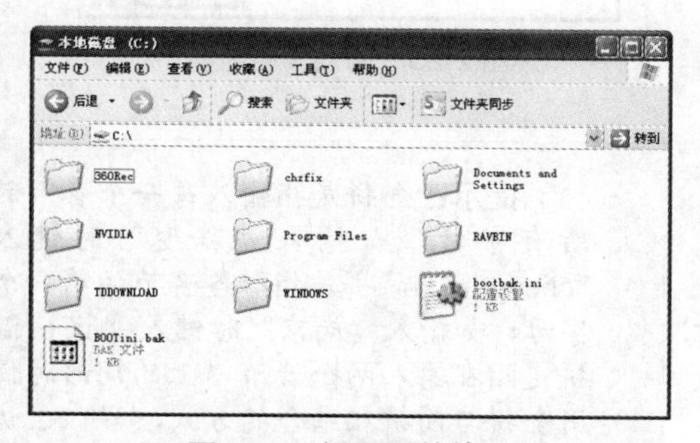

图 2-17 设置后的效果

2.3 使用汉字输入法

汉字输入法是采用一定的编码规则，通过键盘进行汉字输入的方法。要想在 Windows XP 操作系统中输入各种汉字，就需要借助专门的汉字输入法来实现。Windows XP 自带有一些简单的汉字输入法，用户也可安装其他汉字输入法。

2.3.1 汉字输入法的选择与切换

在 Windows XP 桌面的右下角有一个输入法工具条，单击其中的输入法选择图标（默认情况下为英文输入状态），在打开的下拉列表中选择一种汉字输入法，如图 2-18 所示，即可使用该汉字输入法进行汉字输入，同时出现一个汉字输入法状态条，各图标的作用如图 2-19 所示。

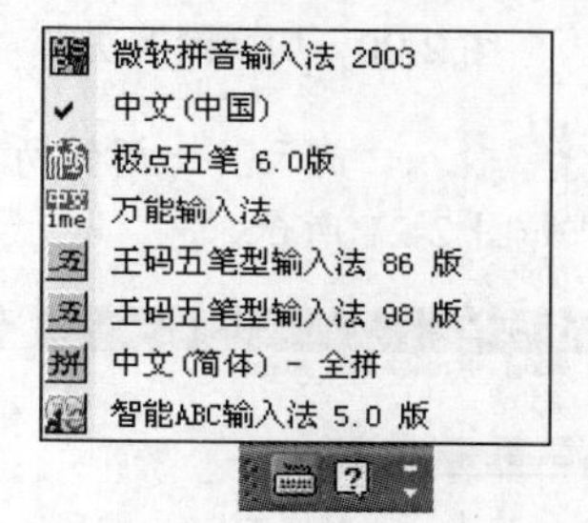

图 2-18 切换汉字输入法

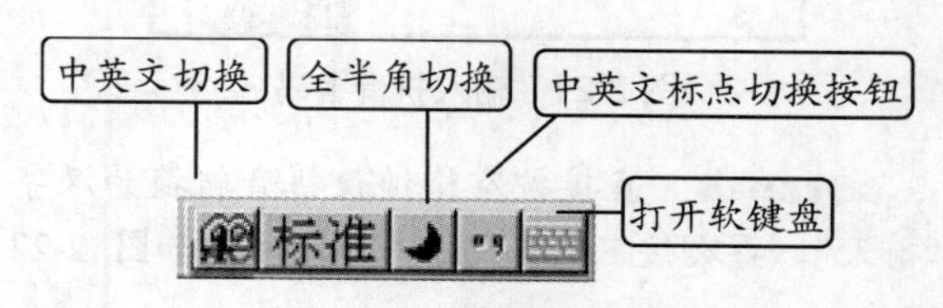

图 2-19 汉字输入法的状态条

2.3.2 掌握智能 ABC 输入法

Windows XP 提供了多种汉字输入法，主要包括微软拼音、全拼、智能 ABC 和双拼等音码类输入法，除此之外，目前市场上普遍使用的搜狗拼音输入法、QQ 拼音输入法、谷歌输入法等也都属于音码类输入法，它们的使用方法基本相同。

使用这类输入法输入汉字时只需键入汉字的拼音，通过选字框选字即可。

【任务 4】在记事本中利用智能 ABC 输入法输入下面的一段文字。

前天，盖茨请我到他家做客，我被他们一家人的热情打动了，觉得他是很不错的朋友！

Step 1 选择【开始】/【所有程序】/【附件】/【记事本】命令，启动记事本程序。

Step 2 按"Ctrl+Shift"组合键切换到智能 ABC 输入法，或单击输入法选择图标，在打开的下拉列表中选择智能 ABC 输入法，显示出智能 ABC 输入法的状态条，如图 2-20 所示。

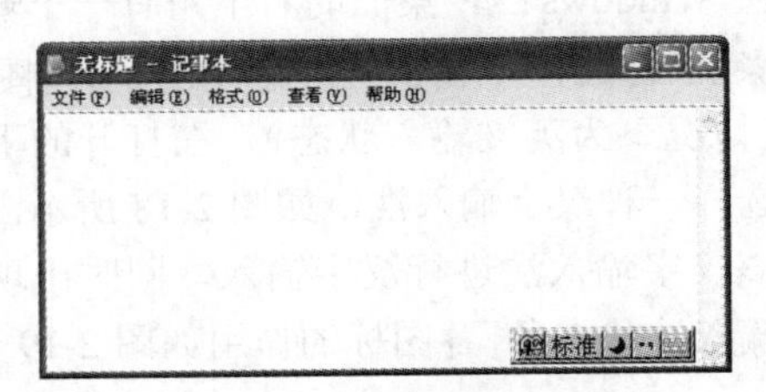

图 2-20　切换输入法

Step 3 输入"前天"一词的所有拼音编码"qiantian"，如图 2-21 所示。

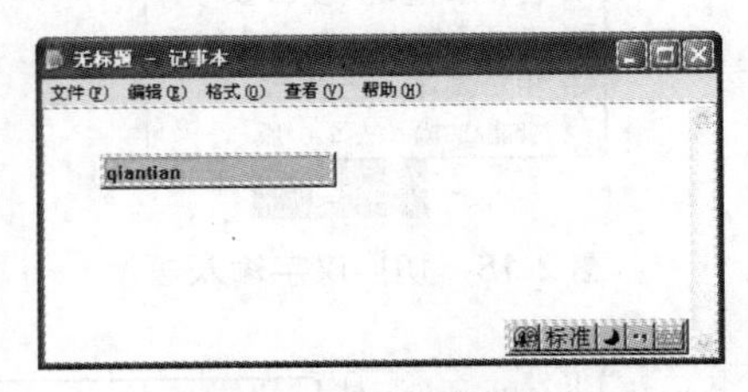

图 2-21　输入拼音编码

Step 4 直接按空格键使拼音转换为汉字"前天"，再次按下空格键输入该汉字，如图 2-22 所示。

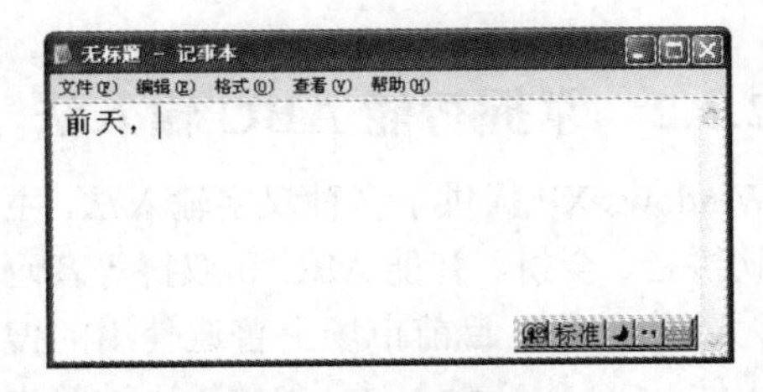

图 2-22　输入汉字

Step 5 按键盘上的符号键","键输入中文状态下的逗号"，"，然后继续输入"盖茨"二字的拼音"gaici"，并按下空格键，如图 2-23 所示。

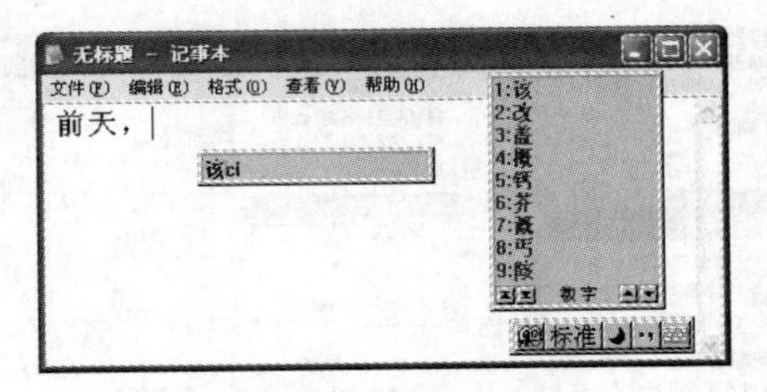

图 2-23　输入声母

Step 6 由于当前选词条上没有出现需要的汉字，可按数字键将数字显示框内需要的汉字输入选词条，这里按下"3"键，按"+"键可进行翻页，如图 2-24 所示。

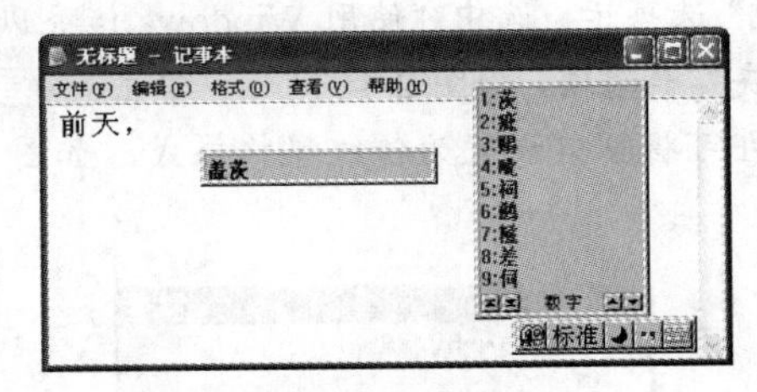

图 2-24　翻页选词条

Step 7 按空格键即可输入"盖茨"，然后继续按照相同的方法即可输入需要的汉字内容，结果如图 2-25 所示。

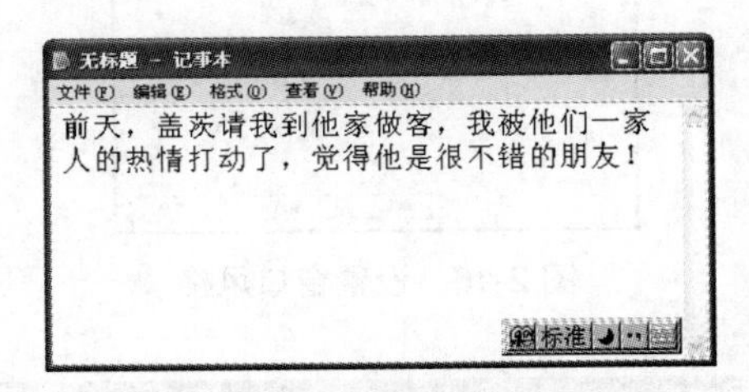

图 2-25　输入其他内容

提示：全拼是指输入每一个音节的所有字母，如输入"程度"时键入"chengdu"；简拼是指取各音节的第一个字母，如输入"南京"时键入"nj"；混拼是指在输入两个音节以上的词语时使用全拼与简拼相结合的方式，如输入"忧郁"时键入"youy"。

2.4 管理文件和文件夹

计算机中的数据都是以文件的形式保存的，文件夹则用来存放文件，下面介绍在 Windows XP 中管理文件资源的各种操作。

2.4.1　文件与文件夹简介

文件是用来存储一系列数据的一个集合，这些数据可以是一张图片、一段文字或一段视频等。在 Windows XP 中，文件的类型包括图片文件、文档文件和音乐文件等，文件的外观由文件图标和文件名称组成，文件夹用于存放和管理文件或其他子文件夹。图 2-26 所示为计算机中某个磁盘下的“学习”文件夹的资源存放体系，通过它可以了解文件与文件夹的关系。

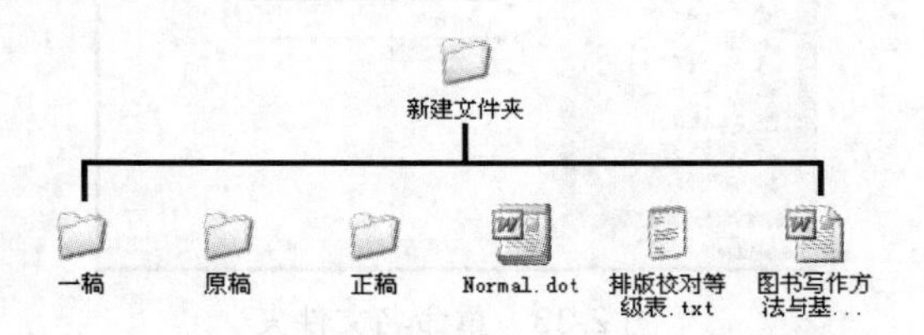

图 2-26　“学习”文件夹

为了方便文件的管理和使用，根据文件或文件夹的路径可以查找到需要的文件或文件夹。文件路径是指文件或文件夹存放的位置，路径的结构一般包括本地磁盘名称、文件夹名称和文件名称等，它们中间用斜杠“\”隔开。如“E:\ Photoshop CS\风景.jpg”表示本地磁盘（E:）中的“Photoshop CS”文件夹下的图片文件“风景.jpg”。

提示：每个文件都有其特有的属性，包括文件名称和扩展名等信息，它们之间用圆点“.”隔开。文件名称可以是中文或英文，如“第 2 章.doc”，“第 2 章”是文件名称，“doc”是扩展名。同一类文件有一个相同的扩展名，如 Word 文档的扩展名都为“doc”，PowerPoint 文件的扩展名都为“ppt”。

2.4.2　文件与文件夹的基本操作

文件与文件夹的基本操作是指通过“我的电脑”窗口对文件资源进行各种管理操作，包括新建、重命名、删除、移动和复制等操作。

【任务 5】在 D 盘新建“工作资源”文件夹，并在其中建立“数据”“图片”和“其他”文件夹，然后将其他相关的文件移动到新建的文件夹中。

Step 1　在“我的电脑”窗口中双击 D 磁盘图标，打开 D 盘所在的文件夹窗口，在空白区域单击鼠标右键，在弹出的快捷菜单中选择【新建】/【文件夹】命令，如图 2-27 所示。

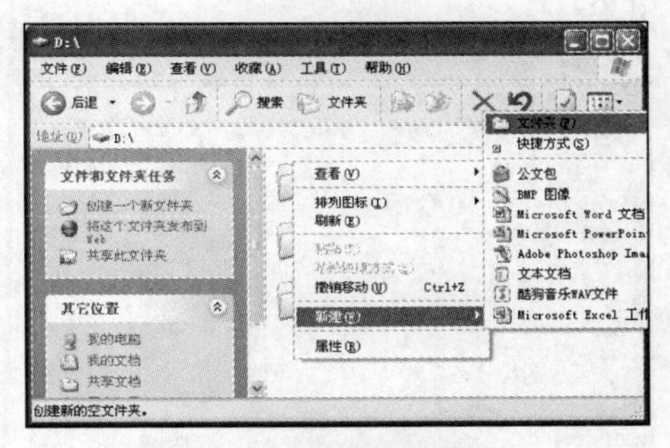

图 2-27　新建文件夹

Step 2　此时将新建一个空白文件夹，且文件夹名称处于可编辑状态，直接将名称修改为“工作资源”，如图 2-28 所示。

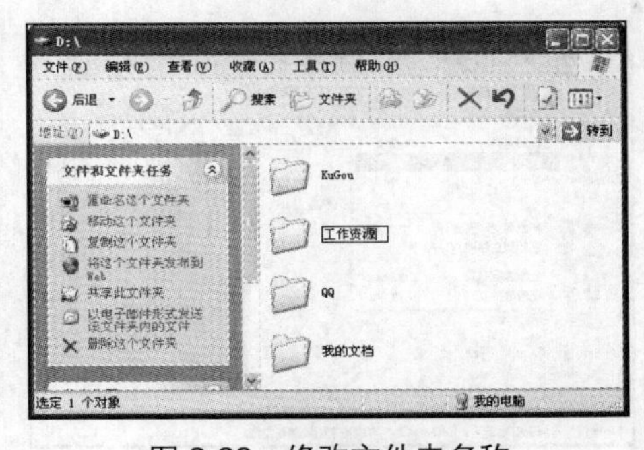

图 2-28　修改文件夹名称

Step 3　按“Enter”键或单击窗口其他空白区域确认名称的修改，然后双击新建的“工作资源”文件夹，打开该文件夹窗口，选择【文件】/【新建】/【文件夹】命令，如图 2-29 所示。

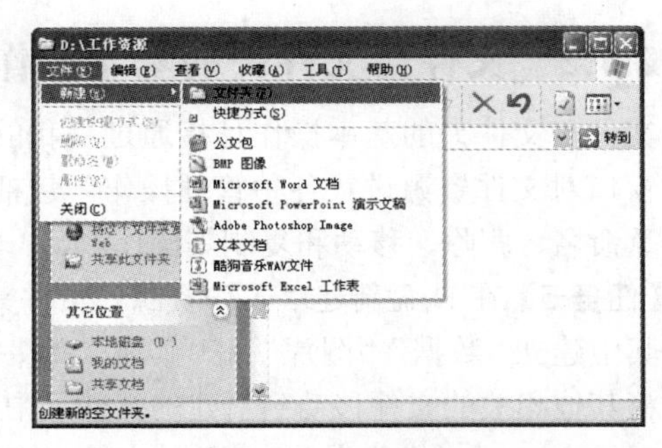

图 2-29 新建文件夹

Step 4 在其中新建一个空白文件夹，将名称修改为“数据”，按“Enter”键完成创建，如图 2-30 所示。

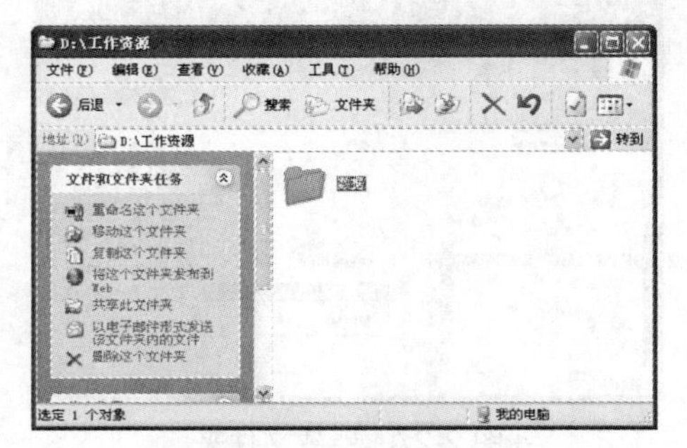

图 2-30 修改文件夹名称

Step 5 保持“数据”文件夹的选择状态，在菜单栏上选择【编辑】/【复制】命令，如图 2-31 所示。

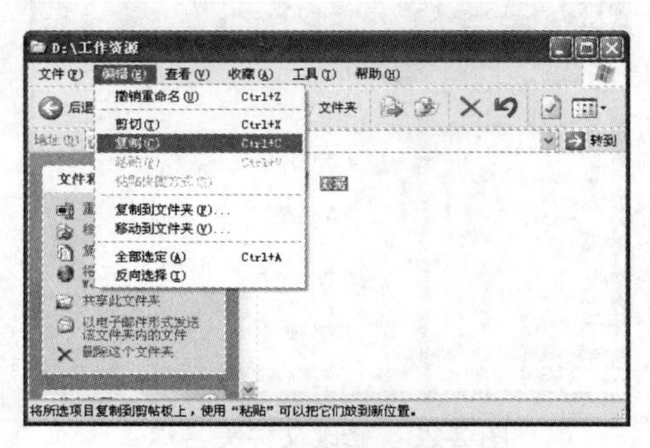

图 2-31 复制文件夹

Step 6 选择【编辑】/【粘贴】命令，此时将以“复件 数据”为名复制出“数据”文件夹，如图 2-32 所示。

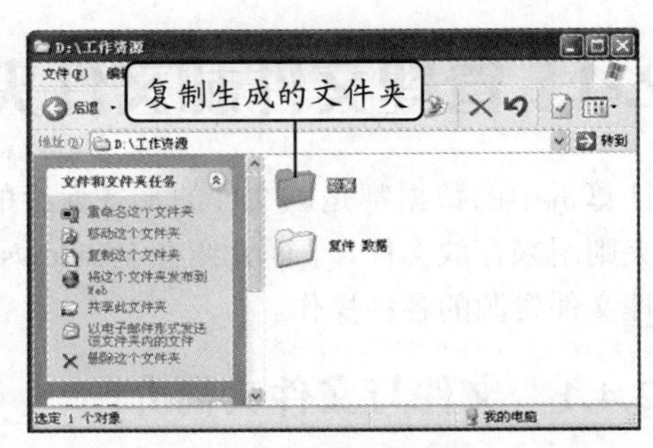

图 2-32 粘贴后复制出的文件夹

Step 7 在“复件 数据”文件夹上单击鼠标右键，在弹出的快捷菜单中选择“重命名”命令，如图 2-33 所示。

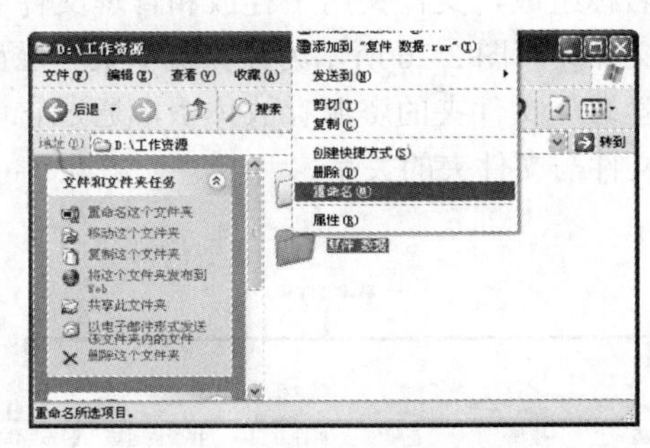

图 2-33 重命名文件夹

Step 8 此时“复件 数据”文件夹的名称处于可编辑状态，将名称修改为“图片”，然后按“Enter”键或单击窗口空白区域确认修改，如图 2-34 所示。

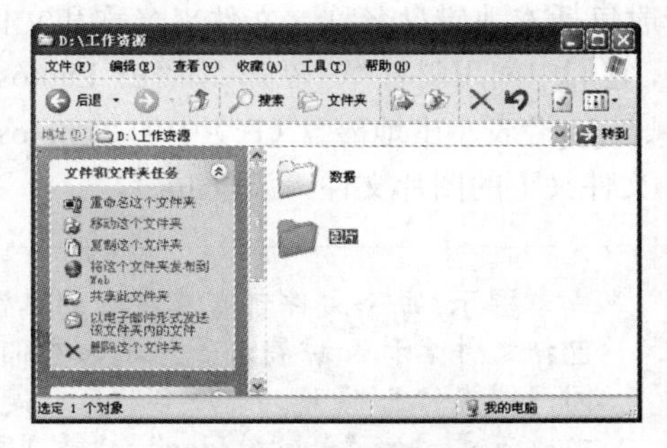

图 2-34 确认重命名

Step 9 用相同方法将“图片”文件夹复制生成“复件 图片”文件夹，利用快捷菜单将“复件 图片”文件夹名称重命名为“其他”文件夹，如图 2-35 所示。

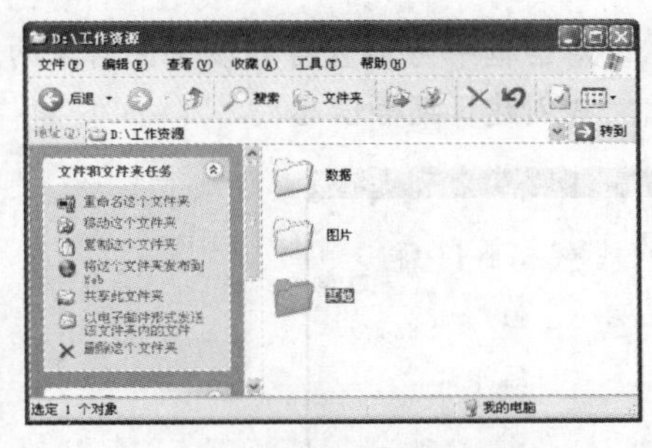

图 2-35　复制和重命名文件夹

Step 10　找到计算机上的某个图片文件，在其上单击鼠标右键，在弹出的快捷菜单中选择“剪切”命令，如图 2-36 所示。

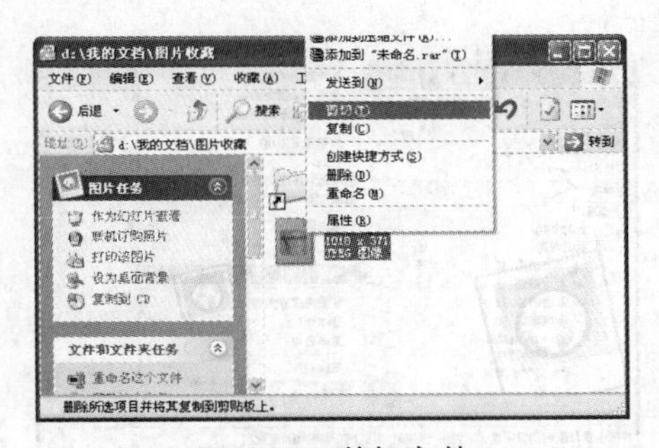

图 2-36　剪切文件

Step 11　打开新建的“图片”文件夹窗口，在空白区域单击鼠标右键，在弹出的快捷菜单中选择“粘贴”命令，如图 2-37 所示。

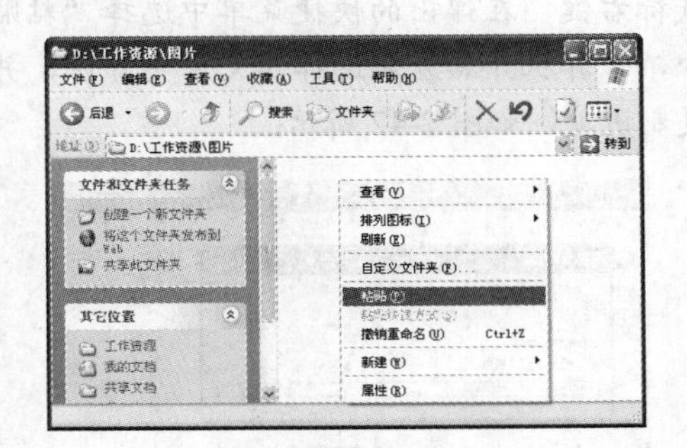

图 2-37　粘贴文件

Step 12　此时剪切的图片文件便移动到“图片”文件夹中了，如图 2-38 所示。按相同方法将其他文件移动到新建的几个文件夹中即可。

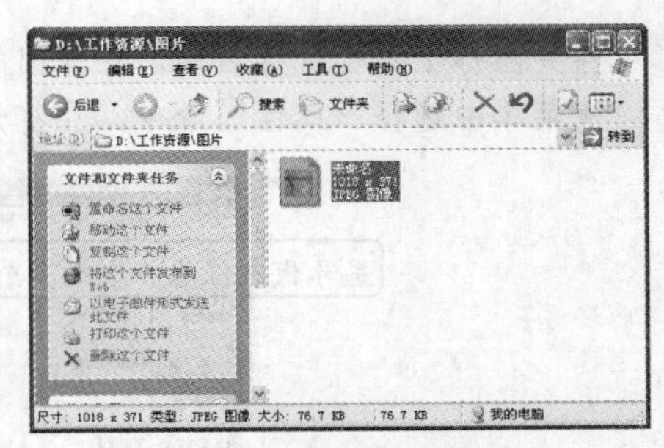

图 2-38　完成文件的移动

> **提示：** 选择需复制的文件或文件夹（可多选）后，可按“Ctrl+C”组合键，或在选择的对象上单击鼠标右键，在弹出的快捷菜单中选择“复制”命令进行复制，切换到目标窗口后，按“Ctrl+V”组合键，或在窗口空白区域单击鼠标右键，在弹出的快捷菜单中选择“粘贴”命令即可进行粘贴。

【知识补充】在 Windows XP 中还可对文件与文件夹进行如下一些基本操作。

- 选择文件和文件夹。在文件或文件夹上单击鼠标即可选择该文件或文件夹。按住“Ctrl”键不放依次单击不同的文件或文件夹可将其逐一选择。按住“Shift”键不放单击不同的文件和文件夹可选择所有相邻的文件和文件夹对象。
- 删除文件和文件夹。选择需删除的文件或文件夹（可多选），然后按“Delete”键，在打开的提示对话框中单击 是(Y) 按钮即可。
- 搜索文件和文件夹。单击“搜索”按钮 搜索(R)，打开“搜索结果”窗口，在左侧窗格中选择需要搜索的文件类型，在“全部或部分文件名”文本框中输入要搜索的文件名称或部分文件名称，单击 搜索(R) 按钮，操作系统开始按照设置的条件进行搜索，并在右侧的窗口中显示出符合条件的文件，如图 2-39 所示。
- 查看文件与文件夹的属性。在文件或文

件夹图标上单击鼠标右键，在弹出的快捷菜单中选择“属性”命令，在打开的对话框中可以查看到该文件对象的大小和创建日期等信息。

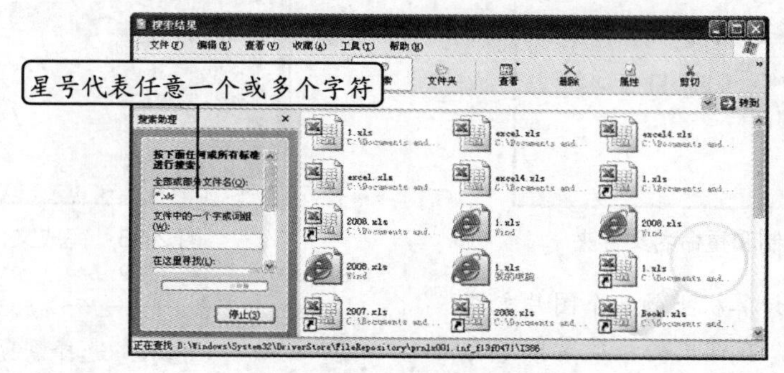

图 2-39　搜索文件

2.4.3　资源管理器的使用

资源管理器是 Windows XP 提供的帮助管理文件资源的一种实用工具，在任意文件夹窗口的工具栏上单击“文件夹”按钮即可在窗口左侧弹出资源管理器，利用该工具可以更加方便地对文件进行选择、移动、复制和删除等操作。

【任务 6】通过资源管理器将 F 盘下的“照片”文件夹复制到 D 盘。

Step 1　打开“我的电脑”窗口，单击工具栏上的“文件夹”按钮，在左侧的资源管理器上单击“本地磁盘(F:)”超链接，如图 2-40 所示。

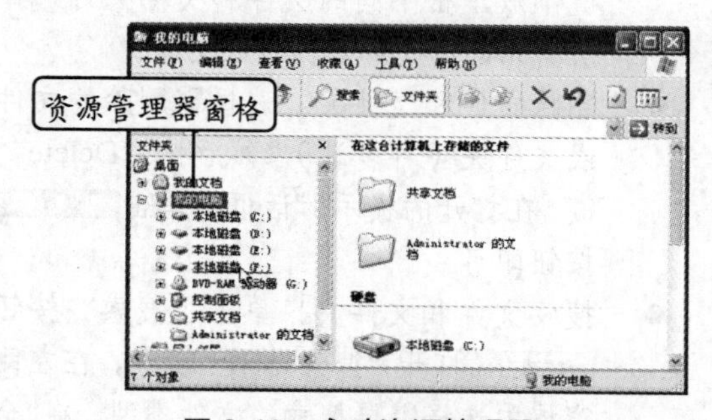

图 2-40　启动资源管理器

Step 2　此时将在当前窗口右侧中显示F盘窗口中的内容，在“照片”文件夹上单击鼠标右键，在弹出的快捷菜单中选择“复制”命令，如图 2-41 所示。

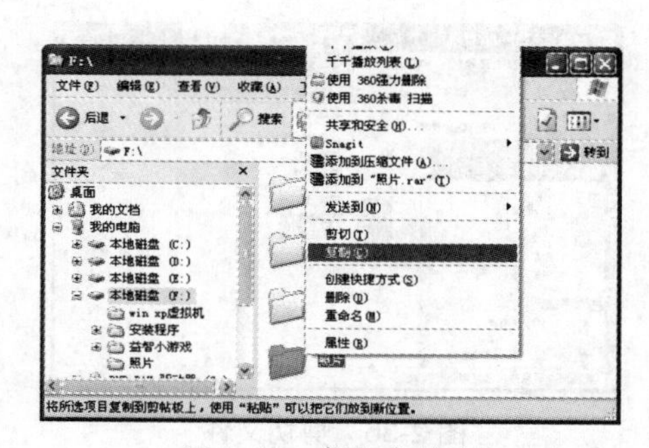

图 2-41　复制文件夹

Step 3　单击资源管理器上的“本地磁盘(D:)”超链接，切换到 D 盘窗口，在空白区域单击鼠标右键，在弹出的快捷菜单中选择“粘贴”命令，计算机开始复制选择的文件夹资源，并显示复制进度，如图 2-42 所示。

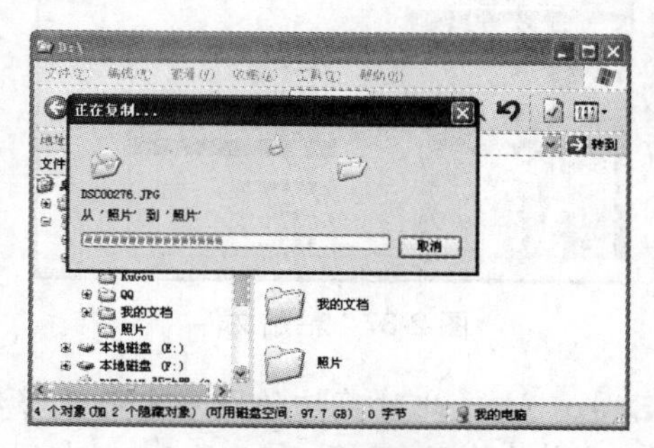

图 2-42　正在复制

Step 4　复制完成后再次单击“文件夹”按钮即可关闭资源管理器，如图 2-43 所示。

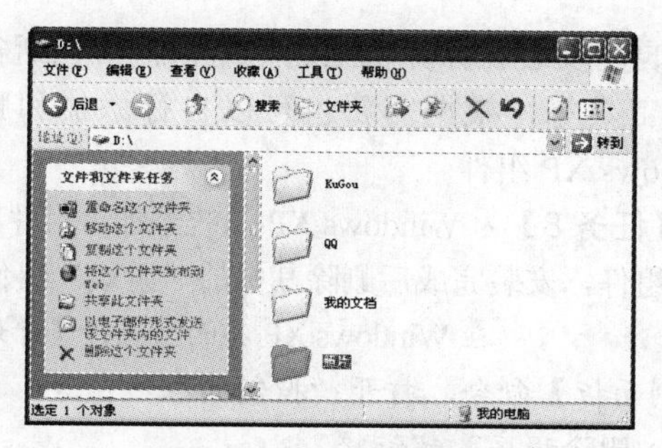

图 2-43　关闭资源管理器

提示：通过本任务可以看出，在资源管理器中管理文件的操作与前面介绍的在文件夹窗口中的操作是一致的，唯一的区别在于打开目标窗口的方式不同。在资源管理器打开磁盘窗口后，还可继续依次单击展开下一级文件夹窗口。

2.4.4　回收站的使用

在使用 Windows XP 对文件和文件夹进行处理时，会遇到一些已经不具备任何使用价值的文件，为了释放和节省磁盘空间，用户一般会选择删除这些文件。在删除文件时，系统会提示是否要删除文件。

回收站其实是一个特殊的文件夹，用户删除的文件都放在这个文件夹里。当用户由于错误操作删除了一些有用的文件时，通过回收站可以把这些文件找回来。

【任务 7】在 Windows XP 系统桌面上新建名为“音乐”的文件夹，然后对其进行删除和恢复操作。

Step 1　在 Windows XP 系统桌面上空白处单击鼠标右键，在弹出的快捷菜单中选择【新建】/【文件夹】命令。

Step 2　将新建文件夹命名为“音乐”。

Step 3　在“音乐”文件夹上单击鼠标右键，在弹出的快捷菜单中选择“删除”命令，弹出图 2-44 所示的对话框，单击“是(Y)”按钮，即可将“音乐”文件夹放入“回收站”中。

图 2-44　删除文件夹

Step 4　鼠标左键双击“回收站”图标，打开“回收站”窗口，在“回收站”窗口中可以看到删除的“音乐”文件夹。鼠标左键单击选中“音乐”文件夹，然后单击窗口左侧“回收站任务”栏中的“还原此项目”超链接，即可将文件夹还原，如图 2-45 所示。

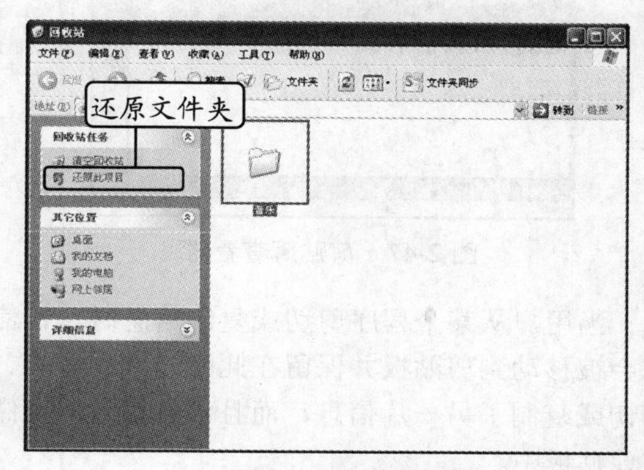

图 2-45　还原文件夹

提示：删除的文件仅仅是被放入了回收站中，并没有从计算机中真正删除，仍然占用了磁盘空间，因此只有清空回收站后，才能真正释放磁盘空间。

2.4.5　剪贴板的使用

剪贴板是计算机内存中存放临时性数据的一块空间，通过“复制”操作，可以将数据存放在剪贴板中，然后再通过“粘贴”操作，将数据粘贴到需要的位置。剪贴板的特点如下。

- 只能存储临时性数据。
- 只能保持最后一次复制操作涉及的对象。
- 剪贴板内的数据可以被反复多次使用。

在 Windows XP 系统中，可以选择【开始】/【运行】命令，打开如图 2-46 所示的“运行”对话框，在“打开”文本框中输入“clipbrd”，单击确定按钮，打开“剪贴簿查看器”窗口，如图 2-47 所示。

图 2-46 “运行”对话框

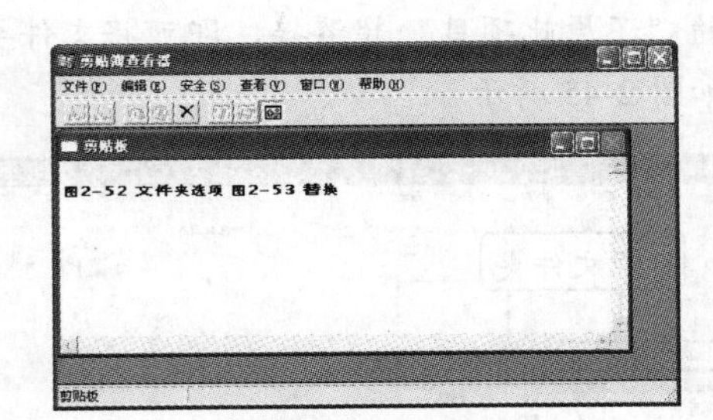

图 2-47 剪贴簿查看器

当用户从某个程序剪切或复制信息时，该信息会被移动到剪贴板并保留在此处，直到清除、剪切或复制了另一片信息，而且信息仅暂时存储在剪贴板中。

剪贴板可以存储不同格式的文本，例如“文本”字符集（基于大多数 Windows 程序使用的字符集）、OEM 文本格式（基于 MS-DOS 程序）以及 Unicode 字符集（世界上使用的所有主要脚本的扩展集）。在“查看”菜单可以查看各种格式的数据。

2.5 管理应用程序

应用程序是指为了完成某些特定任务而开发、运行在操作系统上的计算机程序。计算机中的应用程序多种多样，但其安装、卸载、运行和退出的操作方法基本一致，下面进行具体介绍。

2.5.1 添加和删除 Windows XP 组件

Windows XP 组件是指在安装 Windows XP 系统时自动安装在计算机上的一组组件，包括各种附件工具等，根据需要也可以自行添加和删除 Windows XP 组件。

【任务 8】为 Windows XP 系统添加“附件和工具”组件，安装完成后删除其中的“游戏”组件。

Step 1 在 Windows XP 桌面上选择【开始】/【控制面板】命令，打开“控制面板”窗口，单击“添加/删除程序”超链接。

Step 2 在打开的“添加或删除程序”窗口中单击左侧的“添加/删除 Windows 组件”按钮，如图 2-48 所示。

图 2-48 添加或删除组件

Step 3 打开“Windows XP 组件向导”对话框，在“组件”列表框中选中“附件和工具”前面的复选框，然后单击下一步按钮，如图 2-49 所示，系统即可自行安装选中的组件。

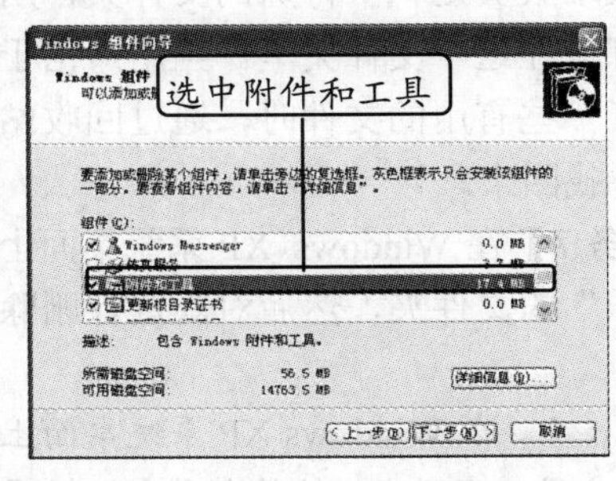

图 2-49 添加“附件和工具”组件

Step 4 若要删除组建，可在“Windows XP 组件向导”窗口的“组件”列表中选中“附件和工具”前的复选框，然后单击详细信息按钮，打开“附件和工具”对话框，如图 2-50 所示，取消选中“游戏”复选框，然后单击确定按钮。

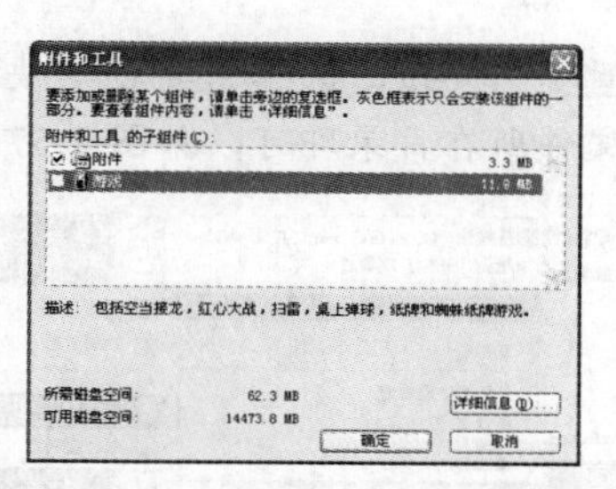

图 2-50　取消选中“游戏”复选框

Step 5　返回“Windows XP 组件向导”窗口，单击下一步(N) >按钮，系统即可开始删除“游戏”组件，如图 2-51 所示。

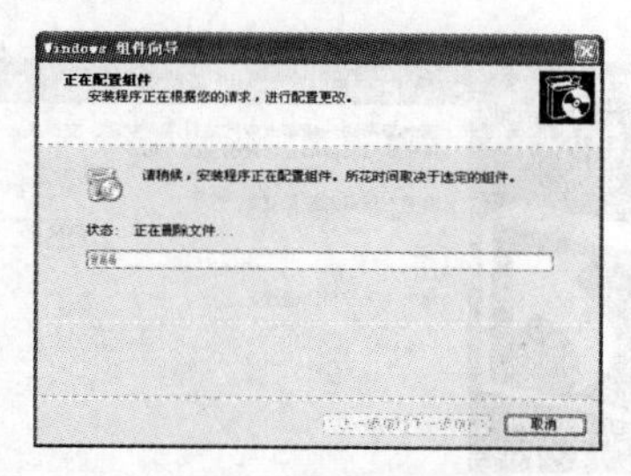

图 2-51　开始删除组件

2.5.2　安装应用程序

专业性强的软件能帮助计算机用户更好地完成各项工作，而要使用这些专业软件，首先需要将其安装到计算机系统中。

应用程序的安装一般包括运行安装程序、阅读软件介绍、接受许可协议、填写用户名和单位信息、输入安装序列号（也称 CD key 或产品密钥，通常印刷在软件包装上）、指定软件安装的磁盘位置、选择需安装的部分组件、开始安装、显示安装进度以及安装完毕等步骤。总的来说，安装应用程序只需运行安装程序（.exe 文件）后，在打开的对话框中根据提示操作即可完成安装。

注意：上述内容只是软件安装的一般步骤，并不是所有软件的安装过程都必须经历以上每个步骤，根据软件类型和大小的不同，其安装步骤可能增加或减少。

【任务 9】安装 QQ 2012 应用程序。

Step 1　打开腾讯 QQ 安装程序所在的文件夹，双击运行安装程序文件。

Step 2　安装程序将会自动检测安装环境，检测完成后会自动打开“腾讯 QQ 2012（安全防护）安装向导”对话框，选中“我已阅读并同意软件许可协议和青少年上网安全指引”复选框并单击下一步(N) >按钮，如图 2-52 所示。

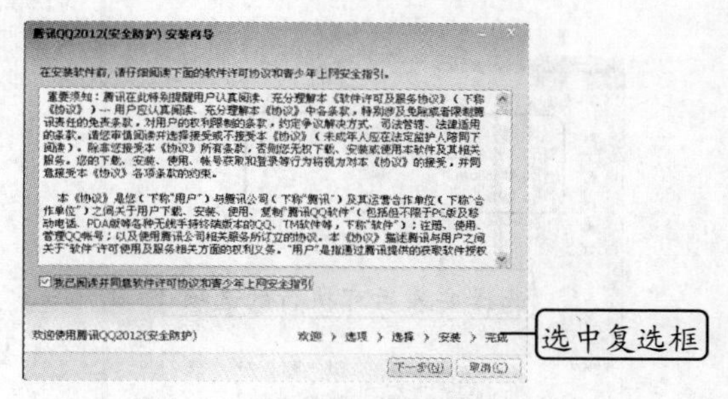

图 2-52　同意安装协议

Step 3　安装程序跳到下一个页面，如图 2-53 所示，选择需要安装的选项和快捷方式，然后单击下一步(N) >按钮。

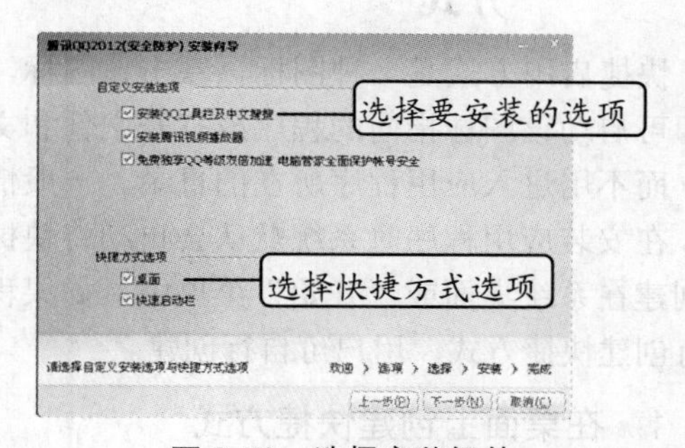

图 2-53　选择安装组件

Step 4　在打开的“程序安装目录”对话框中，设置腾讯 QQ 2012 的安装路径，并根据实际需要选中“个人文件夹”栏中的相应单选项，如图 2-54 所示，然后单击安装(I)按钮开始安装。

Step 5　安装完成后，系统将打开“安装完成”对话框，如图 2-55 所示，,选中相应的复选框，单击完成(E)按钮，完成腾讯 QQ 2012 的安装。

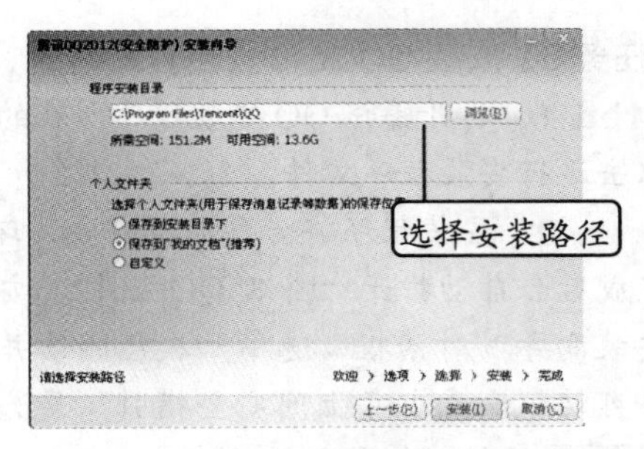

图 2-54　设置安装路径

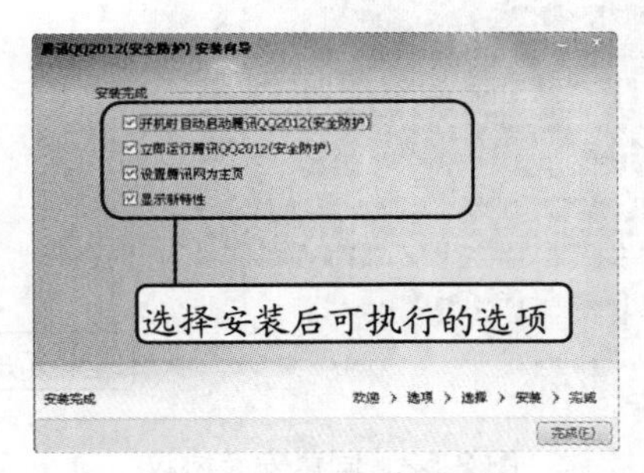

图 2-55　安装完成

2.5.3　创建应用程序的快捷启用方式

快捷启用方式是一种图标，双击该图标，用户即可启动该图标指向的程序或打开文件和文件夹，而不用进入应用程序所在的目录。一般情况下，在安装应用程序时系统默认会自动将快捷图标创建在系统桌面或“开始”菜单中，如果程序没有创建快捷方式，用户可自行创建。

1. 在桌面上创建快捷方式

在桌面上创建快捷方式的操作有以下几种。

- 在“开始”菜单或文件夹窗口中用鼠标右键单击选中需要创建快捷方式的对象，在弹出的快捷菜单中选择【发送到】/【桌面快捷方式】命令，如图 2-56 所示。
- 按住“Alt”键不放，然后拖动要添加快捷方式的对象到桌面上。
- 在桌面空白处单击鼠标右键，在弹出的快捷菜单中选择【新建】/【快捷方式】命令，桌面上会出现一个快捷方式图标并打开“创建快捷方式”对话框，单击 浏览(B)... 按钮，选择需要创建快捷方式的文件所在目录即可，如图 2-57 所示。

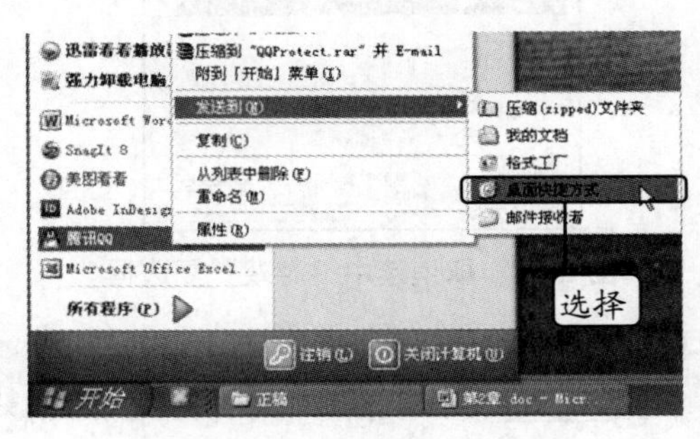

图 2-56　创建快捷方式

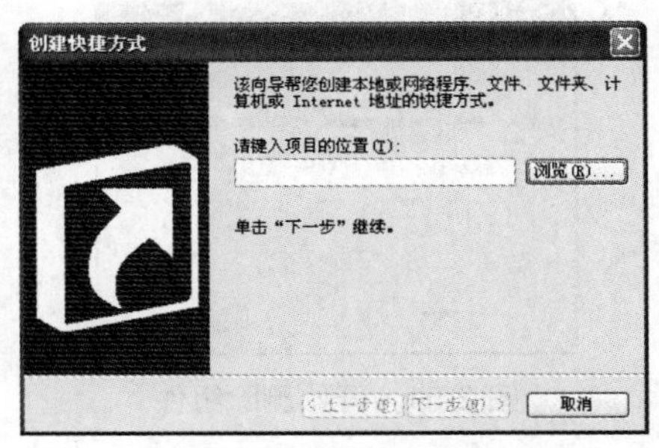

图 2-57　选择文件所在路径

2. 在“开始”菜单中添加快捷方式

选中桌面上的快捷方式，用鼠标将其拖动到 开始 按钮上，打开“开始”菜单，即可看到相应的快捷方式，在“开始”菜单中可以用鼠标左键选中快捷方式然后拖动，将快捷方式放置在相应的位置。

3. 在任务栏上添加快捷方式

与在“开始”菜单中添加快捷方式的方法相同，直接将快捷方式拖动到任务栏上释放，即可在任务栏上添加快捷方式。

2.5.4　运行和退出应用程序

1. 运行应用程序

运行应用程序的方法比较多，最常用的方法有以下 3 种。

- 选择【开始】/【所有程序】命令，在打开的菜单中列出了当前计算机中安装的一部分程序，选择某个程序即可将其启动（某些程序还有子菜单，必须选择子菜单中的命令才能启动）。

- 双击程序的桌面快捷方式图标。
- 双击由该程序生成的文件。

2. 退出程序

在程序中完成任务后应退出程序，以保存数据并释放内存，常用的退出程序的方法有如下几种。

- 选择【文件】/【退出】命令。
- 单击应用程序窗口右上角的“关闭”按钮☒。
- 按“Alt+F4”组合键。

【任务10】写字板程序是Windows XP自带的一个文本编辑程序，下面练习运行与退出写字板程序。

Step 1 选择【开始】/【所有程序】/【附件】/【写字板】命令，如图2-58所示，即可启动并运行写字板程序。

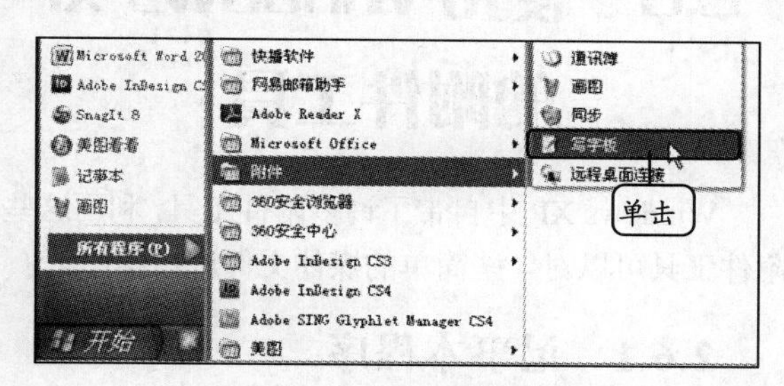

图2-58 启动“写字板”程序

Step 2 单击“写字板”程序窗口右上角的“关闭”按钮☒，即可退出程序，如图2-59所示。

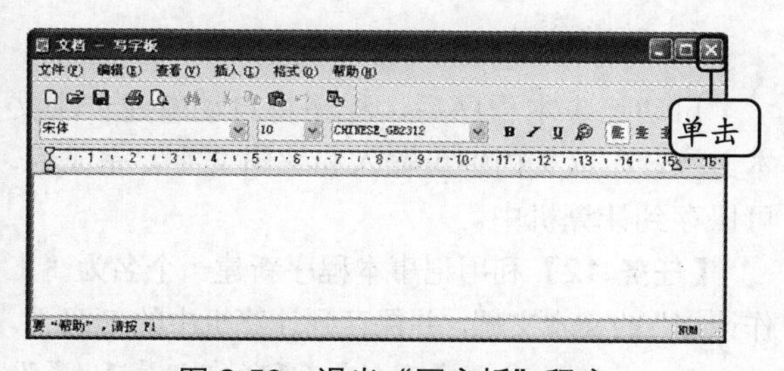

图2-59 退出“写字板”程序

3. 退出非正常运行的程序

如果某一程序在运行的过程中出现程序画面固定，鼠标无法响应（无法选择该程序的任何命令或选项的情况），这时可通过“Windows任务管理器”退出该程序。

方法是按“Ctrl+Alt+Delete”组合键，打开“Windows任务管理器”对话框，如图2-60所示。在“应用程序”选项卡中显示出当前正在运行的程序，选择状态为“未响应”的程序，然后单击结束任务(E)按钮完成操作。

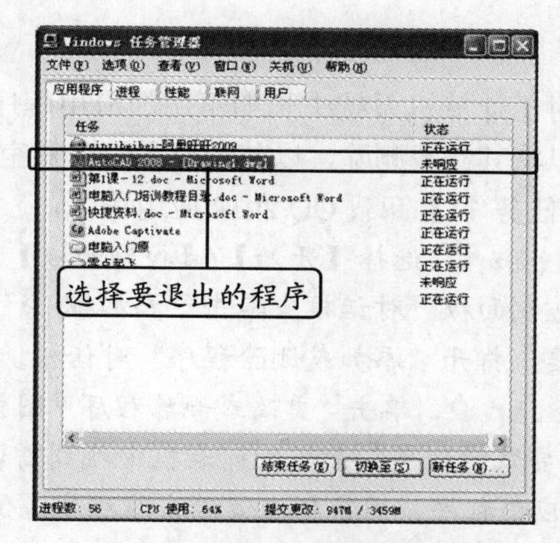

图2-60 Windows任务管理器

2.5.5 升级与卸载应用程序

1. 升级应用程序

随着计算机技术的发展，如今计算机中各种应用程序的升级可自动进行，某些软件在计算机连入了Internet后便可自动检测升级软件，并提示用户进行安装。另外，在安装了“360软件管家”等系统维护软件后，可以自动检测计算机中的应用程序，并提供升级链接处理，如图2-61所示。

其具体操作方法为：启动360软件管家，单击工具栏上的“软件升级”按钮，在列出的可以升级的软件列表中勾选需要升级的软件，单击升级或一键升级按钮，即可对软件进行升级。

图 2-61　360 软件管家

2. 卸载应用程序

对于计算机系统中长期不用的应用程序，用户可以将其卸载删除，以节约更多的磁盘空间。

【任务 11】卸载 QQ 2012 应用程序。

Step 1　选择【开始】/【控制面板】命令，在“控制面板”对话框中单击“添加/删除程序”超链接，打开“添加或删除程序”对话框。

Step 2　单击“更改或删除程序”图标，在“当前安装的程序”面板的列表框中找到腾讯 QQ 2012 应用程序，用鼠标左键单击该程序，使其展开，然后单击删除按钮，如图 2-62 所示。

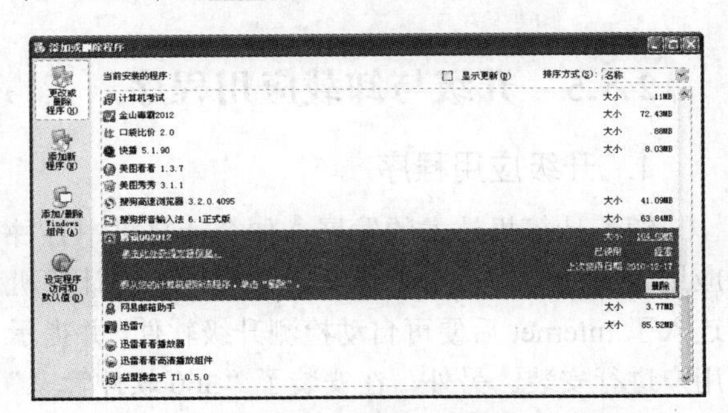

图 2-62　“添加或删除程序”对话框

Step 3　此时自动打开一个对话框，询问是否要删除腾讯 QQ 2012，单击是(Y)按钮，如图 2-63 所示。

图 2-63　确认删除对话框

Step 4　系统开始自动检测已安装的腾讯 QQ2012，并进行配置删除操作，如图 2-64 所示。

图 2-64　配置删除操作对话框

Step 5　删除完成后会弹出一个已成功删除的对话框，单击确定按钮，完成删除操作。

【知识补充】驱动程序是使计算机和一些外联设备之间能进行正常通信的特殊程序，相当于硬件的接口，计算机中的操作系统只有通过这个接口，才能控制外联硬件设备的工作，因此驱动程序是计算机系统与硬件设备间的桥梁。安装驱动程序需要通过相应设备的安装光盘进行，也可以根据硬件的型号从网上下载安装程序，其具体的安装过程与前面介绍的应用程序的安装基本相同。

2.6 使用 Windows XP 的附件工具

Windows XP 中自带了许多附件工具，利用这些附件工具可以对一些简单的媒体文件进行操作。

2.6.1　记事本程序

Windows XP 自带的记事本程序可以用于创建文本文档（.txt），包括输入和编辑文字等，下面具体介绍其使用方法。

1. 新建文本

启动记事本程序后，程序将自动新建一个文本文档，在该文档中可输入和编辑文字，完成后，可保存到计算机中。

【任务 12】利用记事本程序新建一个名为“工作计划”的文本文档，并保存到计算机中的 E 盘下。

Step 1　选择【开始】/【所有程序】/【附件】/【记事本】命令，打开“无标题-记事本”窗口，此时将自动新建一个空白文档。

Step 2　选择【文件】/【保存】命令，打开“另存为”对话框（按“Ctrl+S”组合键也可打开该对话框）。

Step 3　单击“保存在”下拉列表框右边的按钮，在弹出的下拉列表中选择 E 磁盘，在“文件名”下拉列表框中输入文件名“工作计划”，如图 2-65 所示。

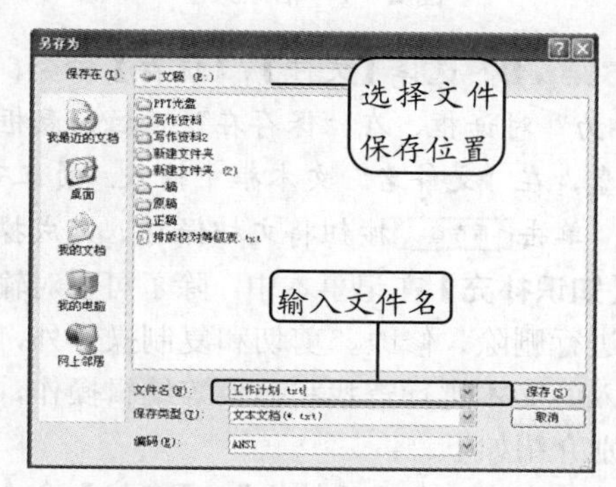

图 2-65　“另存为”对话框

Step 4　单击按钮，记事本的标题栏上将显示文档的名称“工作计划.txt”，至此完成文档的创建。

【知识补充】若要将打开的或修改过的记事本文档保存为另外一个文件，或保存到其他位置，并保持原有文件内容不变，可以选择【文件】/【另存为】命令，在打开的“另存为”对话框中参照保存新建文件的方法，指定保存文件的新位置或名称即可。

输入和编辑文本操作是指新建一个记事本文档后，在其中进行文本输入和文本编辑的操作。由于记事本默认的格式是没有选中“自动换行”命令，所以在文本输入之前，可以首先进行自动换行设置，再进行文本的输入。

2. 输入文本

【任务 13】利用记事本在新建文本文档中输入“员工守则”及其相关文字内容，对其进行编辑并保存，掌握记事本程序的一般使用方法。

Step 1　选择【开始】/【所有程序】/【附件】/【记事本】命令，启动“记事本”程序。

Step 2　选择【格式】/【自动换行】命令，使“自动换行”命令前出现勾选标记，其作用是当输入文本到达窗口右边框时将自动换行开始输入。

Step 3　将光标定位在文本编辑区的左上角，切换到汉字输入法，然后按照图 2-66 所示的文本输入内容。

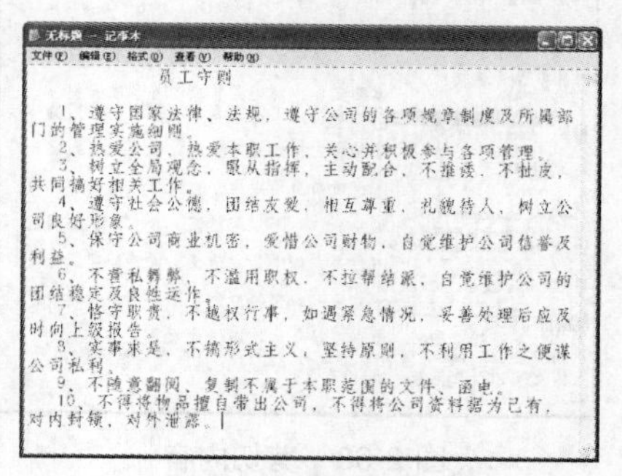

图 2-66　输入通知内容

Step 4　将光标定位在“不扯皮”3 个文字后，按键盘上的退格键将这 3 个字删除。

> 提示：上面介绍的删除文本的方法对于需要删除较少字数的文本时较为常用，对于较多字数的文本或段落，通常先用鼠标选中需要删除的文本，然后按【Delete】键或退格键进行删除。

Step 5　将光标移动至“不任意翻阅”文本前，单击鼠标左键并拖动，将文本选中后重新输入“不得随意翻阅”，对原来的文本内容进行修改，如图 2-67 所示。

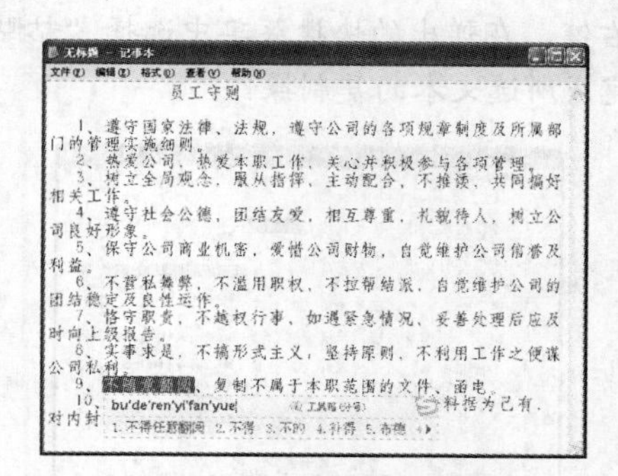

图 2-67　修改文本内容

Step 6　选中图 2-68 所示的文字，单击鼠标右键，在弹出的快捷菜单中选择“剪切”命令，将光标定位到图 2-69 所示的位置并单击左键，将光标插入点定位到所需位置，然后单击鼠标右键，在弹出的快捷菜单中选择“粘贴”命令，将“公司”文本移至光标处。

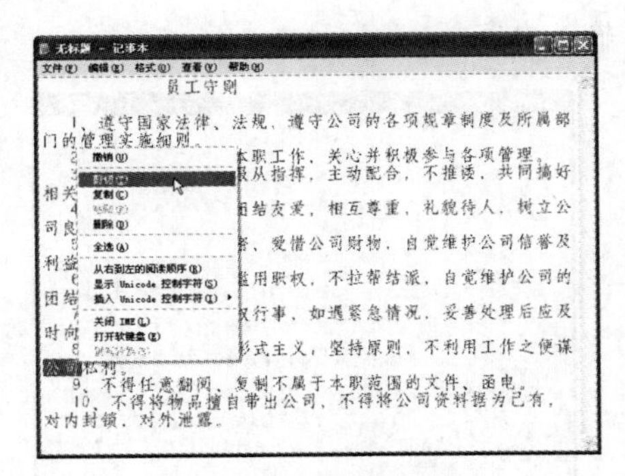

图 2-68　剪切内容

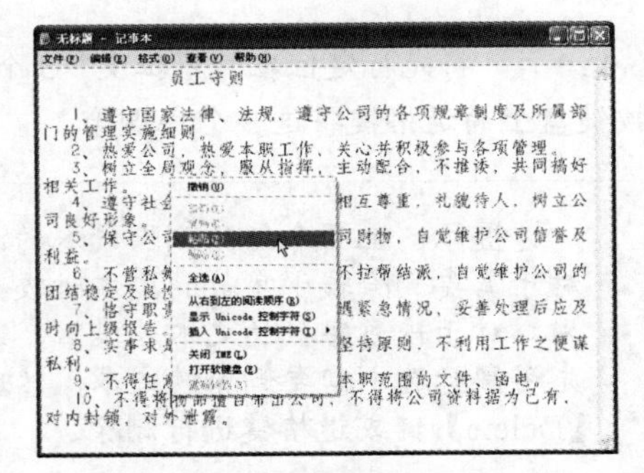

图 2-69　粘贴内容

Step 7　选中图 2-70 所示的需要复制的文本，单击鼠标右键，在弹出的快捷菜单中选择“复制”命令。将光标插入图 2-71 所示的位置，单击鼠标右键，在弹出的快捷菜单中选择“粘贴”命令，完成所选文本的复制操作。

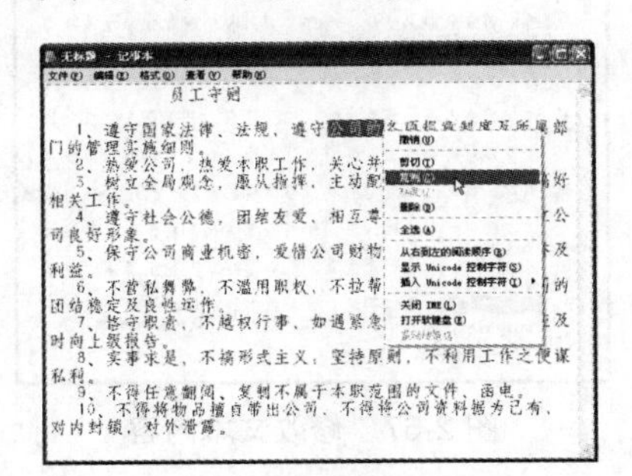

图 2-70　复制文字

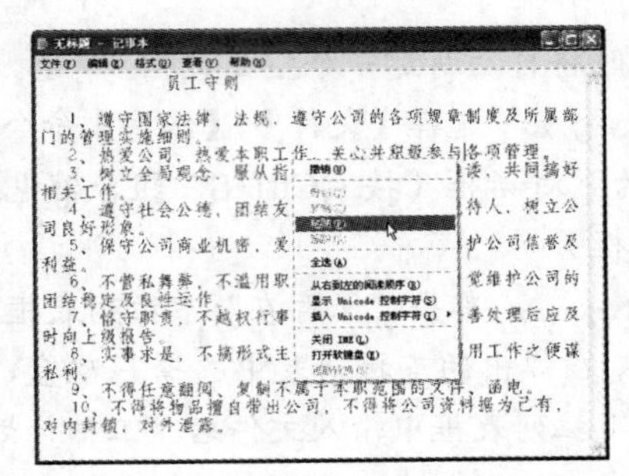

图 2-71　粘贴文字

Step 8　选择【文件】/【保存】命令，打开“另存为”对话框，在“保存在”下拉列表框中选择 E 盘，在“文件名”文本框中输入“员工守则”文本，单击 保存(S) 按钮将文档保存，完成操作。

【知识补充】在记事本中，除了可以对输入的文本进行删除、修改、剪切和复制操作外，还可对输入的文本进行查找和替换等编辑操作，其方法分别介绍如下。

- 查找。选择【编辑】/【查找】命令，打开图 2-72 所示的“查找”对话框，在“查找内容”文本框中输入需查找的文本，并在“方向”栏中设置查找方向，然后单击 查找下一个(F) 按钮，即可在当前文档中查找指定的文本，并将其自动选中。

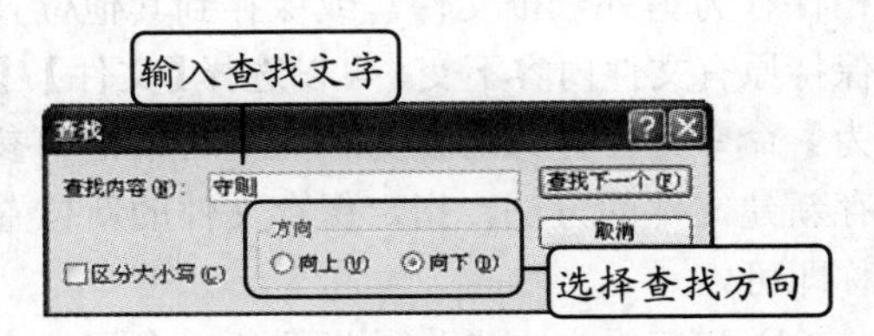

图 2-72　“查找”对话框

- 替换。选择【编辑】/【替换】命令，打开图 2-73 所示的“替换”对话框，在“查找内容”文本框中输入需替换的文本，在“替换为”文本框中输入要替换的新文本，然后单击 替换(R) 按钮，即可在当前文档中查找到指定的文本并将其替换为新文本。若要将当前文档中所有相同的文本全部替换为新文本，可单击 全部替换(A) 按钮。

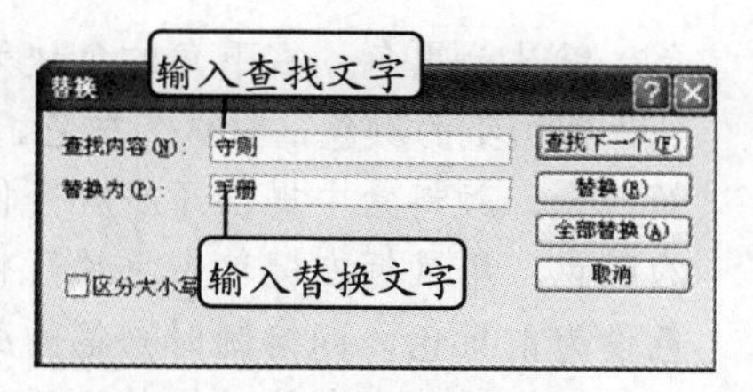

图 2-73　“替换”对话框

提示：在编辑文档的过程中，选择【编辑】/【撤销】命令或按“Ctrl+Z”组合键可取消上一步操作，多次按“Ctrl+Z”组合键则可取消前面连续几步的操作。

3. 设置文本格式

在记事本窗口中选择【格式】/【字体】命令，在打开的“字体”对话框中可对记事本的文本格式进行设置。

【任务 14】将“员工守则”文本文档中的字体改为方正楷体简体，字形改为粗体，大小改为三号。

Step 1　启动记事本程序，选择【文件】/【打开】命令，在打开的“打开”对话框的“查找范围”下拉列表中选择“员工守则”文档存储的位置，这里选择 E 盘，然后选择“员工守则”文本文档，单击打开(O)按钮打开文档。

Step 2　选择【格式】/【字体】命令，在打开的“字体”对话框的“字体”列表框中选择“方正楷体简体”，在“字形”列表框中选择“粗体”，在“大小”列表框中选择“三号”，如图 2-74 所示。

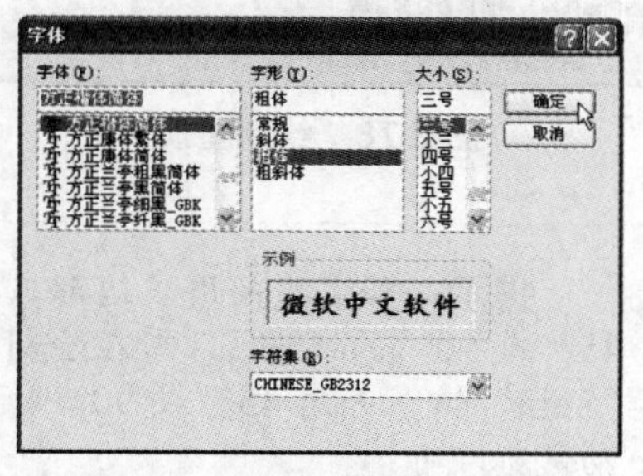

图 2-74　设置“字体”对话框

Step 3　设置完成后，单击确定按钮。如图 2-75 所示。

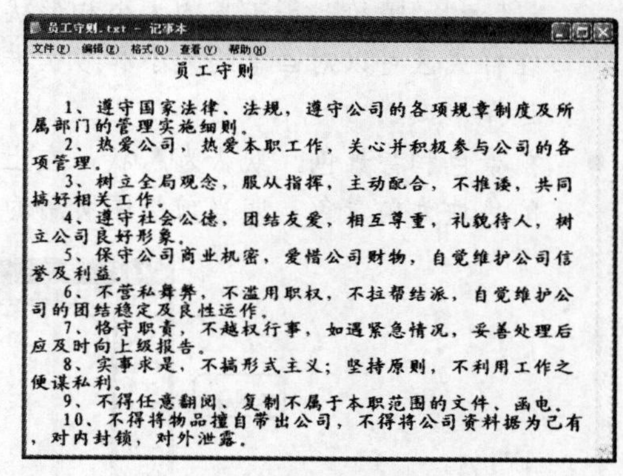

员工守则.txt - 记事本

文件(F) 编辑(E) 格式(O) 查看(V) 帮助(H)

员工守则

1、遵守国家法律、法规，遵守公司的各项规章制度及所属部门的管理实施细则。
2、热爱公司，热爱本职工作，关心并积极参与公司的各项管理。
3、树立全局观念，服从指挥，主动配合，不推诿，共同搞好相关工作。
4、遵守社会公德，团结友爱，相互尊重，礼貌待人，树立公司良好形象。
5、保守公司商业机密，爱惜公司财物，自觉维护公司信誉及利益。
6、不营私舞弊，不滥用职权，不拉帮结派，自觉维护公司的团结稳定及良性运作。
7、恪守职责，不越权行事，如遇紧急情况，妥善处理后应及时向上级报告。
8、实事求是，不搞形式主义；坚持原则，不利用工作之便谋私利。
9、不得任意翻阅、复制不属于本职范围的文件、函电。
10、不得将物品擅自带出公司，不得将公司资料据为己有，对内封锁，对外泄露。

图 2-75　设置完成后的文本

关闭记事本文档的方法主要有以下两种。

- 直接单击文档右上角的“关闭”按钮直接关闭。
- 选择【文件】/【退出】命令。

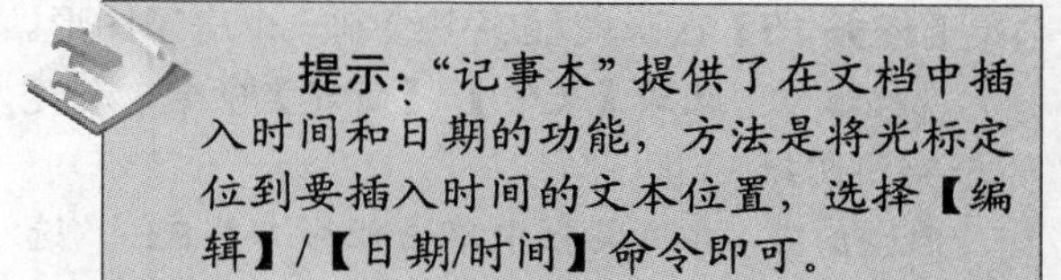

提示：“记事本”提供了在文档中插入时间和日期的功能，方法是将光标定位到要插入时间的文本位置，选择【编辑】/【日期/时间】命令即可。

2.6.2　画图程序

Windows XP 自带的画图程序是一个简单的图像绘制和处理程序，通过画图程序可以绘制简单的图画，也可以对打开的图片进行简单的编辑处理，然后将绘制和编辑的图画或图片保存在计算机中。

选择【开始】/【所有程序】/【附件】/【画图】命令，启动画图程序，如图 2-76 所示。

画图程序中各个区域的作用介绍如下。

- 工具箱。包括画图时需要使用的“铅笔”“刷子”“橡皮擦”“喷枪”和“颜料盒”等工具按钮，将光标移动到所需按钮上，稍等片刻，计算机将自动显示该按钮的名称，单击该按钮后即可选择相应的工具。
- 绘图区。画图时的工作区域，可将图画

画于其中，类似于画纸。

- 样式区。其中显示出“铅笔”“刷子”“橡皮”和“喷枪”等工具的大小和形状。在样式区可以对画笔的大小和形状进行选择。
- 前景色和背景色。默认为■状，左上角的色块为前景色，即当前绘图所用的颜色，默认为黑色。右下角的色块为背景色，即画纸的颜色，默认为白色。
- 颜料盒。颜料盒中提供了多种可供使用的颜色。用鼠标左键单击色块可将该颜色设为前景色，即绘制时画笔的颜色，用鼠标右键单击色块可将其设置为背景色，即画纸的颜色。

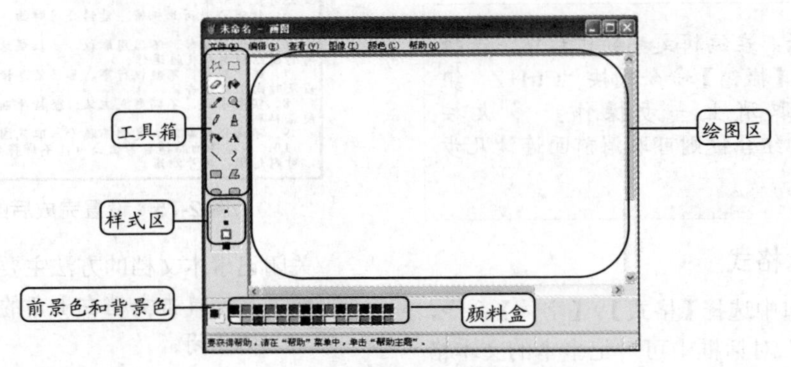

图 2-76 “画图”程序操作界面

【任务 15】在画图程序中绘制一个房子图形。

Step 1 选择【文件】/【新建】命令，新建一个空白图纸。

Step 2 在工具栏中单击矩形工具▭，选择填充模式为第一种，然后在图纸中空白位置单击鼠标左键不放，并向右下方向拖动到一定位置然后放开，即可绘制一个矩形。绘制图 2-77 所示的两个矩形。

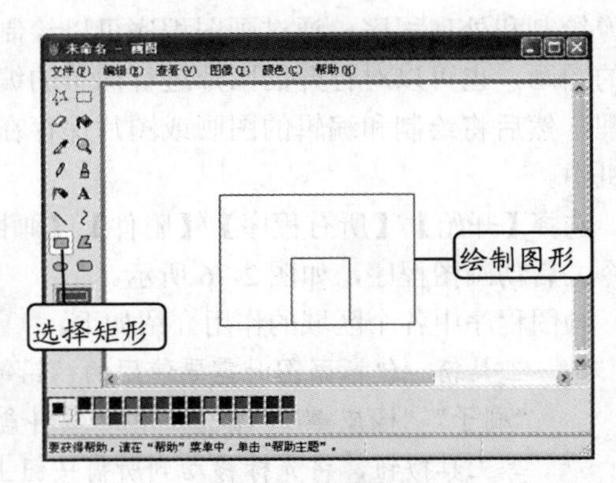

图 2-77 绘制矩形

Step 3 在工具栏中单击多边形工具，选择填充模式为第一种，然后在图纸中大矩形的左上角单击鼠标左键不放并向右上移动到适当位置释放，即可绘制一条直线。在大矩形右上角单击鼠标左键，会出现一条与上一条直线尾端相连的直线。绘制图 2-78 所示的屋顶。

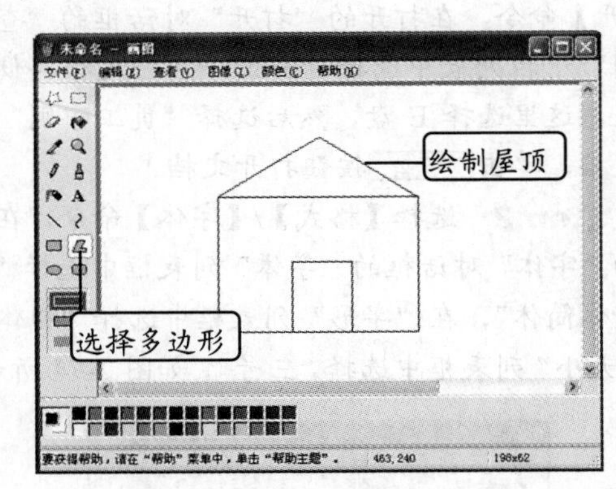

图 2-78 绘制屋顶

提示：若需要使用多边形工具绘制 45° 或 90° 的线段，只需在绘制时按住“Shift”键，并向 45° 或 90° 的方向拖动鼠标即可。

Step 4　在工具栏中单击椭圆工具◯，选择填充模式为第一种，然后在图 2-79 所示的位置按住“Shift”键不放并单击鼠标左键拖动到一定位置释放，可绘制一个正圆形窗户。

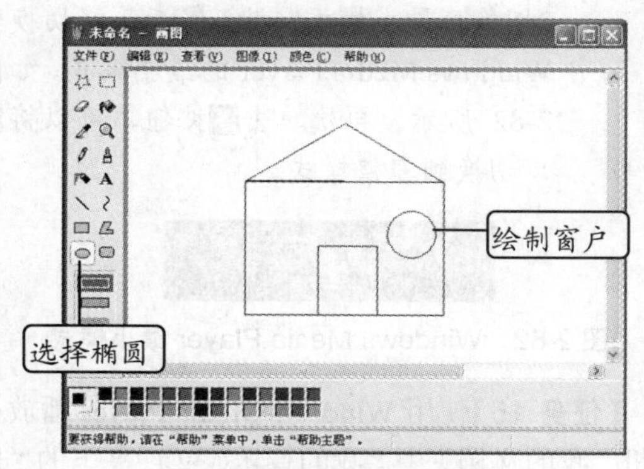

图 2-79　绘制圆形窗户

Step 5　在工具栏中单击圆角矩形工具▢，选择填充模式为第一种，然后在图 2-80 所示的位置按住“Shift”键不放并单击鼠标左键拖动到一定位置释放，可绘制一个圆角正方形窗户。

提示：使用矩形工具及圆角矩形工具绘制图形后，其边框的线宽度与当前直线工具粗细相同。如要更改边宽，在绘制前可单击工具箱中的直线或曲线工具，然后在工具箱下面的线宽选择区选择所需的宽度。

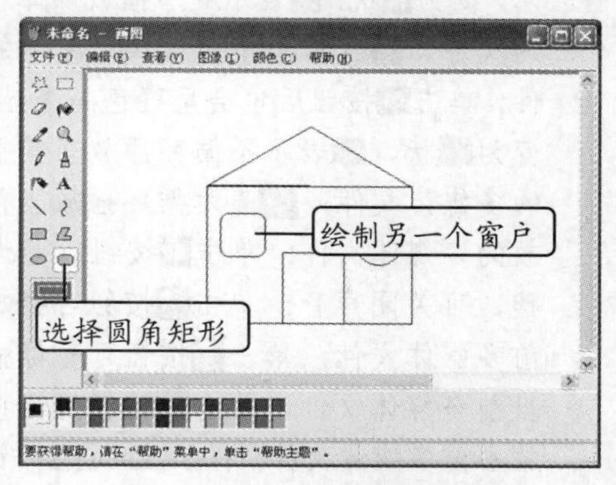

图 2-80　绘制圆角矩形窗户

2.6.3　Windows Media Player 播放器

Windows Media Player 程序可以播放大部分音频和视频格式的多媒体文件。选择【开始】/【所有程序】/【附件】/【娱乐】/【Windows Media Player】命令，启动 Windows Media Player 程序，并进入其操作界面，如图 2-81 所示。

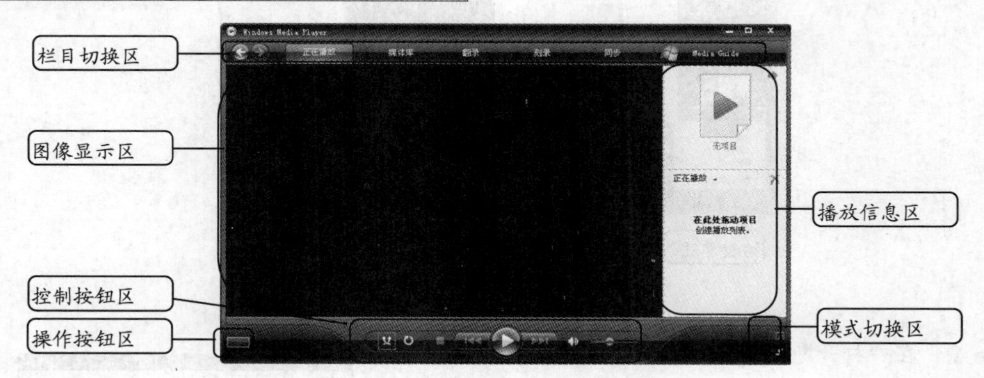

图 2-81　Windows Media Player 操作界面

Windows Media Player 操作界面中各组成区域的作用如下。

- 栏目切换区。单击不同的选项卡可切换到 Windows Media Player 的不同栏中，在其中可进行相应功能的操作或设置，默认情况处于“正在播放”栏下。
- 图像显示区。显示播放的视频画面。
- 操作按钮区。该区域中的按钮随播放状态的改变而改变，使用鼠标右键单击该区域后将弹出 Windows Media Player 的

快捷菜单。

- 控制按钮区。提供控制播放的按钮，其中单击按钮后按钮会呈蓝色高亮显示，变为状，表示顺序播放媒体库中的文件，表示无序播放媒体库中的文件；单击按钮后也会呈蓝色高亮显示，变为状，表示不循环播放当前播放的多媒体文件，表示循环播放当前播放的多媒体文件；单击按钮后变为状，可关闭声音；单击按钮可播放当前多媒体文件；单击按钮可暂停播放当前多媒体文件，单击按钮可停止播放当前多媒体文件；单击和按钮可在前后文件中进行切换，按住不放按钮将变为和状，可以实现后退和前进。
- 播放信息区。用于显示正在播放对象的名称等信息，在"正在播放"下拉列表框中可以通过使用鼠标拖动文件名称改变播放的先后顺序。
- 模式切换区。单击"全屏视图"按钮可将"图像显示"区放大到整个屏幕，这时使用鼠标在屏幕中的任何位置双击，即可将窗口还原到放大前的状态；单击"切换到最小模式"按钮后，将切换到Windows Media Player的最小模式，如图2-82所示。再次单击按钮，可以将窗口切换到完整模式。

图2-82　Windows Media Player最小模式

【任务16】使用Windows Media Player播放计算机"我的文档"中"我的音乐"文件夹下的"佩兰"音频文件。

Step 1　启动Windows Media Player播放器，在操作按钮区上单击鼠标右键，在弹出的快捷菜单中选择【文件】/【打开】命令，如图2-83所示。

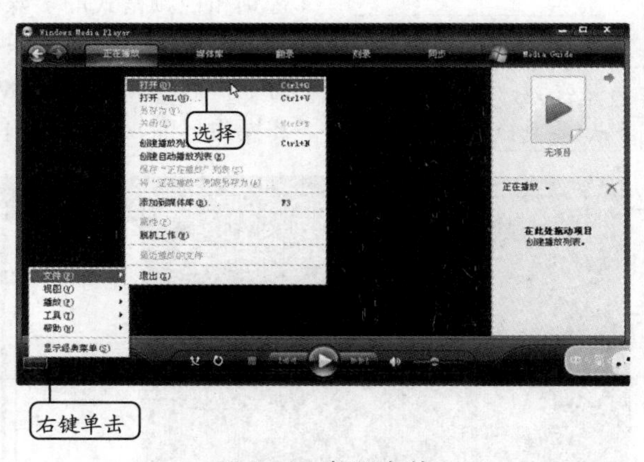

图2-83　打开文件

Step 2　在"打开"对话框中选择"我的文档"，然后双击"我的音乐"文件夹，如图2-84所示。在打开的文件夹中选择"佩兰.mp3"文件。如图2-85所示。

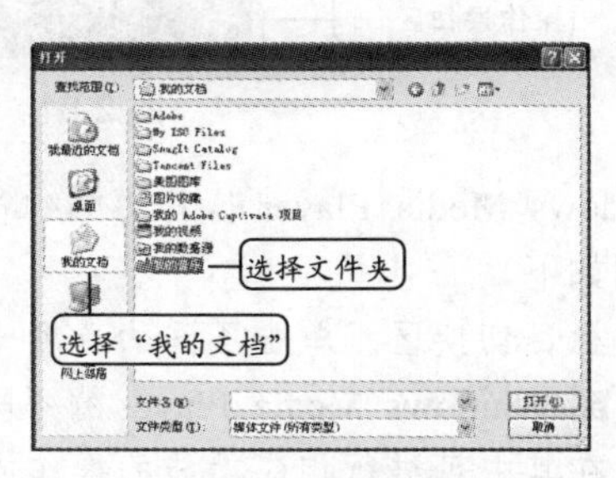

图2-84　选择文件夹

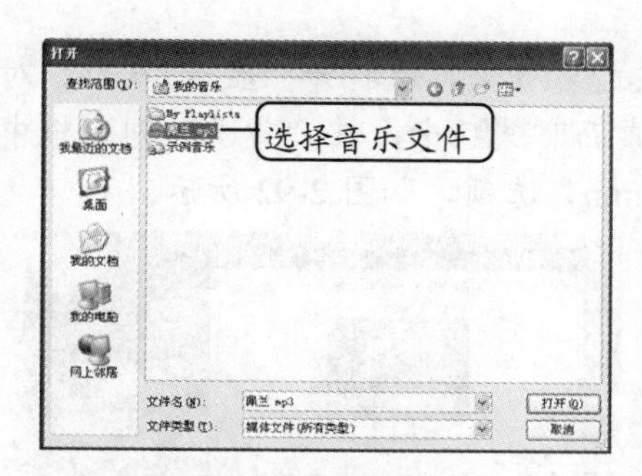

图 2-85 选择音乐文件

Step 3 单击[打开(O)]按钮，即可播放该音乐文件，如图 2-86 所示。

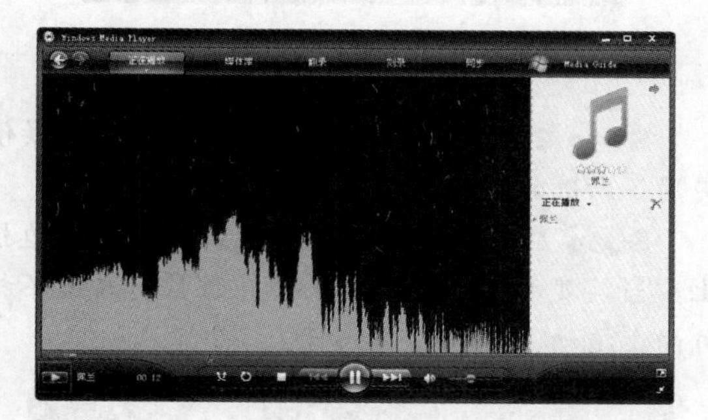

图 2-86 正在播放

注意：在使用 Windows Media Player 播放音乐文件时，由于歌曲或乐曲本身没有画面，因此在图像显示区中将不会显示任何图像。这时在图像显示区中单击鼠标右键，可以在打开的快捷菜单中选择与音乐节奏相对匹配的可视化效果。

2.7 使用控制面板

控制面板是 Windows XP 操作系统的一部分，通过它可以对系统的桌面显示、用户账户、日期时间、输入法以及声音等进行设置。

2.7.1 设置桌面与显示

在 Windows XP 桌面上可以移动、重命名和排列桌面图标，可以设置任务栏的大小和位置等，并且可以通过更改显示属性来自定桌面的显示外观。在控制面板中可以更改系统主题、更换桌面背景、设置外观、设置屏幕属性和设置屏幕分辨率等。

【任务 17】将“我的文档”“我的电脑”和“网上邻居”系统图标和记事本程序显示在桌面上，然后将桌面背景改为“Autumn”图片，并调整任务栏大小然后将其锁定。

Step 1 单击[开始]按钮，选择“控制面板”，在打开的窗口中单击“外观和主题”超链接，在打开的窗口中单击“显示”超链接，弹出“显示 属性”对话框。

Step 2 单击“桌面”选项卡，单击其下方的[自定义桌面(D)...]按钮，如图 2-87 所示。

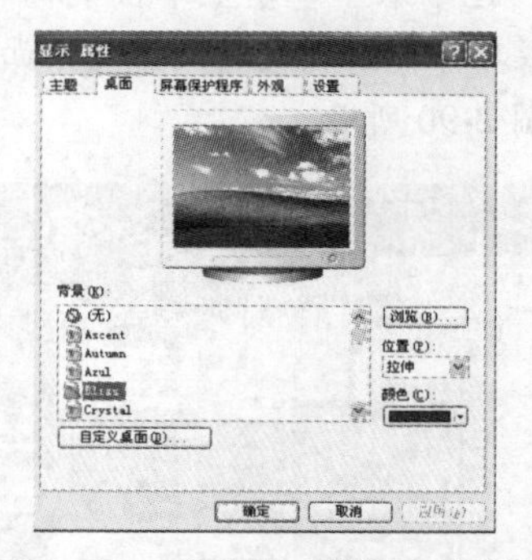

图 2-87 “显示 属性”对话框

Step 3 打开“桌面项目”对话框，依次选中“我的文档”“我的电脑”和“网上邻居”复选框，然后单击[确定]按钮，如图 2-88 所示。

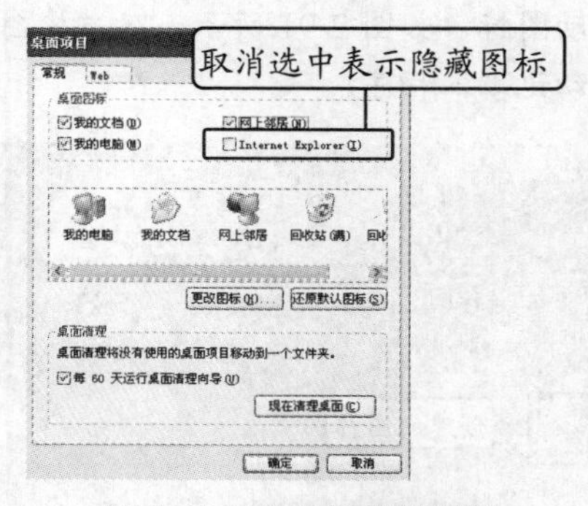

图 2-88 自定义桌面图标

Step 4 返回“显示 属性”对话框，单击 确定 按钮，此时桌面上将显示出“我的文档”“我的电脑”和“网上邻居”图标，如图 2-89 所示。

图 2-89 显示后的图标

Step 5 单击 开始 按钮，在打开的“开始”菜单中依次选择【所有程序】/【附件】命令，在弹出的“记事本”命令上单击鼠标右键，在弹出的快捷菜单中选择【发送到】/【桌面快捷方式】命令，如图 2-90 所示。

图 2-90 创建记事本程序桌面图标

Step 6 此时桌面上将显示记事本程序的快捷启动图标，如图 2-91 所示。双击该图标即可快速启动记事本程序。

图 2-91 显示的记事本程序快捷启动图标

Step 7 再次打开“显示 属性”对话框的“桌面”选项卡，在“背景”列表框中选择“Autumn”选项，如图 2-92 所示。

图 2-92 选择桌面背景图片

Step 8 单击 确定 按钮，此时桌面背景便应用了所选的图片样式。

Step 9 将鼠标指针定位到任务栏上边框上，当其变为上下双向箭头时按住鼠标左键不放并向上拖动，如图 2-93 所示。

图 2-93 调整任务栏大小

提示：选择桌面背景图片后，在“位置”下拉列表框中可以选择图片的排列方式，包括“拉伸”“平铺”和“居中”3 种方式。

Step 10 当任务栏被拖动到适当宽度后，释放鼠标便可完成调整，然后向下拖动至一行显示，释放鼠标，便可恢复到默认的宽度显示。

Step 11 在任务栏上单击鼠标右键，在弹

出的快捷菜单中选择“属性”命令，在打开的对话框的“任务栏”选项卡中选中“锁定任务栏”复选框，然后单击确定按钮，如图 2-94 所示。

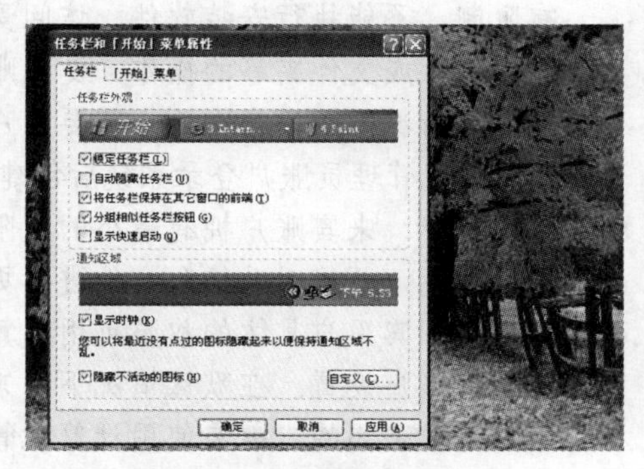

图 2-94　设置任务栏属性

Step 12　此时任务栏将被锁定而无法调整其大小和位置，如图 2-95 所示。

图 2-95　锁定任务栏完成操作

> 提示：将鼠标指针指向任务栏上的空白区域，按住鼠标左键不放并拖动到桌面的左侧、右侧或上方，然后释放鼠标左键，可以实现移动任务栏位置的操作。

【知识补充】在“显示 属性”对话框中的其他选项卡中，还可设置系统主题、屏幕保护程序和外观等，各相关操作介绍如下。

- 更改系统主题。单击“主题”选项卡，在“主题”下拉列表框中选择“Windows 经典”选项，然后单击应用(A)按钮，再单击确定按钮，Windows XP 桌面还原回经典桌面。
- 设置屏幕保护程序。单击“屏幕保护程序”选项卡，在“屏幕保护程序”下拉列表框中选择需要的选项，在“等待”数值框中输入启动屏幕保护程序的等待时间，如图 2-96 所示。单击设置(T)按钮，在打开的对话框中分别对屏幕保护程序进行详细的设置，完成后依次单击确定按钮，当超过等待时间却没有进行任何操作时，系统将启动屏幕保护程序。

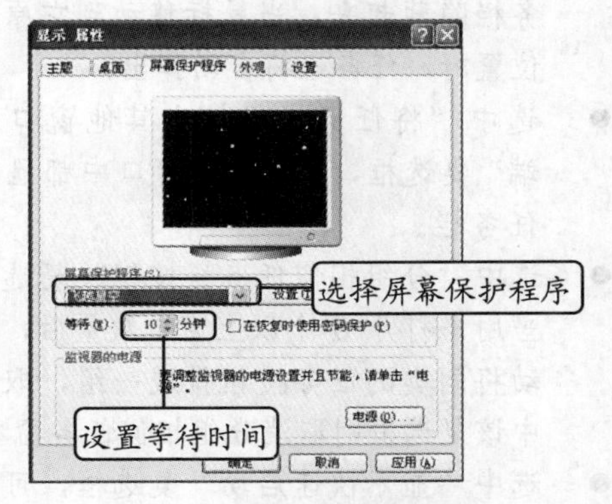

图 2-96　设置屏幕保护程序

- 设置外观。单击“外观”选项卡，在“色彩方案”和“字体大小”下拉列表框中可设置 Windows XP 中窗口和按钮的外观和字体大小，如图 2-97 所示。单击效果(E)...按钮和高级(D)按钮，可在打开的对话框中对窗口样式和菜单样式进行更详细的设置。

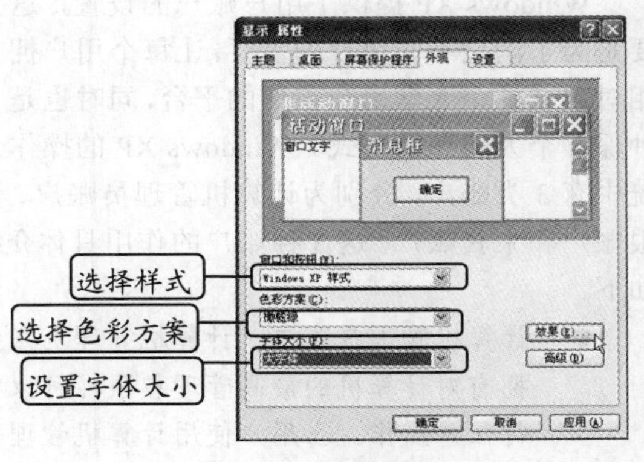

图 2-97　设置外观

- 设置屏幕分辨率和颜色质量。单击“设置”选项卡，在“屏幕分辨率”栏中拖动滑块可设置分辨率，单击“颜色质量”下拉列表框右侧的▼按钮，在弹出的下拉列表框中选择需要的选项可对颜色质量进行设置。

另外，在对任务栏属性进行设置时，在“任务栏和「开始」菜单属性”对话框中选中其他复选框，还可对任务栏进行以下一些相关设置。

- 选中“自动隐藏任务栏”复选框可将任务栏隐藏起来，当鼠标移动到它原来的位置时，任务栏将自动弹出。
- 选中“将任务栏保持在其他窗口的前端”复选框，可在所有窗口中都显示出任务栏。
- 选中“分组相似任务栏按钮”复选框，当用户打开 6 个以上窗口数量后，可自动将同类的任务按钮排成一组，取消选中该复选框则取消分组相似任务窗口。
- 选中“显示快速启动”复选框，可以在任务栏中显示快速启动区。
- 选中“显示时钟”复选框，可以在任务栏的后台提示区中显示当前时间。
- 选中“隐藏不活动的图标”复选框，可以将后台提示区中的不活动图标隐藏起来。

2.7.2 设置用户账户

Windows XP 提供了用户账户的设置，这主要是为了满足不同用户的需要，让每个用户拥有相对独立的个人学习和工作的平台，同时也是一种保护个人隐私的方式。Windows XP 的操作系统中有 3 类账户，分别为计算机管理员账户、受限账户和来宾账户。这 3 种账户的作用具体介绍如下。

- 计算机管理员账户。计算机管理员账户拥有对计算机的最高管理权限，可以执行任意操作。当用户使用计算机管理员账户登录系统后，可以执行创建、更改或删除受限账户以及关闭或启用来宾账户等管理用户账户的操作。
- 受限账户。受限账户的管理和操作权限有限制，不能执行安装软件、访问受保护的文件或文件夹等的操作。受限账户在默认情况下是不存在的，需要用户使用计算机管理员账户登录系统后创建。
- 来宾账户。来宾账户拥有最小的权限，只能浏览，不能对系统和文件进行更改设置，来宾用户具体的权限可用计算机管理员账户设置。在默认情况下，来宾账户是被关闭的，需要使用计算机管理员账户登录系统后启用来宾账户。

1. 为计算机添加一个新账户

使用计算机管理员账户登录系统后，可对 Windows XP 系统添加一个新的用户，其具体操作如下。

【任务 18】以计算机管理员的账户登录系统，然后在“控制面板”中为计算机添加一个名为“小田”的新账户。

Step 1 选择【开始】/【控制面板】命令，打开“控制面板”窗口。如图 2-98 所示。

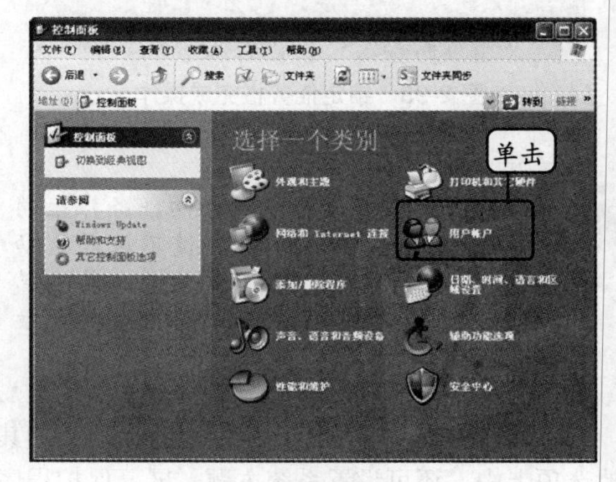

图 2-98 控制面板窗口

Step 2 单击“用户账户”超链接，打开图 2-99 所示的“用户账户”窗口。

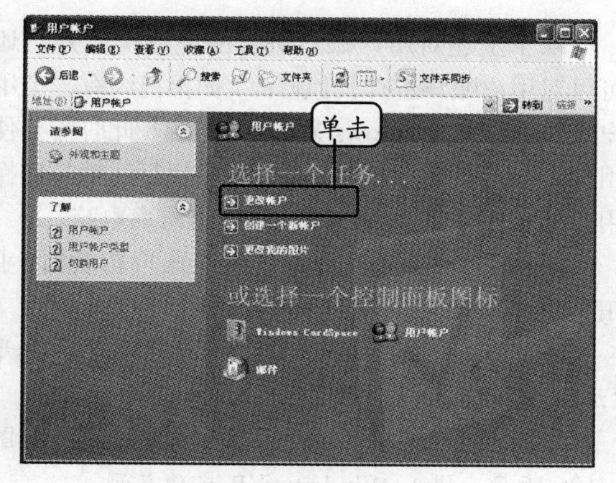

图 2-99　用户账户窗口

Step 3　在"选择一个任务"栏中单击"创建一个新账户"超链接，打开"为新账户起名"的窗口，然后在"为新账户键入一个名称"文本框中输入新用户的名称，这里输入"小田"，如图 2-100 所示。

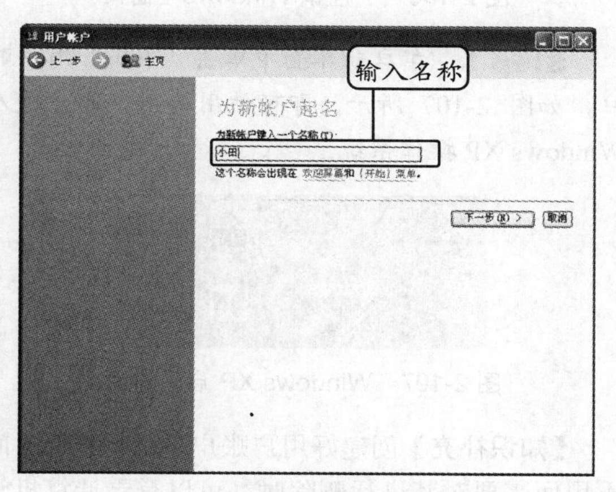

图 2-100　创建"小田"账户

Step 4　单击 下一步(N) > 按钮打开"挑选一个账户类型"窗口，选中"计算机管理员"单选项可以创建"计算机管理员账户"类型的用户账户；如果选中"受限"单选项可以创建"受限账户"类型的用户账户。这里选择"计算机管理员"单选项。

Step 5　选择用户账户类型后，单击窗口下方的 创建帐户(C) 按钮，如图 2-101 所示，完成新账户的创建，并自动返回到"用户账户"窗口中，在其中可以看到刚才创建的新用户。

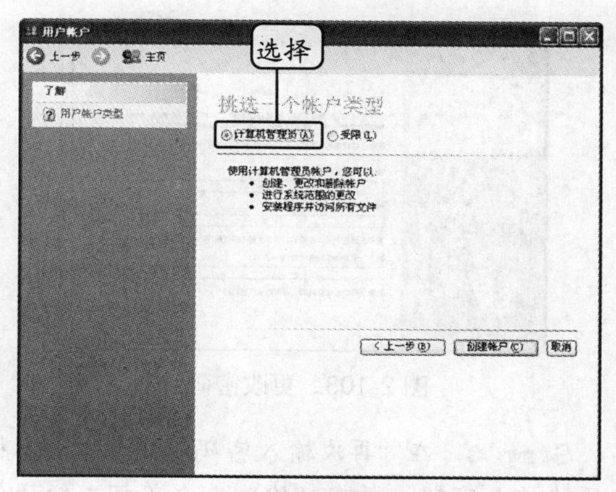

图 2-101　选择账户类型

2. 更改账户

创建用户账户后，可以对用户账户进行一些个性化的设置，如对用户账户的头像、名称和类别等进行更改。为提高账户安全性，还可对账户设置密码。

【任务 19】为新建的"小田"账户设置登录密码为"123456"，并设置头像图片。

Step 1　选择【开始】/【控制面板】命令，打开"控制面板"窗口。

Step 2　单击"用户账户"超链接，在打开的"用户账户"窗口中单击"小田"用户账户，在打开的窗口中单击"创建密码"超链接，如图 2-102 所示。

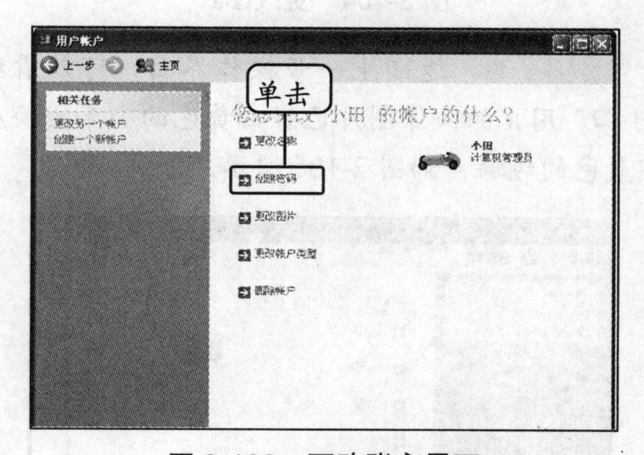

图 2-102　更改账户界面

Step 3　打开图 2-103 所示的窗口，在"输

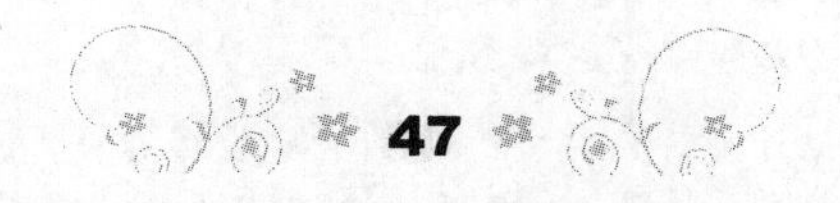

入一个新密码”文本框输入密码“123456”。

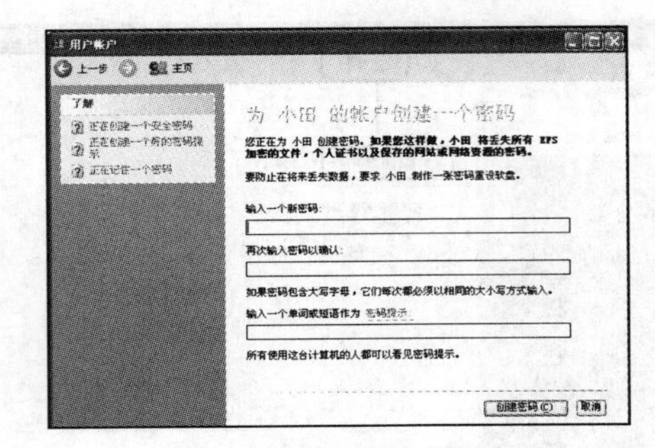

图 2-103　更改密码

Step 4　在“再次输入密码以确认”文本框中再次输入密码，并在“输入一个单词或短语作为密码提示”文本框中输入提示单词或短语，这里输入“1”，然后单击 创建密码(C) 按钮即可。

Step 5　返回图 2-102 所示的用户界面，单击“更改图片”超链接，打开图 2-104 所示的窗口，在图片列表中选择一张蓝色蝴蝶的图片，然后单击 更改图片(C) 按钮，完成图片的更改。

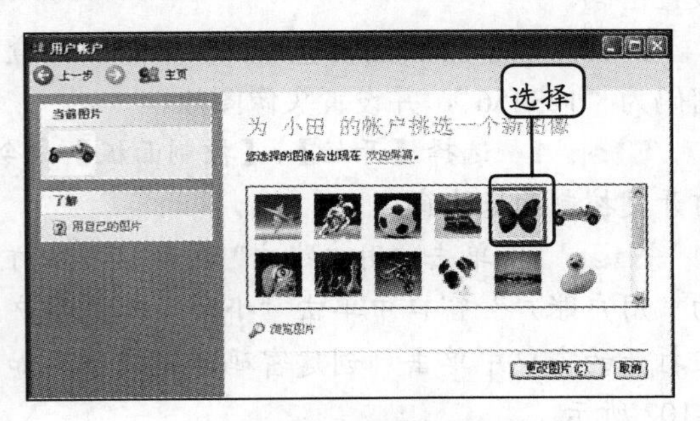

图 2-104　更改图片

Step 6　返回上一步操作界面，可以看到“小田”用户的头像图片已经由黄色的小车更换成了蓝色的蝴蝶，如图 2-105 所示。

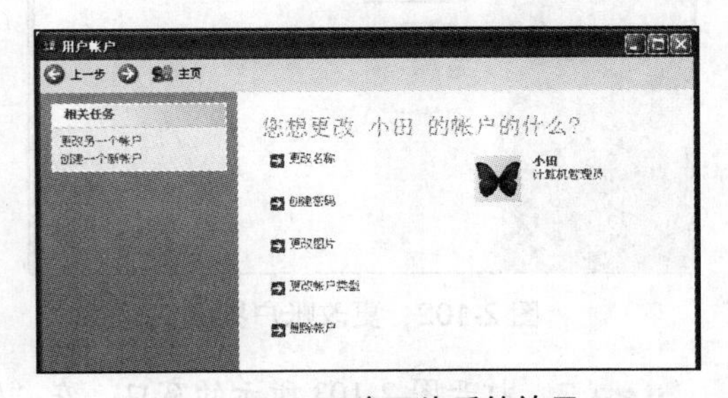

图 2-105　更改图片后的效果

除了上述对用户账户进行的更改操作外，还可以对用户账户进行其他修改。如果已经有一个用户账户登录到 Windows XP 操作系统，此时需要使用另一个用户账户进入系统，可以执行注销与切换用户的操作来更改用户账户而不用重启电脑。

【任务 20】将正在登录的用户账户切换到“小田”用户账户。

Step 1　选择【开始】/【注销】命令，打开“注销 Windows”对话框。

Step 2　单击“切换用户”按钮，如图 2-106 所示，进入 Windows XP 启动界面。

图 2-106　“注销 Windows”窗口

Step 3　在启动界面中单击“小田”用户账户，如图 2-107 所示，即可使用该用户账户进入 Windows XP 操作系统。

图 2-107　Windows XP 启动界面

【知识补充】创建好用户账户之后，若长时间不用而需要对其进行删除时，可以登录计算机管理员类型的账户进行操作。但是不能删除当前使用的用户账户。图 2-108 所示的是准备删除用户账户的界面，单击 删除文件(D) 按钮，将打开图 2-109 所示的界面，单击 删除帐户(D) 按钮即可。

提示：在图 2-108 所示的窗口中单击 保留文件(K) 按钮，可将账户的“桌面”和“我的文档”中的内容保存起来再删除账户，而单击 删除文件(D) 按钮，可将账户的文件全部删除。

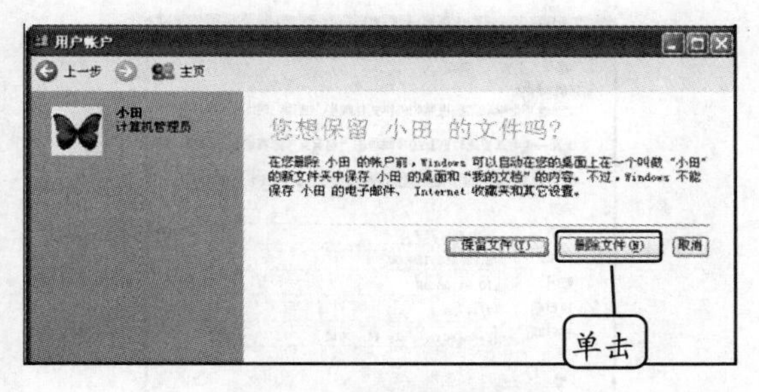

图 2-108　准备删除账户

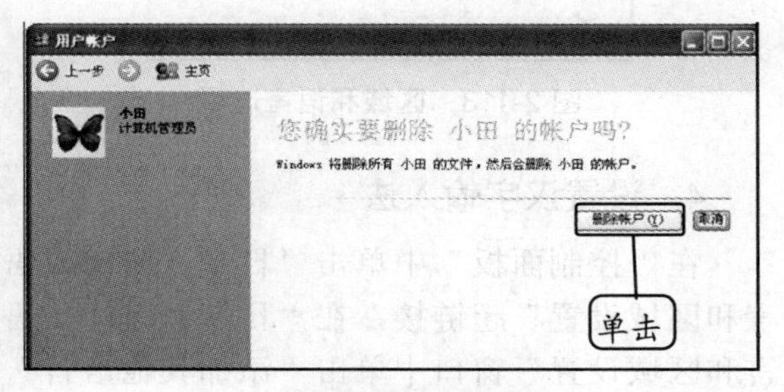

图 2-109　删除账户

2.7.3　设置日期、时间、语言以及输入法

Windows XP 操作系统在默认情况下会在界面的右下角显示时钟，其显示时钟方式为电子时钟。在这个电子时钟上双击鼠标左键可打开“日期和时间属性”对话框，其中有 3 个选项卡，分别为“时间和日期”选项卡、“时区”选项卡和“Internet 时间”选项卡。

1. 日期的设置

在“日期和时间 属性”对话框的“时间和日期”选项卡中可以对系统的日期进行设置。

【任务 21】在 Windows XP 系统中，将系统日期设置为“2013 年 3 月 13 日”。

Step 1　双击桌面任务栏右下角的时间显示区，打开“日期和时间 属性”对话框。

Step 2　在“时间和日期”选项卡“日期”面板的月份下拉列表中选择“三月”，在右边的年份数值框中，可通过单击右侧的“微调”按钮对年份进行调整，将年份调整为“2013”。

Step 3　在月份和年份下面的日期面板中，可直接用鼠标左键单击选择日期，这里选择“13”，完成日期的设置。

2. 时间的设置

在“日期和时间 属性”对话框中可以对系统的具体时间进行设置。

【任务 22】在 Windows XP 系统中将系统的具体时间设置为“18:00”。

Step 1　选择【开始】/【控制面板】命令，在打开的窗口中选择“日期、时间、语言和区域设置”超链接，打开“日期和时间 属性”对话框。

Step 2　在“日期和时间”选项卡右侧的“时间”面板中，在时间数值框中正在跳动的秒钟处双击鼠标左键，使秒钟呈选中状态，如图 2-110 所示，输入“00”。这时时间面板中的表盘停止走动。

图 2-110　选中秒钟

Step 3　在时间数值框的分钟处双击鼠标左键，使其选中，输入“00”，再在“时钟”处双击鼠标左键，使其选中，输入“18”，如图 2-111 所示。然后单击确定按钮，即可完成时间的设置。

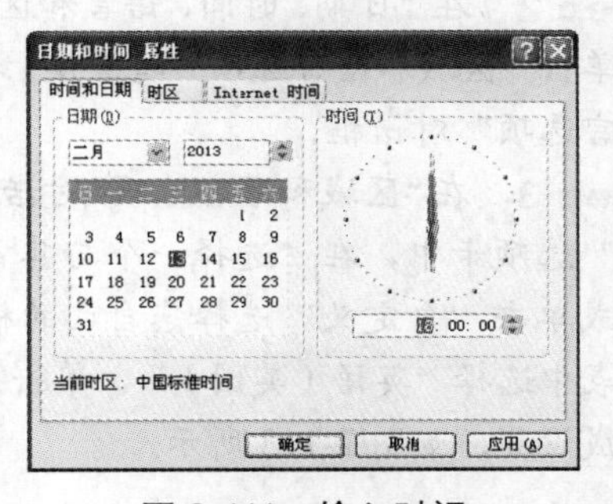

图 2-111　输入时间

提示：除了可以在控制面板中打开“日期和时间 属性”对话框，还可以在Windows XP桌面任务栏右下角时间显示区双击鼠标左键打开“日期和时间 属性”对话框。

3. 语言的设置

在桌面上选择【开始】/【控制面板】命令，打开“控制面板”，在“控制面板”中单击“日期、时间、语言和区域设置”超链接，可以对系统的语言进行设置。

【任务23】对Windows XP中的系统语言进行设置，将其设置为“英语（美国）”。

Step 1 选择【开始】/【控制面板】命令，在“控制面板”中单击“日期、时间、语言和区域设置”超链接，进入“日期、时间、语言和区域设置”面板，如图2-112所示。

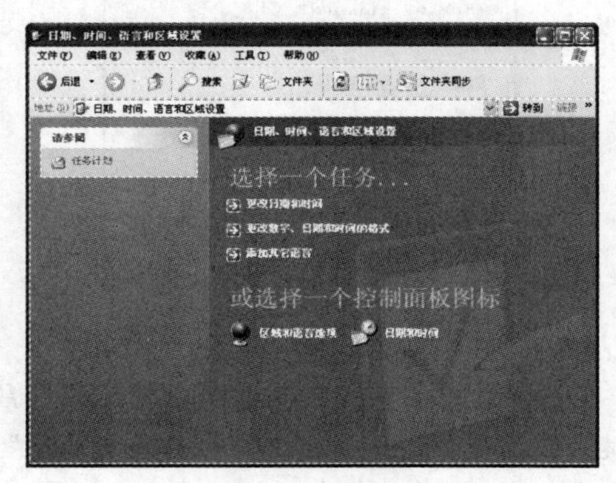

图2-112 日期、时间、语言和区域设置

Step 2 在“日期、时间、语言和区域设置”面板中单击“区域和语言选项”超链接，打开“区域和语言选项”对话框。

Step 3 在“区域和语言选项”对话框的“区域选项”选项卡中，在“选择一个与其首选项匹配的项或单击‘自定义’选择您自己的格式”的下拉列表中选择“英语（美国）”。单击确定按钮，完成设置，如图2-113所示。

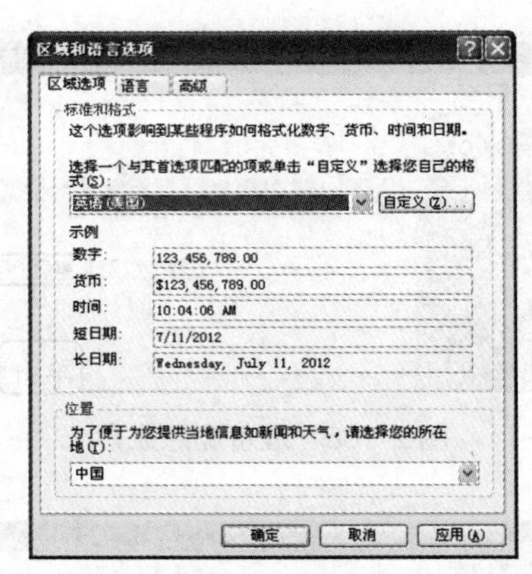

图2-113 区域和语言选项

4. 设置汉字输入法

在“控制面板”中单击“日期、时间、语言和区域设置”超链接，在“日期、时间、语言和区域设置”窗口中单击“添加其他语言”超链接，打开“区域和语言选项”对话框，在“语言”选项卡中单击详细信息(D)...按钮，打开“文字服务和输入语言”对话框，在其中可对输入法进行设置。

在“文字服务和输入语言”对话框的“设置”选项卡中，可在“默认输入语言”栏中选择默认的输入法，单击确定按钮完成输入法的设置。

【知识补充】在Windows XP中，根据需要可以添加（非系统自带）或删除输入法。方法是用鼠标右键单击语言栏上的输入法图标，在弹出的快捷菜单中选择“设置”命令，打开图2-114所示的“文字服务和输入语言”对话框，在“已安装的服务”栏中选中要删除的输入法选项，单击删除(R)按钮即可删除该输入法，若单击添加(D)...按钮，则打开“添加输入语言”对话框，然后在“键盘布局/输入法”下拉列表框中选择要添加的输入法，单击确定按钮便可添加输入法，如图2-115所示。

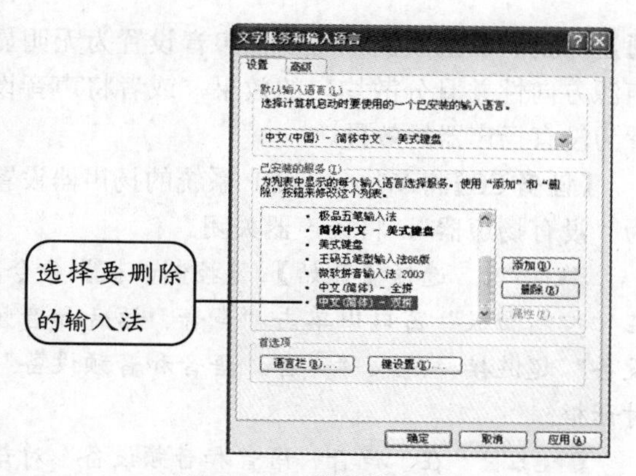

图 2-114　删除输入法

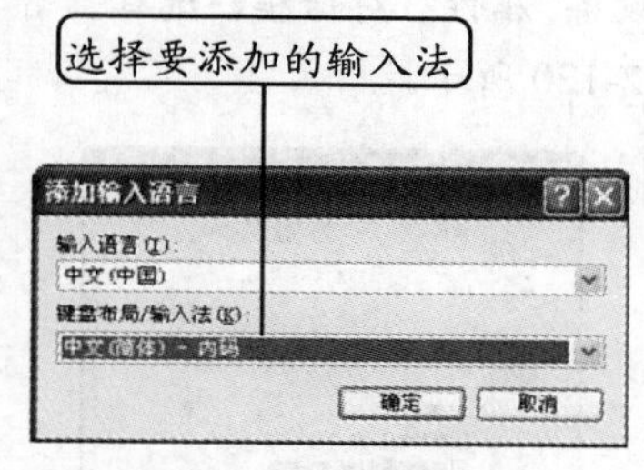

图 2-115　添加输入法

2.7.4　设置声音、语音和音频设备

用户可在 Windows XP 操作系统中对系统的声音、语言和音频设备进行调整，以符合使用习惯。这些操作同样可在“控制面板”窗口中进行。

1. 调整系统声音

计算机可以通过音箱和耳麦播放声音，在 Windows XP 系统中，除了可以在播放器中调节声音的大小，还可以在“控制面板”中对声音进行调整，前者是调整单个声音文件，后者是对整个系统的声音进行调整。系统音量的调整可在“音量控制”对话框中进行。

【任务 24】调整 Windows XP 系统的声音，将“音量控制”面板中的音量调到中间值，将“波形”面板中的音量调为最小。

Step 1　选择【开始】/【控制面板】命令，在“控制面板”窗口中单击“声音、语音和音频设备”超链接，打开“声音、语音和音频设备”对话框。

Step 2　在“声音、语音和音频设备”对话框中单击“调整系统声音”超链接，打开“声音和音频设备 属性”对话框，如图 2-116 所示。

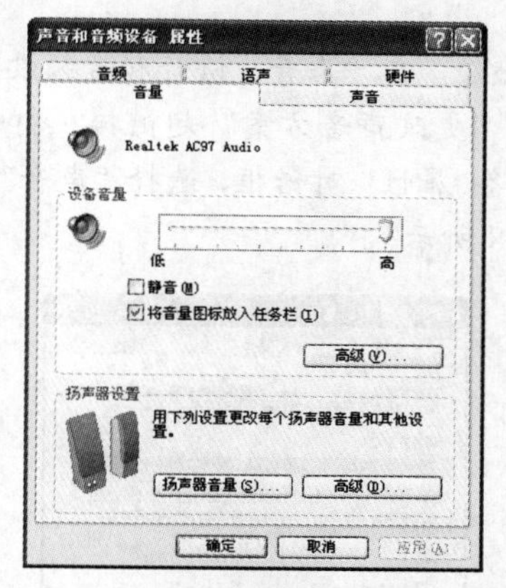

图 2-116　“声音和音频设备 属性”对话框

Step 3　在“音量”选项卡的“设备音量”栏中单击 高级(V)... 按钮，打开“音量控制”对话框。

Step 4　在“音量控制”栏中的音量垂直滑块上单击鼠标左键不放，将滑块拖动到中间位置，在“波形”栏中的音量垂直滑块上单击鼠标左键不放，将滑块拖动到最底端。如图 2-117 所示。完成系统声音的更改。

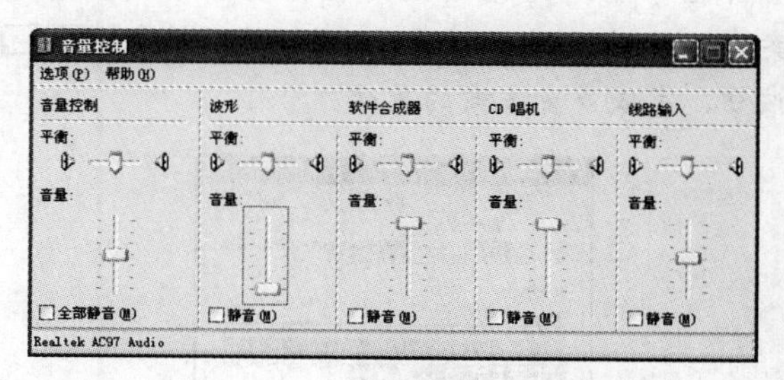

图 2-117　“音量控制”对话框

2. 更改声音方案

当登录系统或程序出现异常时，Windows XP 系统能发出一些特定的声音提醒用户，这些声音是 Windows XP 自带的系统声音，各种不同的提示音组成了一套声音方案。用户还可以根据自己的兴趣设置个性化的声音方案。

【任务 25】将 Windows XP 系统的声音方案更换为 Windows XP 系统的默认方案。

Step 1 选择【开始】/【控制面板】命令，在“控制面板”窗口中单击“声音、语音和音频设备”超链接，打开“声音、语音和音频设备”对话框。

Step 2 在“声音、语音和音频设备”对话框中单击“更改声音方案”超链接，打开“声音和音频设备 属性”对话框，选择“声音”选项卡，如图 2-118 所示。

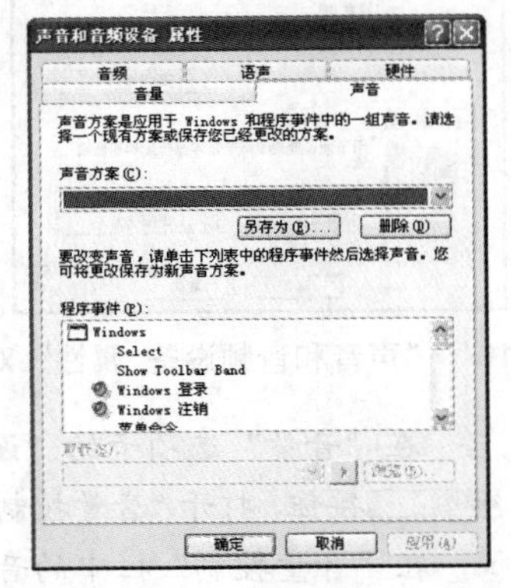

图 2-118 “声音”选项卡

Step 3 在“声音方案”下拉列表中选择“Windows 默认”，如图 2-119 所示，这时系统将会弹出一个对话框询问是否保存原来的声音方案，用户可根据自己的需要选择，然后单击【确定】按钮，完成声音方案的更改。

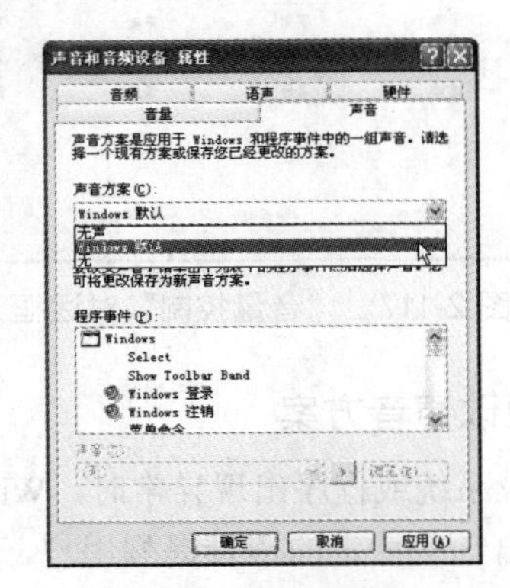

图 2-119 选择声音方案

3. 更改扬声器设置

Windows XP 系统除了能对声音进行音量大小的控制，还可以对声音的播放方式进行设置。通过对扬声器的设置，可以将声音设置为无明显声源方向性并且分散均匀的效果，或者将声音设置为没有扬声器的效果。

【任务 26】将 Windows XP 系统的扬声器设置为“没有扬声器”，将扬声器关闭。

Step 1 选择【开始】/【控制面板】命令，在“控制面板”窗口中单击“声音、语音和音频设备”超链接，进入“声音、语音和音频设备”对话框。

Step 2 在“声音、语音和音频设备”对话框中单击“更改扬声器设置”超链接，打开“声音和音频设备 属性”对话框，选择“音量”选项卡，如图 2-120 所示。

图 2-120 “音量”选项卡

Step 3 在“扬声器设置”栏中单击【高级(V)...】按钮，打开“高级音频属性”对话框，在“扬声器设置”下拉列表中选择“没有扬声器”，将扬声器关闭，如图 2-121 所示，完成扬声器的设置。

图 2-121 “扬声器”选项卡

2.7.5　设置鼠标和键盘属性

在“控制面板”中可以更改鼠标和键盘的属性，使其操作起来更加方便。

1．设置鼠标的属性

在“控制面板”中单击“打印机和其他硬件”超链接，打开“打印机和其他硬件”窗口，选择“鼠标”超链接，打开“鼠标 属性”对话框。

在“鼠标 属性”对话框的“鼠标键”选项卡中，可在“双击速度”栏中拖动滑块对鼠标的双击速度进行设置，如图 2-122 所示。在“指针”选项卡中可对指针的方案进行设置，如改变指针的形状，这里使用系统默认的方案，用户也可在网上下载鼠标方案。在“指针选项”选项卡中可拖动滑块对指针移动的速度进行调整，如图 2-123 所示。在“轮”选项卡中可对鼠标中间滚动滑轮的滚动行数进行调整，如图 2-124 所示。

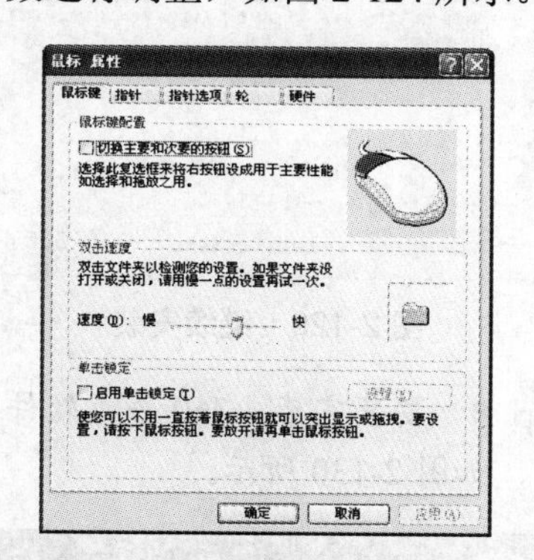

图 2-122　“鼠标键”选项卡

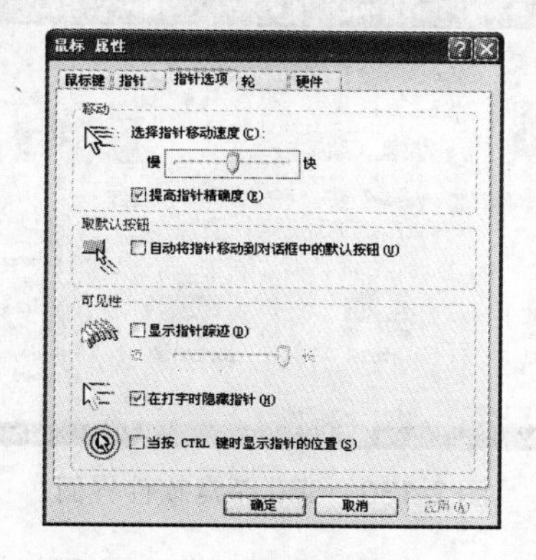

图 2-123　“指针选项”选项卡

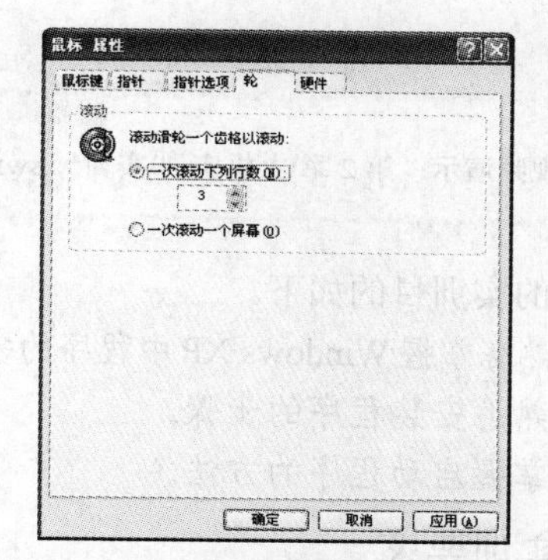

图 2-124　“轮”选项卡

2．设置键盘属性

在“控制面板”中单击“打印机和其他硬件”超链接，打开“打印机和其他硬件”窗口，选择“键盘”超链接，打开“键盘 属性”对话框。

在“键盘 属性”对话框的“速度”选项卡中可对键盘输入的速度、重复率以及光标的闪烁频率进行设置，如图 2-125 所示。

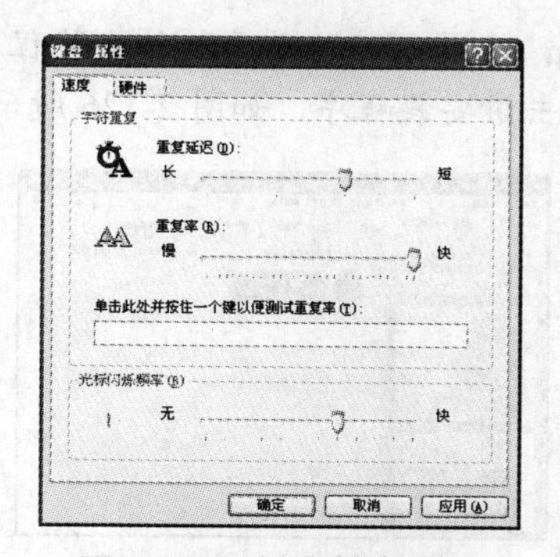

图 2-125　设置键盘属性

2.8　上机实训

2.8.1　【实训一】安装和启用杀毒软件

1．实训目的

通过实训进一步巩固学生对 Windows XP 系统中程序的安装和使用的知识和技能。

视频演示：第 2 章\上机实训\实训一.swf

具体的实训目的如下。

- 熟练掌握 Windows XP 中程序的安装方法。
- 熟悉安装程序的步骤。
- 掌握启动程序的方法。

2. 实训要求

安装和使用 360 杀毒软件。

具体要求如下。

（1）进入 360 杀毒软件所在目录，双击 360 杀毒软件安装程序，启动 360 杀毒软件的安装程序，开始安装 360 杀毒软件。

（2）安装完毕，在桌面上双击 360 杀毒软件快捷方式，启用 360 杀毒软件。

3. 完成实训

Step 1 打开 360 杀毒软件安装程序所在的窗口，双击该安装程序，如图 2-126 所示。

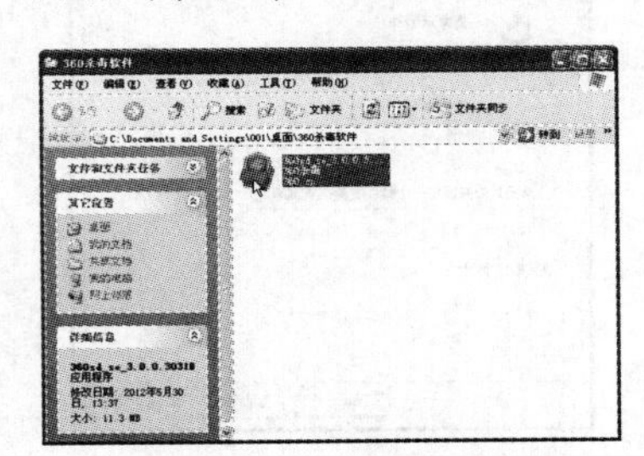

图 2-126 启动安装程序

Step 2 打开安装向导对话框，在对话框中选择安装路径，选中"我已阅读并同意"复选框，然后单击下一步(N) >按钮，如图 2-127 所示。

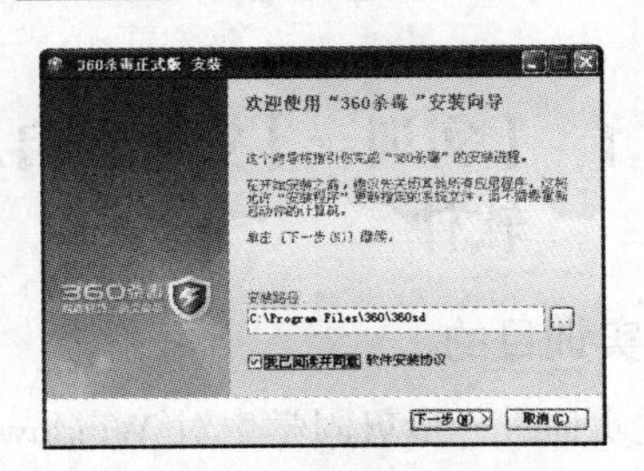

图 2-127 安装向导

Step 3 程序开始自行安装，如图 2-128 所示。

图 2-128 开始安装

Step 4 若计算机中安装了其他的杀毒软件，360 杀毒软件会提示有冲突，这里选中"继续安装，可能会存在风险"单选项，然后单击确定按钮，如图 2-129 所示。

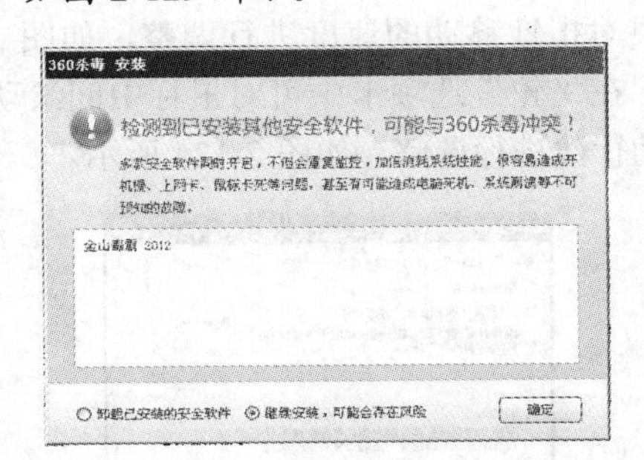

图 2-129 继续安装

Step 5 安装完毕，360 杀毒软件自动弹出用户界面，如图 2-130 所示。

图 2-130 360 杀毒软件界面

Step 6 单击下方的"指定位置扫描"按钮，打开图 2-131 所示的"选择扫描目录"界面。

Step 7　选中 C 盘对应的复选框，然后单击扫描按钮。

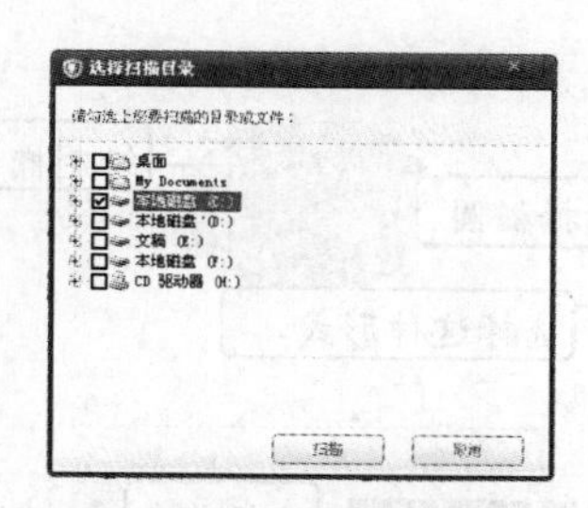

图 2-131　选择扫描目录

Step 8　软件开始对计算机中的 C 盘进行扫描，并显示其具体进度。

Step 9　当扫描到病毒文件，360 杀毒软件将提醒用户进行相应处理，若没有找到病毒，则弹出图 2-132 所示的窗口，单击返回首页按钮完成操作。

图 2-132　完成扫描

2.8.2　【实训二】新建和编辑“小猫”图画文件

1. 实训目的

通过实训进一步巩固学生对 Windows XP 的画图工具和 Windows Media Player 的使用技能。

完成效果：效果文件\第 2 章\小猫.jpg

视频演示：第 2 章\上机实训\实训二.swf

具体的实训目的如下。

- 熟练掌握 Windows XP 附件中画图程序的使用。
- 掌握线条工具、圆形工具和圆角矩形工具等的使用。
- 熟练掌握 Windows Media Player 媒体播放器的使用

2. 实训要求

打开媒体播放器，一边听音乐一边绘制如图 2-133 所示的图形。

图 2-133　“小猫”图形文件

具体要求如下。

（1）选择【开始】/【所有程序】/【Windows Media Player】命令，打开播放器，然后打开“我的文档”下的“我的音乐”文件夹中的音乐文件进行播放。

（2）选择【开始】/【所有程序】/【附件】/【画图】命令，打开画图程序。

（3）绘制一个小猫的卡通图形，练习画图程序中直线工具、椭圆工具、多边形工具和圆角矩形工具等常用工具的使用方法。

3. 完成实训

Step 1　在桌面上选择【开始】/【所有程序】/【附件】/【娱乐】/【Windows Media Player】命令，打开 Windows Media Player 媒体播放器。

Step 2　在“操作按钮”区上单击鼠标右键，在弹出的快捷菜单中选择【文件】/【打开】命令。在“打开”对话框中选择“我的文档”，然后双击“我的音乐”文件夹。在打开的文件夹中任意单击一个音乐文件，然后按“Ctrl+A”组合键，将音乐文件全部选中，然后单击 打开(O) 按钮，如图2-134所示。

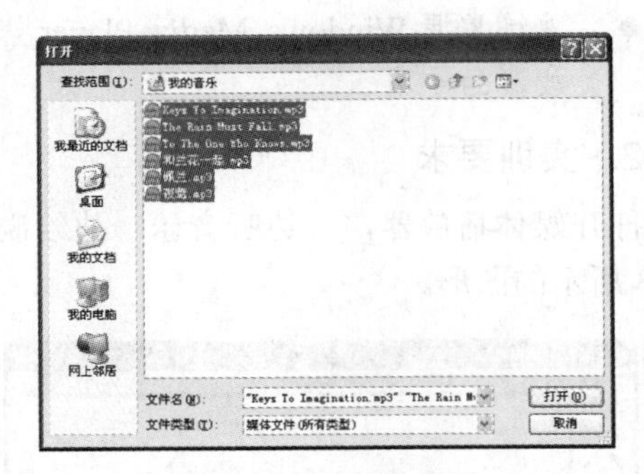

图 2-134　全选音乐

Step 3　单击按钮，将呈蓝色高亮，显示为，即可无序播放添加的文件，如图2-135所示。

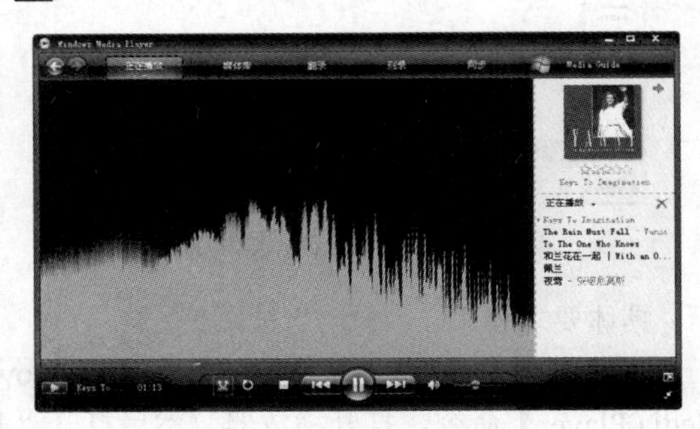

图 2-135　无序播放

Step 4　选择【开始】/【所有程序】/【附件】/【画图】命令，打开一个新的画图程序。

Step 5　单击工具箱中的椭圆工具，在工具箱下方选择第3种填充形式，并在调色板中选择紫色，然后在绘图区中按下鼠标左键并拖动鼠标，绘制一个图2-136所示的椭圆。

Step 6　单击工具箱中的曲线工具，在工具箱下方选择第二种粗细，并在调色板中选择浅蓝色，在图纸中的紫色椭圆的上方，绘制一个图2-137所示的耳朵图形。

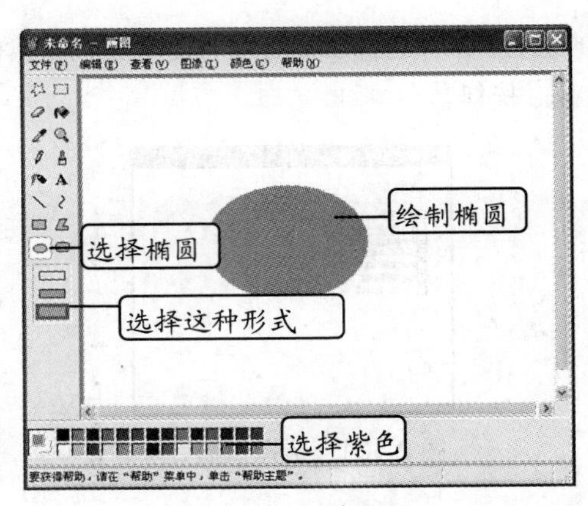

图 2-136　绘制椭圆

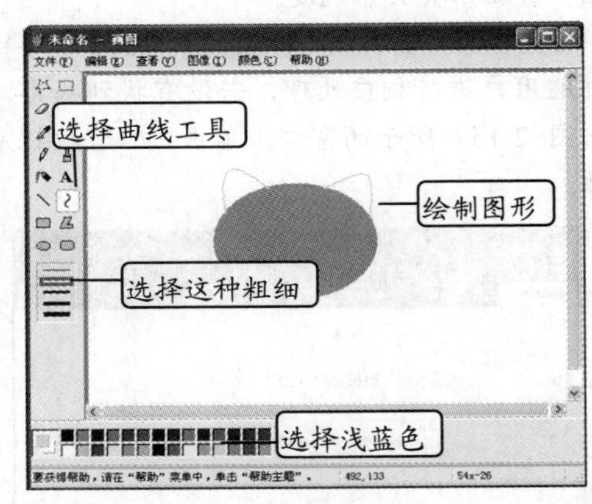

图 2-137　绘制耳朵

Step 7　在工具箱中单击颜料桶工具，在调色板中选择浅蓝色，然后在耳朵图形内填充，如图2-138所示。

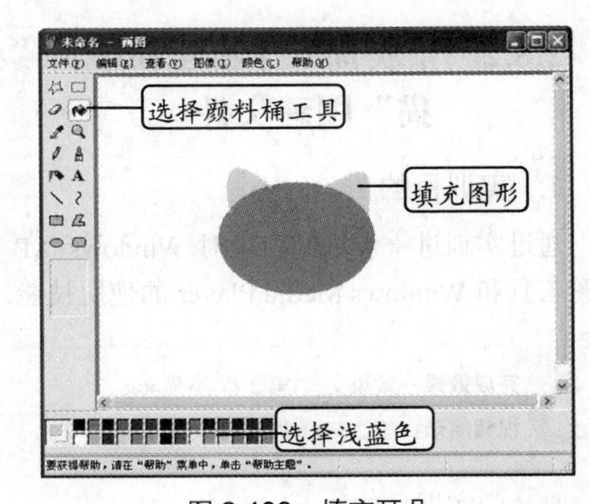

图 2-138　填充耳朵

Step 8　在工具箱中单击椭圆工具⬭，在工具箱下方选择第 3 种填充形式，在调色板中选择黑色，在图纸上绘制小猫的眼睛，如图 2-139 所示。

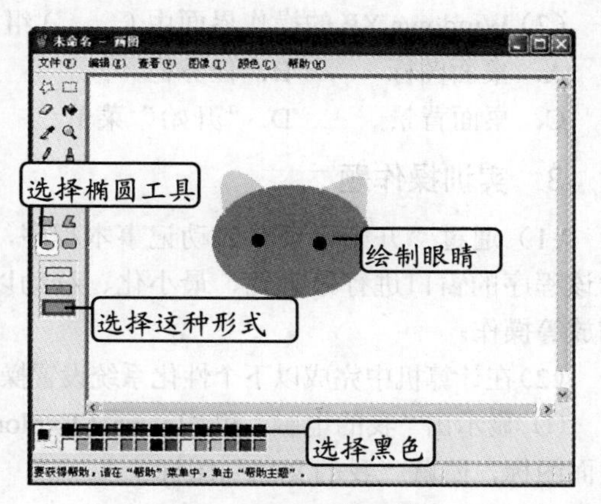

图 2-139　绘制眼睛

Step 9　单击工具箱中的圆角矩形工具▭，在图中绘制小猫的嘴巴，如图 2-140 所示。

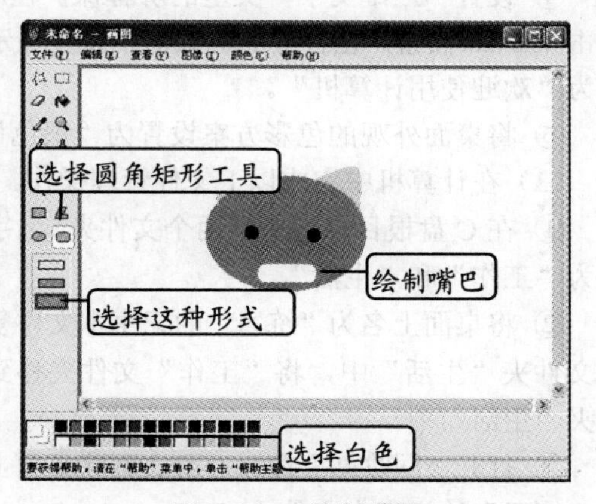

图 2-140　绘制嘴巴

Step 10　在工具箱中单击直线工具╲，在工具箱下方选择第二种粗细，在绘图区内绘制小猫的胡须，如图 2-141 所示。

Step 11　选择【文件】/【保存】命令，在"保存为"对话框的"保存在"下拉列表框选择图形保存的路径，在"文件名"中输入文件名称"小猫"，在"保存类型"下拉列表框选择"JPEG"选项，单击 保存(S) 按钮。

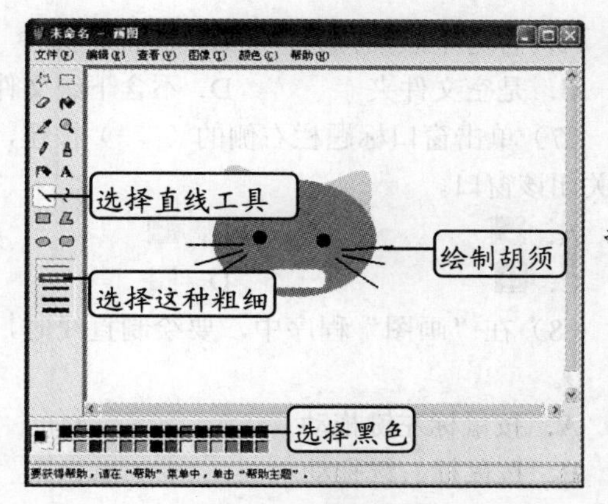

图 2-141　绘制胡须

2.9 练习与上机

1．单项选择题

（1）Windows XP 是由（　　）公司开发的。

A．Microsoft　　B．金山

C．Inter　　D．IBM

（2）要区分文件的类型，可以查看（　　）。

A．文件名　　B．文件的图标

C．文件的内容　　D．文件的扩展名

（3）在 Windows XP 窗口的组成部分中，以许多按钮的形式出现，用于快速执行操作的是（　　）。

A．标题栏　　B．菜单栏

C．工具栏　　D．任务窗格

（4）对话框中可通过输入数据来设置参数的对象是（　　）。

A．复选框　　B．单选项

C．文本框　　D．数值框

（5）要想通过快捷键复制文件，则首先需要按（　　）键将文件进行复制。

A．Ctrl+C　　B．Ctrl+X

C．Ctrl+V　　D．Ctrl+D

（6）在 Windows XP 的资源管理器左侧窗口中，若显示的文件夹图标前带有加号"+"，意味着该文件夹（　　）。

A．含有下级文件夹　　B．仅含有文件

C．是空文件夹　　D．不含下级文件夹

（7）单击窗口标题栏右侧的（　　）按钮，可以关闭该窗口。

A．　　B．

C．　　D．

（8）在“画图”程序中，要绘制直线时，应（　　）。

A．按鼠标左键拖动

B．按鼠标右键拖动

C．按住 Shift 键拖动

D．按 Alt 键拖动

（9）用来管理所有资源账号并拥有最高权限的账户是（　　）。

A．Administrator　　B．GUEST

C．power　　D．新建账户

2．多项选择题

（1）在 Windows XP 中可对窗口进行（　　）操作。

A．打开与关闭　　B．调整大小

C．调整位置　　D．切换

（2）下列输入法中，不属于 Windows XP 自带的输入法的是（　　）。

A．智能 ABC 输入法

B．搜狗拼音输入法

C．全拼输入法

D．五笔字型输入法

（3）对话框的组成元素包括（　　）。

A．单选项　　B．选项卡

C．数值框　　D．菜单栏

（4）对任务栏操作正确的有（　　）。

A．可以改变任务栏的大小

B．可以隐藏任务栏

C．可以拖动任务栏

D. 可以改变任务栏的大小让它铺满整个屏幕

（5）可以对用户账户所做的更改包括（　　）。

A．账户类型　　B．账户密码

C．账户名称　　D．账户头像

（6）常用的操作系统有（　　）。

A．OS/2　　B．Windows

C．UNIX　　D．Mac OS X

（7）Windows XP 的操作界面由（　　）组成。

A．桌面图标　　B．任务栏

C．桌面背景　　D．“开始”菜单

3．实训操作题

（1）通过“开始”菜单启动记事本程序，并对该程序的窗口进行最大化、最小化、移动以及缩放等操作。

（2）在计算机中完成以下个性化系统设置操作。

① 显示出“我的电脑”和“Internet Explorer”桌面图标，隐藏“我的文档”图标。

② 将桌面图标按大小的顺序进行排列。

③ 将当前桌面背景设置为桌面上的“秋天.jpg”图片，显示方式设置为“居中”。

④ 设置“三维文字”类型的屏幕保护程序，单击 设置(T) 按钮，在打开的对话框中设置显示文字为“欢迎使用计算机”。

⑤ 将桌面外观的色彩方案设置为“银色”。

（3）在计算机中完成以下文件管理操作。

① 在 C 盘根目录下新建两个文件夹，名字分别为“工作”和“生活”。

② 将桌面上名为“练习”的记事本文件复制到文件夹“生活”中，将“工作”文件夹移到文件夹“生活”中。

③ 打开“回收站”窗口，彻底删除桌面上名为“练习”的记事本文件。

（4）在“写字板”中输入如下文字。

很多人都喜欢《大话西游》，有很多台词也是朗朗上口。不过你是否真的是一个“大话迷”，就要看你是否符合下面的要求了。真正的“大话迷”说话可是这样的哟。不过我还没这么高的境界。

早上起来照镜子喊：“猪啊！”

看到一条小狗要叫它“旺财”。

别人对你说话要说：“收到！”

当同寝室的人看上一个女孩时说：“帮主，品位太差了吧？”

有人威胁你时说：“饶命啊英雄！”

看到别人打架，劝架时说：“喂喂喂！大家不要生气，生气会犯了嗔戒的！”

当别人管你借东西时说：“你想要啊？你要是想要的话你就说话嘛，你不说我怎么知道你想要呢，虽然你很有诚意地看着我，可是你还是要跟我说你想要的。你真的想要吗？那你就拿去吧！你不是真的想要吧？难道你真的想要吗？……

天热睡不着觉时说：“长夜漫漫，无心睡眠。”

跟别人夸自己学校时说：“这里虽说不上山明水秀，可是也别有一番风味。”

拓展知识

在应用 Windows XP 操作系统的过程中，了解以下几点知识将有助于提高对 Windows XP 的应用水平。

1. 目前主流的其他 Windows 操作系统

除了 Windows XP 操作系统外，目前市场上还有以下两种主流版本的 Windows 操作系统，它们在使用方法上与 Windows XP 是基本相同的。

- Windows Vista 操作系统。Windows Vista 是继 Windows XP 后推出的一款操作系统，具有革命性的全新图形化操作界面（称为“Windows Aero”），并具有更高的安全性能。Windows Vista 从用户界面、安全设置到驱动模式都和以往的操作系统不同。
- Windows 7 操作系统。它是继 Windows Vista 后最新发布的新一代操作系统，该系统在界面风格上继承了 Vista 的界面特色，并进一步增强了移动工作能力。

2. 安装 Windows XP 操作系统

要想使用 Windows XP 操作系统，首先应该将其安装到计算机中，利用购买的 Windows XP 安装光盘可根据提示将其安装到计算机上使用。下面以图示的方法简单介绍 Windows XP 操作系统的整个安装流程，如图 2-142 所示。

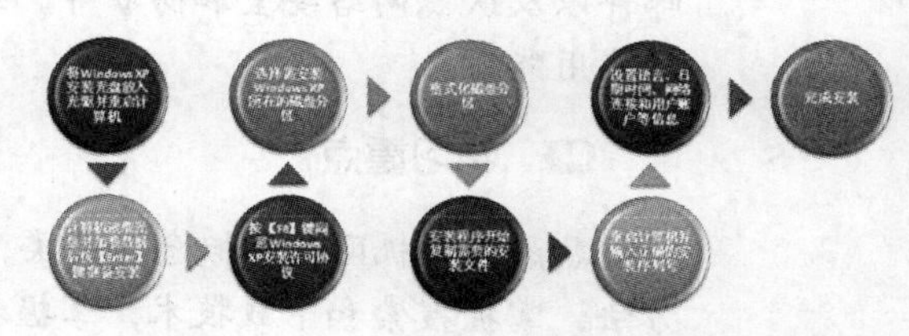

图 2-142 Windows XP 的安装流程

3. 常用文件类型及关联程序

不同类型的文件需要有相应的程序才能打开并使用，这些程序就称为该文件的关联程序。在 Windows XP 操作系统中，根据文件图标和文件扩展名的特点可以判断文件的类型及打开方式，常用的类型见表 2-1。

表 2-1 文件图标的样式与类型

文件类型	文件图标	文件扩展名	文件类型	文件图标	文件扩展名
Word 文件		doc/docx	压缩文件		rar/zip
图片文件		jpg/tif/bmp/png	网页文件		html
PPT 文件		ppt/pptx	多媒体文件		rm/empg/mp3
Adobe Acrobat Document 文件		pdf	Excel 文件		xls/xlsx

第3章 计算机网络基础与应用

学习目标

通过学习计算机网络的基础知识，掌握网络的相关应用技能，包括Internet基础知识、使用Internet Explorer浏览器、使用Outlook收发电子邮件以及认识网络安全和防护等。通过完成本章上机实训，加强对网络的应用能力。

学习重点

熟悉计算机网络的概念和分类；掌握Internet Explorer浏览器的使用方法；掌握搜索和下载技术；掌握利用Outlook收发电子邮件的方法。

主要内容

- 计算机网络的概念和分类
- Internet基础知识
- 使用Internet Explorer浏览器
- 使用搜索和下载技术
- 使用与管理电子邮件
- 网络安全与防护

3.1 计算机网络的概念和分类

计算机网络已经成为人们生活和学习的一部分，它将世界各地的人们联系在一起。计算机网络的诞生使通信技术发生了变革，其发展势头对媒体传播、资料共享等方面产生了巨大影响。

3.1.1 什么是计算机网络

计算机网络是指通过通信线路连接起来的不同地理位置的多台计算机及其外部设备，在网络操作系统、网络管理软件及网络通信协议的管理和协调下，实现资源共享和信息传递的计算机系统。简单地说，计算机网络就是通过电缆、电话线或无线通信将两台以上的计算机互连起来的集合。

通过计算机网络可以实现互相通信。计算机网络间的通信可分为数字通信和模拟通信，直接将计算机的输出通过数字信道传送的，称为数字通信；通过电话线路等模拟信道传送的，称为模拟通信。

计算机通信的质量通过两个最主要的指标来衡量：一是数据传输速率，二是误码率。

3.1.2 计算机网络的功能

计算机网络的具体功能主要有以下3个方面。

- 数据通信。指计算机之间快速传送各种信息，包括新闻消息、图文资料、视频文件、音频文件等。通过数据通信可将分散在各个地域的信息用计算机网络联系起来，进行统一的调配、控制和管理。
- 资源共享。指计算机用户通过网络能部分或全部使用网络中的软件、硬件和数据资源等。资源共享大大地减少了系统的投资费用。
- 分布处理。通过网络，计算机可将多余的任务转交给空闲的计算机完成，多台计算机协同工作、并行处理大型或复杂问题，不仅能均衡计算机的负载，而且提高了工作效率。

3.1.3 计算机网络的分类

计算机网络可以按不同的标准进行分类，下面具体讲解。

1. 按地域分类

按地理范围可分为局域网（Local Area Network，LAN）、广域网（Wide Area Network，WAN）和城域网（Metropolitan Area Network，MAN）。

- 局域网。是在几千米范围以内（如一个学校、单位等）构建的计算机通信网，其信道传输速率可达 1~20Mbit/s，结构简单，布线容易。
- 城域网。是在一个城市内部组建的计算机信息网络，提供全市的信息服务。
- 广域网。广域网的跨度范围很广，如分布在一个省、一个国家或几个国家之间。广域网信道传输速率较低，一般小于0.1Mbit/s，结构比较复杂。

2. 按交换方式分类

按交换方式可分为线路交换（Circurt Switching）网络、报文交换（Message Switching）网络和分组交换（Packet Switching）网络。

- 线路交换最早出现在电话系统中，早期的计算机网络采用电话系统传输数据，数字信号经过变换，成为模拟信号后才能在线路上传输。
- 报文交换是一种数字化网络。当通信开始时，源机发出的一个报文被存储在交换器里，交换器根据报文的目的地址选择合适的路径发送报文，这种方式称为存储—转发方式。
- 分组交换也采用报文传输，它将一个长的报文划分为许多定长的报文分组，以分组作为传输的基本单位，大大简化了对计算机存储器的管理，加速了信息在网络中的传播速度。目前计算机中主流交换方式即为分组交换。

3. 按网络拓扑结构分类

按网络拓扑结构可以分为总线型网络、星型网络和环型网络等。

- 总线型网络。是目前局域网中采用最多的拓扑结构，所有节点都连到一条主干电缆上，这条主干电缆就称为总线（Bus），如图 3-1 所示。总线型网络上的任一节点发送的信号，其他节点都能接收，但由于所有节点共享一条传输信道，所以一次只能由一个节点传输信号。

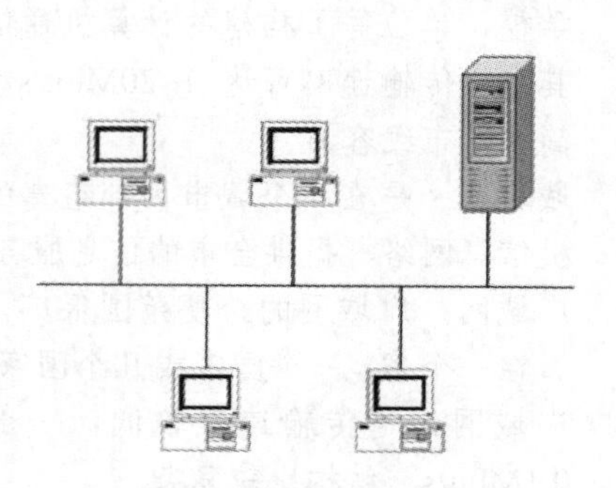

图 3-1 总线型网络

- 星型网络。以一台设备作为中央节点，其他外围节点都单独连接在中央节点上，如图 3-2 所示。外围各节点之间数据的通信都必需通过中央节点。

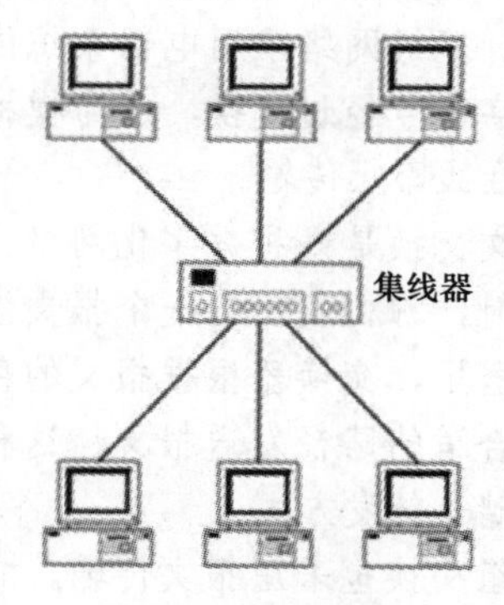

图 3-2 星型网络

- 环型网络。各节点形成闭合的环，每个环形链路内的节点都能接收这个环形链路内传来的数据，这种链路可以是单向的也可以是双向的，如图 3-3 所示。

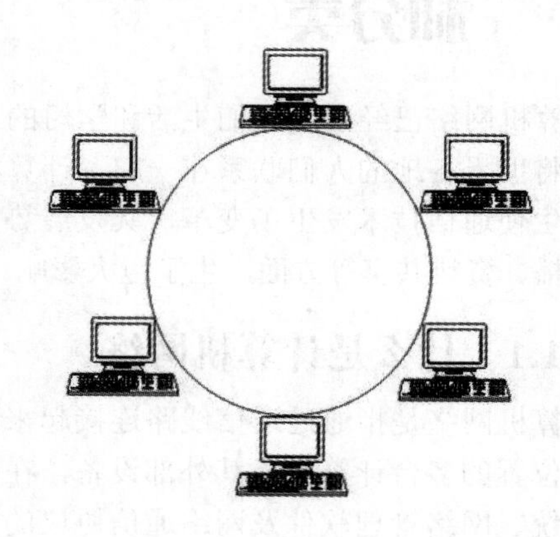

图 3-3 环型网络

3.1.4 计算机网络的构成

在组建计算机网络时，首先要了解计算机网络的构成，任何计算机网络都由以下 3 个要素构成。

- 通信主体。指能独立进行运算，具有独立功能的计算机，并且两台或两台以上的计算机才能构成网络。
- 通信设备。指数据传输过程中经过的传输介质，包括网线、网卡、网桥、网关和路由器等设备。
- 通信协议。指通信双方完成通信或服务所必须遵循的规则和约定。通信协议主要由语义（数据内容、含义以及控制信息）、语法（数据格式、编码和信号等级）和定时规则（通信的顺序、速率匹配和排序）组成，从而确保网络中数据顺利地传送到指定的地方。

【知识补充】常用的网络协议有以下 3 种。NETBEUI 协议，是为 IBM 开发的非路由协议，用于携带 NETBIOS 通信。它没有路由和网络层寻址功能，能快速且有效地适应单个网络或小规模工作组环境，但不能成为企业网络的主要协议；

IPX/SPX 协议，此协议避免了 NETBEUI 的弱点，但是其可扩展性受到了高层广播通信和高开销的限制；TCP/IP 协议，只有 TCP/IP 能与 Internet 完全连接，同时具备了可扩展性和可靠性，但是速度和效率相对较低。

3.2 Internet 基础知识

Internet 网络实际上是由无数的局域网和广域网组成的，Internet 的用户遍及全球，当计算机连入 Internet 后，用户便可以在网上冲浪，并能在网上获取和交流信息。

3.2.1 Internet 概述

Internet 也称“因特网”，以相互交流信息资源为目的，是全球信息资源的总汇，它是通过使用公用语言相互通信的计算机连接而成的全球性的网络，网络时代，人们利用 Internet 可以方便地完成许多以前很难完成的事情，其应用非常广泛，比如电子商务、收发电子邮件及查询信息等。

3.2.2 IP 地址和域名

Internet 上的每一台计算机都有一个唯一的 IP 地址，IP 地址类似于家庭住址，在数据通信时能准确地将数据传送到相应地址的计算机中。IP 地址是一个 32 位的二进制数，通常被分为 4 字节，在书写时，用十进制数表示每字节，范围在 0~255 之间，每字节间用小黑点隔开。

IP 地址共分为 5 类：A 类、B 类、C 类、D 类和 E 类，常用的为 A 类、B 类和 C 类，见表 3-1。

- A 类地址中第 1 字节表示网络地址，后 3 字节表示网络内计算机的地址。
- B 类地址中前 2 字节表示网络地址，后 2 字节表示网络内计算机的地址。
- C 类地址中前 3 字节表示网络地址，后 1 字节表示网络内计算机的地址。

表 3-1 A、B、C 三类地址

网络类型	最大网络数	可用网络号	网络中最大主机数
A	126	1～126	16777214
B	16382	128. 1～191. 255	65534
C	2097150	192. 0. 1～223. 255. 255	254

在 Internet 中要将数据由一台计算机传送到另一台计算机中，就必须准确地知道对方的 IP 地址，而一大串数字并不是那么容易被记住，为了方便记忆，人们采用简化的字母或名称来表示每字节的数字。如 www.baidu.com.cn，这种名称被称为域名。按照规定，域名中的最后一字节用于表示组织或机构，如 edu（教育机构）、com（商业机构）、mil（军事部门）、gov（政府机关）、org（其他机构）。

域名是为了便于人们记忆和输入网址使用的，在 Internet 中发送数据时，通常会由域名服务器（DNS，Domain Name Server）将域名翻译为相应的 IP 地址再进行传输。

3.2.3 连入 Internet 的方法

要使用 Internet 网上冲浪，首先需要将计算机连接到 Internet 中。连入 Internet 的方法有多种，可以通过 Modem 拨号上网、通过 ADSL 宽带上网、通过 ISDN 专线上网、利用有线电视网上网、通过小区宽带上网以及使用移动终端上网等。下面对使用较为广泛的拨号上网、ADSL 宽带上网和小区宽带上网 3 种方法进行介绍。

- 拨号上网。指计算机用户使用调制解调器（Modem）通过电话线以拨号的方式进行上网。其优点是费用低；缺点是速度慢，且上网的同时不能使用电话，这种方式已经被逐渐淘汰。
- ADSL 宽带上网。ADSL（Asymmetric Digital Sibscrober Line）即非对称数字用户线。ADSL 技术是在电话线两端分别安置 ADSL 设备，再利用现代分频和编码调制技术，在这段电话线上产生高速的下传通道、中速的双工通道和普通的电话通道 3 个信息通道，这 3 个通道可以同时工作，互不影响，能同时进行上网、打电话和收发传真等多种综合通信业务。

- 小区宽带上网。是利用以太网技术，采用“光纤+双绞线”的综合布线方式接入 Internet，主要面向铺设局域网的小区、院校和科研所等企事业单位。这种接入方式的费用相对 ADSL 宽带上网更便宜，但在同一时间上网的用户数量增多时，网速会下降。

> 提示：计算机性能的不断提高，使无线上网越来越普及。无线网络没有网线的限制，适用于可移动的笔记本电脑，为一般的办公提供了很大便利。现有的无线上网方式有 3G 无线上网、CDMA 无线上网和 GPRS 无线上网。

【任务 1】用 ADSL 宽带上网方法接入和断开网络。

Step 1 在 Windows XP 系统中用鼠标左键双击 ADSL 拨号的桌面快捷图标。

Step 2 在打开的“连接 电信”对话框中输入网络服务商提供的用户名和密码，单击连接(C)按钮即可连入 Internet，如图 3-4 所示。

图 3-4 “连接 电信”对话框

Step 3 断开网络连接，首先用鼠标左键双击 ADSL 拨号的桌面快捷图标或者任务栏右侧提示区的图标。

Step 4 在打开的“电信 状态”对话框中单击断开(D)按钮，即可断开计算机与 Internet 的连接，如图 3-5 所示。

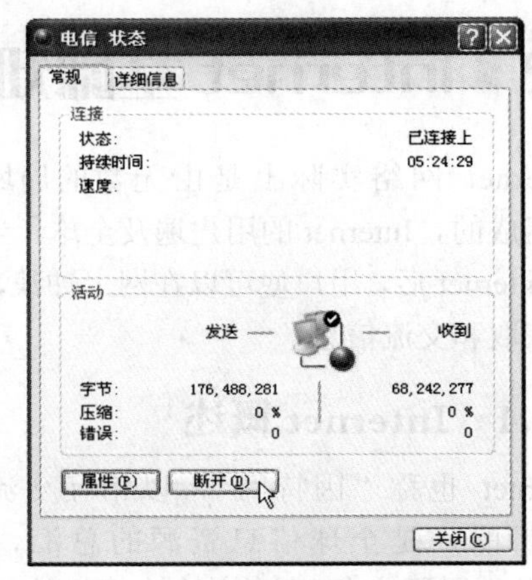

图 3-5 “电信 状态”对话框

3.3 使用 Internet Explorer 浏览器

浏览器是计算机与外部网络连接的通道，用户可以通过浏览器进行网页浏览和下载资料等操作。目前的浏览器软件有 IE 浏览器、TT 浏览器和火狐浏览器等。下面主要对 Windows XP 自带的 IE 浏览器，也就是 Internet Explorer 浏览器进行具体介绍。

3.3.1 认识 Internet Explorer 的界面

双击桌面上的 IE 浏览器快捷图标或选择【开始】/【Internet Explorer】命令即可启动该程序，并打开图 3-6 所示的窗口。

图 3-6　IE 浏览器的操作窗口

- 地址栏。在地址栏中输入需要访问的网站的网址后，按“Enter”键或单击地址栏后的→按钮可打开相应的网站。
- “后退”按钮。单击该按钮可返回最近一次浏览的页面。
- “前进”按钮。单击该按钮可返回后退之前的页面。
- “刷新”按钮。单击该按钮将重新载入页面内容。
- “停止”按钮。单击该按钮将停止载入页面内容。
- “主页”按钮。单击该按钮可快速访问 IE 浏览器的主页。

3.3.2　浏览网页

浏览网页是 Internet Explorer 最基本的功能，利用 Internet Explorer 可以在网上查找不同类别、不同关注事项的网页进行浏览。

【任务 2】在搜狐网中查看天气，并将搜狐网首页设置为 IE 浏览器主页。

Step 1　双击桌面上的快捷图标，启动 IE 浏览器。

Step 2　在地址栏中输入搜狐网的网址“www.sohu.com”，按“Enter”键打开搜狐网首页，单击导航栏中的“天气”超链接，如图 3-7 所示。

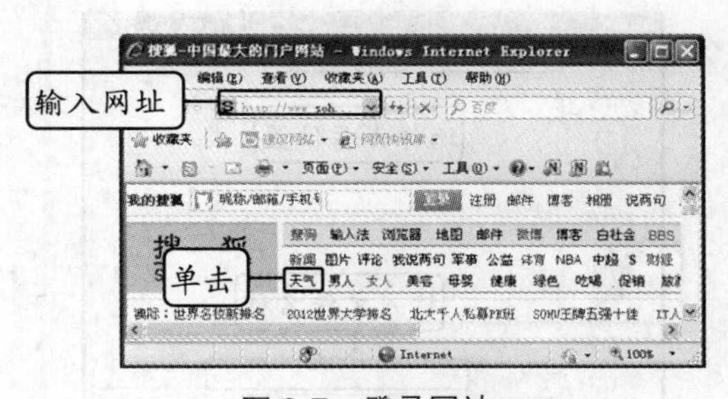

图 3-7　登录网站

Step 3　此时可在打开的网页中浏览天气情况，完成后单击地址栏上的按钮可返回搜狐网首页，如图 3-8 所示。

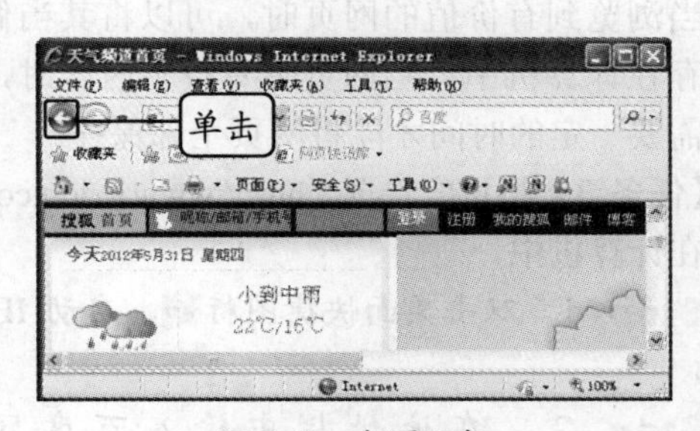

图 3-8　查看天气

3.3.3 保存图片和网页

利用 IE 浏览器浏览网页时，除了可以查看网络中的资源和信息，还可以利用一些搜索引擎工具快速搜索并下载需要的资源，并将这些资源保存到计算机中。

1. 保存图片

有时在网上会浏览到一些好看的或者有用的图片，用户可将这些图片保存在自己的计算机中，以便查看和使用，而不用每次都上网搜索这些图片。

其主要方法是在图片上单击鼠标右键，在弹出的快捷菜单中选择 “图片另存为” 命令，打开 “保存图片” 对话框，如图 3-9 所示。在 “保存在” 下拉列表框中选择图片保存的位置，在 “文件名” 下拉列表框中输入要保存的图片文件名，在 “保存类型” 下拉列表框中选择图片的保存格式。单击 保存(S) 按钮即可将图片保存在计算机中。

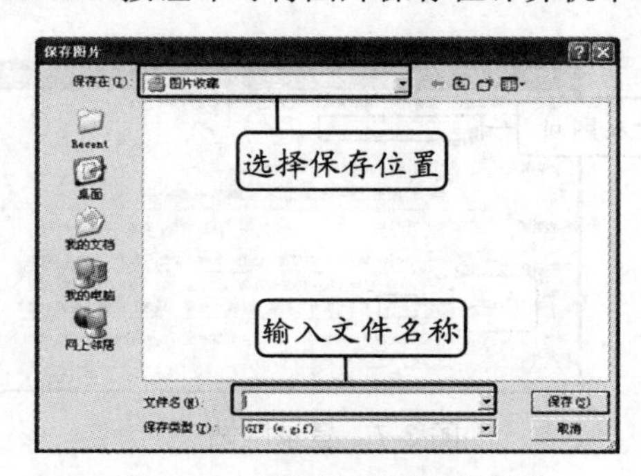

图 3-9 “保存图片” 对话框

2. 保存网页

当浏览到有价值的网页时，可以将其当做资料保存在计算机中。当网页中有较多内容时，计算机需要一定的时间才能将网页全部保存。

【任务 3】将百度首页（http://www.baidu.com/）保存在计算机中。

Step 1 双击桌面快捷图标，启动 IE 浏览器。

Step 2 在地址栏中输入百度网址 “www.baidu. com”，按 “Enter” 键打开百度首页。

Step 3 选择【文件】/【保存网页】命令，打开 “保存网页” 对话框，如图 3-10 所示。在其中的 “保存在” 下拉列表框中选择 “我的文档”，其他保持默认，单击 保存(S) 按钮，打开 “保存网页” 窗口，如图 3-11 所示，保存完毕后该窗口将自动关闭。

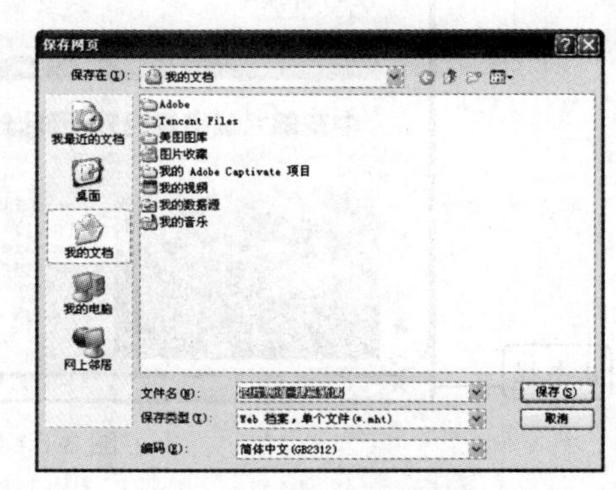

图 3-10 “保存网页” 对话框

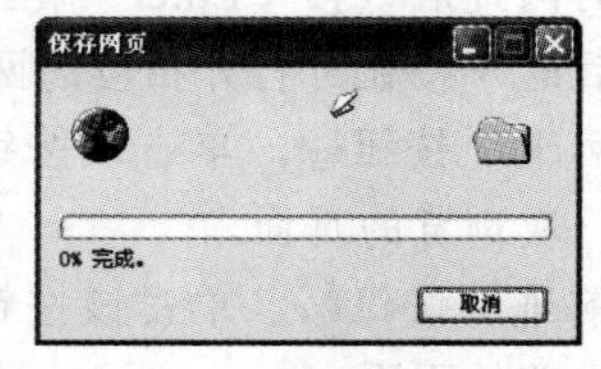

图 3-11 “保存网页” 窗口

提示：将网页保存到计算机后，在保存位置会自动生成一个网页文件，其中存放与网页相关的图片等内容，如图 3-12 所示。

图 3-12 保存网页

3.3.4 使用收藏夹

除了保存网页以外，用户还可将一些有收藏价值的网页保存在收藏夹中，方便随时登录该网页。

【任务 4】利用 IE 浏览器将百度首页保存在收藏夹中。

Step 1　启动 IE 浏览器，输入网址"www.baidu.com"访问百度首页。

Step 2　选择【收藏夹】/【添加到收藏夹】命令，如图 3-13 所示。

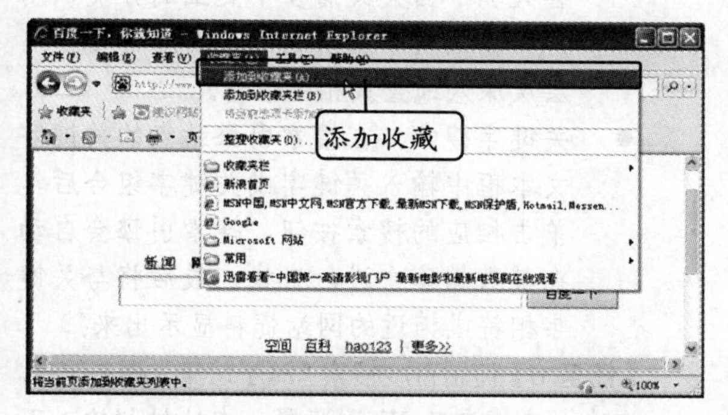

图 3-13　添加到收藏夹

Step 3　打开"添加收藏"对话框，在"名称"文本框中设置网页名称，单击 添加(A) 按钮，即可完成网页的收藏，如图 3-14 所示。

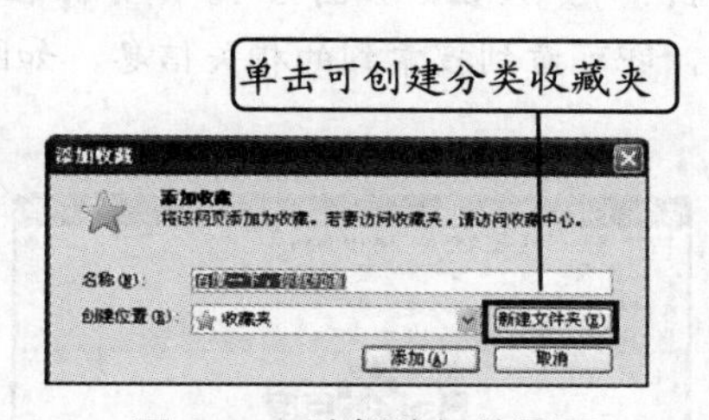

图 3-14　选择访问的网页

【知识补充】选择【收藏夹】/【添加到收藏夹栏】命令，可将网页直接收藏到工具栏中，使用时直接单击该网页选项即可访问。在工具栏中单击 收藏夹 按钮同样可以进行收藏网页的操作。

3.3.5　设置 Internet Explorer 选项

使用 IE 浏览器在一定时间内再次访问已经访问过的网页时，网页的加载速度明显提高，这是由于 IE 浏览器能自动保存一段时间内已浏览网页的一些数据，但是同时也会暴露用户的网页浏览情况。为了更好地保护个人隐私以及释放内存，优化计算机的运行速度，用户可在 IE 浏览器中对浏览网页的历史记录进行删除和移动等管理操作。

【任务 5】使用 Internet 选项删除计算机中的历史记录。

Step 1　启动 IE 浏览器，选择【工具】/【Internet 选项】命令。

Step 2　打开"Internet 选项"对话框，在"常规"选项卡中选中"退出时删除浏览历史记录"复选框可在每次关闭 IE 浏览器后自动删除历史记录，这里直接单击 删除(D) 按钮，如图 3-15 所示。

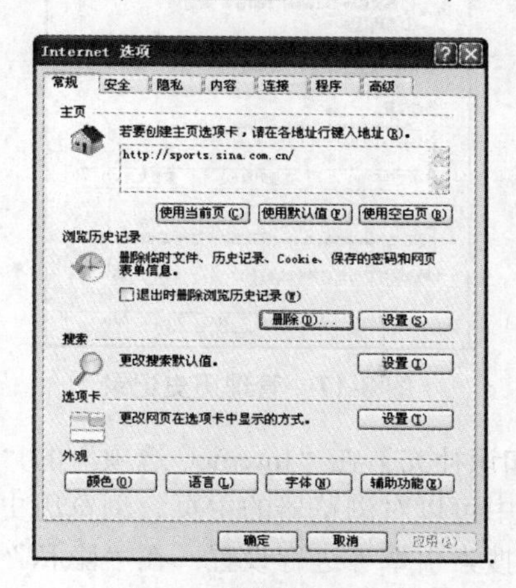

图 3-15　删除历史记录

Step 3　打开"删除浏览的历史记录"对话框，选中"保留收藏夹网站数据""Internet 临时文件""Cookie"以及"历史记录"复选框，然后单击 删除(D) 按钮即可，如图 3-16 所示。

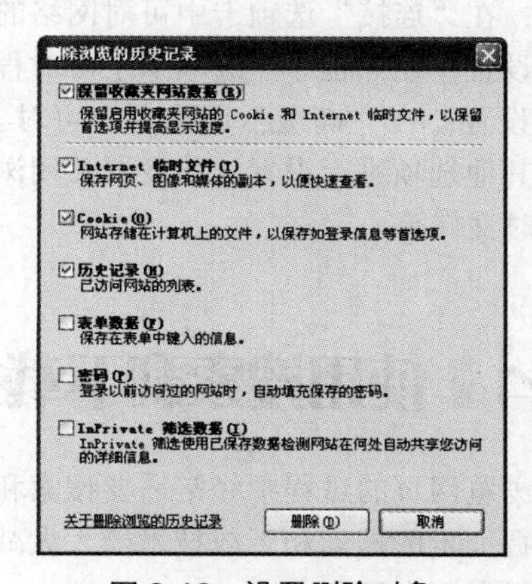

图 3-16　设置删除对象

提示：若在“Internet 选项”对话框的“浏览历史记录”栏中单击 设置(S) 按钮，可在打开的对话框中单击 移动文件夹(M)... 按钮调整历史记录的保存位置，如图 3-17 所示。

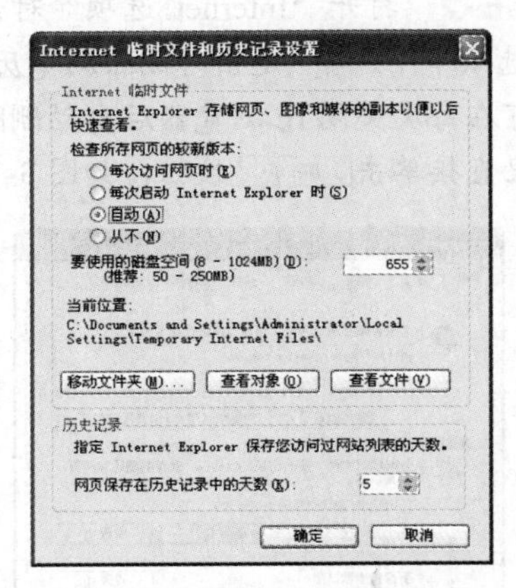

图 3-17　管理历史记录

【知识补充】在“Internet 选项”的“常规”选项卡中可以对浏览器的主页、浏览历史记录以及默认搜索引擎等进行设置；在“隐私”选项卡中可对 IE 打开窗口进行屏蔽设置；在“安全”选项卡中可对 Internet 的安全级别进行设置，如设置是否启用 Activex 控件和插件等，一般保持默认级别即可；在“内容”选项卡中可控制在 Internet 上看到的内容，以防止儿童接触 Internet 上不合适的内容；在“连接”选项卡中可对网络的连接方式进行设置；在“程序”选项卡中可对程序加载项进行设置；在“高级”选项卡中可对 Internet 中一些其他选项进行设置，如设置关闭浏览器时清空临时文件等。

3.4 使用搜索和下载技术

在浏览网页的过程中经常需要搜索和下载资料，掌握一定的搜索和下载技术能大大减轻工作强度，提高工作效率。

3.4.1 使用搜索引擎

许多网站都提供了搜索功能，常用的搜索引擎有百度、雅虎、搜狐和新浪等。不同的搜索引擎提供的搜索方式不同，一般有以下两种。

- 分类式搜索。将各种信息分为几大类，各大类下面又设有多个更细的分类，用户只需依次单击所需的分类超链接便可层层深入地查找相关信息。
- 关键字搜索。在搜索引擎站点的关键字文本框中输入关键字或关键字组合后，单击相应的搜索按钮，搜索引擎会自动在其数据库中进行查找，最后将与关键字相符或相近的网站资料显示出来。

【任务 6】使用百度搜索“海子诗集”相关信息。

Step 1　启动 IE 浏览器，在地址栏输入百度网址“www.baidu.com”，访问百度首页。

Step 2　在百度首页选择“网页”超链接，在搜索文本框中输入“海子诗集”，按下“Enter”键或单击 百度一下 按钮，如图 3-18 所示。在打开的网页中，即可看到搜索到的相关信息，如图 3-19 所示。

图 3-18　输入关键字

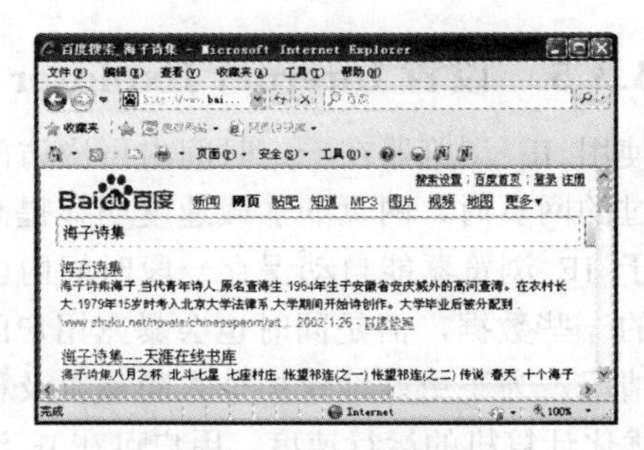

图 3-19　搜索结果

提示：不同的搜索引擎操作过程类似，但是由于它们所用的搜索技术不同，搜索的结果也不尽相同，因此综合使用这些网站才能更快、更全面地找到相关网页信息。

3.4.2 直接保存网上资料

Internet上许多网站都提供资料下载服务，如软件、电影和动画等。对体积较小的文件可以采用直接下载的方法，单击网页中的下载链接，系统会打开图3-20所示的“文件下载”对话框，在对话框中选择资料的保存位置，单击 保存(S) 按钮，系统开始下载文件，并在对话框中显示下载进度。文件下载完成后，单击 打开文件夹(F) 按钮将打开下载的文件所在的文件夹；单击 关闭(C) 按钮将关闭该对话框不再进行其他操作。在下载完毕之前如果选中“下载完成后关闭此对话框”复选框，则下载完成后将会自动关闭该对话框。

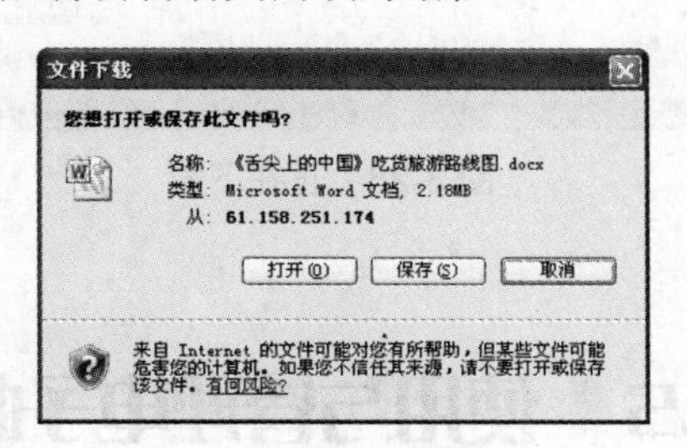

图3-20 直接下载文件

【任务7】在百度网站中下载音乐。

Step 1 启动IE浏览器，在地址栏输入“mp3.baidu.com”，打开百度音乐网站。单击“过得比我好”超链接，如图3-21所示。

图3-21 查找下载文件

Step 2 在打开的播放窗口中的“请点击”后的地址链接上单击鼠标右键，在弹出的快捷菜单中选择“目标另存为”命令，如图3-22所示。

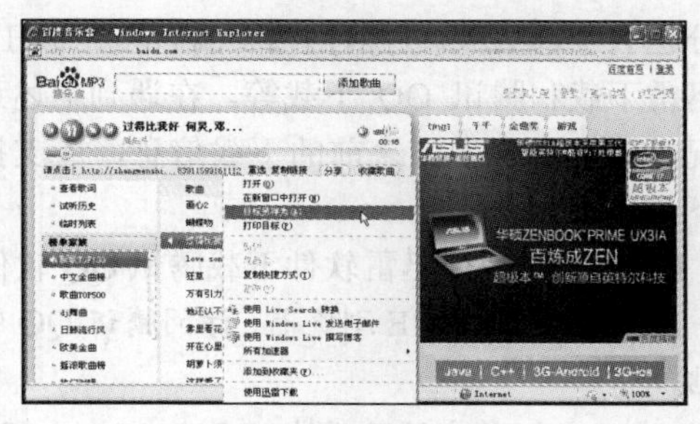

图3-22 目标另存为

Step 3 打开“另存为”对话框，单击“我的文档”按钮，在打开的界面中双击“我的音乐”文件夹。

Step 4 在“文件名”文本框中输入文件名称“过得比我好”，如图3-23所示，然后单击 保存(S) 按钮。

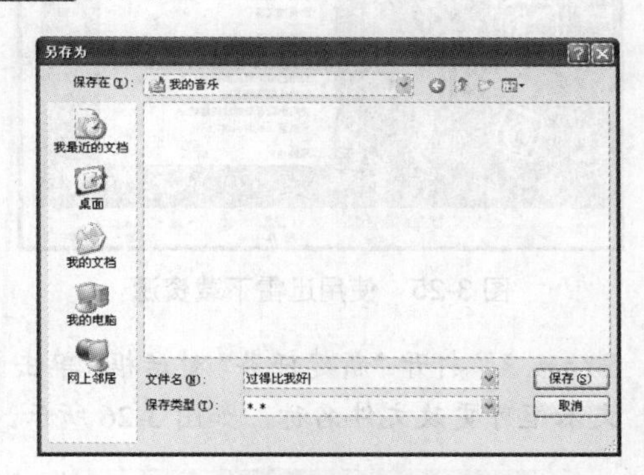

图3-23 输入文件名

Step 5 文件开始下载，在窗口中选中“下载完成后关闭此对话框”复选框，此时窗口中显示文件下载的进度，如图3-24所示。

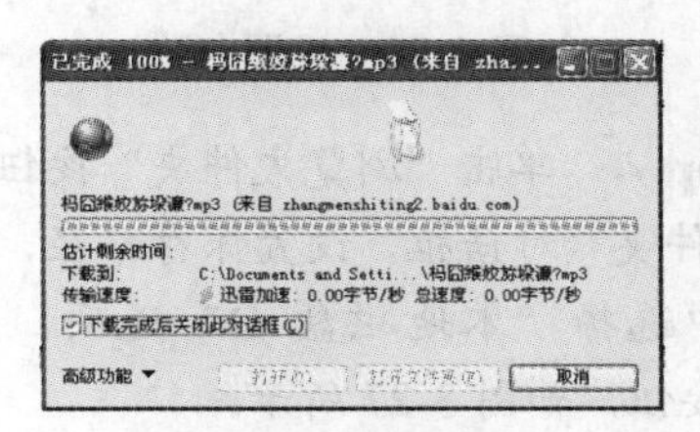

图3-24 开始下载

3.4.3 使用迅雷下载

在使用直接下载的方式保存网上的资料时，当遇到网络连接断开或者停电等情况，已下载的部分也会全部丢失。目前网络上有许多下载工具，如迅雷下载和腾讯 QQ 下载等，在遇到上述意外情况时不仅不会丢失之前的下载信息，还支持续点下载。

【任务 8】使用迅雷软件下载腾讯 QQ 软件。

Step 1 启动 IE 浏览器，访问腾讯 QQ 官方网站。

Step 2 单击该网页的“QQ2012Beta1（Q+）”超链接，进入下载页面，在立即下载按钮上单击鼠标右键，在弹出的快捷菜单中选择“使用迅雷下载”命令，如图 3-25 所示。

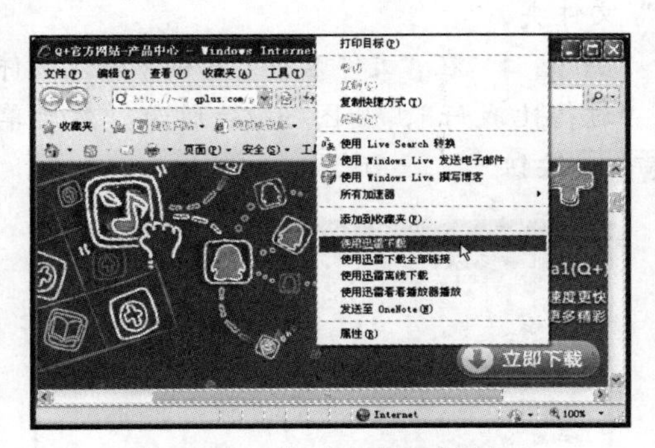

图 3-25 使用迅雷下载资源

Step 3 打开“新建任务”对话框，单击“名称”文本框可更改文件名称，如图 3-26 所示。

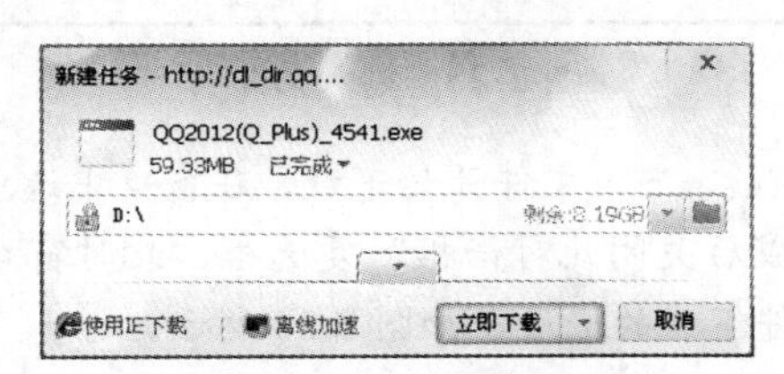

图 3-26 设置名称

Step 4 单击“浏览文件夹”按钮，打开“浏览文件夹”对话框，设置保存路径，在其中的列表框中选择“本地磁盘 D”选项，然后单击确定按钮，如图 3-27 所示。

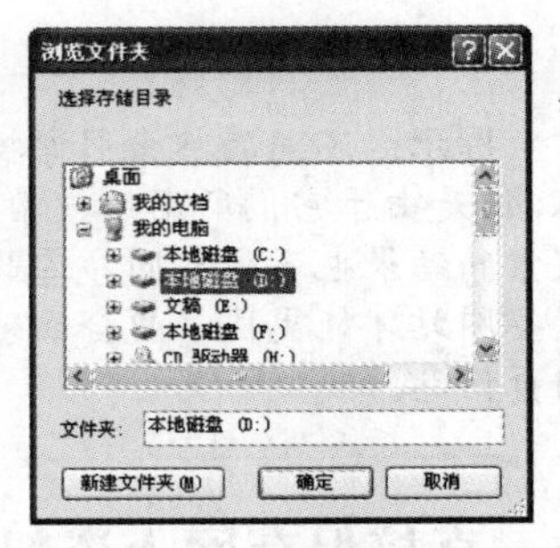

图 3-27 设置保存路径

Step 5 返回“新建任务”对话框，单击立即下载按钮，在迅雷软件窗口中将显示资源的下载进度、下载速度和剩余时间等详细信息，如图 3-28 所示。

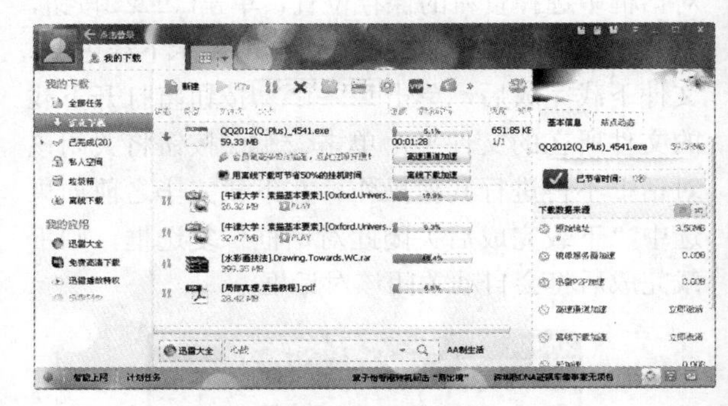

图 3-28 正在下载

3.5 使用与管理电子邮件

计算机网络的发展为人与人之间的信息交流带来了很大的便利，电子邮件的出现，使以往要花上几天甚至是几个月的时间才能传达的信息，在几分钟甚至几秒钟之内便能发送到指定位置，因此电子邮件在工作和生活中得到了广泛的应用。

3.5.1 认识电子邮件

电子邮件的英文名为 E-mail，是一种通过电子邮箱在互联网中的计算机之间收发信息的技术。在学习使用电子邮件之前，应先对电子邮件及其相关知识进行了解，如电子邮箱、邮箱地址等，现在分别进行介绍。

- 电子邮件。是通过网络实现异地计算机之间相互传递信息和资料的一种通信手段，每一封电子邮件都可当成一封信件，电子邮件能异地传输的前提是网络的连接。
- 电子邮箱。电子邮箱类似于现实生活中邮局的信箱，它是电子邮件中资料和信息的载体，收发电子邮件的工具。
- 邮箱地址。每一个邮箱都有一个相应的邮箱地址。它相当于传统信件中的收件人地址，有了邮箱地址才能把邮件准确无误地传递到对应的邮箱中。邮箱地址的固定格式是 user@mail.server.name。如 ming@163.com，其中 ming 是用户在电子邮箱网站中申请的用户名，163.com 是电子邮箱所在的网站，用户名和网站名之间用符号“@”分隔。

【任务 9】在网易网站上申请一个免费邮箱。

Step 1　在 IE 浏览器中登录网易邮箱申请界面。

Step 2　文本框前标有红色星号 * 的表示必填项目，在“邮件地址”文本框中输入用户名，这里输入“microsoft_mail”，在后面的下拉列表框中选择“126.com”，用户可根据需要选择。

Step 3　在“密码”文本框中输入密码，这里输入“123456asd”，在“确认密码”文本框中再次输入“123456asd”。

Step 4　在“验证码”文本框中输入右侧图片中的字母或数字，验证码是为保护用户登录邮箱的一种手段，本身的字母或数字不具有任何意义。选中“同意‘服务条款’和‘隐私权保护和个人信息利用政策’”复选框，然后单击立即注册按钮，如图 3-29 所示。

Step 5　申请成功，页面自动跳转到图 3-30 所示的对话框。关闭注册成功提示对话框，即可使用注册邮箱。

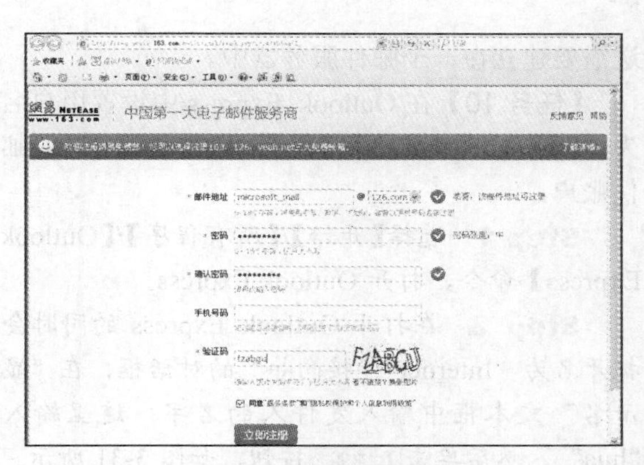

图 3-29　申请邮箱

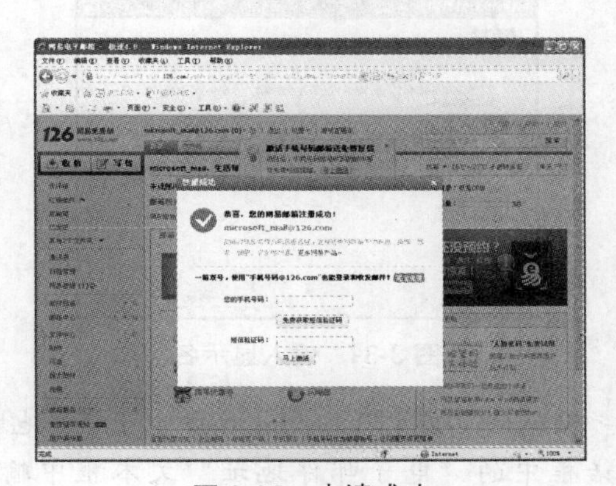

图 3-30　申请成功

3.5.2　在 Outlook Express 中设置邮件账户

有许多网站提供电子邮件服务，比如 163、搜狐和 hotmail 等，但是每次收发邮件都要登录相应的网站和邮箱，使用专门的邮件管理软件可以解决这些问题。专门的邮件管理软件不仅在操作上更加直观和简便，而且不用登录网站和邮箱。下面介绍 Windows XP 自带的 Outlook Express 邮件管理软件的使用方法。

使用 Outlook Express 之前，需要创建账户，这样就避免了每次都需要输入电子邮件账户和密码等繁琐的操作。选择【开始】/【所有程序】/【Outlook Express】命令启动该程序并自动打开“Internet 连接向导”对话框，根据提示便可创建需要的账户。Outlook Express 中邮件的接收和发送需要建立在一个邮件服务器中。

【任务 10】在 Outlook Express 中设置用户名为“microsoft_mail”，密码为“123456asd”的邮件账户。

Step 1 选择【开始】/【所有程序】/【Outlook Express】命令，打开 Outlook Express。

Step 2 在打开 Outlook Express 的同时会打开名为“Internet 连接向导”的对话框，在“显示名”文本框中输入发件人的名字。这里输入“hua”，然后单击下一步(N) >按钮，如图 3-31 所示。

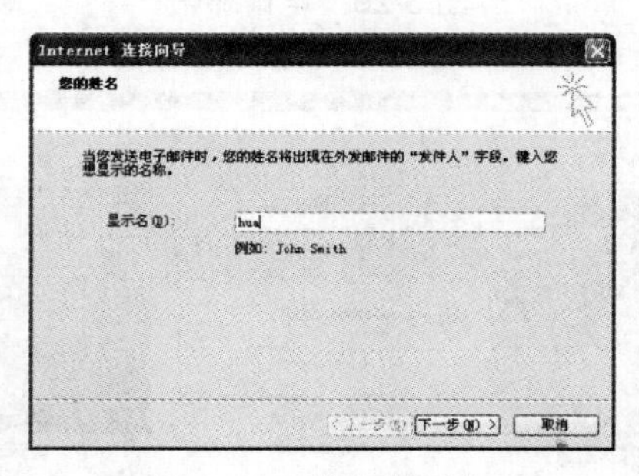

图 3-31 输入显示名

Step 3 在打开的“Internet 电子邮件地址”对话框中的“电子邮件地址”文本框中输入“microsoft_mail@126.com”，然后单击下一步(N) >按钮，如图 3-32 所示。

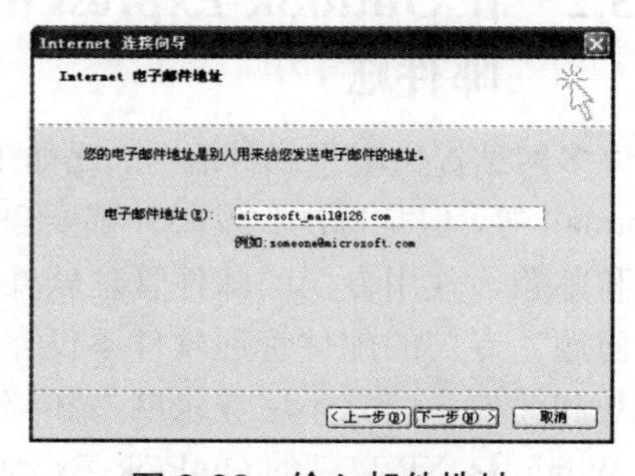

图 3-32 输入邮件地址

Step 4 打开“电子邮件服务器名”的对话框，在“我的邮件接收服务器是”下拉列表中选择“POP3”，在“接收邮件（POP3，IMAP 或 HTTP）服务器”文本框中输入“POP.126.com”，在“发送邮件服务器（SMTP）”文本框中输入“SMTP.126.com”，然后单击下一步(N) >按钮，如图 3-33 所示。

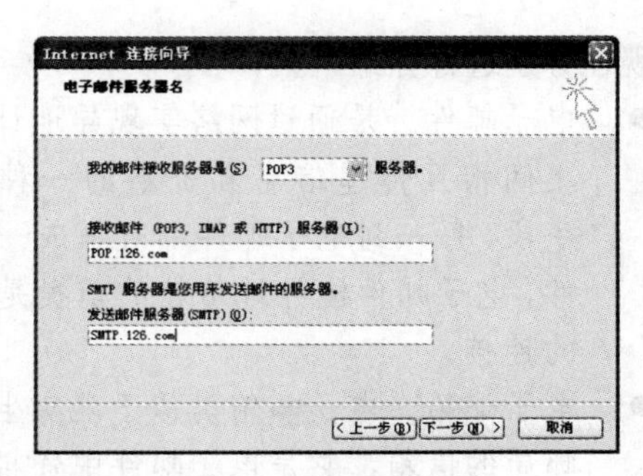

图 3-33 设置服务器

Step 5 在“Internet Mail 登录”对话框中输入已申请的邮箱的账户名和密码，在账户名文本框中输入“microsoft_mail”，在密码文本框中输入“123456asd”，如图 3-34 所示，然后单击下一步(N) >按钮。

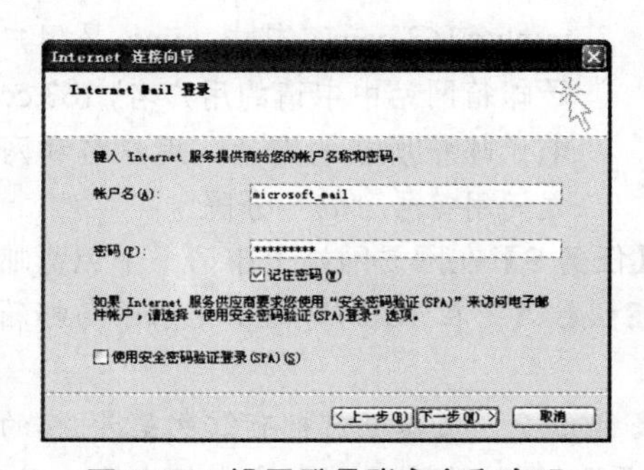

图 3-34 设置登录账户名和密码

Step 6 设置完成，单击完成按钮，保存设置，如图 3-35 所示，即可进入使用界面，如图 3-36 所示。

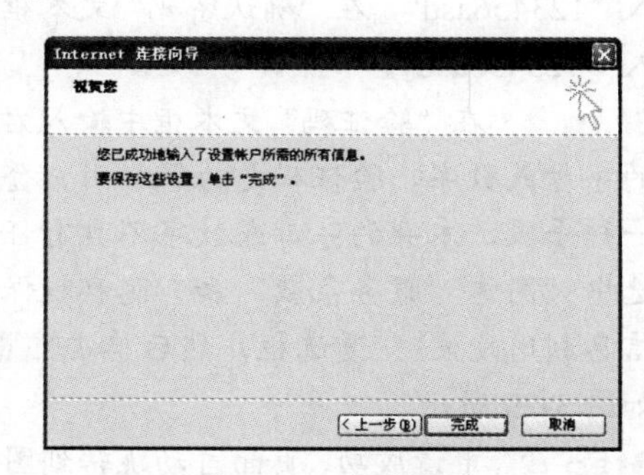

图 3-35 完成设置

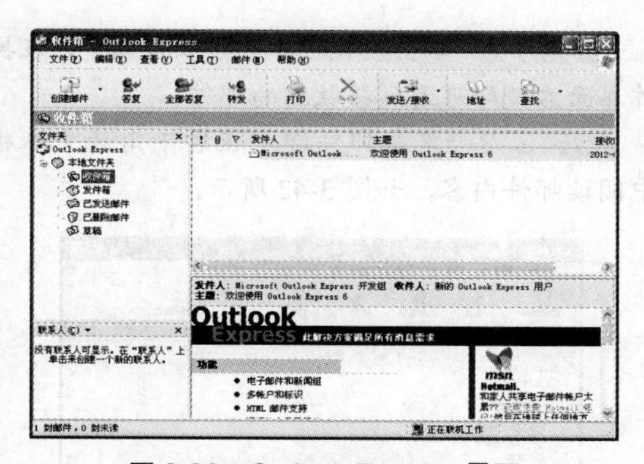

图 3-36　Outlook Express 界面

3.5.3　在 Outlook Express 中发送和接收邮件

在发送邮件之前，首先应当建立邮件发送的对象，即联系人。对于一些经常通信的对象，可将其添加为联系人，之后联系时便可在 Outlook Express 操作窗口左下方的“联系人”栏中方便地选择，避免每次发送邮件就要输入一次邮件地址，新建联系人的方法有如下几种。

- 在 Outlook Express 操作窗口左下方的“联系人”栏中，单击“联系人”右侧的下拉按钮，在打开的列表中选择“新建联系人”命令。
- 单击工具栏上的 按钮，打开“通讯簿 主标识”窗口，在窗口中单击 按钮，在打开的下拉列表中选择“新建联系人”命令。
- 选择【工具】/【通讯簿】命令，打开“通讯簿 主标识”窗口，按上述方法新建联系人。

1. 发送邮件

单击工具栏上的 按钮，打开“新邮件”窗口，在发件人下拉列表框中自动输入相应的电子邮箱地址，若创建了多个账户，则可在其中进行选择。按照前面介绍的方法依次填写收件人邮箱地址、邮件主题和内容，并单击上方的 按钮即可。

【任务 11】添加一个名为“李美含”的联系人，并往联系人的邮箱（limeihanasd@163.com）中发送一封邮件。

Step 1　打开 Outlook Express，单击操作界面窗口左下方的“联系人”栏右侧的下拉按钮，在打开的列表中选择“新建联系人”命令。

Step 2　在打开的“属性”窗口的“姓名”选项卡中在“姓”文本框中输入“李”，在“名”文本框中输入“美含”，在“职务”文本框中输入“朋友”，在“电子邮件地址”文本框中输入“limeihanasd@163.com”，然后单击 添加(A) 按钮，最后单击 确定 按钮，如图 3-37 所示。

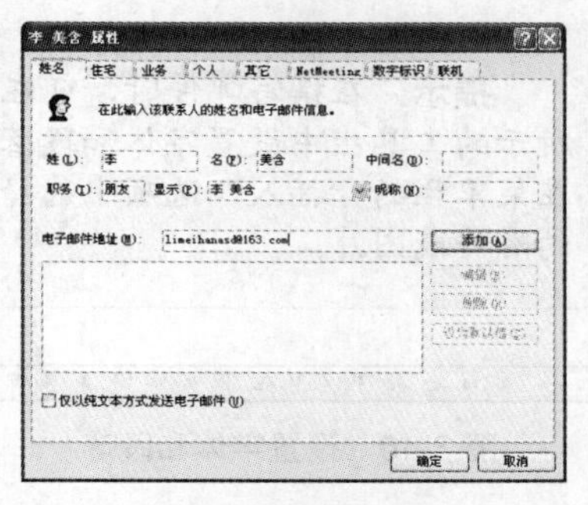

图 3-37　添加联系人

Step 3　回到 Outlook Express 操作界面，在“联系人”栏中可看到添加的联系人，在联系人名字上单击鼠标右键，在弹出的快捷菜单中选择“发送电子邮件”命令，如图 3-38 所示。

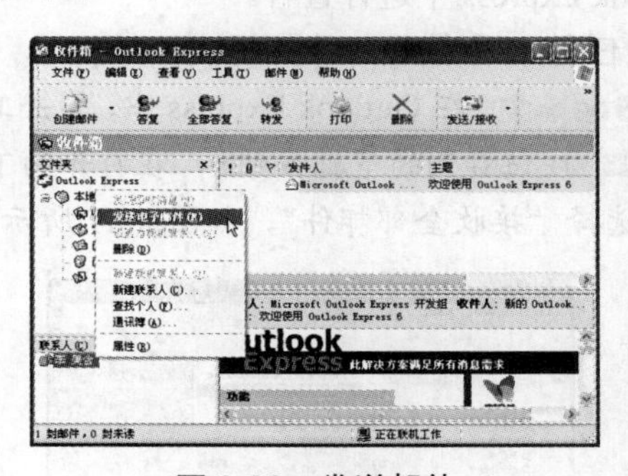

图 3-38　发送邮件

Step 4　打开“新邮件”对话框，在“收件人”文本框中已经显示“李美含”的名字，在“主题”文本框中输入“演唱会”，在邮件内容文本框中输入“星期六一起去看演唱会!”。

Step 5 输入完成后单击工具栏上的“发送”按钮，完成邮件的发送，如图 3-39 所示。

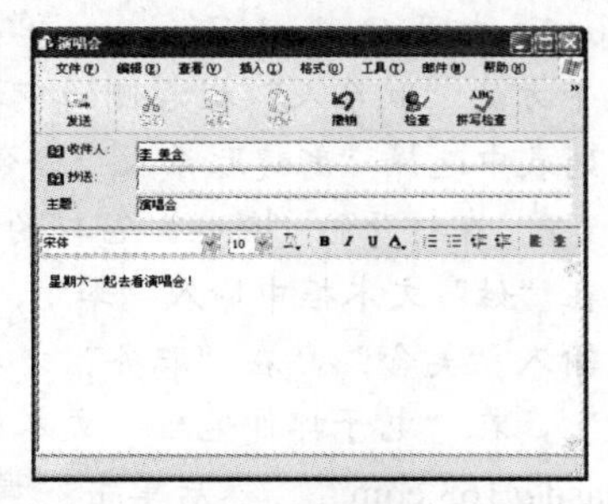

图 3-39 撰写并发送邮件

提示：在撰写邮件时，可在图 3-40 所示的工具栏中设置字体和段落格式，在菜单栏的“插入”选项中选择想插入的附件或图片。

图 3-40 设置字体和段落

2. 接收邮件

单击工具栏上的按钮右侧的下拉按钮，在打开的下拉列表中选择“接收全部邮件”命令即可自动将网站中电子邮箱的邮件接收到 Outlook Express 中进行查看。

【任务 12】接收邮件并阅读。

Step 1 在 Outlook Express 中，单击工具栏上的按钮右侧的下拉按钮，在打开的下拉列表中选择“接收全部邮件”，如图 3-41 所示。

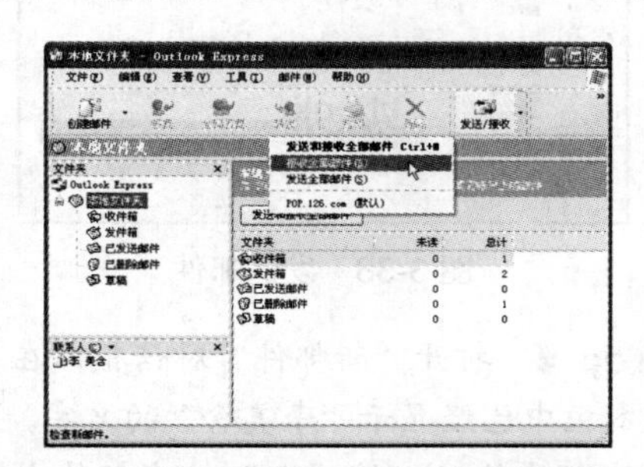

图 3-41 “Outlook Express”操作窗口

Step 2 单击左侧栏中的“收件箱”，在操作界面右侧即可看到接收到的邮件。

Step 3 单击邮件即可在右下角的文本框中阅读邮件内容，如图 3-42 所示。

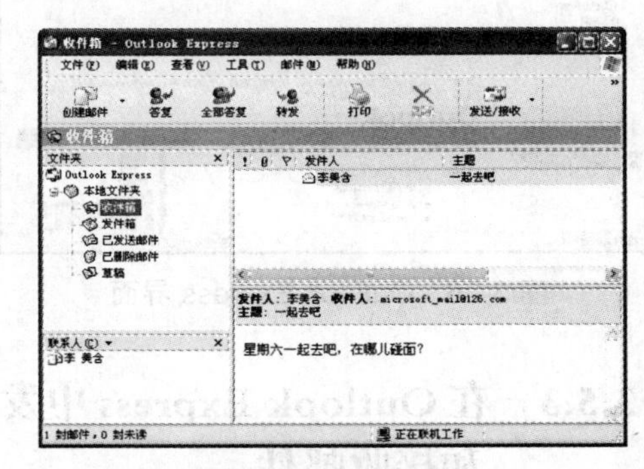

图 3-42 阅读邮件

提示：阅读了某个电子邮件后，可通过单击工具栏上的按钮在打开的窗口中快速回复邮件给发件人，也可单击按钮将当前邮件转发给其他收件人。

3.5.4 Outlook Express 的选项设置

在 Outlook Express 中，选择【工具】/【选项】命令，打开“选项”对话框，可在对话框中对“阅读”“发送”“回执”“连接”与“维护”等进行设置。

- 更改邮件存储位置。Outlook Express 中邮件的默认保存位置是 C 盘。打开“选项”对话框选择“维护”选项卡，单击“存储文件夹(F)...”按钮，打开“存储位置”对话框，单击“更改(C)...”按钮即可更改邮件存储路径。
- 退出时自动清空“已删除邮件”。在“选项”对话框中选择“维护”选项卡，选中“退出时清空‘已删除邮件’文件夹中的邮件”复选框即可。
- 保存已发送的邮件副本。在“选项”对话框中单击“发送”选项卡，选中“在‘已发送邮件’中保存已发送邮件的副本”复

选框即可。

- 更改阅读邮件时的字体。在“选项”对话框中单击“阅读”选项卡中的[字体(F)...]按钮，在打开的“字体”对话框中可以更改阅读时的字体。
- 拒收广告邮件。在“选项”对话框中单击“安全”选项卡，选中“受限站点区域（较安全）”单选项，然后打开“控制面板”，单击“网络和 Internet 连接”超链接，在打开的面板中单击“Internet 选项”超链接，打开“Internet 属性”对话框，单击“安全”选项卡中的“受限站点”图标🚫，再单击[自定义级别(C)...]按钮，打开“安全设置受限制站点区域”对话框，在此对话框中将“活动脚本”的“启用”改为“禁用”即可。

3.6 网络安全与防护

网络的发展为人们带来了很大的便利，越来越多的人在使用网络的同时，发现网络安全已经成为不可忽视的问题。如在网络中注册账号或个人信息时，要避免这些信息的泄露，防止不法分子利用网络窃取个人信息，侵害自身权益等。

3.6.1 信息安全及网络安全技术

无论是登录邮箱还是使用计算机进行电子商务活动等，都需要输入用户的个人信息，因此计算机信息及网络的安全对人民生命财产的安全至关重要。

1. 信息安全

信息安全是指网络的硬件、软件以及系统中的数据受到保护，不受偶然或者恶意侵犯而遭到破坏、更改、泄露。网络信息涉及国家政府、军事、文教等诸多领域，在网络中传输有政府决策、商业经济、银行资金、股票证券等诸多信息，这些信息的安全与否至关重要。为避免不法份子窃取这些信息对社会造成危害，需要对这些信息做一些处理。信息安全主要体现在以下几个方面。

- 完整性。保证数据的一致性，防止信息在传输、交换、存储和处理过程中被篡改，这是最基本的安全特征。
- 保密性。信息不被泄露给未经过授权的用户，保证信息不被窃听。
- 可用性。信息可被授权用户正确访问，并能按要求正常使用或在非正常情况下能恢复使用。
- 不可否认性。通信双方在信息交互过程中，确保参与者本身，以及参与者所提供的信息的真实同一性，防止用户否认其行为。
- 可控性。网络系统中的任何信息在一定传输范围和存放空间内可控制。

2. 网络安全

网络安全技术是为了保证计算机中数据信息的安全，而研发的一系列防止信息被泄露或被篡改的技术。网络安全技术主要有以下几种。

- 身份认证技术。在浏览或使用信息的过程中确认操作者身份的授权身份，如短信密码、动态口令卡、静态密码及 USB KEY 等。
- 防火墙。可对网络间不同信任域进行隔离，使所有经过防火墙的网络信息接收设定的访问控制，目前的防火墙技术主要有包过滤、应用级网关、代理服务器和状态监测等。
- 数据加密。与防火墙配合使用，提高信息系统及数据的安全性与保密性。
- 入侵检测和防御系统。入侵检测是指通过在关键点采集信息进行分析，从中发现网络或系统中是否有违反安全策略的行为和被攻击的迹象。入侵防御是一种主动的入侵防范系统，预先对入侵活动和攻击性行为进行拦截，避免造成损失。
- 反病毒技术。随着操作系统安全性提高，计算机病毒也变得复杂，反病毒技术会随着病毒的发展一步步地进行功能融合，阻止病毒入侵。

3.6.2 网络病毒和网络犯罪

一些不法分子利用网络传播计算机病毒，并利用计算机病毒破坏或窃取用户信息，给人民的生命财产安全带来隐患。

1. 网络病毒

网络病毒即计算机病毒，是编制或者在计算机程序中插入的破坏计算机功能或数据，影响计算机使用并且能够自我复制的一组计算机指令或者程序代码。因此计算机病毒具有传染性、破坏性和变异性等特征。

计算机病毒通常隐藏在系统启动区、设备驱动程序或者可执行文件中，其攻击能力主要取决于病毒制作者的主观愿望以及所具有的技术能力。

2. 网络犯罪

网络犯罪是指人为运用计算机网络对其他计算机系统或信息进行攻击、破坏或利用计算机网络进行其他犯罪。

网络犯罪具有以下特征。

- 智能性。网络犯罪手段的技术性和专业性使得网络犯罪具有智能性。
- 匿名性。接收网络中文字、图像等信息的过程不需要任何登记，因而对于罪犯的犯罪行为很难界定。
- 跨国性。网络冲破了地域限制，犯罪分子可以通过网络对世界各地的计算机造成危害。
- 危害性。网络的普及程度越高，网络犯罪的危害也就越大，而且网络犯罪侵犯的可能不仅是个人财产，更甚者会危机公共安全和国家安全。

3.7 上机实训

3.7.1 【实训一】利用网络搜集资料并发送邮件

1. 实训目的

练习资料的搜索和下载，并熟悉邮箱的使用。

视频演示：第 3 章\上机实训\实训一.swf

具体的实训目的如下。

- 熟悉浏览器的使用方法。
- 熟练掌握资料的下载操作流程。
- 熟练掌握邮箱的使用方法。

2. 实训要求

了解 Internet，并熟练运用计算机中的软件进行 Internet 操作。

具体要求如下。

（1）启动 IE 浏览器，在地址栏中输入百度网址，打开百度搜索引擎。

（2）利用百度搜索引擎搜索孔雀图片，并直接下载。

（3）使用邮箱将下载到的孔雀图片资料发送出去。

3. 完成实训

Step 1 启动 Internet Explorer，在地址栏输入百度网址“www.baidu.com”，按“Enter”键登录百度搜索引擎。

Step 2 单击“图片”超链接，在文本框中输入“孔雀”，如图 3-43 所示。

图 3-43 输入关键字

Step 3 单击右侧的百度一下按钮，打开搜索结果网页，在搜索结果网页中单击网页下方的“下一页”超链接翻页浏览，如图3-44所示。

图3-44 翻页浏览

Step 4 找到需要的孔雀图片并单击，在打开的网页中单击图片右下方的原图按钮，如图3-45所示。

图3-45 单击需要的图片

Step 5 将鼠标移动到打开的新窗口图片上，当鼠标变为🔍时，单击图片，将图片放大，然后在图片上单击鼠标右键，在弹出的快捷菜单中选择“图片另存为”命令，将图片保存在“我的文档”中的“孔雀”文件夹目录下，如图3-46所示。

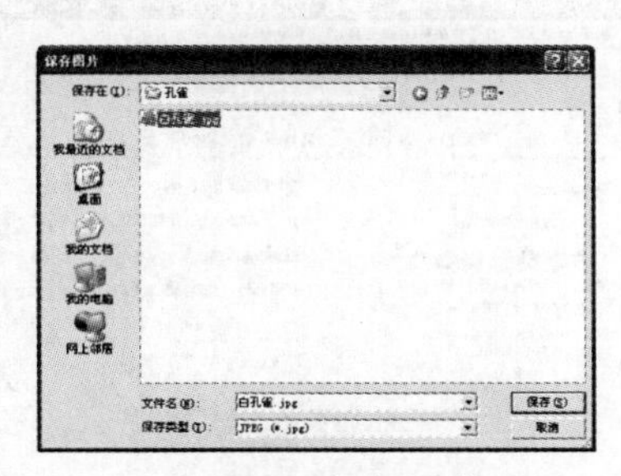

图3-46 保存图片

Step 6 启动Outlook Express，在窗口左下角的联系人窗口中，选择联系人，这里选择“李美含”，双击联系人“李美含”，打开“新邮件”窗口。

Step 7 新邮件窗口中的“收件人”文本框中已有联系人“李美含”的名字，在“抄送”栏的文本框中再次选择“李美含”，在“主题”栏的文本框中输入“资料”，在正文文本框中输入“这是你要的资料。”，如图3-47所示。

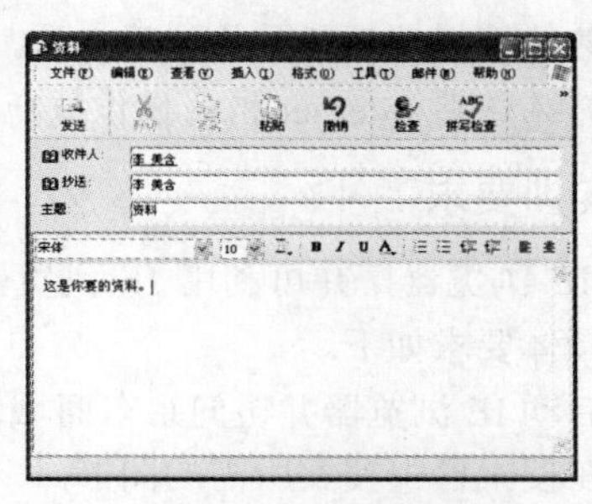

图3-47 输入内容

Step 8 选择【插入】/【文件附件】命令，打开“插入附件”对话框，在对话框的查找范围中找到“我的文档”文件夹，在“我的文档”文件夹中选择“孔雀”文件夹，然后单击附件(A)按钮，打开“孔雀”文件夹，在文件夹中选中下载的“白孔雀”图片，再单击附件(A)按钮，“白孔雀”图片文件即被添加到邮件中，如图3-48所示。

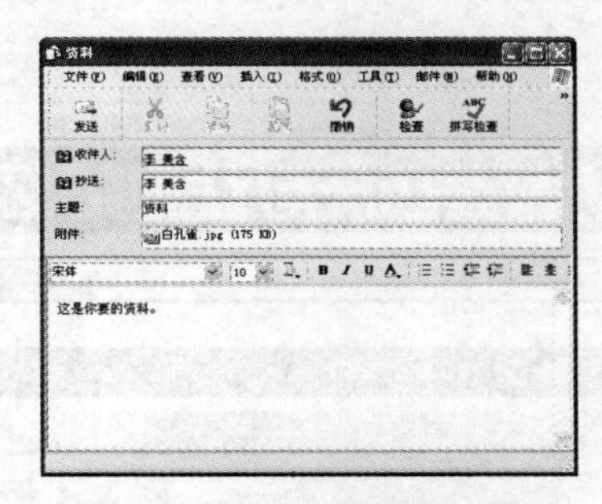

图3-48 插入“白孔雀”图片

Step 9 单击工具栏中的“发送”按钮，即可发送邮件。

3.7.2 【实训二】在京东网购买图书

1. 实训目的

练习在京东网购买图书。

视频演示：第 3 章\上机实训\实训二.swf

具体的实训目的如下。

- 熟悉 IE 的使用方法。
- 熟练掌握搜索工具的使用方法。
- 熟练掌握 Internet 相关操作技巧。

2. 实训要求

熟悉 IE 浏览器，并可利用 IE 浏览器进行网上购物。具体要求如下。

（1）启动 IE 浏览器并访问京东商城。

（2）在搜索栏中搜索所需的图书。

（3）填写收货信息并购买商品。

3. 完成实训

Step 1 启动 IE 浏览器，在地址栏输入 www.360buy.com，按“Enter”键打开京东商城首页，在网页上方单击“登录”超链接，如图 3-49 所示。

图 3-49 京东商城首页

Step 2 在打开的图 3-50 所示的窗口中输入用户名和密码，然后单击 登录 按钮。

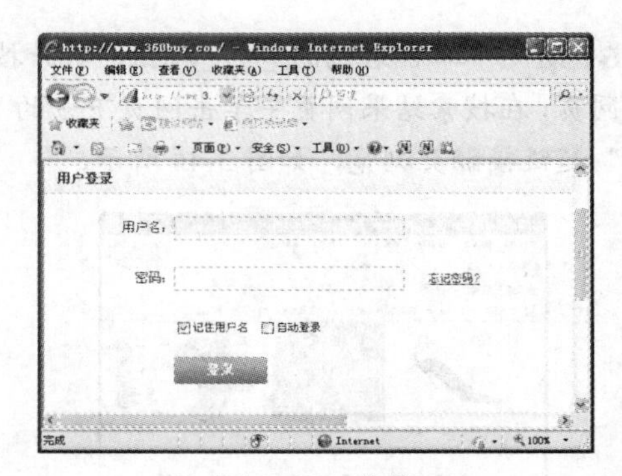

图 3-50 登录

Step 3 网页将自动返回京东商城首页，在京东商城首页的搜索栏中输入“席慕蓉诗集”，然后单击右边的“搜索”按钮，如图 3-51 所示。

图 3-51 “搜索”窗口

Step 4 在搜索结果中找到需要的图书，然后在图书上单击，跳转到购买页面，确认所买书籍后单击 加入购物车 按钮，如图 3-52 所示。

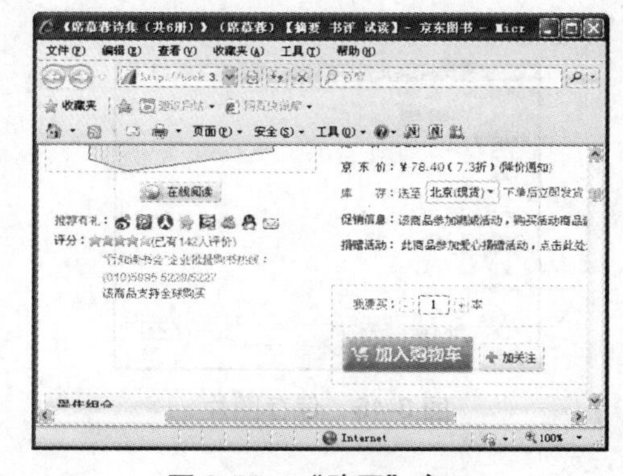

图 3-52 “购买”窗口

Step 5　单击去购物车并结算>>按钮，如图 3-53 所示，进入购物车界面。单击去结算按钮，在“订单信息确认”窗口中填写收件人信息和支付方式。

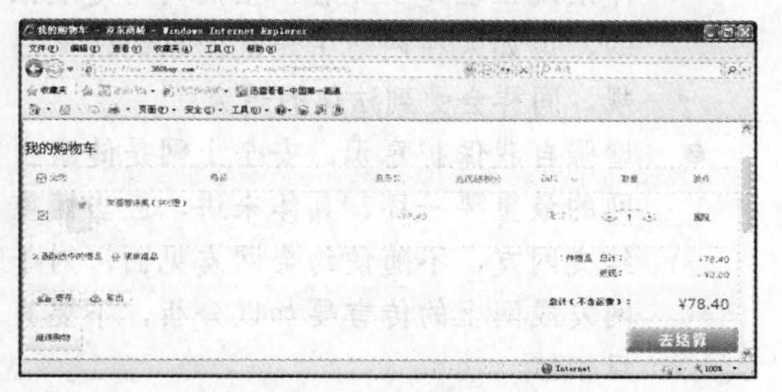

图 3-53　“去结算”窗口

Step 6　填写完信息后，单击提交订单按钮，如图 3-54 所示，即可完成网上商品的订购，快递会自动将商品送到所填写的地址。

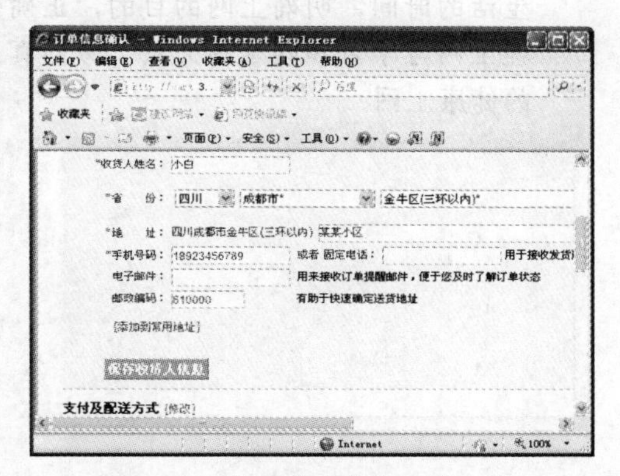

图 3-54　“填写信息提交订单”窗口

3.8 练习与上机

1. 单项选择题

（1）迅雷软件属于（　）软件。

A. 下载　　B. 搜索

C. 邮箱　　D. 游戏

（2）在浏览器的地址栏中输入网址后，按（　）键可以进入该网站。

A. Enter　　B. Tab

C. Delete　　D. 以上回答都不正确

（3）IP 地址可分为（　）类。

A. 5 类　　B. 4 类

C. 3 类　　D. 2 类

2. 多项选择题

（1）下列网站中属于常用的搜索引擎网站的是（　）。

A. 百度网　　B. 搜狐网

C. 京东网　　D. 华军软件园网

（2）网络病毒具有（　）。

A. 智能性　　B. 匿名性

C. 跨国性　　D. 危害性

（3）计算机网络可分为（　）。

A. 城域网　　B. 局域网

C. 广域网　　D. 乡域网

（4）计算机网络的功能有（　）。

A. 数据通信　　B. 分布处理

C. 资源共享　　D. 以上都不是

3. 实训操作题

（1）练习删除 Internet 临时文件。

（2）练习在 Outlook Express 中新建一个名为“小燕”的账号，其邮箱为“xiaoyan@163.com”。

（3）在“百度”中搜索“卡巴斯基杀毒软件”，并使用迅雷下载工具下载。

拓展知识

我们除了要会使用计算机网上冲浪，还要正确利用网络的帮助提高学习成绩。健康上网不光指身体健康，还需要健康的网络环境的支持。

1. 健康的网络交流

一些人认为在虚拟的世界中可以无拘无束，

因此随意在网络中对别人进行语言攻击，这样的行为不仅容易伤害别人，甚至会招来灾祸，同时也是素质低下的一种表现。

2. 积极向上的上网内容

一些网站为了提高点击率、增加流量进而增加收益而在网上大肆传播色情、暴力等一些不健康的内容，这些网络毒瘤极大地危害了青少年的健康成长。

青少年处于“正三观，树人格”的时期，处于最容易受新事物影响的人生阶段，网络上的暴力、色情内容不仅对青少年的身心健康有害，甚至还会使青少年误入歧途，走上犯罪的道路。只有清除这些网络中的毒瘤，才能真正保证青少年健康上网，而清除这些毒瘤需要社会各界一起努力。

3. 健康上网要求

- 遵守国家法律法规。我国关于上网的法律法规正在逐步完善，虽然网络是虚拟的，但如果在网络中违反国家的法律法规，同样会受到法律的追究。
- 增强自我保护意识。安全上网是健康上网的最重要一环，具体来讲，应当慎重结交网友，不随便约会网友见面，对于网友或网上的传言要加以分析，不要盲目相信。
- 诚实友好、尊重他人。在网上与他人交流时，应当使用友好的语言，不使用粗言秽语。
- 合理分配时间。合理分配上网、学习和生活的时间，明确上网的目的，正确处理上网与学习和娱乐的关系，做到真正的健康上网。

第 4 章 使用 Word 文档编辑软件

学习目标

通过学习 Microsoft Office 2003 办公软件中 Word 2003 的相关知识，掌握使用 Word 2003 对文档进行编辑和修改的技能。通过完成本章上机实训，更好地掌握 Word 2003 的使用方法，为以后的工作和学习提供便利。

学习重点

熟悉 Word 2003 界面组成和视图切换；掌握文档的新建和保存等操作；掌握文本的输入与编辑；掌握字符和段落格式的设置以及边框和底纹的设置；熟练掌握添加图片、剪贴画、艺术字、文本框和表格等文档对象的方法。

主要内容

- Word 2003 基础知识
- 文本的输入与编辑
- 文档的基本排版
- 添加和使用文档对象
- 打印 Word 文档

4.1 Word 2003基础知识

Word 2003是一个常用的文字处理软件，下面介绍启动和退出Word 2003、Word 2003的工作界面的组成及各部分作用、文档的基本操作等基础知识。

4.1.1 启动和退出Word 2003

在学习如何使用Word 2003之前，需要先了解启动和退出Word 2003的方法。

1. 启动Word 2003

启动Word 2003的方法主要有如下几种。

- 选择【开始】/【所有程序】/【Microsoft Office】/【Microsoft Office Word 2003】命令，如图4-1所示。

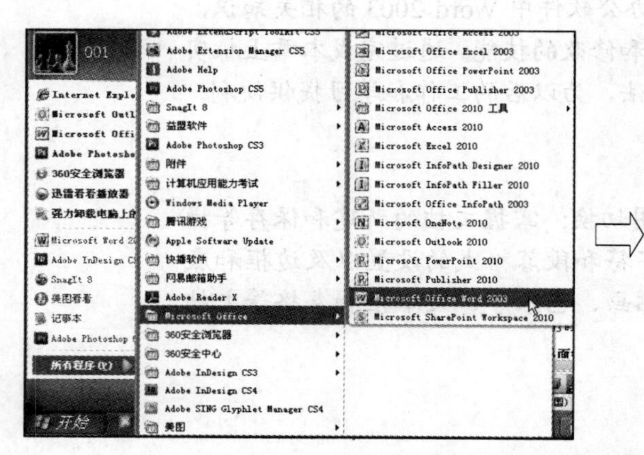

图4-1 通过"开始"菜单启动Word 2003

- 在桌面上双击Word 2003的快捷方式图标（使用此方法的前提是已经在桌面上创建了该程序的快捷方式图标）。
- 双击计算机中由Word 2003创建的文档，其文件后缀名为"doc"。

2. 退出Word 2003

利用Word 2003制作完文档后，即可退出Word 2003，退出的方法有如下几种。

- 单击Word 2003窗口右上角的"关闭"按钮。
- 在Word 2003窗口中选择【文件】/【退出】命令。
- 在Word 2003的当前窗口中按"Alt+F4"组合键。

4.1.2 Word 2003的工作界面

启动Word 2003后，显示图4-2所示的Word 2003工作界面，它主要由标题栏、菜单栏、工具栏、文档编辑区、状态栏和任务窗格等组成，下面分别进行讲解。

1. 标题栏

标题栏位于Word 2003工作界面的顶端，它由"窗口控制菜单"按钮、窗口名和窗口控制按钮组成，每个窗口控制按钮的作用介绍如下。

- 按钮。单击该按钮，可使工作界面呈最小化状态。
- 按钮。单击该按钮，可使工作界面呈最大化显示。
- 按钮。工作界面最大化后，按钮将

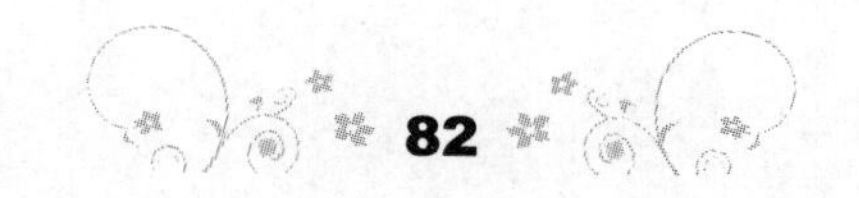

变成按钮，单击按钮将工作界面还原成原始大小。

- 按钮。单击该按钮，将关闭Word 2003工作界面。

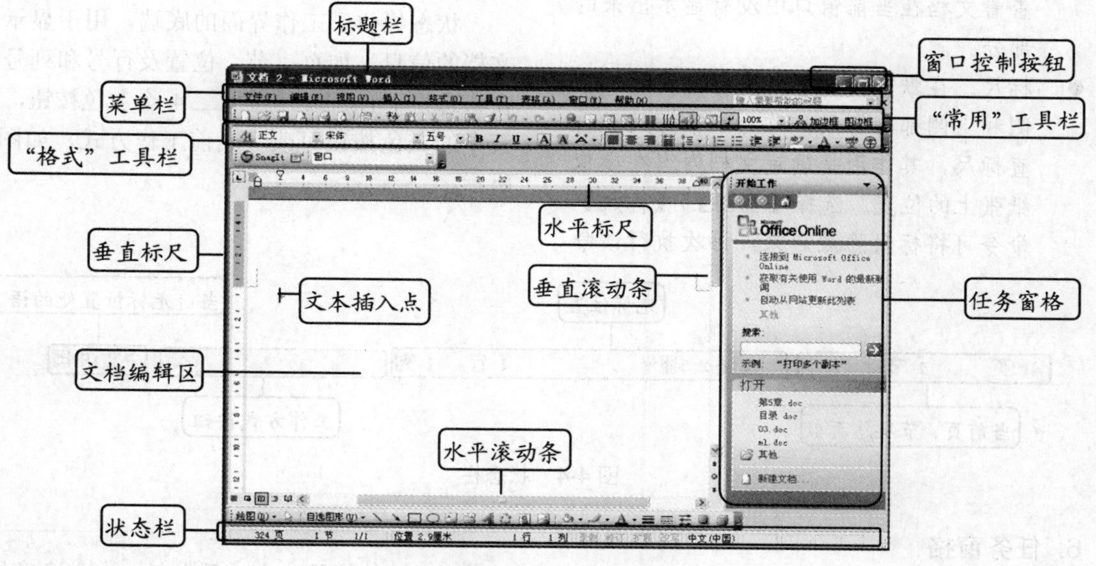

图4-2　Word 2003的工作界面

2. 菜单栏

菜单栏位于标题栏的下方，它包括Word 2003所有的操作命令，用户可以通过单击菜单栏中的菜单项，在打开的下拉菜单中选择相应的命令以实现操作。由于菜单命令很多，因此下拉菜单的初始状态只能显示出部分常用命令，此时单击其底部的按钮将显示出全部下拉菜单命令。

3. 工具栏

工具栏是Word中对于"常用"工具栏、"格式"工具栏及"绘图"工具栏等10多种工具栏的总称，通过将一些同类的和常用的操作命令集合在一起，形成不同类型的工具栏。在工具栏中，部分操作命令以按钮或列表框的形式显示出来，如"保存"命令是以按钮形式显示的，"粘贴"命令以按钮的形式显示等。图4-3所示为Word的"常用"工具栏。

图4-3　"常用"工具栏

提示：用户可以根据实际需要选择工具栏，方法是选择【视图】/【工具栏】命令，在打开的子菜单中选择调出或隐藏工具栏，其中有☑标记的表示该工具栏已显示在工作界面中。

4. 文档编辑区

用户在文档编辑区中可进行文本的输入和编辑等操作，光标闪烁处即为文本插入点，表示可在此处输入或编辑文本。另外，在文档编辑区中还包括滚动条与标尺两个组成部分，分别介绍如下。

- 滚动条。位于文档编辑区的右侧和下侧，称为垂直滚动条和水平滚动条，拖动滚

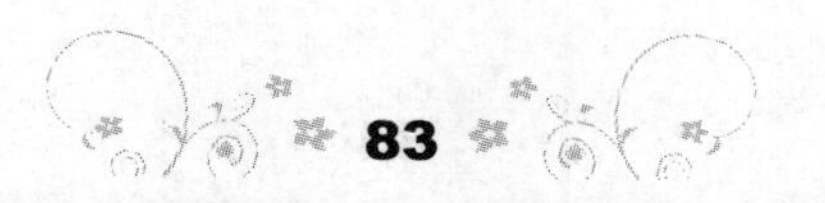

动条或单击其两端的方向按钮、、或，可以滚动显示文档编辑区，用于查看文档在当前窗口中没有显示出来的部分。

- 标尺。在默认情况下，文档编辑区的左侧和上侧都有标尺，称为水平标尺和垂直标尺，其作用是确定文档内容在虚拟纸张上的位置。选择【视图】/【标尺】命令可将标尺隐藏起来，再次执行该命令可将其显示出来。

5. 状态栏

状态栏位于工作界面的底端，用于显示当前文档的信息，如页、节、位置及行号和列号等。在状态栏中有录制 修订 扩展 改写 4 个灰色按钮，双击其中的灰色按钮可改变当前工作方式，如图 4-4 所示。

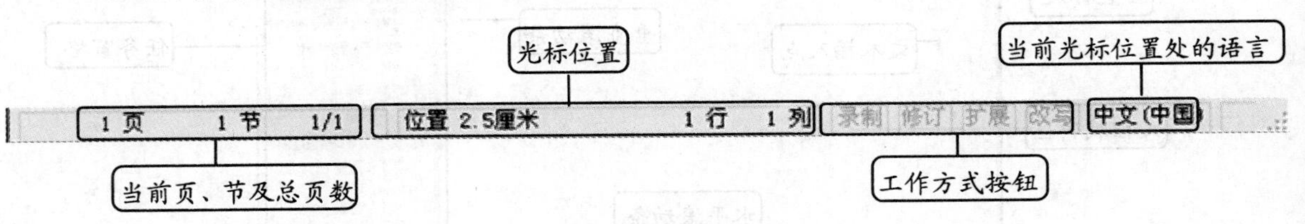

图 4-4　状态栏

6. 任务窗格

任务窗格将某一类的任务所包括的多种命令集合在一个统一的窗口中，单击其中的一个超链接或图标，便可快速执行相应的命令。单击任务窗格右上角的“关闭”按钮×，可关闭任务窗格。选择【视图】/【任务窗格】命令，或在工具栏上单击鼠标右键，在弹出的快捷菜单中选择“任务窗格”命令，即可显示或隐藏任务窗格。

4.1.3　文档的基本操作

文档的基本操作包括新建、保存、打开和关闭等，下面逐一进行讲解。

1. 新建文档

新建文档的方法有两种，一种是新建空白文档，另一种是根据模板新建文档，方法介绍如下。

- 新建空白文档。启动 Word 2003 时，系统将自动新建名为“文档 1”的空白文档，除此之外，在常用工具栏中单击“新建”按钮或者选择【文件】/【新建】命令，在打开的“新建文档”任务窗格中单击“空白文档”超链接便可新建一个空白文档。

> 提示：在桌面或任一文件夹窗口中的空白处单击鼠标右键，在弹出的快捷菜单中选择【新建】/【Microsoft Word 文档】命令，即可以快捷方式创建一个新的 Word 文档。

- 根据模板新建文档。利用 Word 2003 提供的模板可以快速、专业地新建文档。方法是选择【文件】/【新建】命令，在打开的“新建文档”任务窗格中单击“本机上的模板”超链接，在打开的“模板”对话框中选择需要的模板，然后单击确定按钮，即可创建带有模板的文档。

2. 保存文档

制作好的文档必须执行保存操作才能被存储在计算机中，而对于已保存过的文档，则可用另存为的方式进行保存。

- 保存新建文档。选择【文件】/【保存】命令或直接按“Ctrl+S”组合键，打开“另存为”对话框。在“保存位置”下拉列表框中选择相应的目标路径，在“文件名”下拉列表框中输入文件名，在“保存类型”

下拉列表框中选择相应的文件类型，单击[保存(S)]按钮，即可保存新建的文档。

- 保存已存在的文档。如果要将打开并已修改过的文档保存为另一个名称或保存到计算机的其他位置，可选择【文件】/【另存为】命令，在打开的“另存为”对话框中设置文件名和文件的目标路径，然后单击[保存(S)]按钮，即可完成保存操作。

【任务 1】新建一个空白文档，并以“校团委通知.doc”为文件名进行保存。

Step 1　选择【开始】/【所有程序】/【Microsoft Office】/【Microsoft Office Word 2003】命令，自动新建一个名为“文档 1”的 Word 2003 空白文档。

Step 2　在“文档 1”窗口中选择【文件】/【保存】命令，如图 4-5 所示，打开“另存为”对话框。

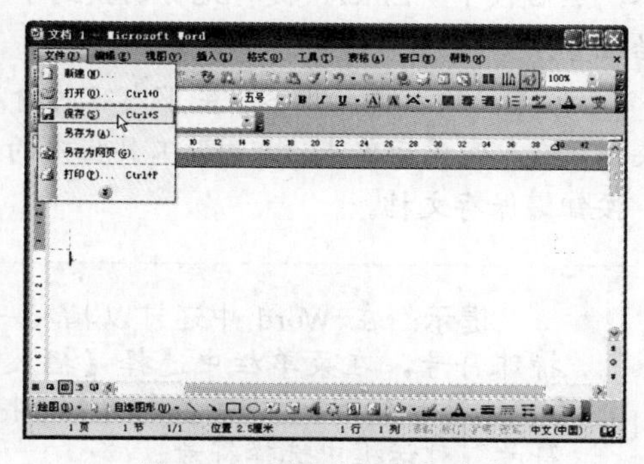

图 4-5　选择“保存”命令

Step 3　单击左侧“我的文档”图标，在“文件名”文本框中输入“校团委通知书.doc”，然后单击[保存(S)]按钮，如图 4-6 所示，即可完成文档的创建和保存。

注意：当打开已保存过的文档并进行修改等操作后，此时选择【文件】/【保存】命令或单击按钮都将直接把已修改的内容保存在当前文档中，而不会打开“另存为”对话框。

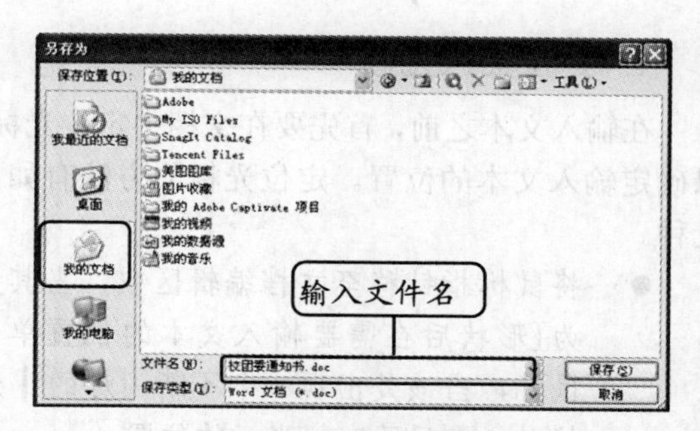

图 4-6　设置保存参数

【知识补充】Word 2003 提供了“普通视图”“Web 版式视图”“页面视图”“阅读版式视图”和“大纲视图”5 种浏览方式，用户可以根据当前编排文档的类型，在不同的视图方式之间进行切换，方法是在菜单栏中单击“视图”菜单项，在打开的菜单中选择要切换至的视图命令即可。

3. 打开文档

如需编辑或查看计算机中已有的文档，则需先将其打开，打开文档的方法有如下几种。

- 选择【文件】/【打开】命令。
- 在“常用”工具栏中单击“打开”按钮。

在“打开”对话框中选择需要打开的文档，然后单击[打开(O)]按钮即可。

4. 关闭文档

关闭文档的方法有如下几种。

- 选择【文件】/【关闭】命令。
- 在菜单栏的右侧单击“关闭窗口”按钮×。

4.2 文本的输入与编辑

对文本的基本操作包括输入、选择、插入、删除、移动、复制、查找和替换。

4.2.1 光标的定位与输入文本

文本和符号的输入是 Word 2003 编辑文档中最基础、最重要的操作之一，只有输入了文本，选择、删除和复制等编辑操作才能进行。下面对文本和符号的输入进行介绍。

1. 定位插入光标

在输入文本之前，首先要在文档中定位光标，以确定输入文本的位置。定位光标的方法有如下几种。

- 将鼠标指针移至文档编辑区中，当其变为I形状后在需要输入文本的位置单击鼠标，当该处出现一个不断闪烁的｜形状时，表示已定位光标的位置。
- 在已有内容的文档中，通过方向键可以移动光标的位置，将其定位到要输入文本的位置。

2. 输入文本

定位好光标之后，就可以从插入光标的位置开始输入文本。

【任务 2】打开“校团委通知书”空白文档，在其中输入图 4-7 所示的内容并保存。

通知
各班班委及团支部干部：
鉴于五四青年节即将来临，为继承和发扬老一辈革命先烈的光荣传统，经学生会开会决定，于 5 月 4 日下午在主教学楼 201 室举行一场辩论会，望各班班委及团支部干部在各班召开动员大会，让同学们踊跃报名参加辩论会。
辩论题目：是否应该继承上一辈勤俭节约的传统。
报名截止日期：2012 年 5 月 2 日
校学生会
2012 年 4 月 11 日

图 4-7 通知文档效果

Step 1 选择【开始】/【我的文档】命令，如图 4-8 所示。

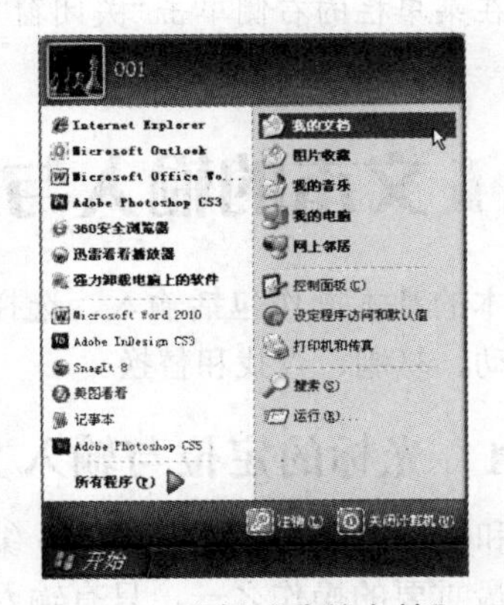

图 4-8 选择“我的文档”

Step 2 在“我的文档”中的“校团委通知书”文档上双击鼠标左键打开该文档，如图 4-9 所示。

图 4-9 双击打开文档

Step 3 将光标定位在文档左上角的起始位置，然后输入“通知”文本。

Step 4 按下“Enter”键将光标切换到下一行的起始位置，输入“各班班委及团支部干部：”文本，然后按下“Enter”键将光标切换到下一行起始位置。

Step 5 输入通知内容。余下内容的输入方式类似，输入完成后单击“常用”工具栏中的“保存”按钮保存文档。

提示：在 Word 中还可以插入一些特殊符号，在菜单栏中选择【插入】/【特殊符号】命令，即可在打开的“特殊符号”对话框中选择符号。

4.2.2 选择文本

选择文本是编辑文本过程中最基本的操作，用户只有在选择文本之后才能完成一系列的编辑操作。选择文本的方法有多种，下面介绍常用的几种。

- 选择连续文本。将光标定位到要选择文本的第一个字符前面，然后按住鼠标左键不放拖动到要选择文本的最后一个字符后面，释放鼠标左键，此时在文档中可以看到被选择的文本呈反白显示，如

图 4-10 所示。

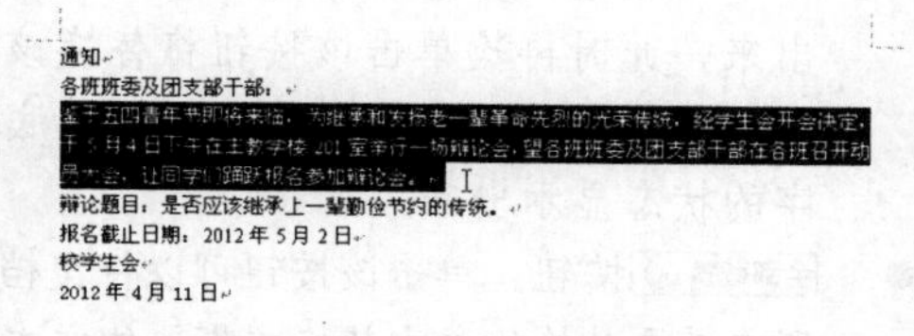
通知
各班班委及团支部干部：
鉴于五四青年节即将来临，为继承和发扬老一辈革命先烈的光荣传统，经学生会开会决定，于 5 月 4 日下午在主教学楼 201 室举行一场辩论会，望各班班委及团支部干部在各班召开动员大会，让同学们踊跃报名参加辩论会。
辩论题目：是否应该继承上一辈勤俭节约的传统。
报名截止日期：2012 年 5 月 2 日
校学生会
2012 年 4 月 11 日

图 4-10　选择连续文本

- 选择多段不连续文本。在文档中选择一段文本后，按住“Ctrl”键不放，再拖动鼠标选择其他文本即可。
- 选择一行或多行文本。将鼠标放在文本段落左边，当鼠标指针变为↗时，按住鼠标左键拖动即可选择一行或多行文本。
- 选择整篇文本。按住“Ctrl”键不放，将光标移到文本编辑区左侧，当光标变成↗后单击鼠标左键；或者将光标移到文本编辑区左侧，当光标变成↗时直接 3 击鼠标左键。

4.2.3　复制、移动与删除文本

在文本输入完成后，如发现输入的文本出现错误，如错输、漏输、多输或少输等，可利用 Word 的复制、移动或删除等功能进行编辑。

- 复制文本。有两种操作方法。第 1 种，拖动鼠标复制。选择需要复制的文本，按“Ctrl”键不放并拖动文本内容到指定位置，然后释放鼠标左键即可。第 2 种，通过快捷键复制。选择需要复制的文本后按“Ctrl+C”组合键，然后将光标定位到需复制文本内容的位置，按“Ctrl + V”组合键即可粘贴文本。
- 移动文本。该操作一般用于修改文本内容，如发现文本内容错输到其他位置就可执行该操作。操作方法是拖动鼠标选择需要改写的文本，然后直接拖动该文本到应该输入的位置。
- 删除文本。发现多输或输错文本后对其进行删除。有两种情况。第 1 种，删除单个文字或较少文本内容。将光标定位到需要删除的文本位置，按“Backspace”键可删除光标前的一个字符；按“Delete”键可删除光标后的一个字符。第 2 种，删除段落或较多的文本内容。可先选择文本，然后按“Backspace”键或“Delete”键或选择【编辑】/【清除】/【内容】命令。

【任务 3】将前面“校团委通知书”文档中的“辩论会”文本复制粘贴到本段末尾。

Step 1　启动 Word 程序，选择【文件】/【打开】命令，打开“校团委通知书”文档。

Step 2　选择文档中的“辩论会”3 个字，如图 4-11 所示，按下“Ctrl+C”组合键复制文本。

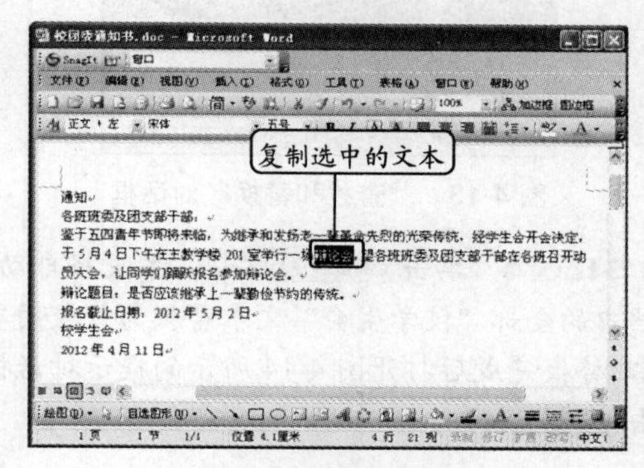

图 4-11　复制文本

Step 3　将光标定位到“让同学们踊跃报名参加辩论会”之后，按下“Ctrl+V”组合键粘贴文本，如图 4-12 所示。

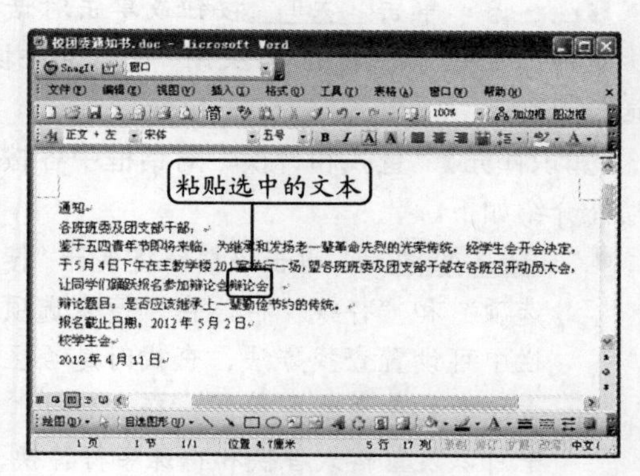

图 4-12　粘贴文本

4.2.4 查找和替换文本

使用 Word 2003 输入文本内容后，若需批量修改文本中相同的内容，可通过 Word 中的查找和替换功能对文本进行修改。

【任务 4】打开“校团委通知书”文档，将“校学生会”文本替换为“校团委”文本。

Step 1 启动 Word 程序，选择【文件】/【打开】命令，打开“校团委通知书”文档。

Step 2 选择【编辑】/【替换】命令，打开“查找和替换”对话框。

Step 3 在“替换”栏中的“查找内容”文本框中输入“校学生会”，在“替换为”文本框中输入“校团委”，如图 4-13 所示。

图 4-13 “查找和替换”对话框

Step 4 单击全部替换(A)按钮，系统将自动把文档中的全部“校学生会”文本替换为“校团委”文本，替换完成后打开图 4-14 所示的提示对话框，单击确定按钮。

图 4-14 提示对话框

Step 5 单击关闭按钮或单击对话框右上角的“关闭”按钮即可关闭“查找和替换”对话框。

【知识补充】“查找和替换”对话框中各按钮的功能介绍如下。

- 高级 ▾ (M)按钮。单击该按钮将展开“搜索选项”和“替换”栏，在“搜索选项”栏中可设置查找方法、查找时是否区分大小写和使用通配符等，在“替换”栏中可以设置格式替换和特殊字符替换。
- 替换(R)按钮。单击该按钮系统将自动从当前文档光标所在的位置开始，找到第一个查找的内容并以被选择的状态显示出来，此时再次单击该按钮将替换该文本，并将下一个查找到的文本以蓝底黑字的状态显示出来。
- 全部替换(A)按钮。单击该按钮可以将文档中所有需要替换的文本替换成需要的文本。
- 查找下一处(F)按钮。单击该按钮将忽略当前查找到的文本，继续向下查找。

4.3 文档的基本排版

在 Word 2003 中，可以对文档的字符和段落的格式进行设置，使得文档更加突出、醒目，便于浏览，并可通过设置项目符号和编号使段落内容更清晰，或通过设置边框和底纹来美化文档。

4.3.1 设置字符格式

设置字符格式是文档编辑过程中经常会用到的一种对文本进行美化的方法，设置字符格式的方法有两种：一是通过工作界面中的“格式”工具栏进行设置，另一种是使用“字体”对话框进行设置。

1. 使用“格式”工具栏

“格式”工具栏中用于设置字符格式的各选项作用介绍如下。

- “字体”下拉列表框宋体。单击右侧的按钮，在弹出的下拉列表框中可设置字体样式。
- “字号”下拉列表框五号。单击右侧的按钮，在弹出的下拉列表框中可设置字号大小，系统默认的字号大小为“五号”。
- “加粗”按钮**B**。单击该按钮，可将选择的文本设置为加粗字形。
- “倾斜”按钮*I*。单击该按钮，可将选择的文本设置为倾斜字形。
- “下划线”按钮U。单击该按钮，可为选中的文本添加下划线，单击右侧的按钮，在弹出的下拉列表框中可选择下划线的样式及颜色。

- "字符边框"按钮A。单击该按钮，可为选中的文本添加边框。
- "字符底纹"按钮A。单击该按钮，可为选中的文本添加底纹。
- "字符缩放"按钮。单击该按钮，可将选择的文本宽度放大一倍，在其下拉列表框中可为选择的文本设置字符宽度的缩放百分比。

【任务5】打开"校团委通知书"文档，将"通知"设置为居中对齐并加粗，将"校团委"和日期的字体改为"华文行楷"，字号更改为"小三"，并将其右对齐。

Step 1 选择【文件】/【打开】命令，打开"校团委通知书"文档。

Step 2 选择"通知"文本，在"格式"工具栏中单击"居中"按钮，使其居中于文档，然后再单击"加粗"按钮B，给字体加粗，如图4-15所示。

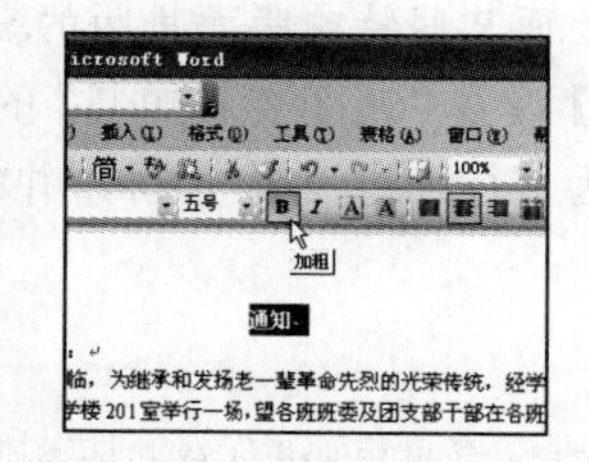

图4-15 设置"通知"文本

Step 3 选定"校团委"3个字，在"格式"工具栏中单击"右对齐"按钮，使其右对齐于整个文档。

Step 4 保持"校团委"文本呈选中状态，在"格式"工具栏中单击字体下拉列表框右边的下拉按钮，在弹出的下拉列表框中选择"华文行楷"。单击字号下拉列表框右侧的下拉按钮，在弹出的下拉列表框中选择"小三"，如图4-16所示。

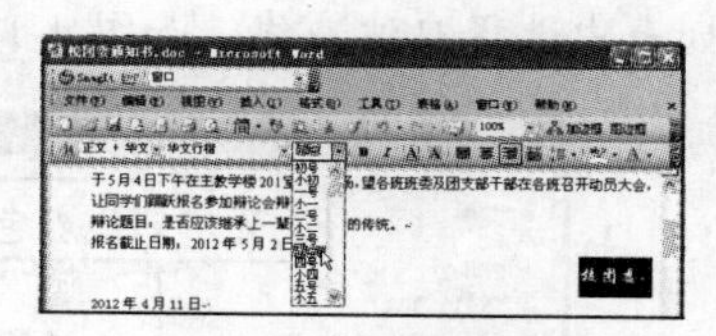

图4-16 设置落款文本

Step 5 选定"2012年4月11日"，在"格式"工具栏中单击"右对齐"按钮，使其右对齐于整个文档。

Step 6 保持日期呈选中状态，在"格式"工具栏中单击字体下拉列表框右边的下拉按钮，在弹出的下拉列表框中选择"华文行楷"，单击字号下拉列表框右侧的下拉按钮，在弹出的下拉列表框中选择"小三"，完成设置。

2. 使用"字体"对话框

如果要对文本进行更多的格式设置，如设置下划线、字符效果和字符间距等，可使用"字体"对话框来完成。在菜单栏选择【格式】/【字体】命令，打开"字体"对话框，各设置选项的作用如图4-17所示。

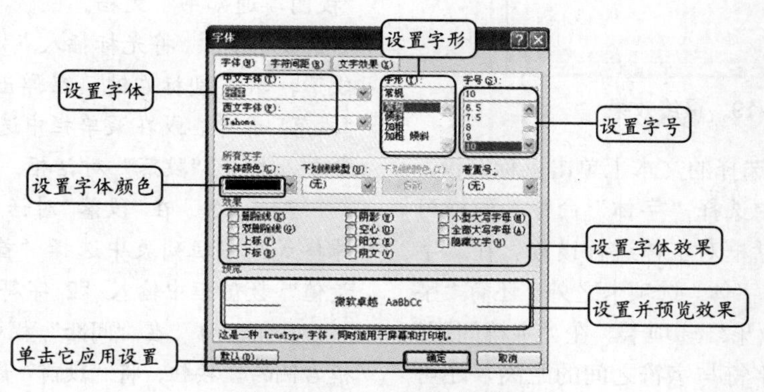

图4-17 "字体"对话框

【任务6】打开“校团委通知书”文档，使用“字体”对话框在报名截止日期下添加波浪线。

Step 1 选择【文件】/【打开】命令，打开“校团委通知书”文档。

Step 2 选中“报名截止日期：2012年5月2日”文本，然后选择【格式】/【字体】命令，打开“字体”对话框。

Step 3 在“字体”对话框中的“下划线线型”下拉列表中选择双波浪线，如图4-18所示。

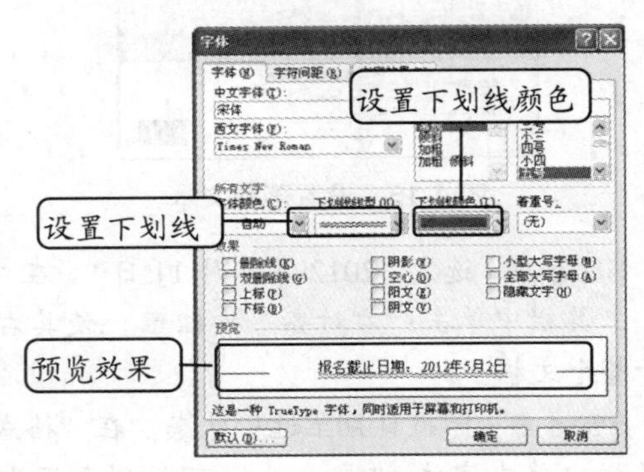

图4-18 设置下划线

Step 4 在“下划线颜色”下拉列表中选择红色，然后单击 确定 按钮，保存文档，如图4-19所示。

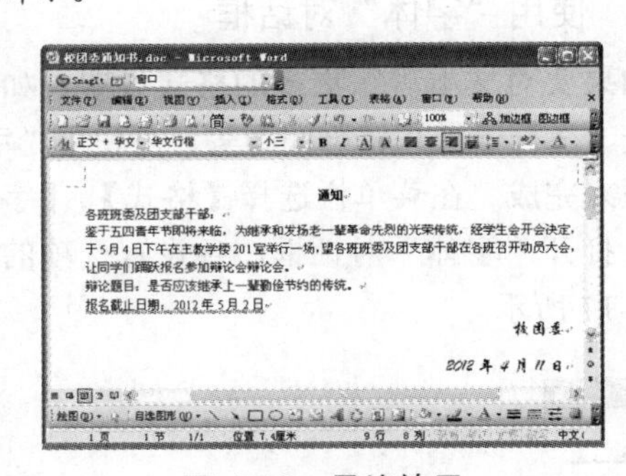

图4-19 最终效果

【知识补充】在选择的文本上单击鼠标右键，在弹出的快捷菜单中选择“字体”命令，同样可以打开“字体”对话框对字体进行设置。在“字体”对话框中除了“字体”选项卡之外，还有“字符间距”和“文字效果”选项卡。在“字符间距”选项卡中可以调整字符与字符之间的距离，还可以调整字体的大小，字体位置的高低，并能通过“磅值”后的数值框进行精确设置；“文字效果”选项卡的“动态效果”列表中的选项可以对文字添加动态效果，如“赤水情深”“亦真亦幻”等。

4.3.2 设置段落格式

利用“段落”对话框可以精确地设置段落格式，使文档更具层次感、结构更清晰，方便对文档进行整理和阅读。“段落”对话框中部分选项作用介绍如下。

- 首行缩进。选择段落文本后，在“缩进”栏的“特殊格式”下拉列表框中选择“首行缩进”，在该下拉列表框右侧的“度量值”数值框中设置数值，可以确定段落的第1行中第1个字符的起始位置与页面左边界的缩进距离。
- 悬挂缩进。选择段落文本后，在“缩进”栏的“特殊格式”下拉列表框中选择“悬挂缩进”，可以设置段落中除首行以外的其他行与页面左边界的缩进距离。悬挂缩进常用于文字突出显示，或是报刊杂志上面某些特殊版面排版的需要。

【任务7】设置“校团委通知书”的段落格式，将正文设置为首行缩进2个字符，并将段前距设置为0.5行。

完成效果：效果文件\第4章\校团委通知书.doc

Step 1 选择【文件】/【打开】命令，打开“校团委通知书”文档。

Step 2 将光标插入点定位在正文的第1个段落，单击鼠标右键，在弹出的快捷菜单中选择“段落”命令，或在菜单栏中选择【格式】/【段落】命令，打开“段落”对话框。

Step 3 在“段落”对话框的缩进栏中的“特殊格式”下拉列表中选择“首行缩进”，在“度量值”数值框中输入“2 字符”。

Step 4 在“间距”栏中单击“段前”数值框右侧的按钮，将“段前”设置为“0.5行”，如图4-20所示。单击 确定 按钮，如图4-21所示。

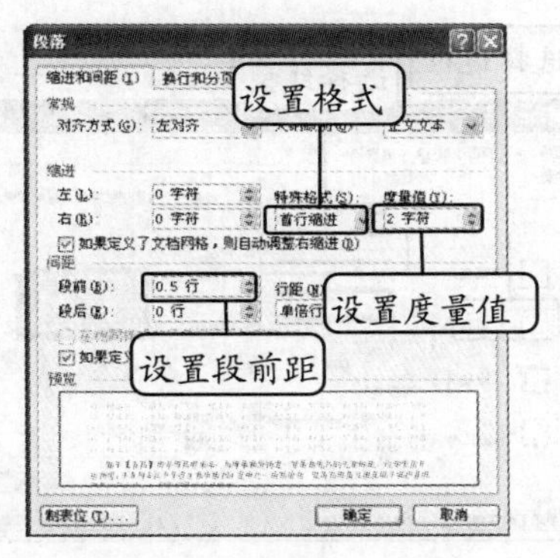

图 4-20　“段落”对话框

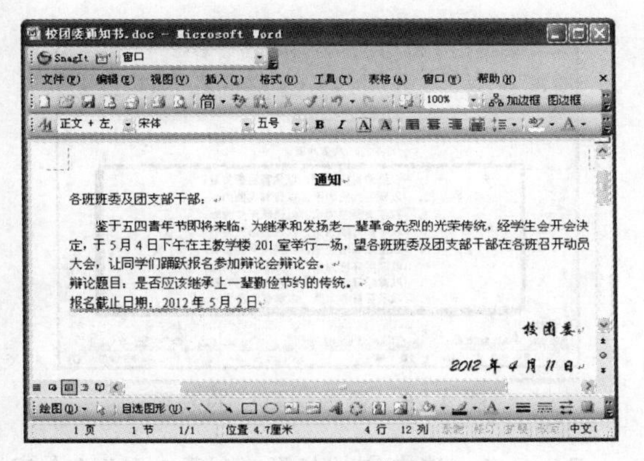

图 4-21　设置效果

【知识补充】通过“格式”工具栏也可以设置段落格式，各段落格式设置按钮的作用介绍如下。

- “两端对齐”按钮。单击该按钮，可使选中的段落文字或文本插入点所处段落的文字两端对齐。
- “居中”按钮。单击该按钮，可使选中的段落文字或文本插入点所处段落的文字居中对齐。
- “右对齐”按钮。单击该按钮，可使选中的段落文字或文本插入点所处段落的文字右对齐。
- “减少”与“增加”缩进量按钮。单击相应的按钮，可减少或增加选中段落或文本插入点处段落的缩进量。

4.3.3　设置项目符号和编号

在文档的编辑中遇到并列的段落排列时，可以对其进行项目符号和编号的设置。设置项目符号和编号不仅可以美化文档，还可以使文档看上去简明扼要、结构清晰。

【任务 8】新建名为“八荣八耻”的文档，输入守则内容，并对守则内容设置段落编号，效果如图 4-22 所示。

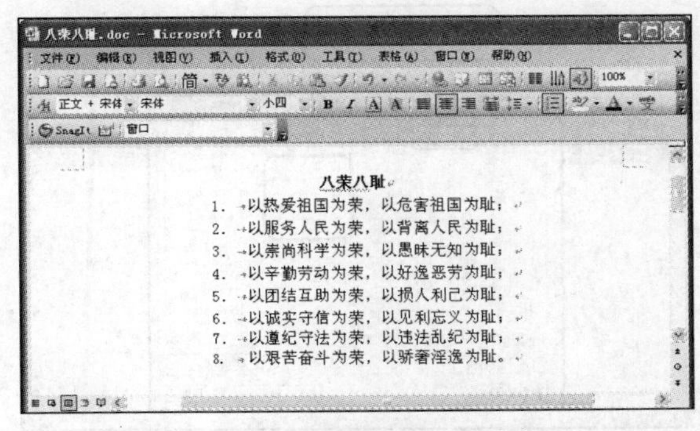

图 4-22　“八荣八耻”文档效果

Step 1　启动 Word 2003 程序，单击“常用”工具栏中的“新建”按钮，新建一个文档。

Step 2　选择【文件】/【保存】命令，在“另存为”对话框中将文件保存在“我的文档”文件夹中，并命名为“八荣八耻”。

Step 3　在文档中输入图 4-23 所示的内容。

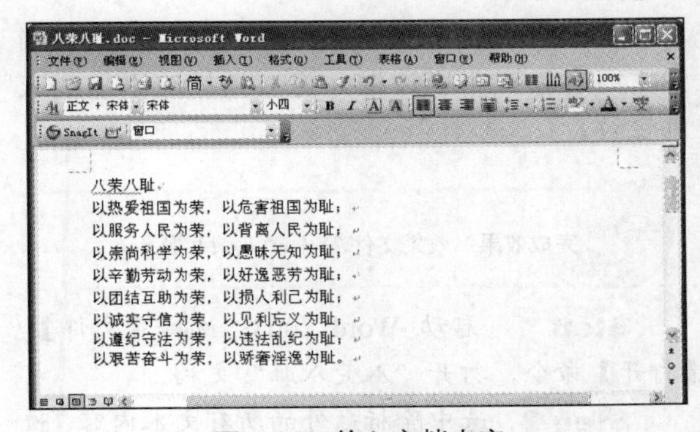

图 4-23　输入文档内容

Step 4　选择“八荣八耻”文本标题以及下面所有的段落文本内容，在“格式”工具栏中单击“居中”按钮，取消文本选中状态，然后选中标题“八荣八耻”，单击“格式”工具栏中的“加粗”按钮**B**。

Step 5　选中除“八荣八耻”标题外的全部

段落文本，选择【格式】/【项目符号和编号】命令，在打开的“项目符号和编号”对话框中单击“编号”选项卡，在“编号”栏中选择一种编号类型，如图4-24所示，单击［确定］按钮，完成设置并保存文档。

图4-24　设置编号

4.3.4　设置边框和底纹

边框和底纹不仅能给文档增加美感，还能使文档更具个性化。选择【格式】/【边框和底纹】命令，打开“边框和底纹”对话框即可对文档添加边框和底纹。

【任务9】打开“八荣八耻”文档，为文档正文内容设置阴影边框，为文档标题添加浅灰色底纹。

完成效果：效果文件\第4章\八荣八耻.doc

Step 1　启动Word 2003，选择【文件】/【打开】命令，打开“八荣八耻”文档。

Step 2　选中除标题外的所有文本内容，选择【格式】/【边框和底纹】命令，打开“边框和底纹”对话框。

Step 3　在“边框和底纹”对话框中将边框设置为“阴影”模式，在“线型”列表框中选择一种线型，如图4-25所示，然后单击［确定］按钮，效果如图4-26所示。

图4-25　设置边框参数

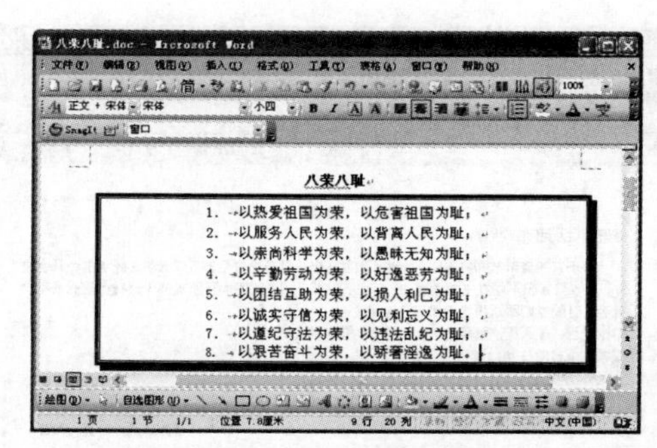

图4-26　设置边框后的效果

Step 4　选中文档标题“八荣八耻”4个字，选择【格式】/【边框和底纹】命令，打开“边框和底纹”对话框。

Step 5　在“边框和底纹”对话框中单击“底纹”选项卡，在“应用于”下拉列表中选择“文字”，在“填充”栏中选择“灰色-20%”，如图4-27所示，然后单击［确定］按钮，如图4-28所示。

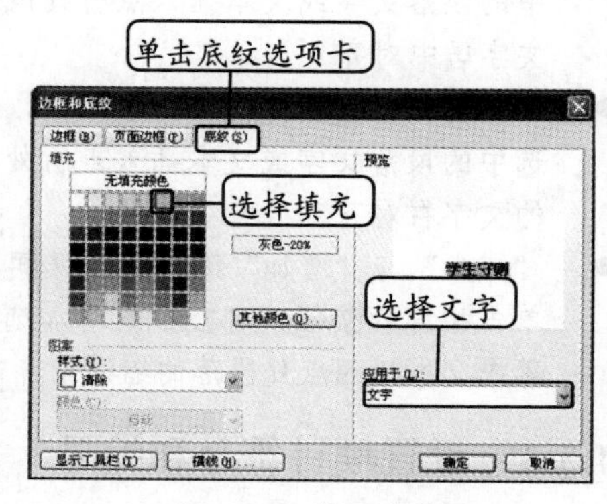

图4-27　设置底纹

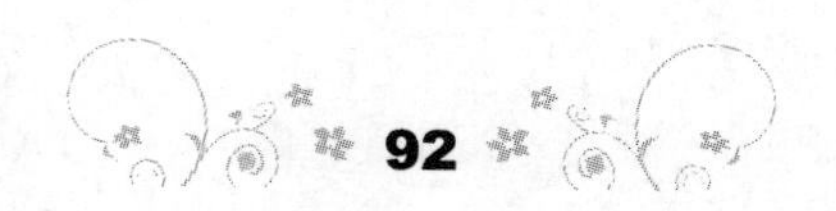

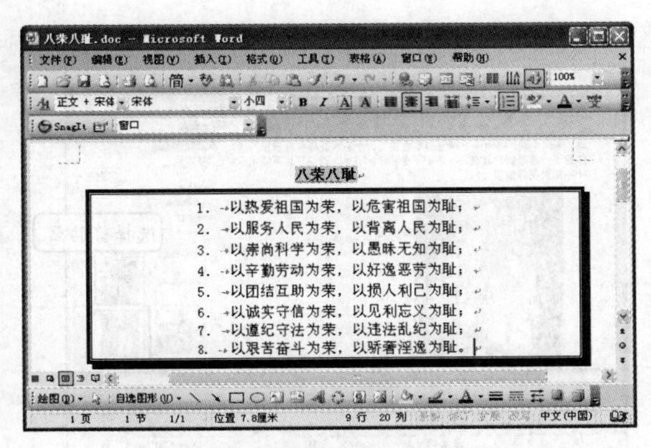

图 4-28　设置底纹后的效果

4.4 添加和使用文档对象

为了使文档内容更加生动、形象，有时需要在文档中插入图片、剪贴画、艺术字、图表和文本框等对象。

4.4.1　插入和编辑图片

用户可以从计算机中选择图片插入到 Word 文档中，并对插入的图片进行美化，从而提高文档的观赏性。

【任务 10】新建名为“荷塘月色”的文档，在其中输入朱自清的散文《荷塘月色》的部分内容，并在文档插入名为“荷塘月色”的图片。

Step 1　启动 Word 2003，新建并保存一篇名为“荷塘月色”的文档。

Step 2　在文档中输入朱自清的散文《荷塘月色》中的部分内容（内容可从网上搜索），并将标题和作者姓名设置字符格式为“居中”和“加粗”，将“正文”的段落格式设置为首行缩进 2 个字符。

Step 3　将光标插入点定位到需插入图片的位置，然后选择【插入】/【图片】/【来自文件】命令，打开“插入图片”对话框。

Step 4　在“查找范围”下拉列表框中选择需插入图片的路径，在其下的列表框中选择需要的图片，如图 4-29 所示。

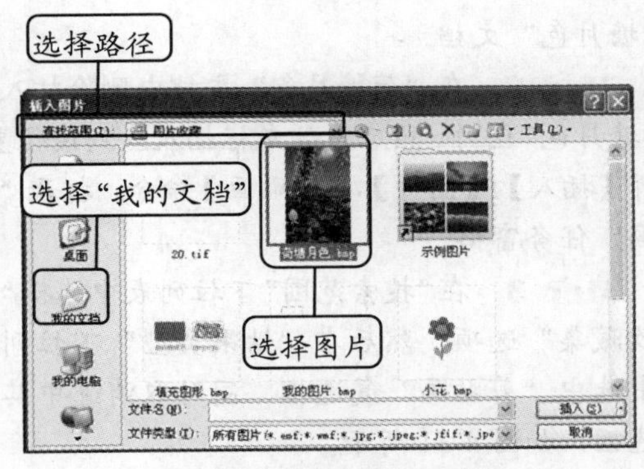

图 4-29　选择插入的图片

Step 5　单击 插入(S) 按钮，即可将选择的图片插入到文本插入点所在位置处并关闭该对话框，效果如图 4-30 所示。

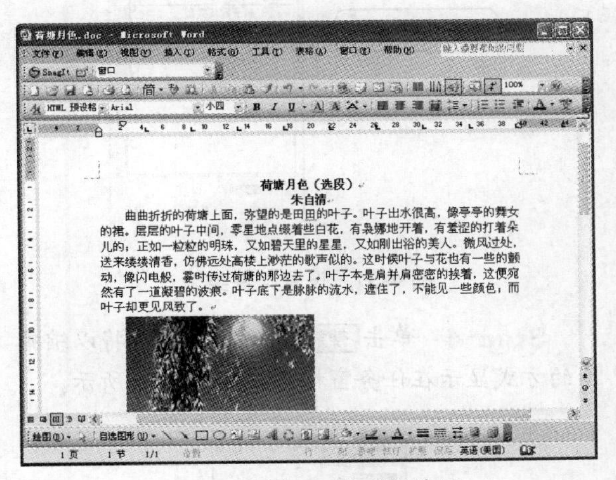

图 4-30　插入图片后的效果

提示：插入计算机中的图片后，Word 会自动出现“图片”工具栏，用户可直接在“图片”工具栏中单击各个按钮对图片进行设置。

4.4.2　插入和编辑剪贴画

剪贴画属于 Word 自带的矢量图片，用户可将其插入文档中使用，并根据需要进行编辑。

【任务 11】在“荷塘月色”文档中，插入一张 Word 自带的剪贴画，并对其进行设置。

Step 1　选择【文件】/【打开】命令，打开

"荷塘月色"文档。

Step 2 在"荷塘月色"文档中删除插入的"荷塘月色"图片，然后定位光标插入点到该位置，选择【插入】/【图片】/【剪贴画】命令，打开"剪贴画"任务窗格。

Step 3 在"搜索范围"下拉列表中选择"所有收藏集"选项，然后在"结果类型"下拉列表框中选中"剪贴画"复选框，同时取消选中其他复选框，如图 4-31 所示。

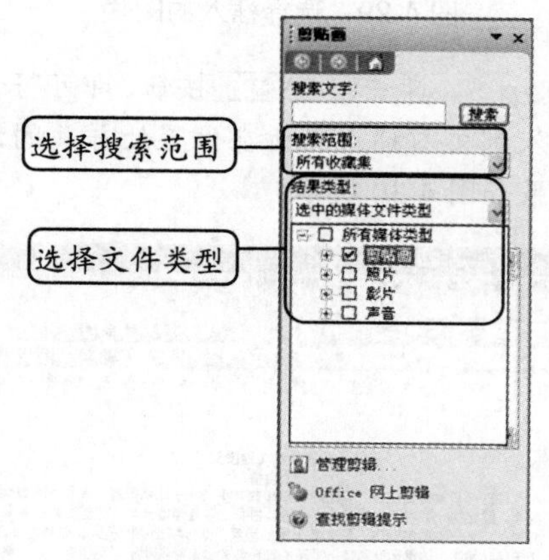

图 4-31 设置文件类型

Step 4 单击 搜索 按钮，剪贴画将以缩略图的方式显示在任务窗格中，如图 4-32 所示。

图 4-32 搜索结果

Step 5 单击需要的剪贴画即可将其插入到文档中的光标插入点处，如图 4-33 所示。

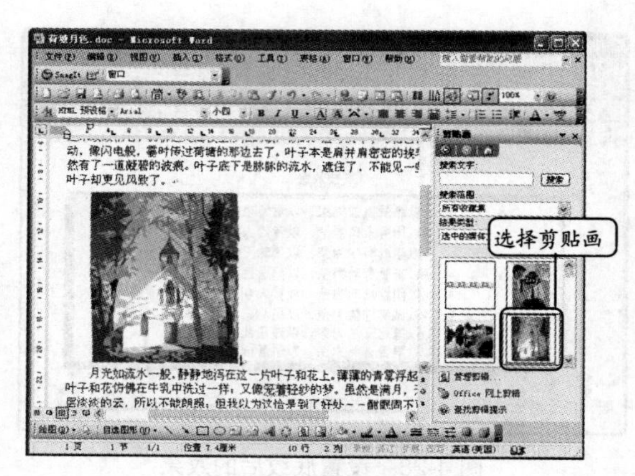

图 4-33 插入剪贴画

Step 6 在剪贴画上单击鼠标右键，在弹出的快捷菜单中选择"设置图片格式"命令，打开"设置图片格式"对话框。

Step 7 在"设置图片格式"对话框中，选择"大小"选项卡，在其中的"缩放"栏中可设置剪贴画的大小，这里选中"锁定纵横比"和"相对原始图片大小"复选框，在"高度"数值框中输入"80%"，如图 4-34 所示。

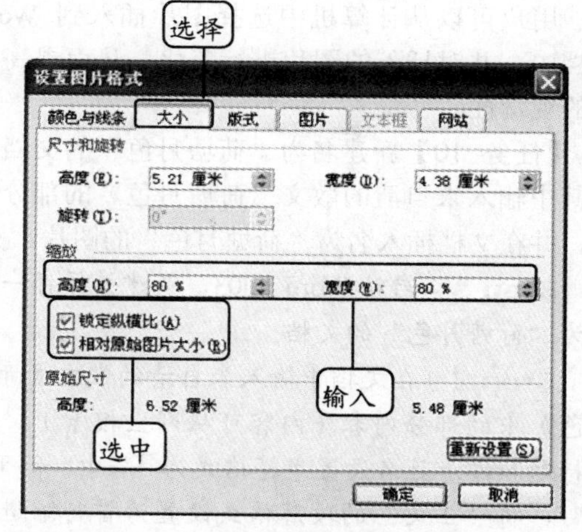

图 4-34 "设置图片格式"对话框

Step 8 选择"版式"选项卡，设置剪贴画与文档中文本的环绕方式，这里选择"四周型"选项，在"水平对齐方式"栏中选中"居中"单选项，如图 4-35 所示，完成后单击 确定 按钮。

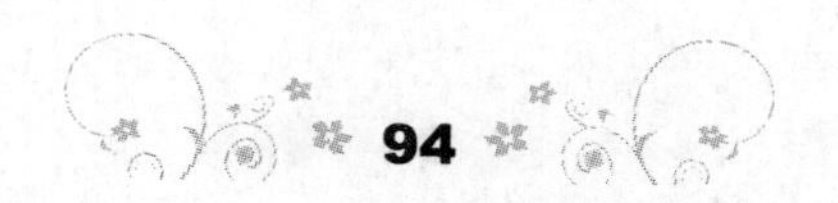

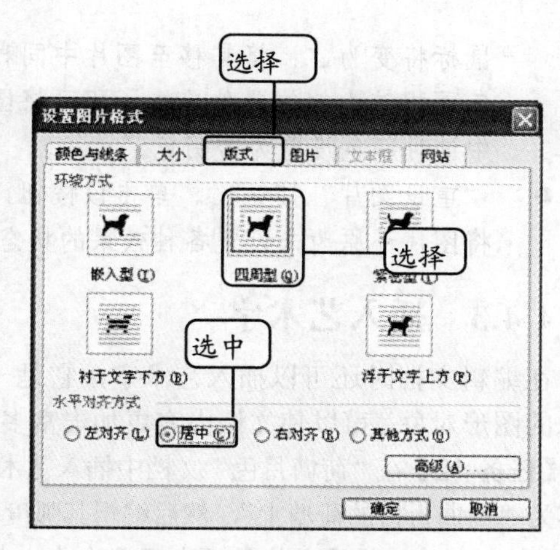

图 4-35　设置图片格式

Step 9　在插入剪贴画的同时将自动打开“图片”工具栏，单击“颜色”按钮，在弹出的下拉列表中选择“灰度”选项，然后单击“增加对比度”按钮调整图片对比度。将鼠标指针移至剪贴画上，然后按住鼠标左键不放拖动剪贴画至文章中间位置，效果如图 4-36 所示。

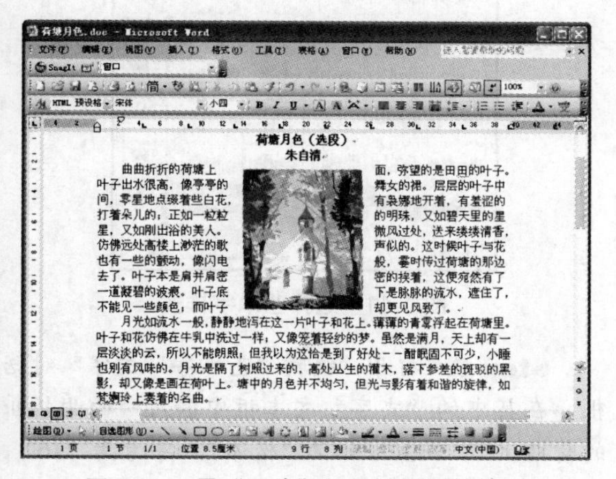

图 4-36　用“图片”工具设置后的效果

Step 10　在“图片”工具栏中单击“设置图片格式”按钮，打开“设置图片格式”对话框。

Step 11　在“设置图片格式”对话框中选择“颜色与线条”选项卡，在该选项卡中设置线条颜色为“淡蓝色”，虚实为“圆点”，粗细为“2 磅”，如图 4-37 所示，然后单击确定按钮，如图 4-38 所示。

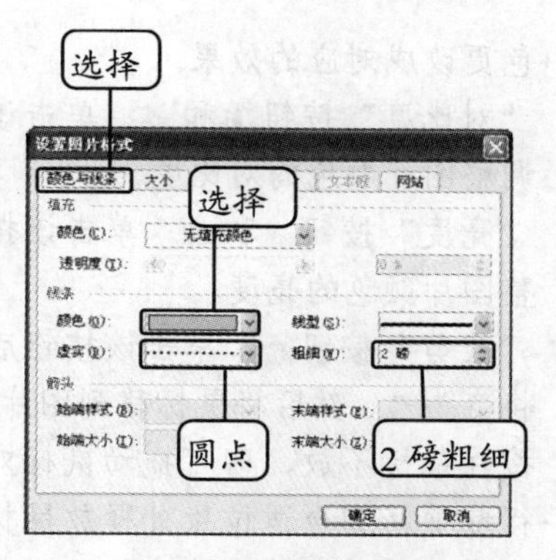

图 4-37　设置图片边框线条

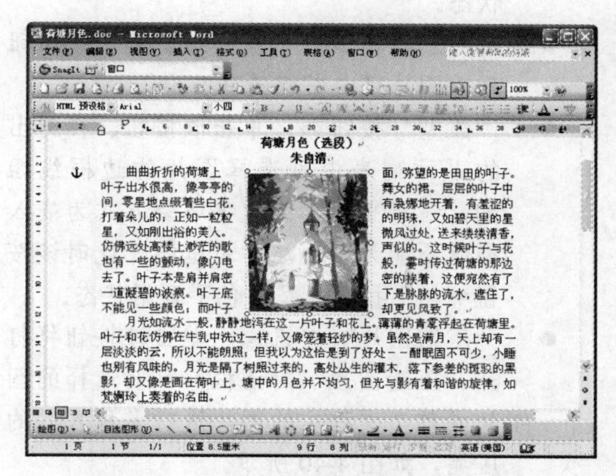

图 4-38　设置“颜色与线条”后的效果

【知识补充】“图片”工具栏是用于对插入的图片和剪贴画进行编辑的工具，如图 4-39 所示，各按钮的作用如下。

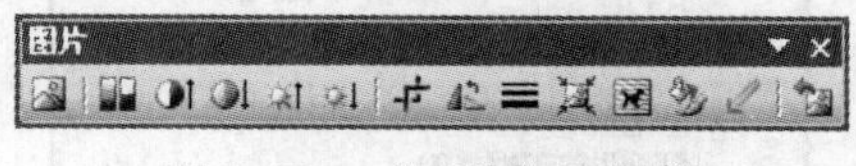

图 4-39　“图片”工具栏

- “插入图片”按钮。单击该按钮将打开“插入图片”对话框，可以在“查找范围”下拉列表中选择图片路径，在中间的列表中选择要插入的图片，最后单击插入(S)按钮即可用所选图片替换文档中选择的图片或在光标处插入图片。
- “颜色”按钮。单击该按钮将弹出下拉列表，其中有自动、灰度、黑白和冲蚀选项，选择相应的选项即可将图片颜色更改成对应的效果。

- “对比度”按钮和。单击该按钮可调整图片颜色的对比度。
- “亮度”按钮和。单击该按钮可调整图片颜色的亮度。
- “裁剪”按钮。单击该按钮后，鼠标将变为，然后将鼠标移到图片边框上，按住鼠标不放，即可拖动鼠标对图片进行裁剪，到合适位置处释放鼠标即可，完成裁剪后再单击该按钮即可退出裁剪状态。
- “向左旋转90°”按钮。单击该按钮后，图片可向左旋转90°。
- “线型”按钮。单击该按钮，在弹出的下拉列表中可选择图片的边框线粗细，注意当图片的文字环绕方式为嵌入型时不能为图片添加边框线，此时该按钮中的下拉列表呈灰色不可用状态。
- “压缩图片”按钮。单击该按钮将打开“压缩图片”对话框，可对选择的图片或整个文档中的图片进行多种方式的压缩，如图4-40所示。

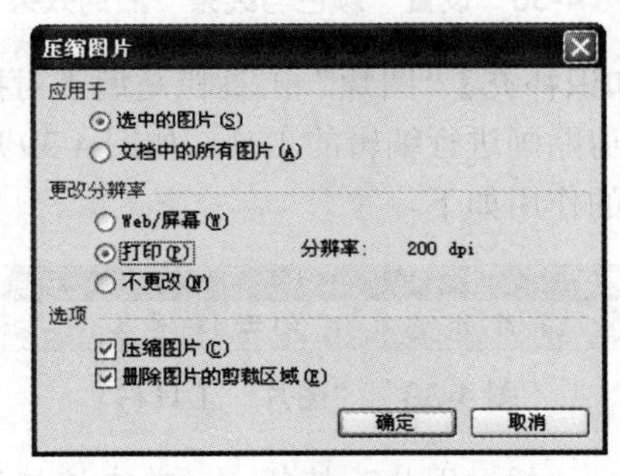

图4-40 “压缩图片”对话框

- “文字环绕”按钮。单击该按钮可在弹出的列表框中选择图片与文档中文本的环绕方式，有8种方式可供选择。
- “设置图片格式”按钮。单击该按钮将打开“设置图片格式”对话框，从中可对图片的属性进行准确设置。
- “设置透明色”按钮。单击该按钮后，鼠标将变为，将其移至图片中同种颜色面积较大的位置处单击，即可将图片中该种颜色设置为透明色。
- “重设图片”按钮。单击该按钮，可将图片还原为未设置各种效果的状态。

4.4.3 插入艺术字

在编辑文档时还可以插入艺术字，它是一种特殊的图形对象，可以使文档内容更加丰富多彩。

【任务12】在“荷塘月色”文档中插入艺术字，内容为“曲曲折折的荷塘上”，然后编辑其弧度。

Step 1 选择【文件】/【打开】命令，打开“荷塘月色”文档。

Step 2 选择【插入】/【图片】/【艺术字】命令或单击“绘图”工具栏中的“艺术字”按钮，打开“艺术字库”对话框，选择艺术字的样式，然后单击确定按钮，如图4-41所示。

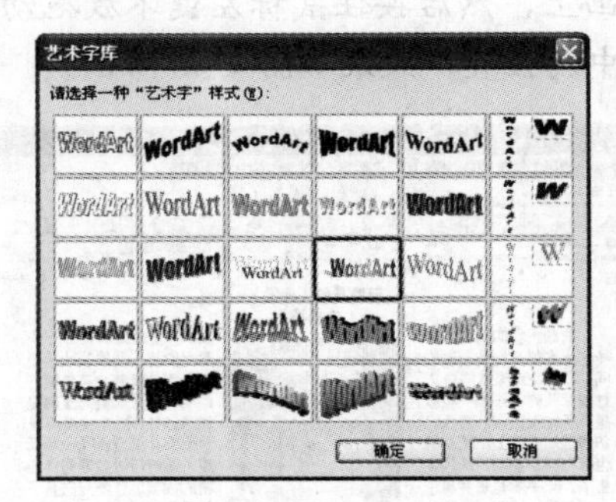

图4-41 选择艺术字样式

Step 3 打开“编辑‘艺术字’文字”对话框，在其中的“文字”文本框中输入“曲曲折折的荷塘上”，设置字体为“楷体”，字号为“36”，如图4-42所示。

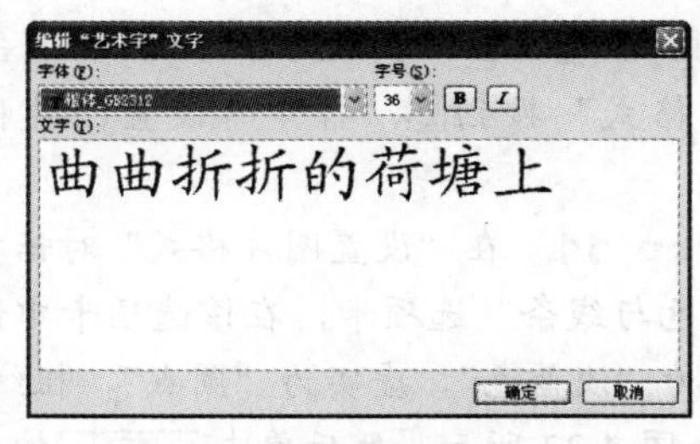

图4-42 输入文本

Step 4　完成设置后单击 确定 按钮，即可在文档中插入艺术字。

Step 5　在艺术字上单击鼠标左键，系统将自动弹出“艺术字”工具栏，如图 4-43 所示。在“艺术字”工具栏中单击“艺术字形状”按钮，在打开的菜单中选择“细上弯弧”选项，如图 4-44 所示。

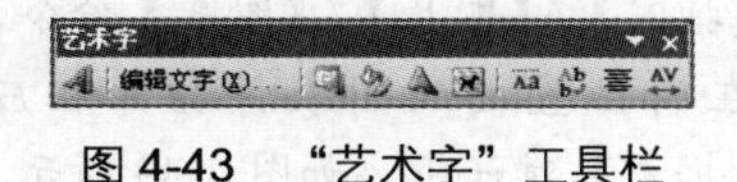

图 4-43　“艺术字”工具栏

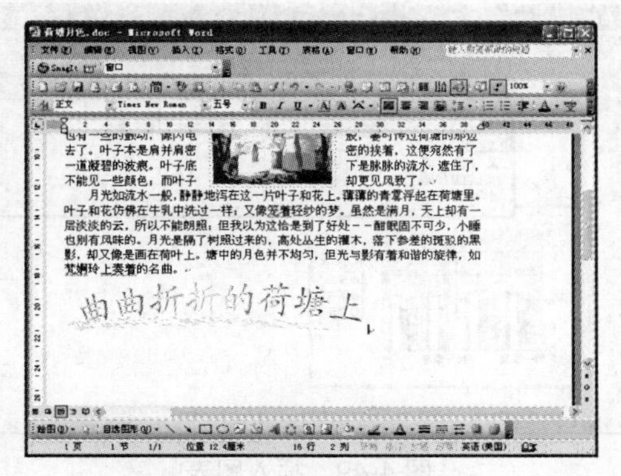

图 4-44　艺术字最终效果

【知识补充】“艺术字”工具栏中的各个按钮作用如下。

- “插入艺术字”按钮。单击该按钮将打开“艺术字库”对话框，可选择新的艺术字。
- “编辑文字”按钮 编辑文字(X)... 。单击该按钮将打开“编辑‘艺术字’文字”对话框，可设置艺术字文本的内容及格式等。
- “艺术字库”按钮。单击该按钮打开“艺术字库”对话框，可重新设置艺术字的样式。
- “设置艺术字格式”按钮。单击该按钮将打开“设置艺术字格式”对话框，可对艺术字的属性进行准确设置。
- “艺术字形状”按钮。单击该按钮可在打开的列表框中选择一种艺术字文本的排列形状。
- “文字环绕”按钮。单击该按钮可在打开的列表框中选择艺术字与文档中文本的环绕方式。
- “艺术字字母高度相同”按钮。单击该按钮可使艺术字文本中字母的高度一致。
- “艺术字竖排文字”按钮。单击该按钮可使艺术字文本由水平排列变为竖直排列，再次单击可恢复水平排列的方式。
- “艺术字对齐方式”按钮。单击该按钮可在打开的列表中选择艺术字文本的对齐方式。
- “艺术字字符间距”按钮。单击该按钮可在打开的列表框中调整艺术字文本各字符间的间距，包括“很紧”“较紧”等选项。

4.4.4　插入和编辑表格

在 Word 中还可制作表格，以满足文档的要求。在“常用”工具栏中单击“表格”按钮，然后选择表格行或列的数量，如图 4-45 示，或选择【表格】/【绘制表格】命令，在打开的“表格和边框”工具栏单击“绘制表格”按钮，如图 4-46 所示，均可在文档中插入表格。

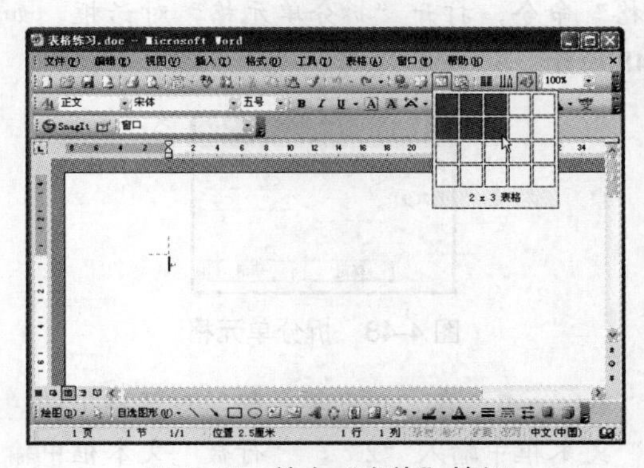

图 4-45　单击“表格”按钮

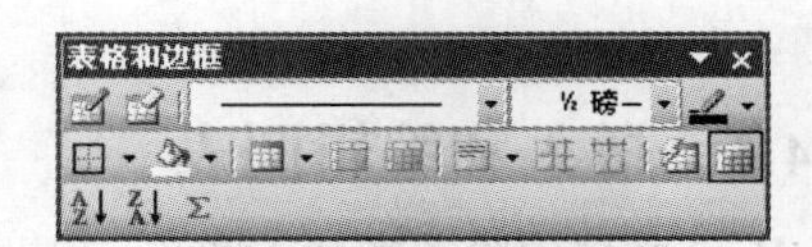

图 4-46　“表格和边框”工具栏

【任务 13】新建一个空白文档，在文档中插入 2 行 3 列的表格，将表格第一列的单元格进行合并，将最后一列第一行的单元格拆分。

Step 1 启动 Word 2003，新建名为“表格练习”的文档并保存到计算机中。

Step 2 在“常用”工具栏中单击“表格”按钮，选择 2 × 3 表格，插入表格。

Step 3 按住“Shift”键不放选择第一列的两个单元格，单击鼠标右键，在弹出的快捷菜单中选择“合并单元格”命令，如图 4-47 所示。

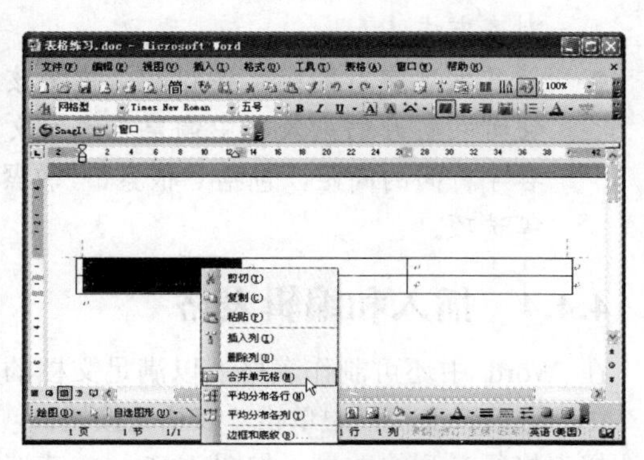

图 4-47 合并单元格

Step 4 选中最后一列第一行的单元格，单击鼠标右键，在弹出的快捷菜单中选择“拆分单元格”命令，打开“拆分单元格”对话框，如图 4-48 所示。

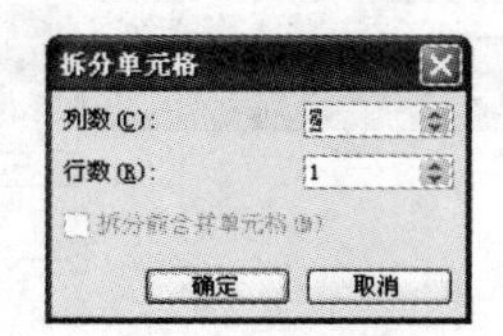

图 4-48 拆分单元格

Step 5 在“拆分单元格”对话框中的“列数”文本框中输入“2”，“行数”文本框中输入“1”，然后单击 确定 按钮，完成单元格的拆分操作。

4.4.5 插入和编辑图表

在 Word 文档中除了能插入图片、剪贴画、艺术字等对象外，还可以插入图表。

【任务 14】在 Word 中新建“图表”文档，在文档中插入 Word 自带的图表。

Step 1 选择【开始】/【所有程序】/【Microsoft Office】/【Microsoft Word 2003】命令，新建一个空白文档，然后选择【文件】/【保存】命令，将文档以“图表”为名保存在“我的文档”中。

Step 2 将光标定位到文档的起始位置，然后选择【插入】/【图片】/【图表】命令，即可在光标所在的位置插入图表并打开相应的“图表.doc-数据表”对话框，如图 4-49 所示。

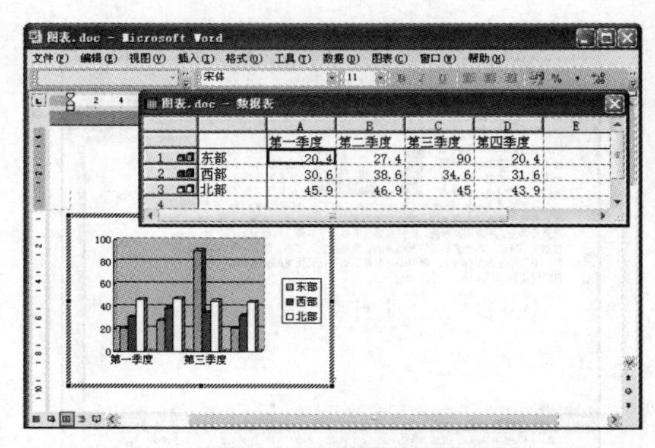

图 4-49 插入图表

Step 3 在对话框中相应的单元格中可更改 Word 默认输入的数据，此时文档中插入的表格内容也会同步发生改变，如图 4-50 所示。

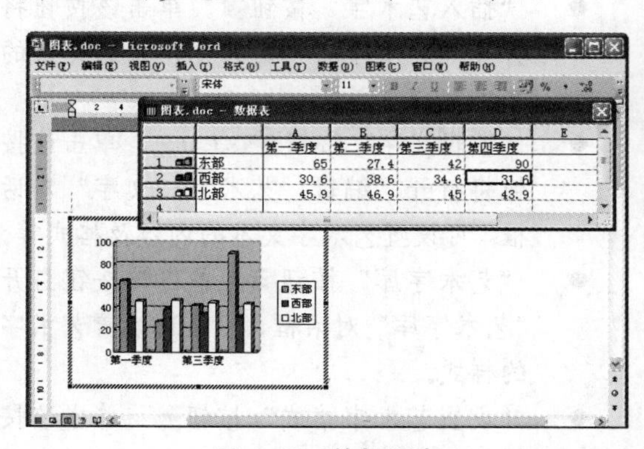

图 4-50 编辑图表

【知识补充】在图表上单击鼠标右键，即可在弹出的快捷菜单中对图表进行更多的编辑操作。

4.4.6　插入文本框

文本框是嵌套在文档中的一个小文档，在 Word 中使用文本框可以制作出特殊的文档格式，并且在文本框中可以输入文本、插入图片等对象。

【任务 15】在“荷塘月色”文档中插入文本框，输入文本内容为“荷塘月色”，设置文本颜色为“紫色”，文本框的填充颜色为浅蓝色，将文本框位置移至图片的上方。

Step 1　打开“荷塘月色”文档。

Step 2　单击“绘图”工具栏中的“横排文本框”按钮，文档中会自动出现一个画布。

Step 3　在画布左上方单击鼠标左键，画布会自动变为带有光标闪烁的可插入文本或图片的文本框，在文本框中输入“荷塘月色”文本。

Step 4　选中“荷塘月色”文本，单击鼠标右键，在弹出的快捷菜单中选择“字体”命令，对字体进行图 4-51 所示的设置。

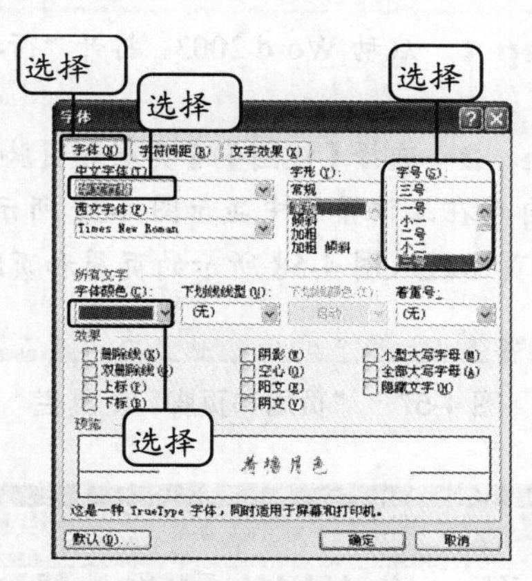

图 4-51　设置字体

Step 5　将光标移至文本框的边框上，当鼠标指针变为↔、↕、↘或↙时，可单击鼠标左键拖动，将文本框调整到合适大小。

Step 6　将光标移至文本框的边框上，当其变为✥时按住鼠标左键不放将其拖动到图 4-52 所示的位置。

Step 7　在文本框上单击鼠标右键，在弹出的快捷菜单中选择“设置文本框格式”命令，打开“设置文本框格式”对话框，在其中对文本框做图 4-53 所示的设置，设置完成单击确定按钮，如图 4-54 所示。

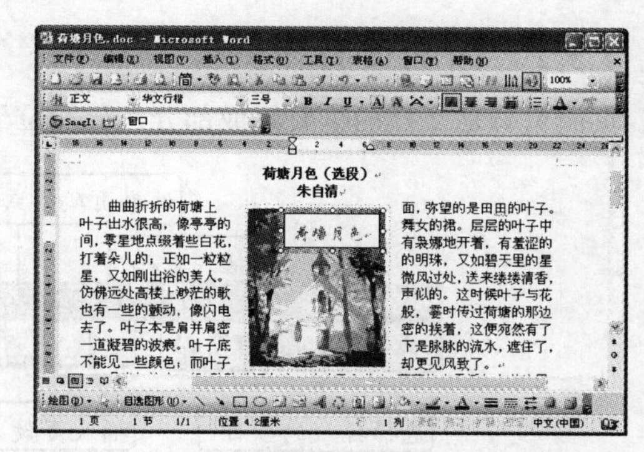

图 4-52　调整文本框大小和位置

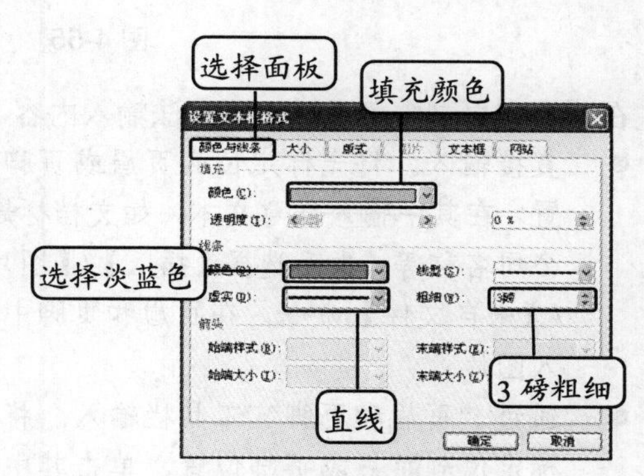

图 4-53　设置文本框格式

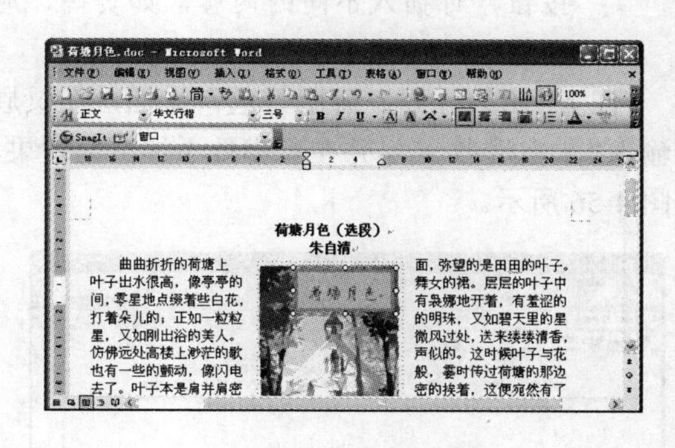

图 4-54　文本框效果

4.5 打印 Word 文档

使用 Word 2003 制作文档后，还可以通过其打印功能将文档打印出来，以便传阅或存档。打

印文档前还可以对文档进行设置，如添加页眉页脚、设置页面格式和预览效果等。

4.5.1 添加页眉和页脚

页眉页脚是文档的重要组成部分，分别位于文档的最上方和最下方，通过页眉和页脚设置，可在文档每页的顶部和底部添加公司名称、文档标题及页码等。在文档中选择【视图】/【页眉和页脚】命令，可进入页眉和页脚编辑状态，并打开“页眉和页脚”工具栏，如图 4-55 所示。

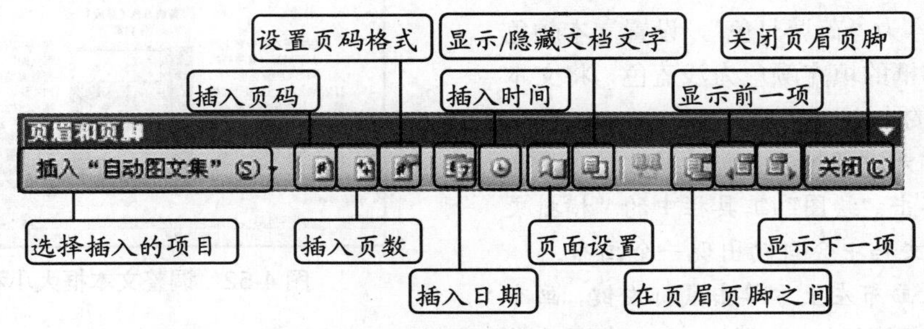

图 4-55 “页眉和页脚”工具栏

在页眉和页脚中可通过如下方法输入内容。

- 直接输入。将光标定位到页眉或页脚位置，在其中输入任意文本，如文档标题、公司名称等，也可选择【插入】/【图片】/【来自文件】命令，在页眉和页脚中插入图片。
- 通过“页眉和页脚”工具栏输入。将光标定位到页眉或页脚位置，单击其中的按钮，可插入不同的内容，如页码、时间等。

【任务 16】打开“荷塘月色”文档，在页眉处输入“朱自清散文”，并在页脚处添加页码效果，如图 4-56 所示。

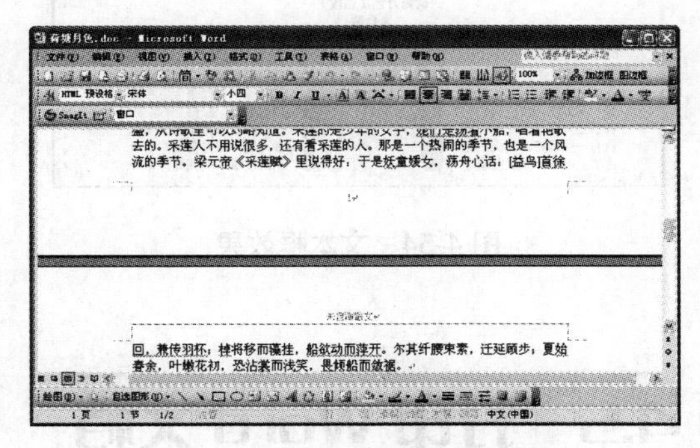

图 4-56 荷塘月色文档最终效果

完成效果：效果文件\第 4 章\荷塘月色.doc

Step 1 启动 Word 2003，打开“荷塘月色”文档。

Step 2 选择【视图】/【页眉和页脚】命令，文档会自动在工作界面中显示图 4-57 所示的工具栏，并使页面进入图 4-58 所示的页眉和页脚视图。

插入“自动图文集”(S)· 关闭(C)

图 4-57 “页眉和页脚”工具栏

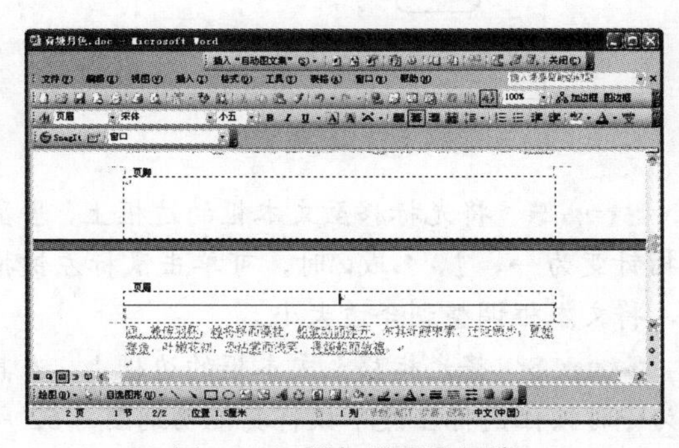

图 4-58 添加页眉和页脚

Step 3 在第 1 页页眉处输入“朱自清散文”，然后将光标定位到第 1 页页脚处，单击“页眉和页脚”工具栏中的“插入页码”按钮，从第

1 页开始插入页码。

Step 4　选中第 1 页页码，单击“居中”按钮，将页码居中，完成设置。

Step 5　设置页眉和页脚后单击“页眉和页脚”工具栏中的关闭(C)按钮或双击灰色状态的主文档编辑区即可退出“页眉和页脚”视图。

4.5.2　设置页面格式

用户在打印文档前可以在 Word 2003 中对文档的纸型、页边距和页面方向等参数进行设置。

【任务 17】打开“荷塘月色”文档，将文档的上边距设置为 3 厘米，下边距设置为 3 厘米，左右边距设置为 4 厘米。将打印纸张设置为“A4”并勾选“版式”选项卡中的“奇偶页不同”和“首页不同”复选框。

Step 1　打开“荷塘月色”文档。

Step 2　选择【文件】/【页面设置】命令，打开“页面设置”对话框，选择“页边距”选项卡。

Step 3　在“页边距”栏的“上”“下”“左”“右”4 个数值框中可设置文档中文本与页面边的距离，这里设置“上”为“3 厘米”，“下”为“3 厘米”，“左”为“4 厘米”，“右”为“4 厘米”，如图 4-59 所示。完成设置后单击确定按钮。

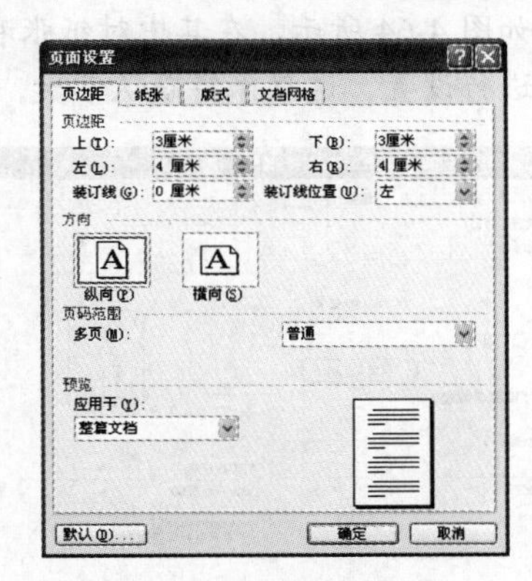

图 4-59　设置页边距

Step 4　选择“纸张”选项卡，在“纸张大小”下拉列表中选择“A4”，如图 4-60 所示，在“纸张来源”栏中保持默认。

图 4-60　设置纸张

Step 5　单击“版式”选项卡，在“节”栏中的“节的起始位置”下拉列表中选择“新建页”选项，在“页眉和页脚”栏中选中“奇偶页不同”和“首页不同”复选框，如图 4-61 所示。完成后单击确定按钮。

图 4-61　设置版式

【知识补充】“页面设置”对话框“页边距”选项卡中的选项含义如下。

- 装订线。若要添加装订线，可在“装订线”文本框中调整数字，在“装订线位置”下拉列表中选择对齐方向。
- 页码范围。若要对文档进行两面打印，则在“页码范围”栏下“多页”下拉列表中选择“对称页边距”选项。若要打印书籍类文档，则可选择“书籍折页”或“反向书籍折页”选项。
- 应用于。在“应用于”下拉列表中可选择页边距的应用范围。

4.5.3　打印预览和打印

在 Word 中制作完成的文档，通常需要打印出来以便整理和阅读。下面对文档的打印预览和打印操作进行讲解。

1. 打印预览

打印预览是在文档打印之前必须进行的一步操作，打印预览可以避免打印出的文档不符合要求，避免重复打印。选择【文件】/【打印预览】命令或单击“常用”工具栏中的“打印预览”按钮可进入打印预览窗口，如图4-62所示。

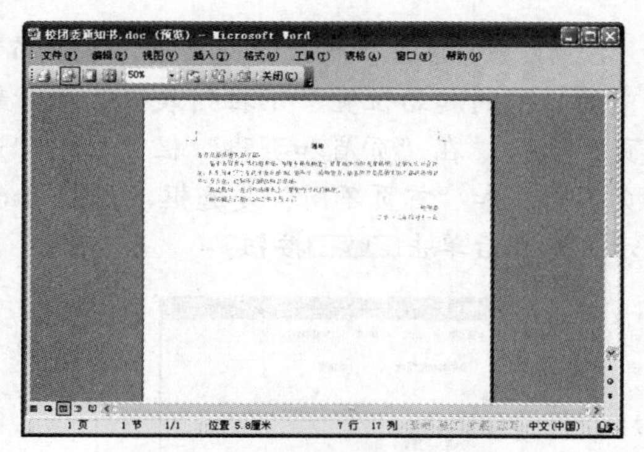

图4-62 “打印预览”窗口

其中主要按钮和下拉列表框的作用如下。

- “打印”按钮。单击该按钮可打印当前文档。
- “放大镜”按钮。单击该按钮可在预览状态和编辑状态之间进行切换。
- “单页”按钮。单击该按钮可在预览视图中仅显示一页文档。
- “多页”按钮。单击该按钮，在打开的列表框中可选择在预览视图显示的文档页数。
- “显示比例”下拉列表框。选择该下拉列表框中相应的选项可设置文档在预览视图中的显示比例。
- “查看标尺”按钮。单击该按钮可隐藏或显示预览视图中的标尺。
- “缩小字体显示”按钮。单击该按钮可将当前在预览视图中显示的页面进行全屏显示。
- “关闭”按钮关闭(C)。单击该按钮将退出打印预览视图。

2. 打印文档

预览完文件后便可对文件进行打印，在“打印”对话框中还可对打印的参数等进行设置。

【任务 18】打印“荷塘月色”文档，并对其进行打印属性设置。

Step 1 打开“荷塘月色”文档。

Step 2 选择【文件】/【打印】命令，打开“打印”对话框，如图4-63所示。

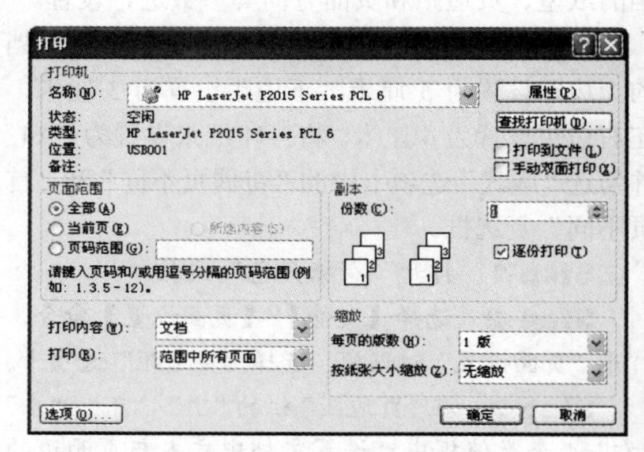

图4-63 “打印”对话框

Step 3 在“名称”下拉列表框中选择需要使用的打印机。单击属性(P)按钮，打开“属性”对话框，如图4-64所示，在其中对纸张和打印质量等参数进行设置，这里保持默认参数。

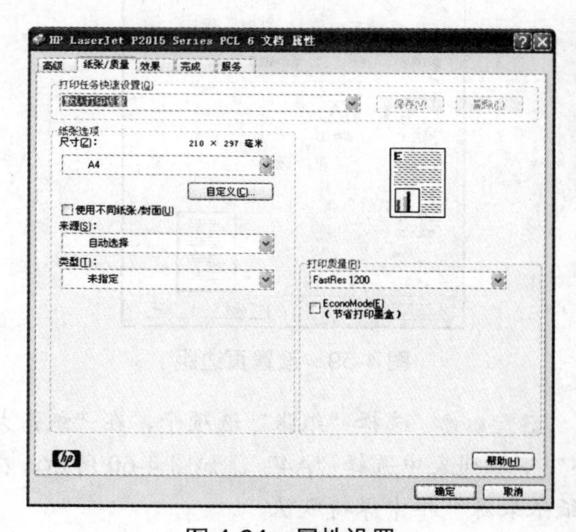

图4-64 属性设置

Step 4　设置完成后依次单击［确定］按钮即可打印文档。

【知识补充】在“打印”对话框中，还有一些其他的设置，介绍如下。

- 在“页面范围”栏中选中相应的单选项可对打印的范围进行设置。例如，选中“全部”单选项将打印当前文档的所有页面。
- 在“打印内容”下拉列表框中可选择需打印的文档内容，如文档属性、标记的文档等。
- 在“打印”下拉列表框中可选择打印设置范围中的所有页面、奇数页或偶数页等 3 种选项。
- 在“副本”栏下的“份数”数值框中可以设置打印的份数。选中“逐份打印”复选框将依次打印文档，取消选中该复选框将按照页码打印多份文档。

4.6 上机实训

4.6.1 【实训一】制作“个人简历”文档

1. 实训目的

本实训要求在空白文档中输入并编辑“个人简历”，通过本例熟练掌握在 Word 文档中创建和编辑表格的操作。

具体的实训目的如下。

- 掌握 Word 中输入文本内容的方法。
- 熟练掌握表格的制作方法。
- 掌握文本格式的设置方法。

2. 实训要求

先绘制和编辑表格，然后录入和编辑文本，并对文本进行美化，对文本编辑的每个操作都可能有多种方法，用户可结合前面讲解的相关知识，使用不同的操作方法进行练习。本例最终效果如图 4-65 所示。

完成效果：效果文件\第 4 章\个人简历.doc

视频演示：第 4 章\上机实训\实训一.swf

具体要求如下。

（1）启动 Word 2003 程序，新建名为“个人简历”的文档，并保存在“我的文档”中。

（2）设置表格和边框，对单元格进行合并与拆分操作，使其满足制作个人简历的要求。

（3）在表格中输入所需文字，如“姓名”“性别”等。

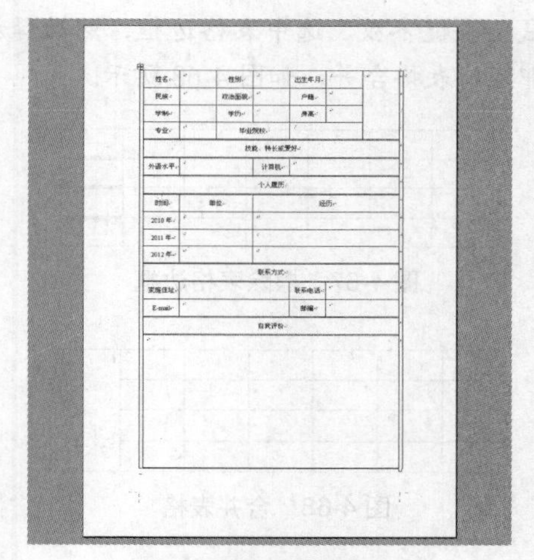

姓名		性别		出生年月		
民族		政治面貌		户籍		
学制		学历		身高		
专业		毕业院校				
技能、特长或爱好						
外语水平			计算机			
个人履历						
时间	单位		经历			
2010 年						
2011 年						
2012 年						
联系方式						
家庭住址				联系电话		
E-mail				邮编		
自我评价						

图 4-65　个人简历

3. 完成实训

Step 1　在桌面上双击快捷方式图标，或通过“开始”菜单启动 Word 2003，新建一个空白文档。

Step 2　将该文档以“个人简历”为名保存在“我的文档”文件夹中。

Step 3　选择【表格】/【绘制表格】命令，在打开的“表格与边框”工具栏中单击“绘制表格”按钮，在文档中绘制一个表格框。

Step 4　在“表格和边框”对话框中单击插入表格按钮右边的下拉按钮，在弹出的下拉列表中选择“插入表格”命令。

Step 5 在打开的“插入表格”对话框中将行数设为“19”，列数设为“7”，然后单击 确定 按钮，如图 4-66 所示。

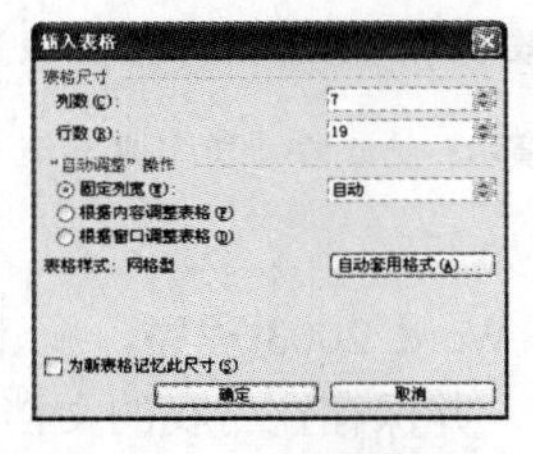

图 4-66 设置表格尺寸

Step 6 选择【视图】/【工具栏】/【表格和边框】命令，打开“表格和边框”工具栏，单击工具栏中的“擦除”按钮，如图 4-67 所示，按下鼠标左键不放，选中表格边框，然后释放鼠标，即可将表格合并，如图 4-68 所示。

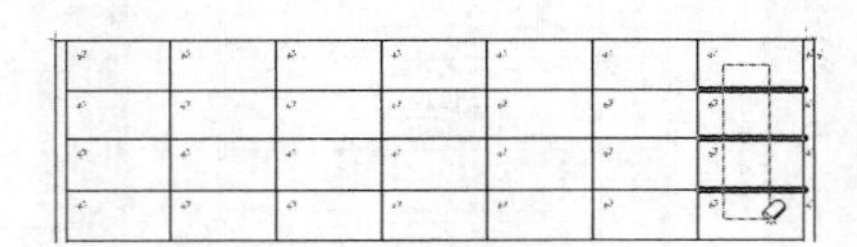

图 4-67 擦除表格边框

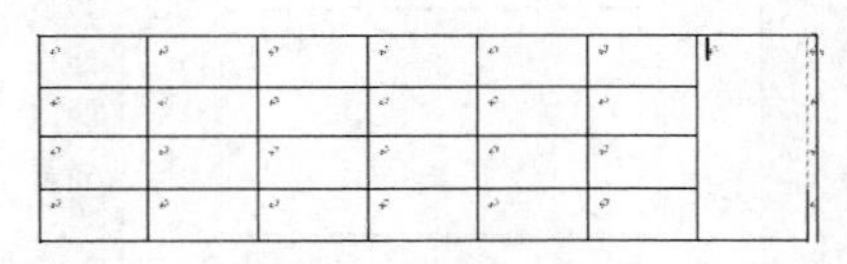

图 4-68 合并表格

Step 7 通过合并与拆分，或选择“表格和边框”工具栏中的“擦除”按钮进行合并，使表格呈图 4-69 所示。

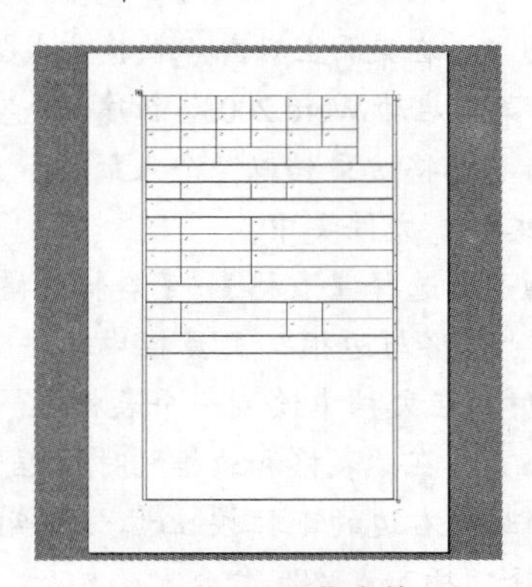

图 4-69 预览表格

Step 8 在“表格与边框”工具栏中将边框的类型设置为线型，然后单击“绘制表格”按钮，在图 4-70 所示的位置上单击鼠标，使这些边框变为所设置的线型。

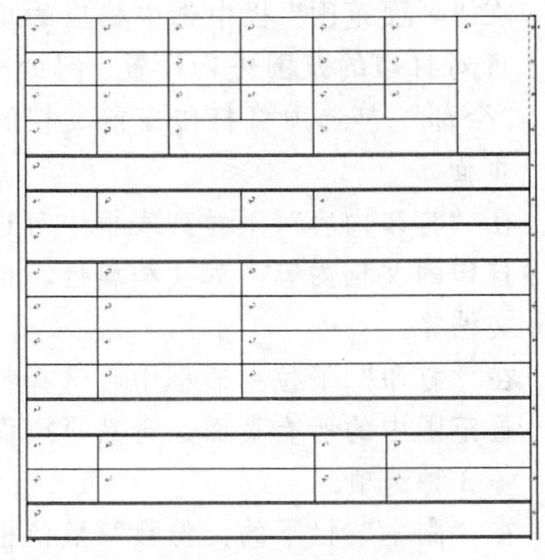

图 4-70 改变线框

Step 9 在表格中输入图 4-71 所示的文本。

姓名		性别		出生年月		
民族		政治面貌		户籍		
学制		学历		身高		
专业		毕业院校				
技能、特长或爱好						
外语水平		计算机				
个人履历						
时间	单位	经历				
2010 年						
2011 年						
2012 年						
联系方式						
家庭住址				联系电话		
E-mail				邮编		
自我评价						

图 4-71 输入文本

Step 10 选中“姓名”文本，单击工具栏上的“居中”按钮，将其设置为居中。

Step 11 保持“姓名”文本选中，选择【格式】/【段落】命令，在“段落”对话框中，将“间距”栏中的“设置值”设置为“1.8”，如图 4-72 所示，然后单击 确定 按钮。

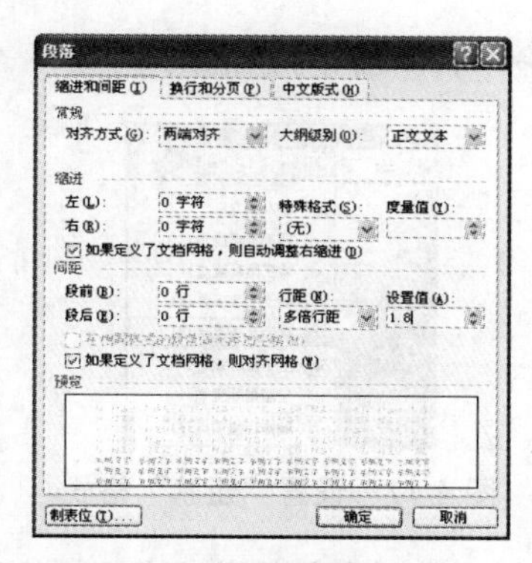

图 4-72　设置段落格式

Step 12　选中“姓名”文本，在常用工具栏中选择“格式刷”按钮，将其他文本的格式设置为与“姓名”一样，如图 4-73 所示。

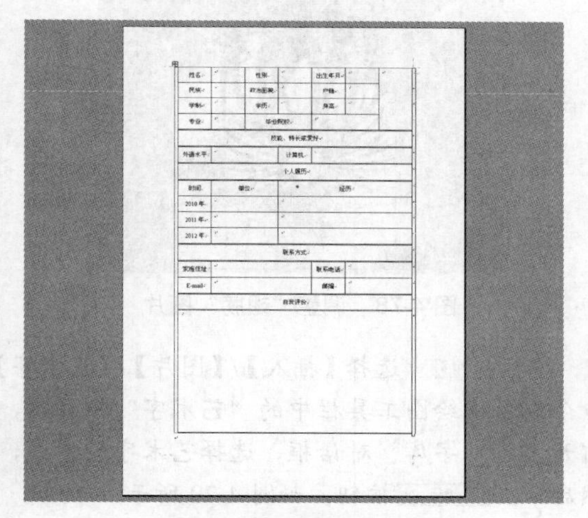

图 4-73　最终效果

4.6.2　【实训二】制作和打印“校园歌手大赛”海报

1. 实训目的

通过实训掌握 Word 2003 文档的制作，熟悉文档制作和打印的过程。

具体的实训目的如下。

- 掌握文本字体、段落格式的设置。
- 熟悉边框和底纹的设置。
- 掌握文档预览和打印的流程。

2. 实训要求

利用 Word 2003 输入和编辑文本，并对编辑好的文本进行页面设置并打印，如图 4-74 所示。

所用素材：素材文件\第 4 章\唱歌剪影.png、海报背景.jpg、翅膀.png

完成效果：效果文件\第 4 章\校园歌手大赛.doc

视频演示：第 4 章\上机实训\实训二.swf

具体要求如下。

（1）启动 Word 2003，新建名为“校园歌手大赛”的文档并保存。

（2）在文档中输入简介和守则内容，并对文本格式进行设置。

（3）对编辑好的文档进行页面设置，并预览和打印文档。

图 4-74　海报

3. 完成实训

Step 1　在桌面上双击快捷方式图标，或通过“开始”菜单启动 Word 2003，新建一个空白文档。

Step 2　将该文档以“校园歌手大赛”为名保存在“我的文档”文件夹中。

Step 3　选择【格式】/【背景】/【填充效果】命令，在“图片”选项卡中单击 选择图片(L)... 按钮，打开“选择图片”对话框。

Step 4　选择本书光盘中的“海报背景.jpg”

素材，将背景填充，如图 4-75 所示。

图 4-75　填充背景

Step 5　将光标定位在页面首端，选择【插入】/【图片】/【来自文件】命令，选择本书光盘中的“唱歌剪影.png”素材，然后单击插入(S)按钮，如图 4-76 所示。

图 4-76　插入剪影

Step 6　按下“Enter”键，将光标移到下一行，选择【插入】/【图片】/【来自文件】命令，在本书光盘的素材中，选择“翅膀.png”文件，然后单击插入(S)按钮。

Step 7　选中插入的“翅膀.png”图片，选择【视图】/【工具栏】/【图片】命令，打开“图片”工具栏。

Step 8　在“图片”工具栏中单击“文字环绕”按钮，在弹出的下拉列表中选择“浮于文字上方”命令，如图 4-77 所示。

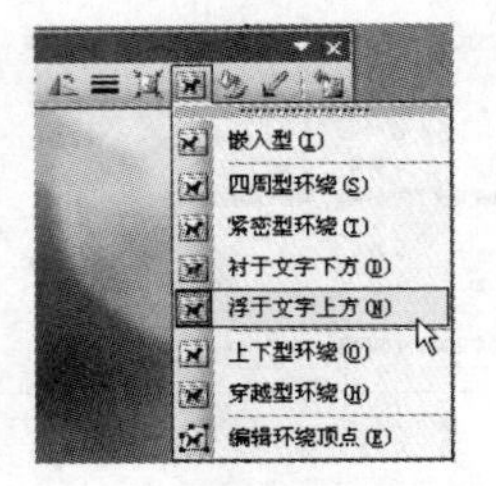

图 4-77　设置“翅膀”格式

Step 9　使用鼠标拖动改变“翅膀”图片的位置和大小，如图 4-78 所示。

图 4-78　调整“翅膀”图片

Step 10　选择【插入】/【图片】/【艺术字】命令或单击绘图工具栏中的“艺术字”按钮，打开“艺术字库”对话框，选择艺术字的样式，然后单击确定按钮，如图 4-79 所示。

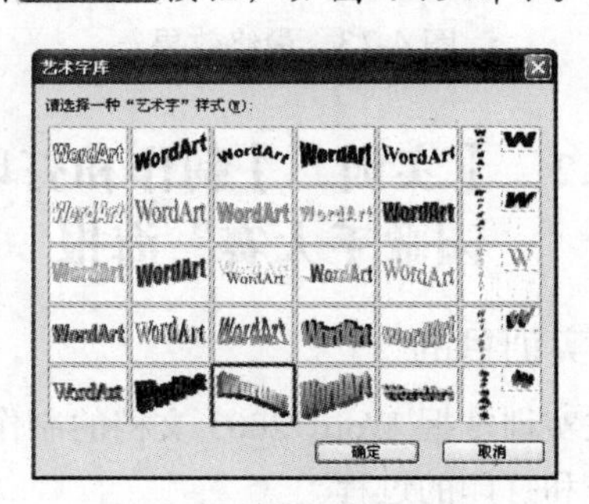

图 4-79　选择艺术字样式

Step 11　打开“编辑‘艺术字’文字”对话框，在其中的“文字”文本框中输入“放飞梦想，歌唱自我”，设置文本为“华康俪金黑”（字体文件可从网上下载），字号为“36”，并单击

加粗按钮B，如图 4-80 所示。

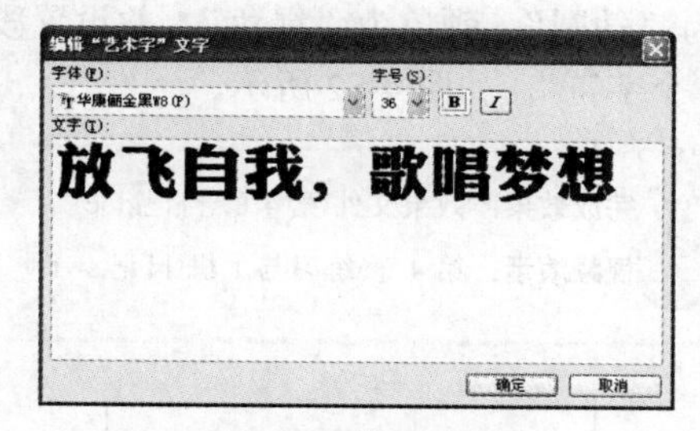

图 4-80　输入文本

Step 12　选择【视图】/【工具栏】/【艺术字】命令，打开"艺术字"工具栏，在"艺术字"工具栏中单击文字环绕按钮，在弹出的下拉列表中选择"浮于文字上方"命令。

Step 13　在"艺术字"工具栏中单击"艺术字形状"按钮，在打开的菜单中选择"左牛角形"，调整艺术字的位置。

Step 14　选择【插入】/【文本框】/【横排】命令，为海报插入一个横排文本框，将此文本框移动到正下方，并在文本框中输入比赛时间和地点等信息，即可完成海报的制作。

4.7 练习与上机

1. 单项选择题

（1）下面对"查找与替换"命令叙述正确的是（　）。

A．只能对文字查找与替换

B．可以对指定格式的文本进行查找与替换

C．不能对制表符进行查找与替换

D．不能对段落格式进行查找与替换

（2）若已建立了页眉和页脚，打开它可以双击（　）。

A．文本区　　B．页眉页脚区

C．菜单区　　D．工具栏区

（3）在 Word 编辑状态，要在文档中添加符号"★"，应使用（　）中的命令。

A．"文件"菜单　　B．"编辑"菜单

C．"格式"菜单　　D．"插入"菜单

（4）对于打开的文档，如果要更换名称或换目录存盘，需执行（　）命令。

A．复制　　B．保存

C．剪切　　D．另存为

（5）对于新建文档，执行保存命令并输入新文档名，如"aa"后，标题栏显示（　）。

A．aa　　B．aa.doc

C．文档 1．doc　　D．DOC1

（6）复制的快捷键是（　）。

A．Ctrl+A　　B．Ctrl+C

C．Ctrl+V　　D．Ctrl+X

（7）Word 中选择是否显示"常用"工具栏，可通过（　）菜单实现。

A．工具　　B．格式

C．窗口　　D．视图

（8）下列操作中，（　）不能完成文档的保存。

A．单击工具栏上的按钮

B．按"Ctrl+O"组合键

C．单击"文件"菜单中的"保存"命令

D．单击"文件"菜单的"另存为"命令

（9）在 Word 字处理软件中，不小心错删，或者复制、粘贴错误文本，用（　）命令可以挽回。

A．撤销　　B．重复

C．剪切　　D．复制

2. 多项选择题

（1）将 Word 的文档窗口进行最小化操作，以下描述不正确的是（　）。

A．将指定的文档关闭

B．关闭文档及其窗口

C．文档的窗口和文档都没关闭

D．将指定的文档从外存中读入并显示出来

（2）选定一个段落的正确方法有（　）。

A．鼠标指针指向左侧的选定区，单击左键

B．鼠标指针指向左侧的选定区，双击左键

C．鼠标指针指向该段落内任意位置，双击左键

D．在段中连续 3 次单击鼠标左键

（3）下面能准确选定一句话的是（　）。

A．按住“Ctrl”键单击句子

B．从句首拖动鼠标到句尾

C．双击该文本

D．利用“Shift”键和光标键

（4）采用（　）做法，能增加标题与正文之间的段间距。

A．增加标题的段前间距

B．增加第一段的段前间距

C．增加标题的段后间距

D．增加标题和第一段的段后间距

（5）在一篇需要打印的文档中，若发现某文本框略小，不能使其中的文字全部显露，应采用的解决方法是（　）。

A．将文本框拖至某一合适的位置

C．选中文本框中的文本，将其调整至较小的字体

B．将文本框大小调整至合适大小

D．改变视图比例至合适大小

（6）通过“页眉页脚”工具栏中的工具按钮，可以向页眉页脚中输入的内容有（　）。

A．页码　　B．日期

C．图片　　D．时间

3．实训操作题

（1）制作一份图 4-81 所示的“通知”Word 文档。

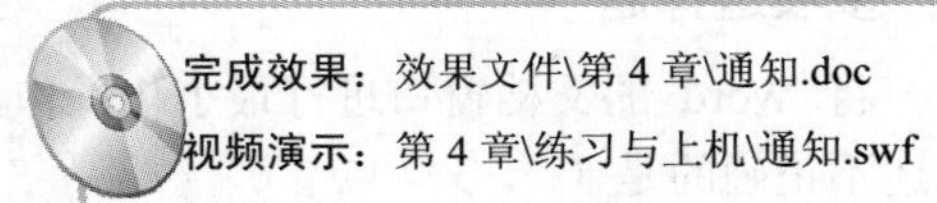

完成效果：效果文件\第 4 章\通知.doc

视频演示：第 4 章\练习与上机\通知.swf

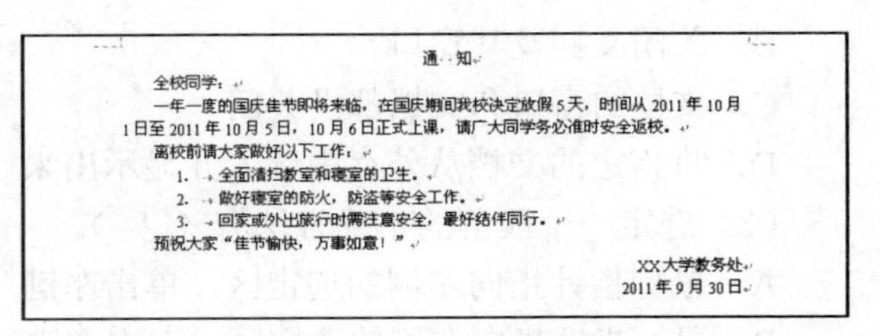

通知

全校同学：

一年一度的国庆佳节即将来临，在国庆期间我校决定放假 5 天，时间从 2011 年 10 月 1 日至 2011 年 10 月 5 日，10 月 6 日正式上课，请广大同学务必准时安全返校。

离校前请大家做好以下工作：

1. 全面清扫教室和寝室的卫生。
2. 做好寝室的防火，防盗等安全工作。
3. 回家或外出旅行时需注意安全，最好结伴同行。

预祝大家“佳节愉快，万事如意！”

XX 大学教务处

2011 年 9 月 30 日

图 4-81　“通知”文档

（2）编辑一篇“小羽日记”文档，将标题文本的字号设置为“三号”，字体为“华文彩云”，颜色为“蓝色”。将其他文本的字号设置为“五号”，字体为“幼圆”，颜色为“绿色”，并设置段落缩进“6 个字符”，如图 4-82 所示。

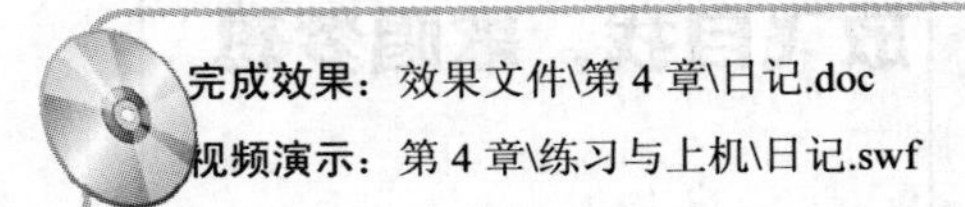

完成效果：效果文件\第 4 章\日记.doc

视频演示：第 4 章\练习与上机\日记.swf

小羽日记

2012 年 6 月 18 日　星期一　晴

今天我给奶奶打了个电话，慰问了一下奶奶最近的身体状况，奶奶说最近很好，问我最近在忙些什么，我说，我正忙着存钱买笔记本，奶奶对我说，不用了，等放假回来给我三、五本，爷爷的抽屉里有一大摞笔记本呢。

图 4-82　小羽日记

（3）制作图 4-83 所示的明细账表格。

完成效果：效果文件\第 4 章\表格.doc

视频演示：第 4 章\练习与上机\表格.swf

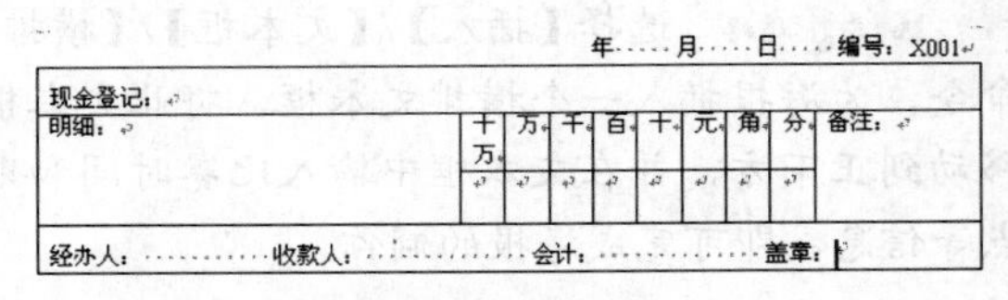

年　　月　　日　　编号：X001

<table>
<tr><td colspan="10">现金登记：</td></tr>
<tr><td rowspan="2">明细：</td><td>十万</td><td>万</td><td>千</td><td>百</td><td>十</td><td>元</td><td>角</td><td>分</td><td rowspan="2">备注：</td></tr>
<tr><td></td><td></td><td></td><td></td><td></td><td></td><td></td><td></td></tr>
<tr><td colspan="10">经办人：　　　收款人：　　　会计：　　　盖章：</td></tr>
</table>

图 4-83　制作表格

（4）制作图 4-84 所示的文档效果。读者如有兴趣还可将文字设置为竖排，具体方法为单击绘图工具栏中的▥按钮，然后在文本框中录入文字即可。

完成效果：效果文件\第 4 章\诗歌.doc

视频演示：第 4 章\练习与上机\诗歌.swf

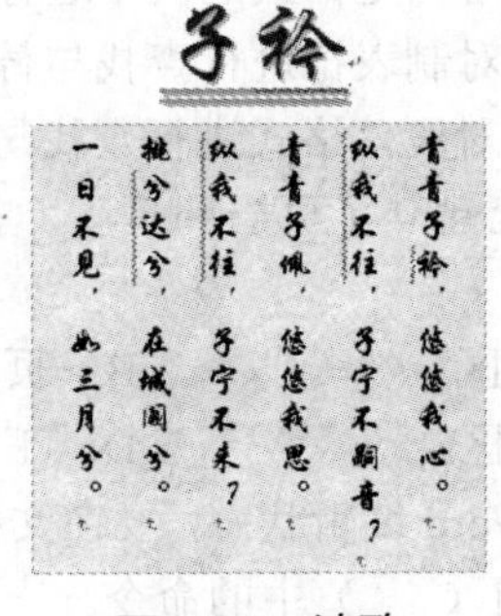

图 4-84　诗歌

拓展知识

在编辑长篇文档时，有时需要对大量的文字和段落进行相同的编排，如果只利用“字体”和“段落”工具，会浪费许多时间和精力，此时可将经常用到的格式保存下来制作成样式，这样，在文档中就可直接套用这些样式，从而提高工作效率，下面介绍 Word 样式的使用。

1. 什么是样式

简单地说，样式就是各种格式的集合。而格式通常是指单一的格式，如“字体”“字号”等，有时在同一个文字上需要设置多种格式，如对每个需要设置格式的文字一一设置，不仅浪费时间，也浪费精力。样式作为格式集合，几乎包含文字中所有用到的格式，设置时，只需选择一个样式，就能将所有的格式添加到需要设置的文字或段落中。

2. 新建样式

在文档中选择一个文本为其设置字符格式或段落格式，如设置字体为黑体，字号为四号，加粗。保持选择该文本，再选择【格式】/【样式和格式】命令或单击“格式”工具栏最左侧的“格式窗口”按钮，打开图 4-85 所示的“样式和格式”任务窗格，其中 Word 已预置了一些样式。单击新样式...按钮，打开“新建样式”对话框，如图 4-86 所示。

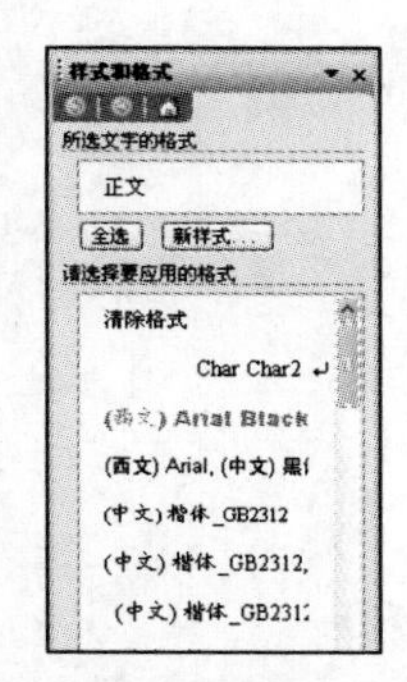

图 4-85　“样式和格式”任务窗口

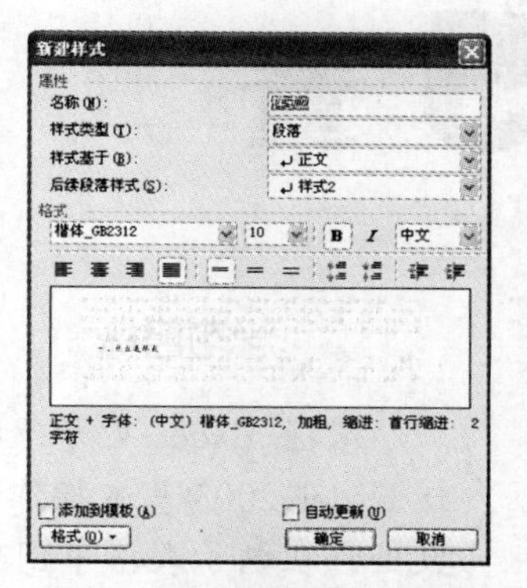

图 4-86　“新建样式”对话框

在“名称”文本框中可设置样式的名称；在“样式基于”下拉列表框中选择基于某种已有样式，再进行参数修改；在“后续段落样式”下拉列表框中可选择应用该样式段落的后续段落的样式。

单击对话框下方的格式(O)按钮，在弹出的下拉列表框中可选择进行格式设置的范围，如字体、段落、制表位、边框、语言、图文框、编号以及快捷键等。

打开“边框和底纹”对话框，在其中可对段落的边框和底纹进行设置。

完成样式创建后依次单击确定按钮，新建的样式将显示在“样式和格式”任务窗格的“请选择要应用的格式”列表框中。

3. 应用和修改样式

创建样式后，可先将插入光标定位到要应用样式的段落中，然后在“样式和格式”任务窗格中单击要应用的样式名称便可。若要对已经设置好的样式进行更改，可在“样式和格式”任务窗格中单击需修改的样式选项右侧的按钮，在弹出的下拉菜单中选择“修改”命令，将打开“修改样式”对话框，从中可对样式进行修改。

第 5 章　使用 Excel 电子表格软件

学习目标

掌握 Excel 电子表格软件的操作知识，并能独立制作电子表格。包括 Excel 2003 基本操作、设置电子表格格式、计算与处理电子表格中的数据、在电子表格中创建和编辑图表以及打印电子表格等。通过完成本章上机实训，实现由基本操作向综合项目实践的转化。

学习重点

熟悉 Excel 2003 的基础知识，掌握 Excel 表格数据的输入、填充、格式设置、计算、排序、筛选、分类汇总及图表的编辑方法。

主要内容

- Excel 2003 基础
- Excel 2003 的基本操作
- 电子表格的格式设置
- 计算与处理数据
- 创建和编辑图表
- 打印电子表格

5.1 Excel 2003基础

表格被广泛用于日常学习和工作中，其样式多种多样，但制作方法基本相同，在学习如何制作 Excel 电子表格之前，先了解一下 Excel 2003 的相关基础知识。

5.1.1　启动和退出 Excel 2003

要使用 Excel 2003，首先应学会如何启动和退出 Excel 2003，其方法与前面介绍的 Word 的相关操作类似。

1. 启动 Excel 2003

启动 Excel 2003 的方法通常有如下几种。

- 选择【开始】/【所有程序】/【Microsoft Office】/【Microsoft Office Excel 2003】命令。
- 双击计算机中的 Excel 电子表格文档，将启动 Excel 2003 并打开该文档。
- 双击桌面上创建的 Excel 快捷方式图标。

2. 退出 Excel 2003

退出 Excel 2003 的方法通常有如下几种。

- 单击 Excel 窗口标题栏右侧的"关闭"按钮。
- 选择【文件】/【退出】命令。
- 按"Alt+F4"组合键。

5.1.2　Excel 2003 的工作界面

Excel 2003 的工作界面由标题栏、菜单栏、工具栏、编辑栏、工作表区、标签栏、状态栏和任务窗格等组成，如图 5-1 所示。

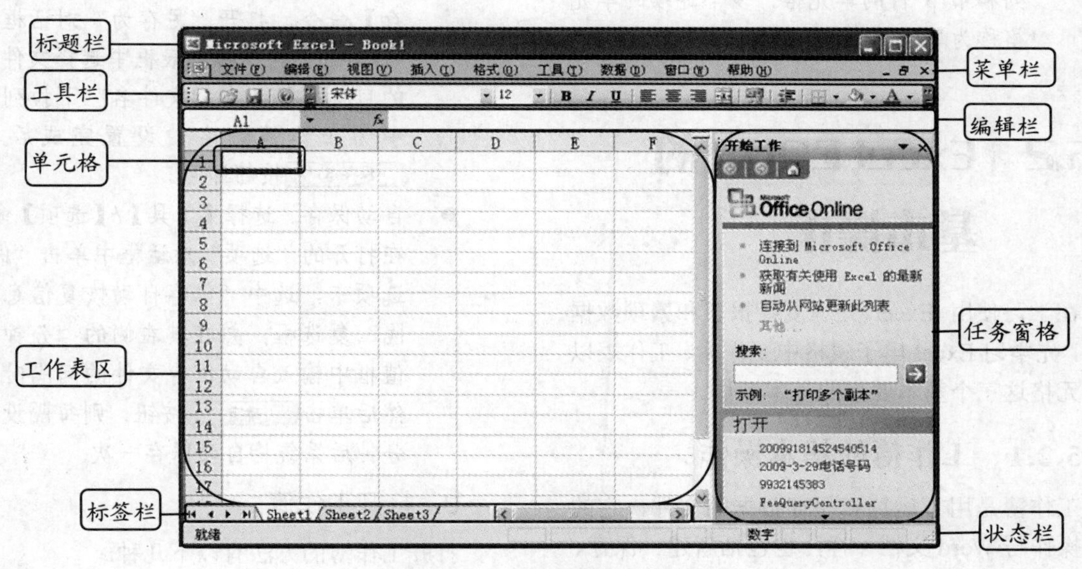

图 5-1　Excel 2003 的工作界面

其中，编辑栏用于输入和编辑单元格中的数据，在其左侧显示了当前选中的单元格的编号；工作表区是 Excel 2003 的基本工作平台，它由许多单元格组成；标签栏用于显示工作表的名称，在默认情况下分别为"Sheet1""Sheet2""Sheet3"。Excel 2003 工作界面的其他组成部分的作用与前面介绍的 Word 的相关内容基本相同，这里不再赘述。

5.1.3　工作簿、工作表和单元格的概念

工作簿、工作表和单元格是包含与被包含的关系，无数个单元格组成了一张工作表，一张或

多张工作表便组成了一个工作簿。工作簿、工作表和单元格是 Excel 中必不可少的部分，是构成 Excel 的支架。下面分别对工作簿、工作表和单元格进行介绍。

- 工作簿。用于保存电子表格中的内容，其文件扩展名为“xls”。启动 Excel 2003 后，系统将自动新建一个名为“Book1”的工作簿。
- 工作表。用于处理和存储数据，是 Excel 的工作平台。默认情况下以“Sheet1”“Sheet2”“Sheet3”进行命名，新建一个空白工作簿后有 3 张工作表，根据需要可以新建工作表。
- 单元格。单元格是 Excel 中最基本的数据存储单元，通过对应的行号和列标进行命名和引用，如“B3”单元格表示第 B 列和第 3 行的单元格。多个连续的单元格称为单元格区域。

5.2 Excel 2003 的基本操作

在学习使用 Excel 处理复杂报表和繁琐数据之前，先学习 Excel 电子表格中工作簿、工作表以及单元格这三个基本要素的基本操作。

5.2.1 工作簿的基本操作

工作簿是用于运算和保存数据的文件，它的基本操作与 Word 文档一样，也包括新建、保存、打开和关闭等。

1. 新建工作簿

在 Excel 2003 中，既可以新建一个空白工作簿，也可新建一个包含固定内容的工作簿，方法如下。

- 创建空白工作簿。选择【文件】/【新建】命令，在右侧的任务窗格中弹出“新建工作簿”窗格，单击任务窗格中的“空白工作簿”超链接，即可新建一个空白工作簿，系统自动命名为“Book2”。
- 创建基于模板的工作簿。选择【文件】/【新建】命令，在“新建工作簿”任务窗格中单击“本机上的模板”超链接，打开“模板”对话框，单击“电子方案表格”选项卡，双击要创建的工作簿类型的模板，在右边的预览框中可预览表格的效果，单击确定按钮即可创建基于该模板的工作簿。

2. 保存工作簿

创建工作簿或对工作簿进行修改后需对工作簿进行保存，在 Excel 2003 中可手动保存工作簿，也可以设置自动保存。

- 手动保存。在工作簿中选择【文件】/【保存】命令，打开“另存为”对话框，在“保存位置”下拉列表框中选择文件保存的目标路径，在“文件名”下拉列表框中为工作簿命名，设置完成后单击保存(S)按钮即可。
- 自动保存。选择【工具】/【选项】命令，在打开的“选项”对话框中单击“保存”选项卡，选中“保存自动恢复信息，每隔”复选框，并在其右侧的“分钟”数值框中输入自动保存文件的间隔时间，然后单击确定按钮，则每隔设定的分钟后系统将自动保存一次。

3. 打开工作簿

打开工作簿的方法有以下几种。

- 选择【文件】/【打开】命令，打开“打开”对话框，在其中的“查找范围”下拉列表框中选择文件所在位置，选择需要打开的工作簿，单击打开(O)按钮即可。
- 直接在计算机中找到该工作簿的位置，双击该工作簿将其打开。

4. 关闭工作簿

编辑完成并保存之后，需要将数据所在的工作簿关闭，关闭工作簿的方法有以下几种。

- 单击工作簿窗口菜单栏右侧的“关闭窗口”按钮×。
- 选择【文件】/【关闭】命令。

5.2.2 工作表的基本操作

工作表的基本操作包括新建工作表、选择工作表、重命名工作表、移动和复制工作表和删除工作表等，下面分别进行讲解。

1. 新建工作表

在默认情况下，Excel 2003 有3张工作表，如有需要也可新建工作表，新建工作表的方法有如下几种。

- 用鼠标右键单击工作表标签，在弹出的快捷菜单中选择“插入”命令，打开“插入”对话框，在“常用”选项卡下选择“工作表”图标，单击 确定 按钮，即可插入一张新的工作表。
- 选择一张工作表，在菜单栏中选择【插入】/【工作表】命令，即可在当前工作表之前插入一张空白工作表。

2. 选择工作表

在一个工作簿中编辑多个工作表时，需要在不同的工作表之间进行切换，这就涉及工作表的选择操作，选择工作表的方法有如下几种。

- 选择单张工作表。单击工作表标签或单击工作表切换按钮 进行选择。
- 选择多张连续工作表。在工作表标签中单击所需的第一张工作表标签后，按住“Shift”键不放，单击另外一张工作表对应的工作表标签，则可同时选中这两张工作表标签之间的所有工作表。
- 选择多张不连续工作表。在工作表标签中单击所需的一张工作表标签后，按住“Ctrl”键不放，单击其他工作表对应的工作表标签即可。
- 选择所有工作表。在任意一个工作表标签上单击鼠标右键，在弹出的快捷菜单中选择“选定全部工作表”命令即可。

3. 重命名工作表

Excel 2003 中的工作表默认名称为“Sheet1”“Sheet2”“Sheet3”等，为了便于记忆和查阅所需的工作表，可对工作表的名称进行重命名，如选择要重命名的工作表标签“Sheet2”，然后选择【格式】/【工作表】/【重命名】命令或直接双击“Sheet2”标签，在高亮显示的“Sheet2”上直接输入新名称“工作计划”，再按“Enter”键完成操作，如图 5-2 所示。

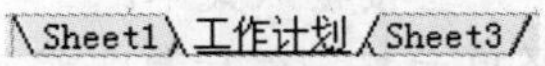

\Sheet1 \工作计划 /Sheet3/

图 5-2　重命名工作表

4. 移动和复制工作表

根据需要可移动或复制工作表，移动和复制工作表的操作方法基本相同，只是复制工作表时需要按住“Ctrl”键。

- 移动工作表。在工作表标签上选择需要移动的工作表标签，按住鼠标左键不放，沿着标签行拖动工作表标签，这时有一个黑色的小三角形随鼠标移动，表示工作表将移动到的位置，当小三角形到达目标位置后松开鼠标左键，完成移动操作，如图 5-3 所示。
- 复制工作表。复制工作表即在执行移动工作表的操作时，按住“Ctrl”键，此时拖动的文件上将出现一个“+”号。

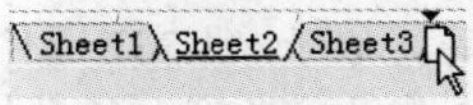

\Sheet1 \Sheet2 /Sheet3

图 5-3　移动工作表

5. 删除工作表

对于一些含有过期的数据或不再具有使用价值的工作表，用户可将其删除。即选择要删除的工作表，然后选择【编辑】/【删除工作表】命令，在打开的确认删除对话框中单击 删除 按钮即可，同时后面一张工作表将变成当前活动工作表。

5.2.3　输入和填充表格数据

Excel 2003 中的数据可分为 3 类。一类是包括中文、英文和标点符号的普通文本；一类是各种键盘中无法直接输入的特殊符号，如○、▲等；还有一类是各种数字构成的数据，如小数型、货币型数据等。输入方法各不相同，下面分别进行介绍。

1. 普通文本的输入

输入普通文本的方法有如下几种。

- 在工作表中双击选择需要输入文本的单元格，直接输入文本。
- 选择单元格，然后单击编辑栏，将文本插入点定位于编辑栏中直接输入文本即可。Excel 2003 默认输入的文本自动靠左对齐。

2. 特殊符号的输入

当需要输入键盘中没有的特殊符号时，可利用"特殊符号"对话框进行输入。选择需输入特殊符号的单元格，然后选择【插入】/【特殊符号】命令，打开"插入特殊符号"对话框。即可选择要输入的特殊符号。

3. 小数型、货币型数据的输入

选择【格式】/【单元格】命令，打开"单元格格式"对话框，可在"数字"选项卡中设置单元格中数据的格式，如小数型、货币型数据。

> 提示：若输入的数据超过 11 位，数据将用类似于"1.23E+11"的科学计数法形式表示；当输入的数据长度小于 11 位但大于单元格的宽度时，将会以"#####"的形式显示出来，增加单元格的宽度会显示出完整的数据。

【任务 1】在"订书表"工作薄中输入书籍的价格。

素材文件：素材文件\第 5 章\订书表.xls
完成效果：效果文件\第 5 章\订书表.xls

Step 1　打开"订书表"工作簿，选择要设置数值格式的单元格，这里选择单元格 F3。

Step 2　选择【格式】/【单元格】命令。

Step 3　打开"单元格格式"对话框，单击"数字"选项卡，在"分类"列表框中选择"货币"选项，并在小数位数文本框中输入"2"，在"货币符号"中选择"￥"，单击 确定 按钮，如图 5-4 所示。

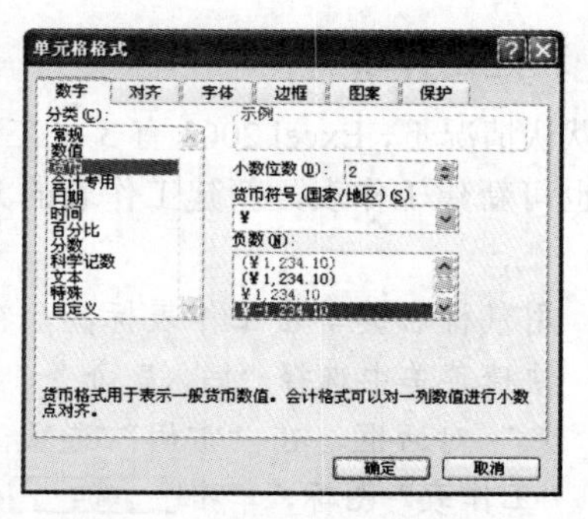

图 5-4　"单元格格式"对话框

Step 4　回到表格中，在单元格 F3 中输入"39"，按"Enter"键即可显示出"￥39.00"。

4. 数据的填充

Excel 2003 提供了快速填充功能，可快速输入所需的数据，从而提高工作效率。

- 快速填充相同数据。选择单元格或单元格区域后，被选区域右下角会出现一个黑色方块■，即"填充柄"，将鼠标指针移至填充柄上，当其变为✚时，按住鼠标左键不放并拖动至目标位置再释放鼠标，便可实现快速填充相同数据的目的，如图 5-5 所示。

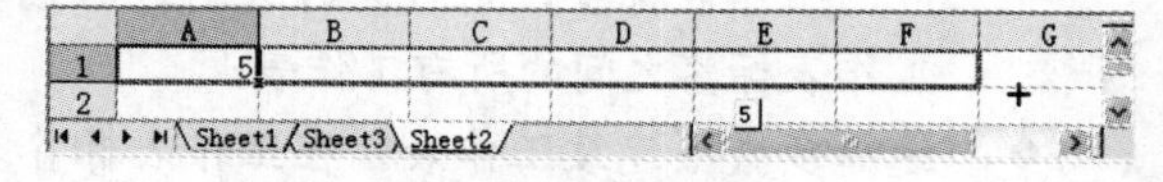

图 5-5　利用鼠标填充相同数据

- 快速填充有规律的序列。有规律的序列

包括等差序列、等比序列和日期序列，其填充方法均相同。选择【编辑】/【填充】/【序列】命令，打开“序列”对话框，在其中选择相应的序列类型，输入相应的“步长值”和“终止值”后，单击 确定 按钮即可，如图 5-6 所示。

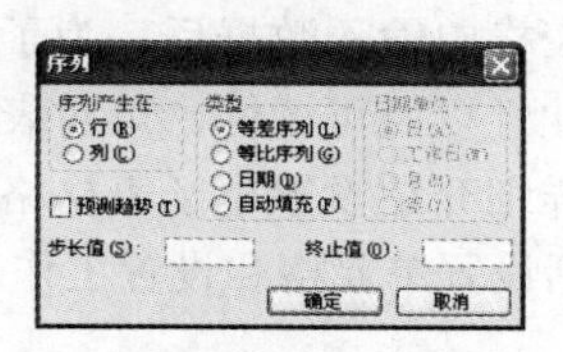

图 5-6　“序列”对话框

5.2.4　单元格的基本操作

单元格是 Excel 最基本的元素，也是组成工作表和工作簿的基本单元。单元格的基本操作包括单元格的选择、插入、删除以及合并与拆分单元格，调整行高与列宽等。

1. 选择单元格

在对工作表中的单元格进行编辑等操作之前，需先选择单元格，可根据不同的情况采用不同的选择方法，具体介绍如下。

- 选择单个单元格。用鼠标单击某个单元格即可，被选择的单元格边框呈粗黑线显示。
- 选择多个连续单元格。先选择第一个单元格，按住鼠标左键不放，拖动至需要选择的最后一个单元格释放即可。或者选择欲选单元格区域左上角的单元格，按住“Shift”键单击所需单元格区域右下角的单元格，可选择这两个单元格之间的所有区域。
- 选择不连续单元格。用鼠标选择某个单元格后，再按“Ctrl”键，同时单击其他需要选择的单元格即可。
- 选择整行整列。用鼠标单击行号或列号即可。
- 选择整个工作表。按“Ctrl+A”组合键可将整个工作表中的单元格全部选中。

2. 插入单元格

有时根据要求，需对表格中的数据进行更新或添加新内容，这就需要在表格中插入新的单元格，插入单元格的方法很简单，一般有如下两种。

- 选择一个单元格，单击鼠标右键，在弹出的快捷菜单中选择“插入”命令，打开“插入”对话框，在“插入”对话框中选择插入行或列或其他选项。
- 在菜单栏中选择【插入】/【单元格】命令，在打开的“插入”对话框中可执行插入命令。

3. 删除单元格

在编辑表格的过程中，除了可以插入单元格增添数据，还可以删除单元格，其方法与插入单元格的方法类似，一般有如下两种。

- 选择需要删除的单元格，单击鼠标右键，在弹出的快捷菜单中选择“删除”命令，打开“删除”对话框，在“删除”对话框中选择删除的方式。
- 在菜单栏中选择【编辑】/【删除】命令，在打开的“删除”对话框中执行相应的删除操作。

4. 合并与拆分单元格

根据需要或使表格更加专业和美观，可将一些单元格合并或拆分。使用“格式”工具栏中的“合并及居中”按钮或选择【格式】/【单元格】命令，可对单元格进行合并或拆分操作。

【任务 2】在空白工作簿中对 A1:C2 单元格区域进行合并与拆分。

Step 1　新建一个空白工作簿，选择 A1:C2 单元格区域。

Step 2　单击“格式”工具栏中的“合并及居中”按钮进行合并，如图 5-7 所示，若在合并后的单元格内输入文本，文本将居中显示。

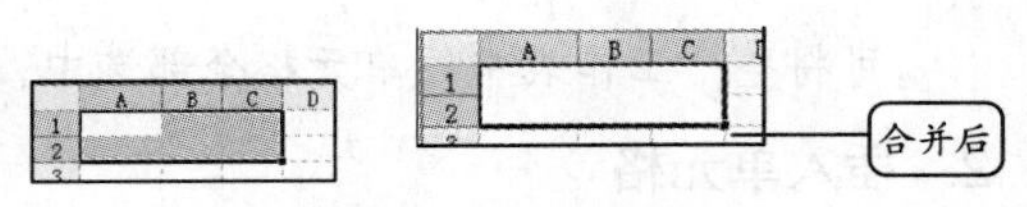

图 5-7 合并单元格

Step 3 然后进行单元格的拆分操作，选择【格式】/【单元格】命令，打开“单元格格式”对话框，在其中单击“对齐”选项卡，在该选项卡下取消选中“合并单元格”复选框即可拆分该单元格，单击 确定 按钮退出该对话框。

5. 调整行高与列宽

单元格的行高与列宽在默认情况下是固定的，这使得一些超出行高与列宽的内容不能显示，用户可调整行高与列宽以适应单元格中的内容，使其能完全显示。

- 调整行高。将光标移至两个行标记之间，当光标变为✛时，按住鼠标左键上下拖动至适当位置后释放鼠标。
- 调整列宽。移动光标至两个列标记之间，当光标变为✛时，按住鼠标左键左右拖动至适当位置后释放鼠标。

5.3 电子表格的格式设置

在电子表格中输入数据后，为了增强表格的美观性、专业性以及可读性，可对表格进行格式设置。下面详细介绍设置电子表格格式的相关操作，其中包括设置单元格和设置工作表格式。

5.3.1 设置单元格格式

为了使工作表的整个版面更为美观丰富，可以对不同的单元格设置不同的格式。

【任务 3】设置“牙膏销售记录表”工作薄的格式，设置效果如图 5-8 所示。

素材文件：素材文件\第 5 章\牙膏销售记录表.xls

完成效果：效果文件\第 5 章\牙膏销售记录表.xls

E16

	A	B	C	D	E	F
1	膏销售记录表					
2	商品编号	品牌	规格（g/支）	单价（¥）	销售量（支）	销售总额（¥）
3	YG01	佳洁士	茶爽165g	11.50	62	¥ 713.00
4	YG02	高露洁	水晶120g	8.90	77	¥ 685.30
5	YG03	黑人	亮白165g	13.70	53	¥ 726.10
6	YG04	两面针	中草药120g	2.50	55	¥ 137.50
7	YG05	冷酸灵	中草药120g	1.80	66	¥ 118.80
8	YG06	中华	健齿白165g	4.70	48	¥ 225.60
9	YG07	田七	中草药120g	3.90	33	¥ 128.70
10	YG08	黑妹	水晶120g	4.80	31	¥ 148.80
11	YG09	草珊瑚	中草药120g	3.50	29	¥ 101.50
12	YG10	纳爱斯	水晶165g	9.80	37	¥ 362.60
13	YG11	佳洁士	双效洁白165g	11.50	50	¥ 575.00
14	YG12	佳洁士	舒敏灵120g	11.50	24	¥ 276.00
15	YG13	中华	盐白120g	4.70	63	¥ 296.10

洗发液 / 牙膏 / 洗面奶 / 沐浴露 / 香皂

F15 =$D$8*E15

	A	B	C	D	E	F
1	牙膏销售记录表					
2	商品编号	品牌	规格（g/支）	单价（¥）	销售量（支）	销售总额（¥）
3	YG01	佳洁士	茶爽165g	11.50	62	¥ 713.00
4	YG02	高露洁	水晶120g	8.90	77	¥ 685.30
5	YG03	黑人	亮白165g	13.70	53	¥ 726.10
6	YG04	两面针	中草药120g	2.50	55	¥ 137.50
7	YG05	冷酸灵	中草药120g	1.80	66	¥ 118.80
8	YG06	中华	健齿白165g	4.70	48	¥ 225.60
9	YG07	田七	中草药120g	3.90	33	¥ 128.70
10	YG08	黑妹	水晶120g	4.80	31	¥ 148.80
11	YG09	草珊瑚	中草药120g	3.50	29	¥ 101.50
12	YG10	纳爱斯	水晶165g	9.80	37	¥ 362.60
13	YG11	佳洁士	双效洁白165g	11.50	50	¥ 575.00
14	YG12	佳洁士	舒敏灵120g	11.50	24	¥ 276.00
15	YG13	中华	盐白120g	4.70	63	¥ 296.10

洗发液 / 牙膏 / 洗面奶 / 沐浴露 / 香皂

图 5-8 设置格式前后的对比效果图

Step 1 打开“牙膏销售记录表”工作薄，选择要设置对齐方式的单元格区域 A1:F1。

Step 2 在“格式”工具栏中单击“合并及居中”按钮，选择“牙膏销售记录表”文本，在“格式”工具栏的“字体”下拉列表中选择“黑体”。

Step 3 选中第 2 行，在“格式”工具栏中的“字体”下拉列表中选择“黑体”，并单击工具栏上的“居中”按钮。

Step 4 选择 A3:F15 的单元格，选择【格式】/【单元格】命令，打开“单元格格式”对话框，单击“图案”选项卡，在“颜色”一栏中选择蓝色，然后单击 确定 按钮，如图 5-9 所示，完成单元格的设置。

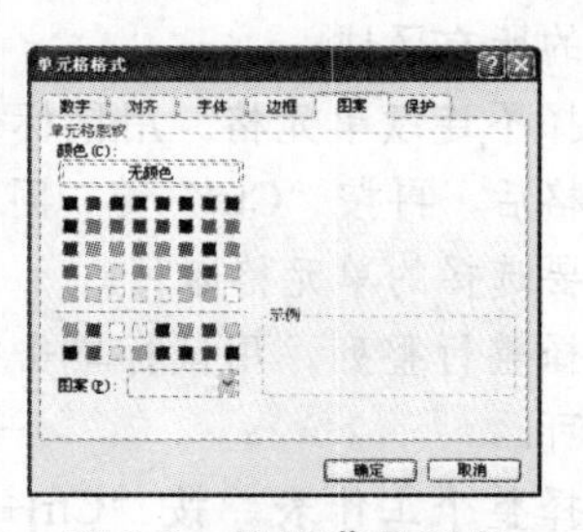

图 5-9 设置背景图案

除了可通过选择【格式】/【单元格】命令对单元格格式进行设置，还能在“格式”工具栏中设置，“格式”工具栏和“单元格格式”对话框中的一些常用设置命令介绍如下。

- 设置字体格式。利用“格式”工具栏中的下拉列表框和按钮，如“字体”下拉列表框宋体、“字号”下拉列表框12、“加粗”按钮B、“倾斜”按钮I和“下划线”按钮U等，可以方便地对字体进行格式设置。
- 设置对齐方式。利用“格式”工具栏的“左对齐”按钮、“居中对齐”按钮、“右对齐”按钮和“合并及居中”按钮可快速地设置单元格数据的对齐方式。
- 设置边框。选择【格式】/【单元格】命令，在打开的“单元格格式”对话框中选择“边框”选项卡，在“预置”栏中选择单元格的边框样式，单击“边框”栏中的各个按钮可以添加或取消各个位置上的单元格边框，在“线条”栏设置边框的样式，在“颜色”下拉列表框中设置边框的颜色。
- 设置底纹。选择【格式】/【单元格】命令打开“单元格格式”对话框，单击“图案”选项卡，在“颜色”列表框设置所选单元格或单元格区域的背景颜色，在“图案”下拉列表框设置所选单元格或单元格区域的背景图案。

【知识补充】在 Excel 2003 的工作表中可以插入剪贴画、自选图形等图片。选择【插入】/【图片】命令，然后在打开的子菜单中选择命令即可插入相应的图片，其操作方法与 Word 中插入图片的操作方法相同。

5.3.2　设置工作表格式

在 Excel 2003 中提供了 17 种已经设置好的表格格式，用户可直接套用，也可只套用其中的部分格式，从而达到快速设置表格格式的目的。

【任务 4】打开“藏书表”工作薄，为表格套用格式，套用格式前后的效果对比如图 5-10 所示。

素材文件：素材文件\第 5 章\藏书表.xls
完成效果：效果文件\第 5 章\藏书表.xls

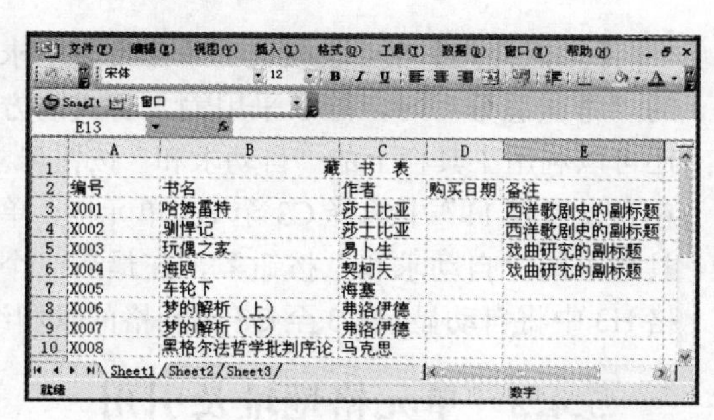

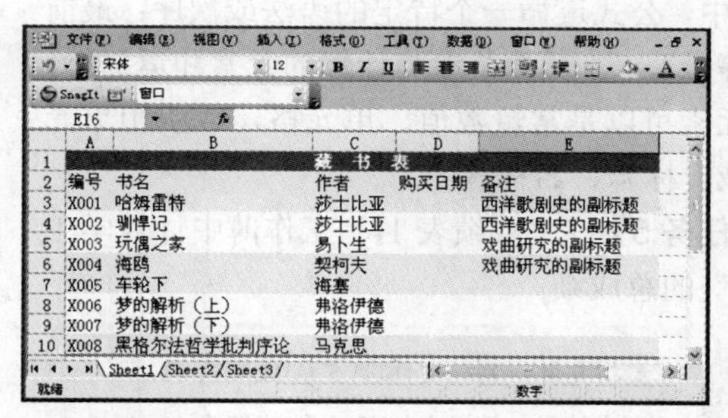

图 5-10　自动套用格式效果

Step 1　打开“藏书表”工作薄，选择 A1:E10，在菜单栏中选择【格式】/【自动套用格式】命令。

Step 2　打开“自动套用格式”对话框，在列表框中选择“序列 2”格式，然后单击 确定 按钮，完成格式的套用，如图 5-11 所示。

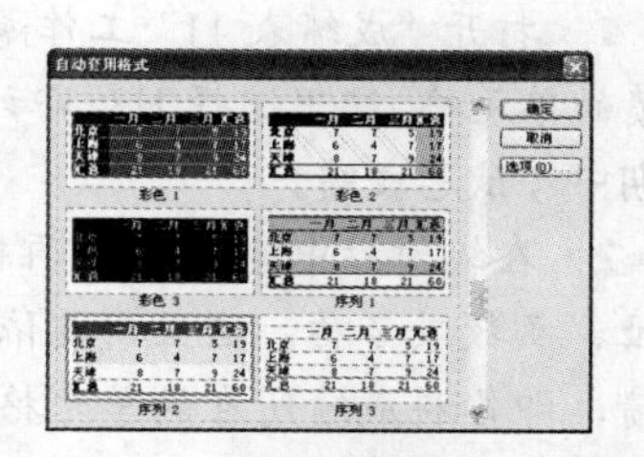

图 5-11　“自动套用格式”对话框

【知识补充】Excel 与 Word 一样，也提供了“格式刷”，选择已设置好格式的单元格或单元格区域，单击“格式”工具栏中的“格式刷”按钮，此时，鼠标指针将变为，将鼠标指针在目标区域单击或拖动鼠标即可复制格式。

如果是双击“格式刷”按钮，则可多次复制被选单元格或单元格区域中的格式，直到再次单击“格式刷”按钮或按“Esc”键退出复制格式状态。

5.4 计算与处理数据

Excel 不仅能够创建表格，并且还具有强大的数据运算、统计和分析功能。使用 Excel 对工作表中的数据进行排序和筛选，或使用公式或函数对数据进行计算，有助于用户对数据进行分析。下面介绍关于公式与函数的使用、单元格地址的引用、数据排序、筛选和分类汇总等知识。

5.4.1 使用公式

在 Excel 中使用的公式实际上就是在工作表中对数据进行加、减、乘、除等运算的等式。在 Excel 中，公式遵循一个特定的语法或次序：最前面是等号“=”，后面是参与计算的元素和运算符。每个元素可以是常量数值、单元格，或引用单元格区域、标志、名称等。

【任务 5】在“成绩表 11”工作薄中计算学生“胡凯”的总成绩。

素材文件：素材文件\第 5 章\成绩表 11.xls

完成效果：效果文件\第 5 章\成绩表 11.xls

Step 1 打开“成绩表 11”工作薄，选择要输入总成绩的单元格，这里选择 H3，即计算 xh001 号学生的期中考试总成绩。

Step 2 在编辑栏中输入“=”，再输入数值、单元格地址、函数或名称。这里需要依次输入学生各科成绩，即各科成绩所在的单元格地址。输入语文成绩的单元格地址“C3”，再输入运算符“+”，然后输入数学成绩的单元格地址“D3”，再依次输入“+E3+F3+G3”，这时单元格中出现计算公式，如图 5-12 所示。

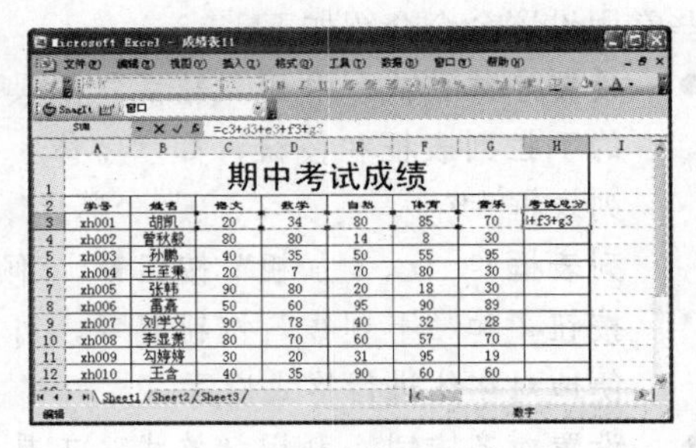

图 5-12 输入公式

Step 3 按“Enter”键，其计算结构将自动出现在单元格 H3 中，如图 5-13 所示。用同样的方法计算出其他学生的总成绩。

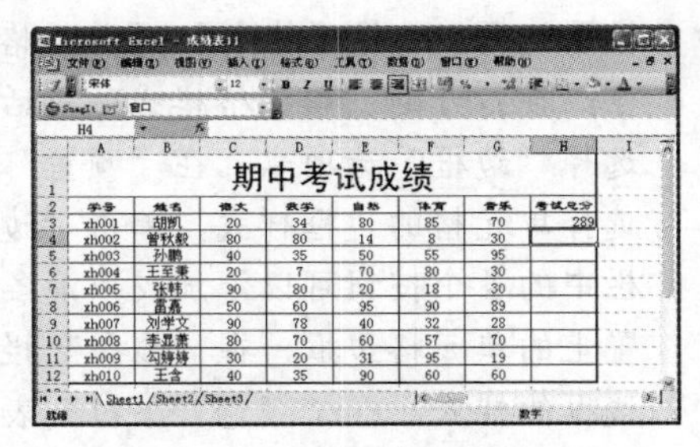

图 5-13 计算结果

【知识补充】在“成绩表 11”工作表中求学生的“考试总分”时，除了采用输入公式的方法，还可以利用工具栏上的“自动求和”按钮Σ求和，在“成绩表 11”中选择 C3 至 G3 单元格，单击工具栏中的“自动求和”按钮Σ，在最后一个单元格 H3 中将自动显示 C3 至 G3 单元格的求和结果。

5.4.2 单元格地址及引用

单元格的引用是通过引用单元格地址来实现的，在 Excel 中引用单元格地址分为相对引用、绝对引用和混合引用 3 种情况。

- 相对引用。在默认情况下，Excel 2003 使用的都是相对引用，当公式所在单元格的位置改变，引用也随之改变。例如，在任务 5 的“成绩表 11”中输入公式求得了第一个同学的总成绩，选择总成绩所在单元格 H3，将鼠标移至该单元格右下角，鼠标指针变成✚，此时按住鼠标左键往下拖动至 H12 单元格后释放鼠标，H3 单元格中的公式将复制到 H4 至 H12 单元格中，并且公式将自动变为相应行数的计算，从“=C4+D4+E4+F4+G4”至“=C12+D12+E12+F12+G12”，并自动计算出结果，如图 5-14 所示。

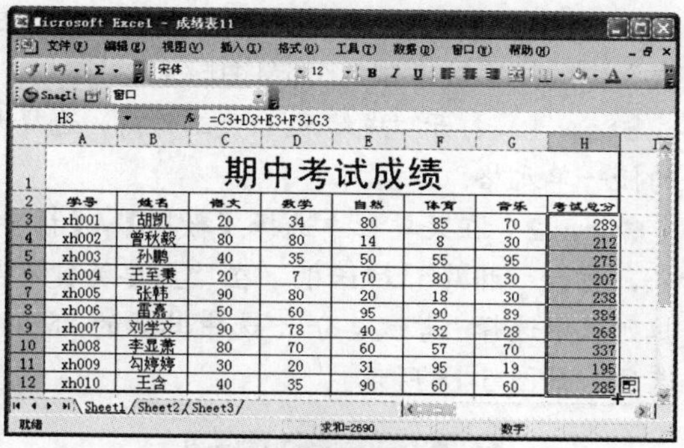

图 5-14　公式的相对引用

- 绝对引用。绝对引用是指将公式复制到另外位置后，公式中的单元格地址固定不变，与包含公式的单元格位置无关，在列号行标前面添加美元符号“$”，采用的形式是“$A$1”。如相对引用公式“=D2+E2+F2+G2”，则绝对引用的形式为“=$D$2+$E$2+$F$2+$G$2”。
- 混合引用。是指在一个单元格地址中，既有绝对引用又有相对引用。例如，单元格地址“$A5”表示“列”不发生变化，而“行”会随着新的复制位置的改变而改变。同样道理，单元格地址“A$5”表示“行”不发生变化，而“列”会随着新的复制位置的改变而改变。

在单元格引用过程中，会出现冒号、逗号等运算符，不同运算符代表不同的含义。

- 冒号（:）。表示一个单元格区域。例如，B2:B8 表示 B2 到 B8 的所有单元格，包括 B2、B3、B4、B5、B6、B7 和 B8。
- 逗号（,）。可以将两个单元格引用组合起来，常用于表示一系列不连续的单元格。例如“A1:B2，H10”表示 A1、A2、B1、B2 和 H10 单元格区域。

5.4.3　常用函数的使用

函数是 Excel 中一些预定的公式，可以方便和简化公式的使用。函数一般包括 3 个部分，等号、函数名和参数，其中参数可以是常量、数字、文本、逻辑值、数据或单元格引用等，如“=SUM（A1:E8）”，此函数表示对单元格区域 A1:E8 内所有数据求和。选择【插入】/【函数】命令或单击数据编辑区中的“插入函数”按钮 fx，在打开的“插入函数”对话框选择所需函数进行插入即可。

Excel 提供了很多函数，包括财务、日期与时间、数学与三角函数、统计以及查找与引用等分类，每个分类中又包含了许多函数，表 5-1 所示一些常用函数的简单介绍。

表 5-1　常用函数列举

函数类型	书写格式	功能简介
SUM：求和函数	SUM（number1，number2，…）	计算单元格区域中所有数值的和
AVERAGE：求平均值函数	AVERAGE（number1，number2，…）	返回所有参数的算术平均值，其参数值可以是数值、数组或引用等
MAX：求最大值函数	MAX（number1，number2，…）	返回一组数值中的最大值，忽略逻辑值和文本
MIN：求最小值函数	MIN（number1，number2，…）	返回一组数值中的最小值，忽略逻辑值和文本
IF：求逻辑值函数	IF（Logical_test，value_if_true，value_if_false）	根据条件的真或假，返回不同的值
COUNT：计数函数	COUNT（value1，value2，…）	计算单元格区域中包含数字的单元格个数

【任务 6】在“成绩表 11”中，计算各科的平均分，结果如图 5-15 所示。

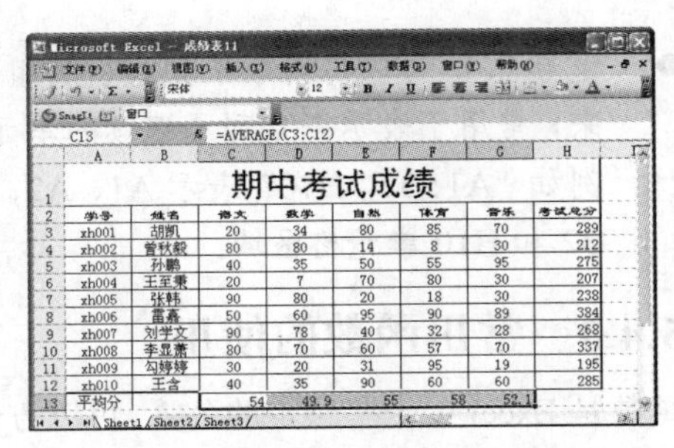

图 5-15 计算各科平均分

Step 1 打开“成绩表 11”工作薄，在 A13 单元格中输入“平均分”，选择 C13 单元格，选择【插入】/【函数】命令。

Step 2 打开“插入函数”对话框，在“选择函数”列表框中选择求平均值的函数“AVERAGE”，单击 确定 按钮，如图 5-16 所示。

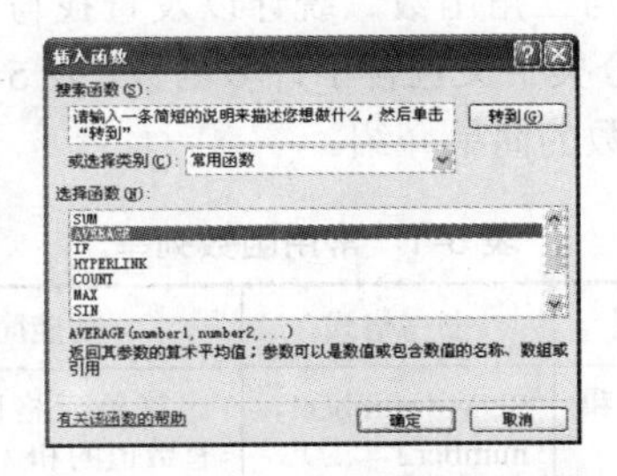

图 5-16 “插入函数”对话框

Step 3 打开“函数参数”对话框，在“Number1”框中输入要求平均值的单元格区域 C3:C12，如图 5-17 所示。然后单击 确定 按钮，平均分将自动出现在 C13 单元格中。

图 5-17 “函数参数”对话框

Step 4 通过相对引用将该函数复制到 13 行的其他单元格，求出其他科目的平均分。

5.4.4 数据的排序

在 Excel 中，数据的排序是指根据存储在表格中的数据种类，将其按一定的方式进行重新排列，这种排序是统计工作中经常涉及的一项工作。常用的数据排序方式有升序和降序两种，其操作方法非常简单，只需选择要进行排序的数据序列，然后在工具栏中单击“升序”按钮或“降序”按钮，或选择【数据】/【排序】命令，在打开的“排序”对话框中进行排序。

【任务 7】打开“成绩表 11”工作薄，将“成绩表”中的排序按考试总分降序排列。

Step 1 打开“成绩表 11”工作薄，选择其中的任一单元格。

Step 2 在菜单栏中选择【数据】/【排序】命令，打开“排序”对话框，在“主要关键字”下拉列表中选择“考试总分”，选中其后的“降序”单选项，如图 5-18 所示。

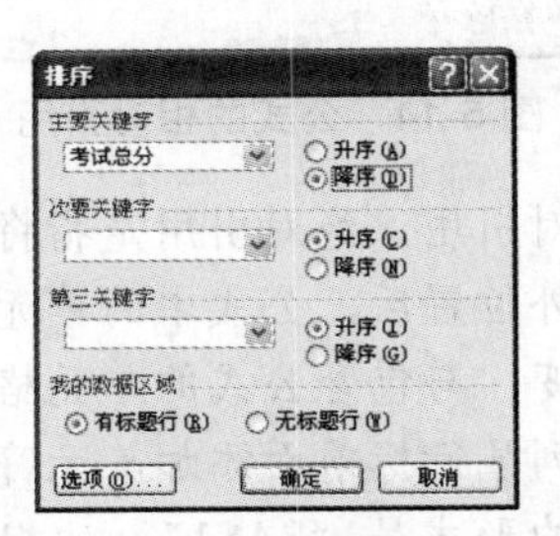

图 5-18 设置排序条件

Step 3 选中下面的“有标题行”单选项，此操作是为了保证表格的标题不参与排序。

Step 4 单击 确定 按钮，数据将按所设置的条件进行重新排序，如图 5-19 所示。

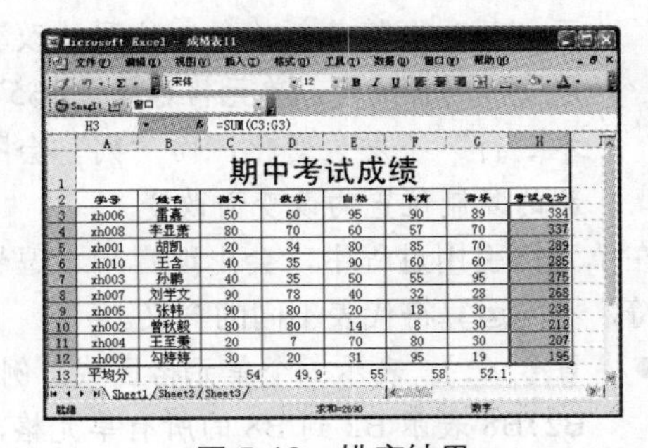

图 5-19 排序结果

5.4.5 数据的筛选

数据筛选功能可以在表格中选择性地显示数据，把不需要的数据隐藏起来，只显示符合设置条件的数据。

1. 自动筛选

【任务8】在“成绩表11”工作薄中筛选数学成绩在60至80分的学生。

Step 1 打开“成绩表11”工作薄，选择其中的任一单元格。

Step 2 选择【数据】/【筛选】/【自动筛选】命令，表格中各字段名称的右侧出现▾按钮。

Step 3 单击“数学”右侧的▾按钮，在弹出的下拉列表中选择“自定义”选项。

Step 4 打开“自定义自动筛选方式”对话框，将“数学”一栏下的下拉列表选择“大于或等于”，在其右边的文本框中输入“60”，选中“与”单选项，在下面的下拉列表框中选择“小于或等于”，在右边的文本框中输入“80”，单击 确定 按钮，如图5-20所示。

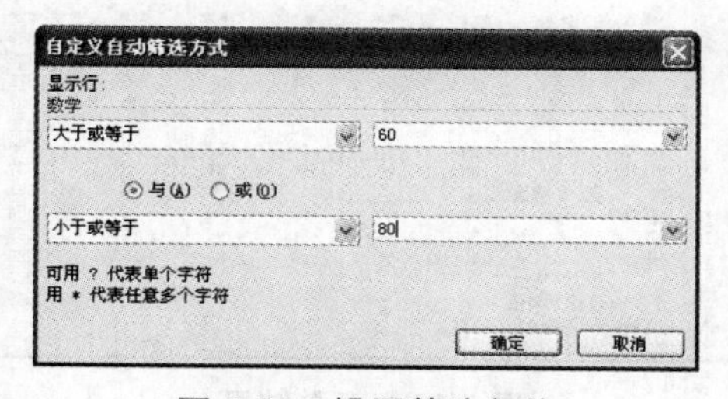

图5-20 设置筛选条件

Step 5 筛选结果如图5-21所示，其中符合条件的标记显示为蓝色。

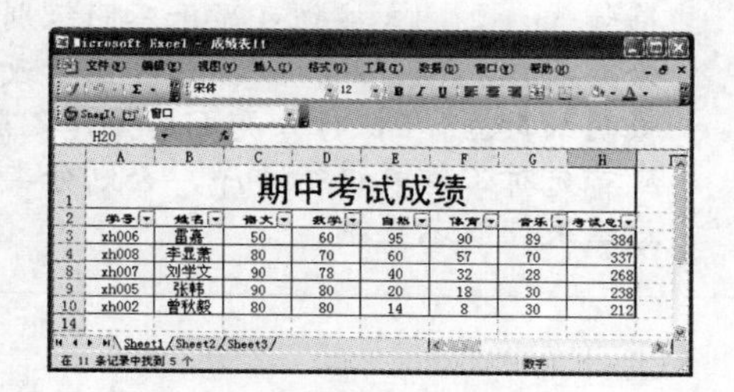

图5-21 筛选结果

提示：若要取消数据筛选，只需再次选择【数据】/【筛选】/【自动筛选】命令，工作表即可恢复筛选前的状态。

2. 高级筛选

高级筛选是比较有用的功能，特别是针对复杂条件的筛选。使用高级筛选的一般办法是在空白单元格中输入筛选的条件，然后在“高级筛选”对话框中的“条件区域”文本框中输入筛选条件所在的单元格地址，在“复制到”文本框中输入筛选后数据放置的单元格地址。

【任务9】使用高级筛选，将“成绩表11”工作薄中体育成绩大于80分的同学筛选出来。

Step 1 打开“成绩表11”工作薄，在B15和B16中输入图5-22所示的筛选条件。

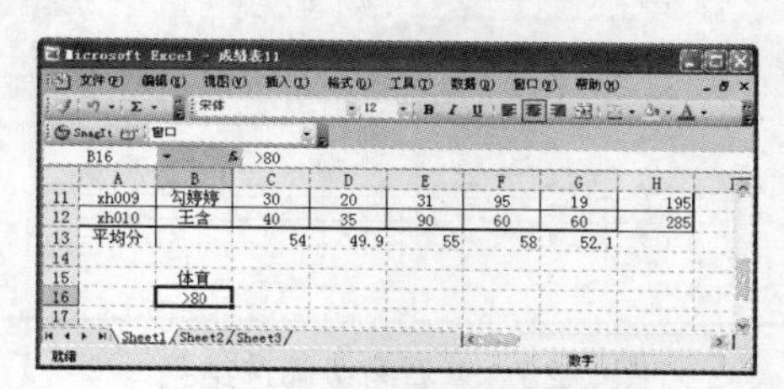

图5-22 输入筛选条件

Step 2 单击“成绩表11”工作薄学生成绩中的任一单元格，选择【数据】/【筛选】/【高级筛选】命令，打开“高级筛选”对话框，这时在“列表区域”文本框中显示整个成绩表的区域。

Step 3 选中“将筛选结果复制到其他位置”单选项，单击“条件区域”右侧的“收缩”按钮，此时“高级筛选”对话框呈收缩状态，如图5-23所示，在工作表中拖动鼠标选择B15:B16单元格区域，然后单击“展开”按钮。

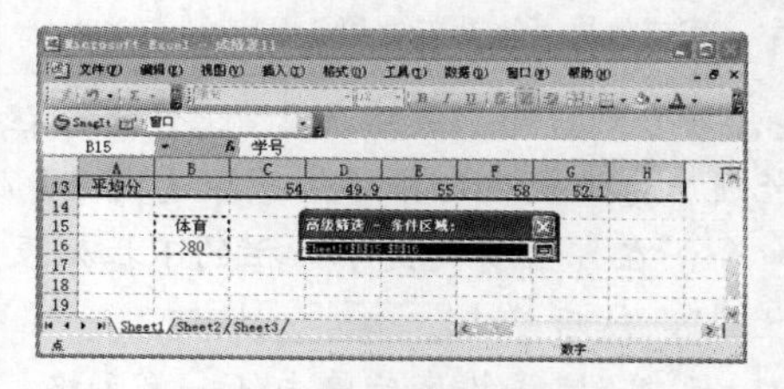

图5-23 单击“收缩”按钮

Step 4 返回“高级筛选”对话框，单击“复制到”右侧的“收缩”按钮，在工作表中拖动鼠标选择复制到的位置，然后单击“展开”按钮，如图 5-24 所示。

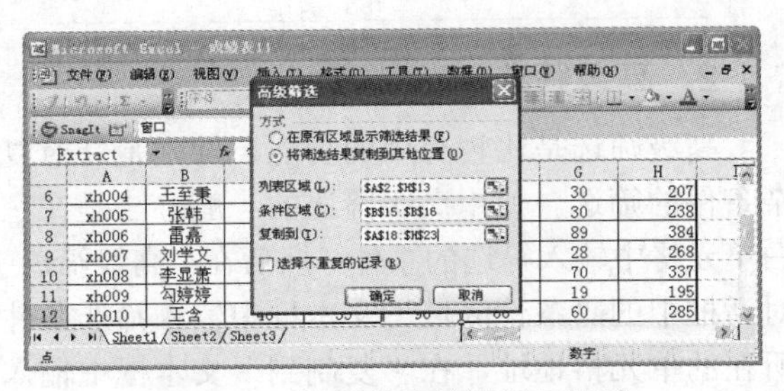

图 5-24 设置筛选结果显示区域

Step 5 单击 确定 按钮，完成筛选，如图 5-25 所示。

图 5-25 查看高级筛选结果

5.4.6 数据的分类汇总

利用 Excel 的分类汇总功能可以更好地掌握数据所显示的信息，在对数据进行分类汇总时，还可对汇总的数据进行求和等统计。常用的分类汇总方式有求和、平均值、最大值以及最小值等。

【任务 10】打开“成绩表 2”工作薄，对表格中男女学生的考试总成绩做分类汇总。

素材文件：素材文件\第 5 章\成绩表 2.xls

完成效果：效果文件\第 5 章\成绩表 2.xls

Step 1 打开“成绩表 2”工作薄，在其中按“性别”对学生进行排序，选择【数据】/【排序】命令，在“主要关键字”栏的下拉列表中选择“性别”，然后单击 确定 按钮。

Step 2 完成排序后单击任一单元格，选择【数据】/【分类汇总】命令。

Step 3 打开“分类汇总”对话框，在“分类汇总”对话框的“分类字段”下选择“性别”，在“汇总方式”下选择“平均值”，在“选定汇总项”中选择要汇总的选项，这里选中“考试总分”复选框，然后单击 确定 按钮，如图 5-26 所示。

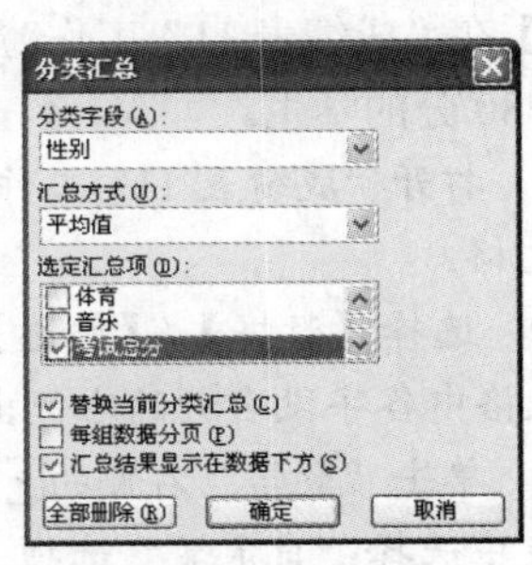

图 5-26 设置汇总条件

Step 4 分类汇总后的结果如图 5-27 所示。

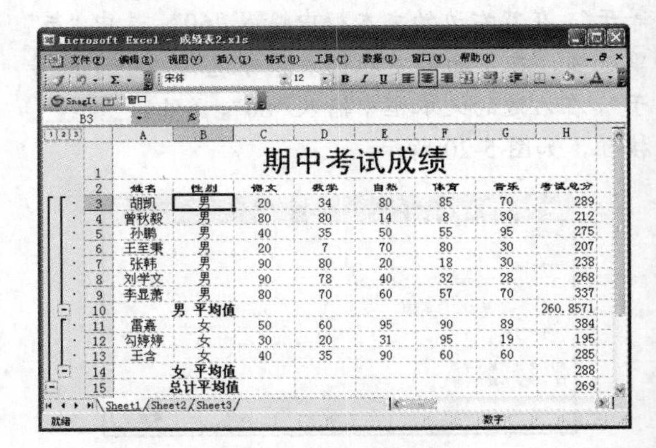

图 5-27 汇总结果

提示：单击分类汇总中的分级显示符号 1、2、3 按钮可显示不同级别的分类汇总，单击 + 和 - 按钮可显示或隐藏明细数据。在执行分类汇总操作之前，应首先对工作表进行排序，否则分类汇总结果可能不正确。

5.5 创建和编辑图表

Excel 2003 工作表中的图表功能能够使各类数据之间的关系一目了然，方便用户对数据进行收集、分析和总结。其中常用的图表类型包括柱形图、折线图、饼图、面积图以及散点图 5 种，各种图表的功能和使用方法简单介绍如下。

- 柱形图。主要用于比较相交于类别轴上的各组数值的大小。在柱形图中，通常沿水平轴显示类别，而沿垂直轴显示数值。
- 折线图。主要用于显示随时间而变化的连续数据，因此，非常适用于显示在相等时间间隔下的数据变化超势，如图 5-28 所示。

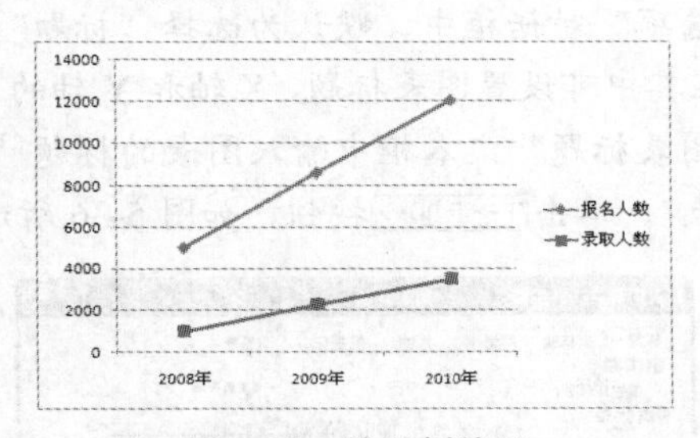

图 5-28　使用折线图

- 饼图。主要用于显示工作表中某一行或某一列中的数据。当只需显示一个数据系列，并且所绘制的数值没有负值、零值和类别数目不超过 7 个时，可以使用饼图，如图 5-29 所示。

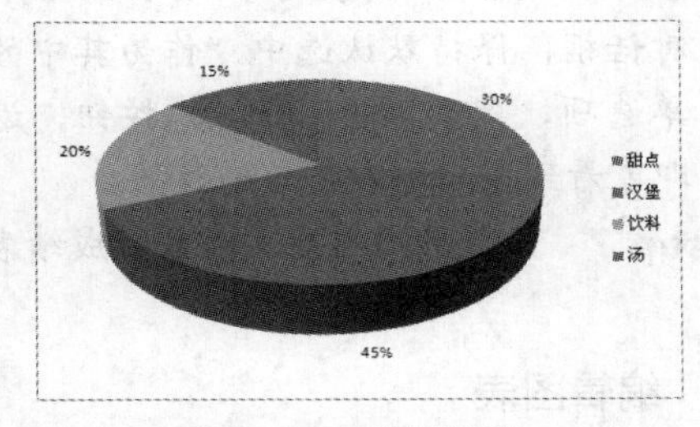

图 5-29　使用饼图

- 面积图。主要用于强调某一段时间内，数据随时间而变化的差异程序，如图 5-30 所示。

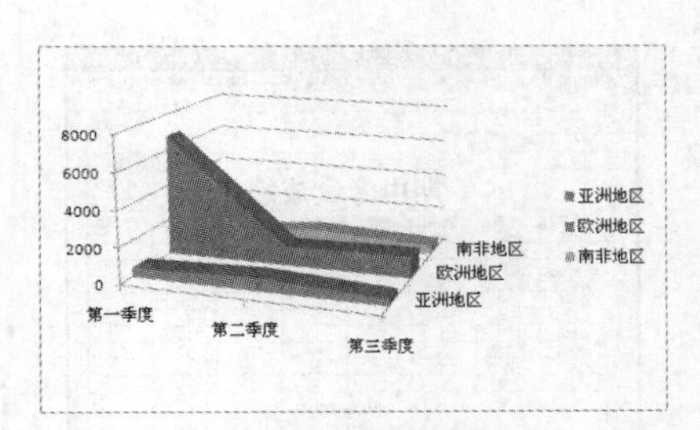

图 5-30　使用面积图

- 散点图。主要用于比较成对的数据值。它是由一系列的点或线组成，在组织数据时，一般将 X 值置于一行或一列中，而将 Y 值置于相邻的行或列中，如图 5-31 所示。

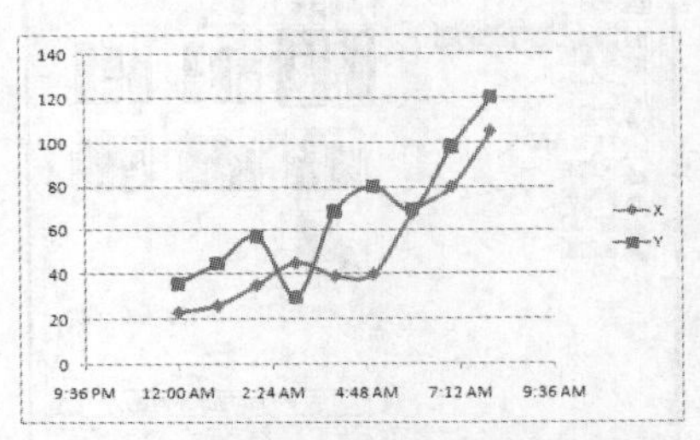

图 5-31　使用散点图

1. 创建图表

单击“常用”工具栏中的“图表向导”按钮或选择【插入】/【图表】命令均可打开“图表向导”对话框。

【任务 11】打开“成绩表 2”工作薄，插入柱形图表，其效果如图 5-32 所示。

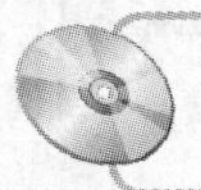

素材文件：素材文件\第 5 章\成绩表 2.xls
完成效果：效果文件\第 5 章\成绩表.xls

Step 1　打开“成绩表 2”工作薄，在表格中选择 B2:G12 单元格区域，单击工具栏上的“图表向导”按钮，打开“图表向导-4 步骤之 1-图表类型”对话框。

Step 2　在“标准类型”选项卡中选择“柱形图”，在右侧的“子图表类型”列表框中选择“簇状柱形图”，然后单击 下一步(N) > 按钮，如图 5-33 所示。

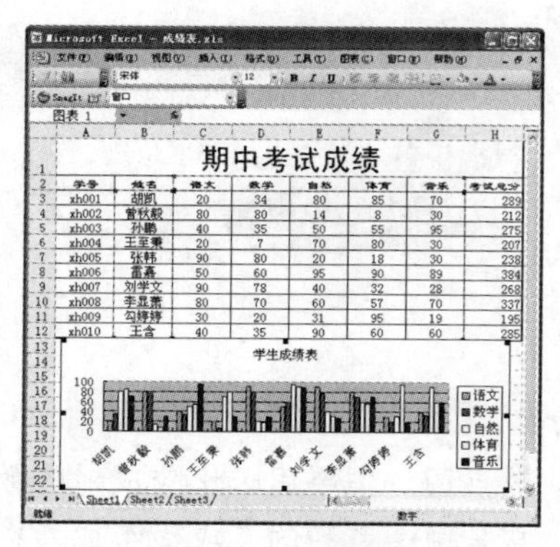

学号	姓名	语文	数学	自然	体育	音乐	考试总分
xh001	胡凯	20	34	80	85	70	289
xh002	曾秋毅	80	80	14	8	30	212
xh003	孙鹏	40	35	50	55	95	275
xh004	王至秉	20	7	70	80	30	207
xh005	张韩	90	80	20	18	30	238
xh006	雷嘉	50	60	95	90	89	384
xh007	刘学文	90	78	40	32	28	268
xh008	李昱萧	80	70	60	57	70	337
xh009	勾婷婷	30	20	31	95	19	195
xh010	王含	40	35	90	60	60	285

图 5-32　学生成绩柱形图表

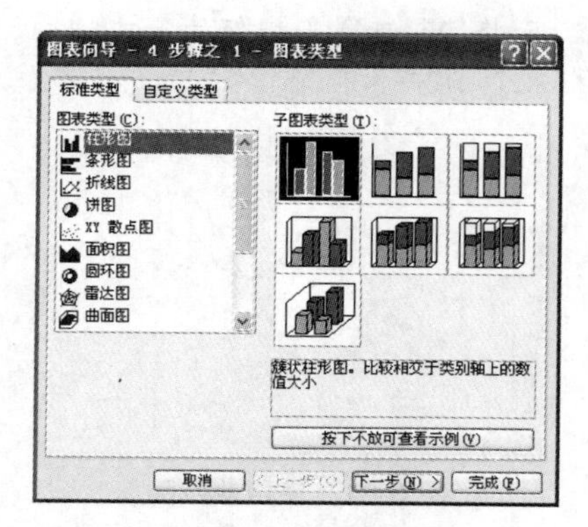

图 5-33　使用柱形图

Step 3　打开“源数据”对话框，在“数据区域”选项卡中设置图标显示的数据范围，单击按钮，最小化对话框，在工作表中选择 B2:G12 单元格区域，如图 5-34 所示。

Microsoft Excel - 成绩表 2

B2　姓名

图表向导 - 4 步骤之 2 - 图表源数据 - 数据区域:

=Sheet1!$B$2:$G$12

期中考试成绩

学号	姓名	语文	数学	自然	体育	音乐	考试总分
xh001	胡凯	20	34	80	85	70	289
xh002	曾秋毅	80	80	14	8	30	212
xh003	[illegible]	[illegible]	[illegible]	[illegible]	[illegible]	[illegible]	275
xh004	[illegible]	[illegible]	[illegible]	[illegible]	[illegible]	[illegible]	207
xh005	张韩	90	80	20	18	30	238
xh006	雷嘉	50	60	95	90	89	384
xh007	刘学文	90	78	40	32	28	268
xh008	李昱萧	80	70	60	57	70	337
xh009	勾婷婷	30	20	31	95	19	195
xh010	王含	40	35	90	60	60	285

Sheet1 / Sheet2 / Sheet3

求和=2690　数字

图 5-34　选择单元格区域

Step 4　单击按钮返回到“源数据”对话框，其他选项保持默认，单击下一步(N) >按钮，如图 5-35 所示。

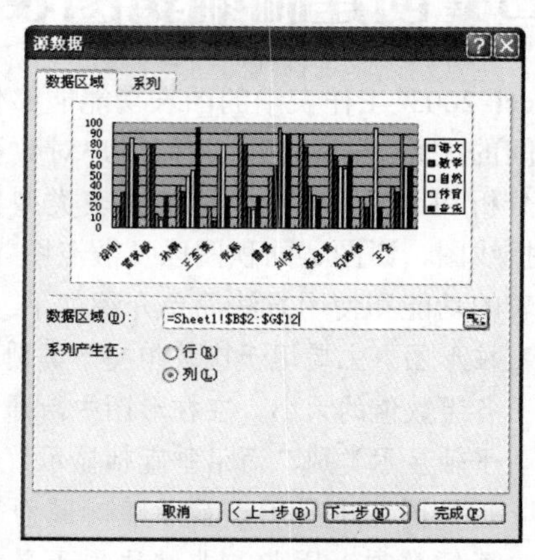

图 5-35　保持默认

Step 5　在打开的“图表向导-4 步骤之 3-图表选项”对话框中，默认为选择“标题”选项卡，在其中可设置图表标题、X 轴和 Y 轴的名称，在“图表标题”文本框中输入图表的标题“学生成绩表”，单击下一步(N) >按钮，如图 5-36 所示。

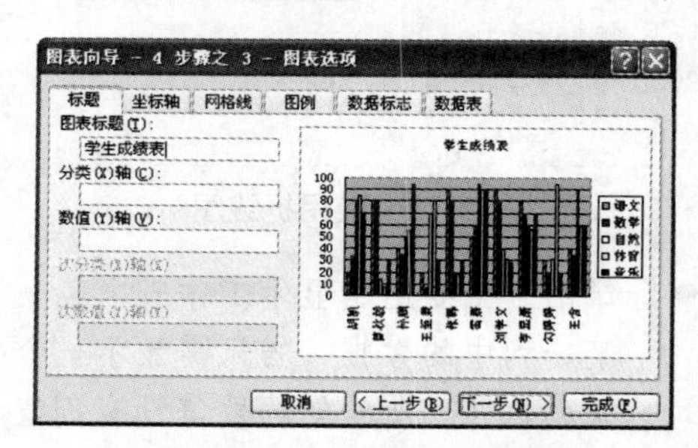

图 5-36　输入“学生成绩表”

Step 6　打开“图表向导-4 步骤之 4-图表位置”对话框，保持默认选中“作为其中的对象插入”单选项，然后单击完成(F)按钮，返回工作簿中即可看到创建图表之后的效果。

Step 7　设置完成后将文档以“成绩表”为名另存。

2. 编辑图表

对于创建好的图表，用户还可更改图表类型或对图表中的数据进行更新，创建的图表与单元格中的数据是动态链接的，因此当修改单元格的数据时，图表中的图形会同步发生变化，修改图

表中的数据区域时，单元格中的数据也会同步发生变化。

【任务 12】将"成绩表"中的"柱形图"更改为"簇状条形图"。

Step 1　打开任务11中保存的表格文件，将鼠标移到图表右下角的控制点上，当鼠标指针变成↖时，拖动鼠标将其调整到合适的大小。将鼠标指针移动到图表上，当鼠标指针变成✥时，将图表拖动到表格的下方后释放鼠标。

Step 2　选择图表，在图表上单击鼠标右键，在弹出的快捷菜单中选择"图表类型"命令。

Step 3　打开"图表类型"对话框，在"图表类型"列表框中选择"条形图"选项，在"子图表类型"列表框中选择"簇状条形图"图表类型，单击[确定]按钮，如图5-37所示。

图5-37　更改类型

Step 4　返回工作簿即可查看更改后的效果，如图5-38所示。

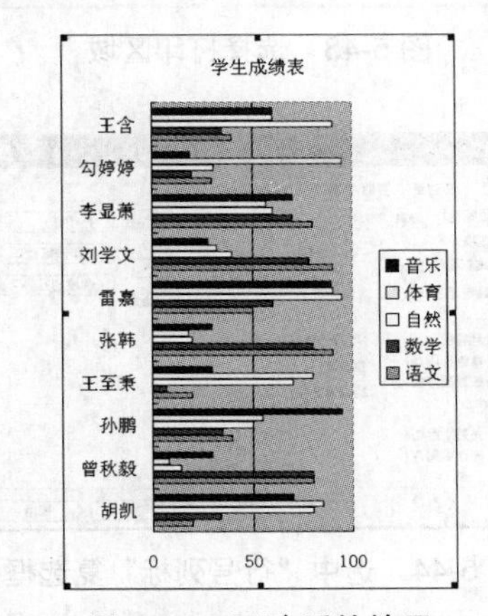

图5-38　更改后的效果

3. 美化图表

在Excel 2003中，用户可以通过对图表进行美化操作，使图表更加美观、数据更加直观。

【任务 13】对"成绩表"中的图表进行美化操作。

Step 1　选择图表，在图表中单击鼠标右键，在弹出的快捷菜单中选择"图表区格式"命令，在打开的"图表区格式"对话框中的"图案"选项卡中单击[填充效果(I)...]按钮。

Step 2　在打开的"填充效果"对话框中单击"纹理"选项卡，在"纹理"栏下的列表框中选择"信纸"选项，如图5-39所示，单击[确定]按钮。

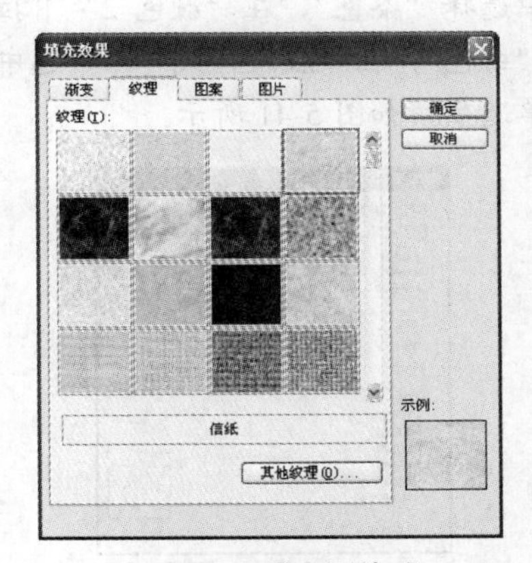

图5-39　图表区格式

Step 3　选择图表的绘图区，单击鼠标右键，在弹出的快捷菜单中选择"绘图区格式"命令，在打开的"绘图区格式"对话框的"区域"栏选择"白色"选项，单击[确定]按钮。

Step 4　在图表中学生姓名区域单击鼠标右键，在弹出的快捷菜单中选择"坐标轴格式"命令，打开"坐标轴格式"对话框。单击"字体"选项卡，在"颜色"下拉列表框中选择"深蓝"选项，在"字形"栏中选择"加粗"，如图5-40所示，然后单击[确定]按钮。

Step 5　用相同的方法，将图表标题中的文本以及图表中分数区域字体的颜色也设置为"深蓝色"，并"加粗"。

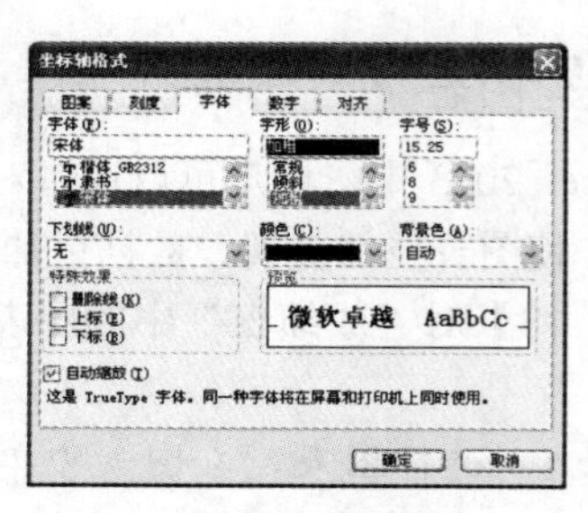

图 5-40　坐标轴格式

Step 6　双击图表右侧的图例区域，打开“图例格式”对话框，单击“图案”选项卡，单击 填充效果(I)... 按钮。

Step 7　在打开的“填充效果”对话框的“颜色”栏下选中“双色”单选项，在“颜色 1”下拉列表框中选择“茶色”，在“颜色 2”下拉列表框中选择“白色”，在“底纹样式”栏下选中“角部辐射”单选项，如图 5-41 所示。

图 5-41　图例格式

Step 8　单击 确定 按钮返回“图例格式”对话框中，再次单击 确定 按钮返回工作簿中，可以查看到图表设置后的最终效果如图 5-42 所示，完成后保存表格。

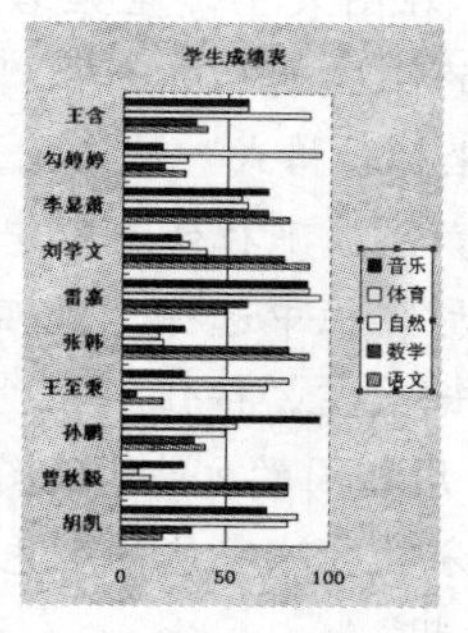

图 5-42　效果

5.6 打印电子表格

设计好的表格可以打印出来，便于存档或查看。

5.6.1　设置打印区域

打印 Excel 中的工作表与打印 Word 中的文档不同，不仅可以打印整张工作表，还可以打印工作表中指定的区域。

【任务 14】设置“成绩表”电子表格中的打印区域，只打印“成绩表”中的表格内容。

Step 1　打开光盘效果文件中的“成绩表”电子表格，选择【文件】/【页面设置】命令。在“页面设置”对话框中选择“工作表”选项卡，单击“打印区域”文本框右侧的收缩按钮，对话框收缩。

Step 2　在表格中选择 A1:H12 区域，如图 5-43 所示，然后单击“页面设置-打印区域”对话框右侧的展开按钮，在“页面设置”对话框中选中“行号列标”复选框，如图 5-44 所示。

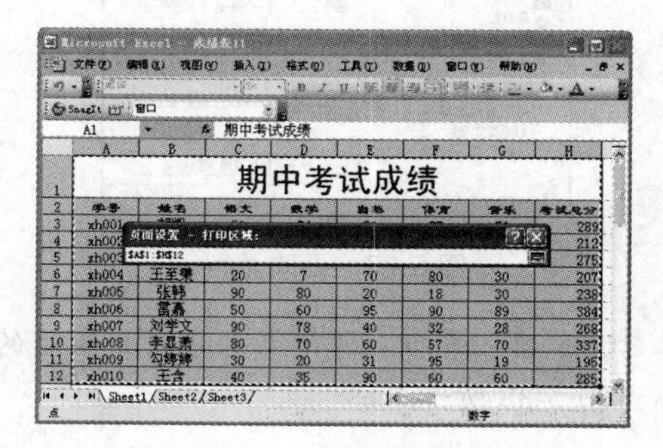

图 5-43　选择打印区域

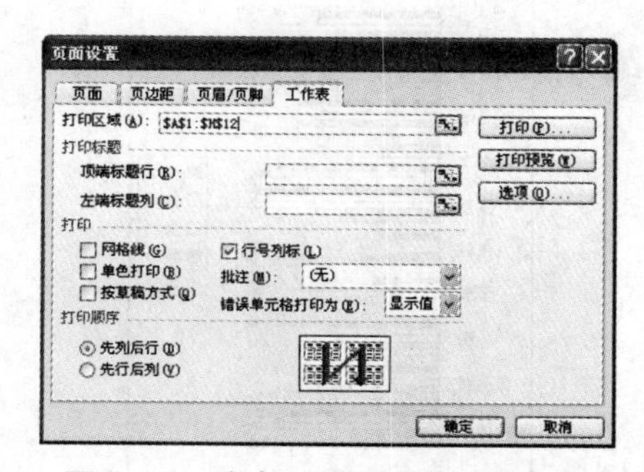

图 5-44　选中“行号列标”复选框

5.6.2　打印设置与输出表格

打印 Excel 电子表格内容时，为了使打印出的页面整洁美观，需要对打印的纸张大小、页边距、页眉/页脚等进行设置。同设置打印区域一样，可以在“页面设置”对话框中进行。

【任务 15】对“成绩表 11”进行打印设置并预览效果，如图 5-45 所示。

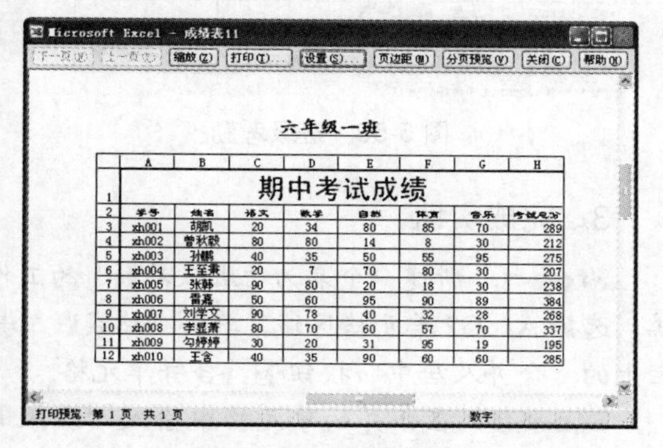

	A	B	C	D	E	F	G	H
1	期中考试成绩							
2	学号	姓名	语文	数学	自然	体育	音乐	考试总分
3	xh001	胡凯	20	34	80	85	70	289
4	xh002	曾秋毅	80	80	14	8	30	212
5	xh003	孙鹏	40	35	50	55	95	275
6	xh004	王至秉	20	7	70	80	30	207
7	xh005	张韩	90	80	20	18	30	238
8	xh006	雷嘉	50	60	95	90	89	384
9	xh007	刘学文	90	78	40	32	28	268
10	xh008	李显萧	80	70	60	57	70	337
11	xh009	勾婷婷	30	20	31	95	19	195
12	xh010	王含	40	35	90	60	60	285

图 5-45　打印预览

Step 1　打开光盘效果文件中的“成绩表 11”电子表格，在“成绩表 11”的工作表中选择【文件】/【页面设置】命令，打开“页面设置”对话框。

Step 2　单击“页面”选项卡，在“缩放”栏中选中“缩放比例”单选项，在其右侧的数据框中输入“80”，在“纸张大小”下拉列表框中选择“A4”选项，在“打印质量”下拉列表框中选择“600 点/英寸”选项，如图 5-46 所示。

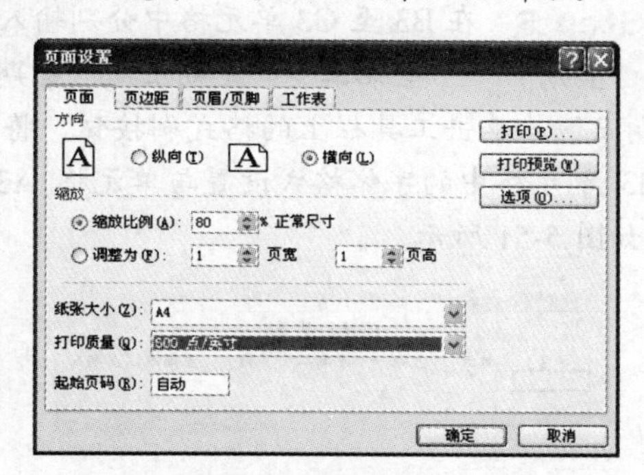

图 5-46　设置页面

Step 3　切换至“页边距”选项卡，在“上”和“页眉”数值框中分别输入“2.5”和“1.3”，在“居中方式”栏中选择“水平”复选框，如图 5-47 所示。

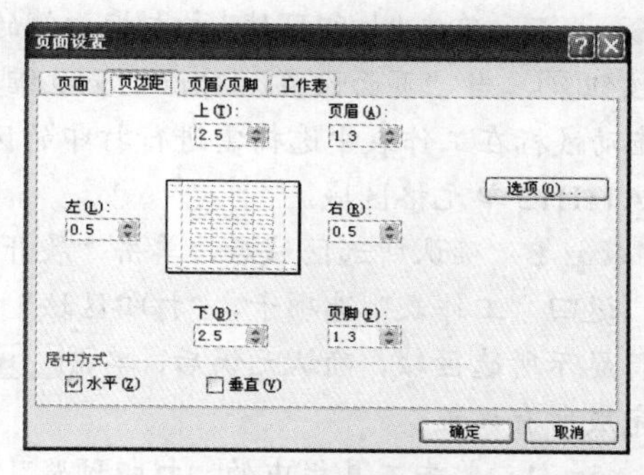

图 5-47　设置上边距和页眉

Step 4　切换至“页眉/页脚”选项卡，单击其中的 自定义页眉(C)... 按钮，打开“页眉”对话框，然后将光标插入点定位到“页眉”选项卡的“中”栏中，并输入文本“六年级一班”，如图 5-48 所示。

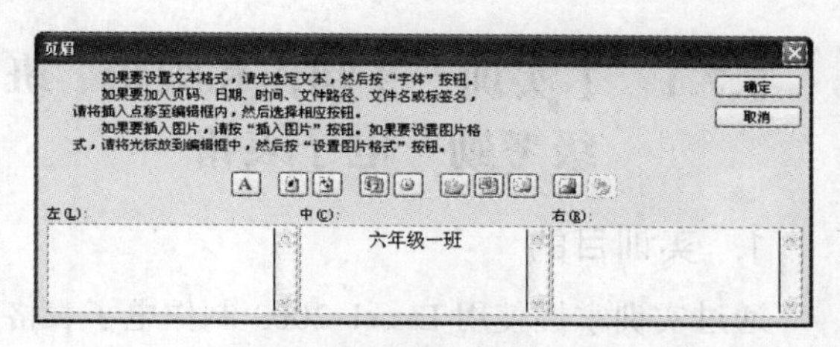

图 5-48　自定义页眉

Step 5　拖动鼠标选择输入的文本，然后单击“格式文本”按钮 A，在打开的“字体”对话框中将所选文本格式设置为“楷体，加粗，20”，最后单击 确定 按钮返回“页面设置”对话框，如图 5-49 所示。

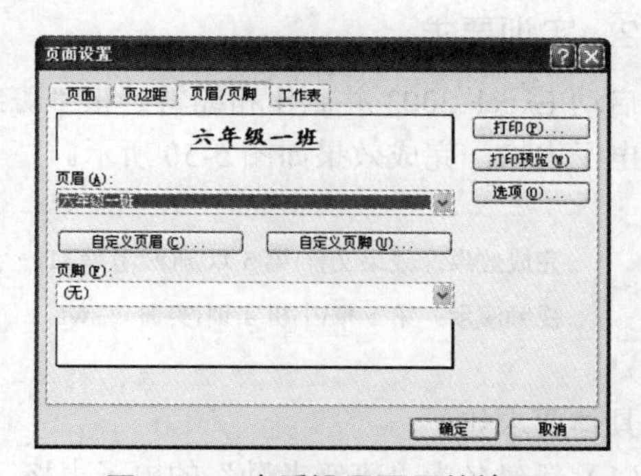

图 5-49　查看设置页眉的效果

Step 6　此时，“页眉/页脚”选项卡中的“页

眉”下拉列表框中显示设置后的文本。切换至“工作表”选项卡。

Step 7 单击“打印区域”文本框右侧的“收缩”按钮，当“页面设置”对话框呈收缩状态时，拖动鼠标在工作表中选择需进行打印的区域，选择 A1:H12 单元格区域。

Step 8 确认所选区域后，单击“展开”按钮，返回“工作表”选项卡，“打印区域”文本框中将显示所选区域，确认无误后，单击 确定 按钮完成所有设置。

Step 9 单击工具栏中的“打印预览”按钮可对选定的打印区域进行预览。

5.7 上机实训

5.7.1 【实训一】制作和编辑“班级考勤”电子表格

1. 实训目的

通过实训掌握使用 Excel 2003 制作电子表格的方法。

具体的实训目的如下。

- 熟悉 Excel 2003 工作界面。
- 深入掌握 Excel 2003 输入数据与计算数据的方法。
- 熟悉 Excel 2003 图表的编辑方法。

2. 实训要求

启动 Excel 2003 并制作和编辑一张“班级考勤”电子表格，完成效果如图 5-50 所示。

完成效果：效果文件\第 5 章\班级考勤.xls

视频演示：第 5 章\上机实训\实训一.swf

具体要求如下。

（1）新建名为“班级考勤”的电子表格。

（2）在“班级考勤”电子表格中输入学生的姓名、学号以及考勤情况。

（3）对缺勤、迟到或早退的学生予以标记。

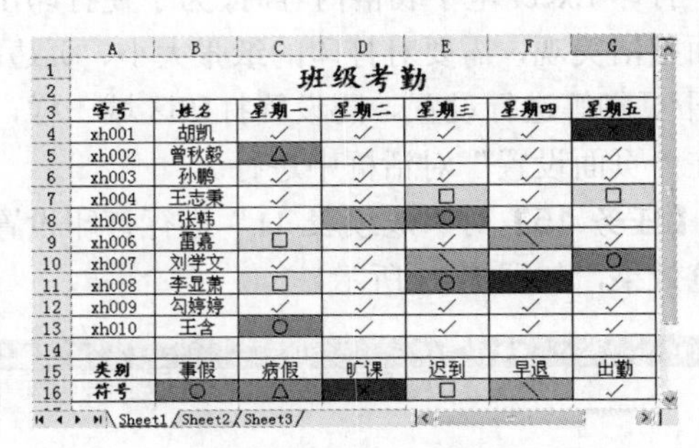

班级考勤

学号	姓名	星期一	星期二	星期三	星期四	星期五
xh001	胡凯	✓	✓	✓	✓	×
xh002	曾秋毅	△	✓	✓	✓	✓
xh003	孙鹏	✓	✓	✓	✓	✓
xh004	王志秉	✓	✓	□	✓	□
xh005	张韩	✓	＼	○	✓	✓
xh006	雷嘉	□	✓	✓	＼	✓
xh007	刘学文	✓	✓	＼	✓	○
xh008	李显萧	□	✓	○	×	✓
xh009	勾婷婷	✓	✓	✓	✓	✓
xh010	王含	○	✓	✓	✓	✓
类别	事假	病假	旷课	迟到	早退	出勤
符号	○	△	×	□	＼	✓

图 5-50 班级考勤

3. 完成实训

Step 1 新建一个名为“班级考勤”的工作簿，选择 A1:G2 单元格区域，单击“格式”工具栏上的“合并及居中”按钮，合并单元格。

Step 2 在合并的单元格中输入“班级考勤”文本，选择【格式】/【单元格】命令，在打开的“单元格格式”对话框中选择“字体”选项卡，设置字体为“楷体，加粗，20”，单击 确定 按钮，退出“单元格格式”对话框。

Step 3 选择 A3 单元格，输入“学号”，然后选择【格式】/【单元格】命令，在打开的“单元格格式”对话框中选择“对齐”选项卡，在“水平对齐”下拉列表中选择“居中”。

Step 4 选择“字体”选项卡，设置字体为“楷体，加粗”，然后单击 确定 按钮。

Step 5 在 B3 至 G3 单元格中分别输入“姓名”“星期一”“星期二”“星期三”“星期四”“星期五”，单击工具栏上的格式刷按钮，将 B3 至 G3 单元格中的字体格式设置与单元格 A3 一致，如图 5-51 所示。

班级考勤

学号	姓名	星期一	星期二	星期三	星期四	星期五

图 5-51 输入文本

Step 6　在 A4 单元格中输入“xh001”，选择【格式】/【单元格】命令，在“单元格格式”对话框中选择“对齐”选项卡，在“水平对齐”下拉列表中选择“居中”，单击 确定 按钮，退出“单元格格式”对话框。

Step 7　将鼠标放置在 A4 单元格右下角，当鼠标变为+时，按住鼠标左键往下拖动至 A13 单元格，在 B4 至 B13 单元格中依次输入姓名，如图 5-52 所示。

班级考勤

学号	姓名	星期一	星期二	星期三	星期四	星期五
xh001	胡凯					
xh002	曾秋毅					
xh003	孙鹏					
xh004	王志秉					
xh005	张韩					
xh006	雷嘉					
xh007	刘学文					
xh008	李显萧					
xh009	勾婷婷					
xh010	王含					

图 5-52　输入姓名和学号

Step 8　在 A15 和 A16 单元格中输入“类别”和“符号”，其格式与 A3 单元格的格式一致，在 B15 至 G15 单元格中依次输入“事假”“病假”“旷课”“迟到”“早退”“出勤”，其格式与 A4 单元格的格式一致，如图 5-53 所示。

班级考勤

学号	姓名	星期一	星期二	星期三	星期四	星期五
xh001	胡凯					
xh002	曾秋毅					
xh003	孙鹏					
xh004	王志秉					
xh005	张韩					
xh006	雷嘉					
xh007	刘学文					
xh008	李显萧					
xh009	勾婷婷					
xh010	王含					
类别	事假	病假	旷课	迟到	早退	出勤
符号						

图 5-53　输入文本

Step 9　选择 B16 单元格，选择【插入】/【特殊符号】命令，打开“插入特殊符号”对话框，在“特殊符号”选项卡中选择图 5-54 所示的圆形，然后单击 确定 按钮，并将其单元格格式设置为居中，然后在 C16 至 G16 单元格中分别输入“类别”中各项的代表符号，如图 5-55 所示。

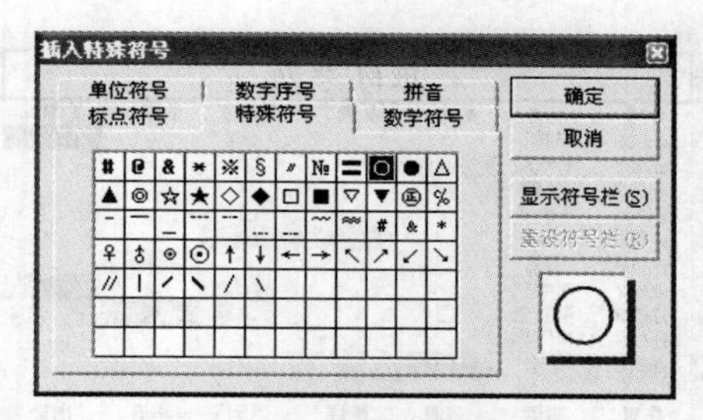

图 5-54　输入特殊符号

班级考勤

学号	姓名	星期一	星期二	星期三	星期四	星期五
xh001	胡凯					
xh002	曾秋毅					
xh003	孙鹏					
xh004	王志秉					
xh005	张韩					
xh006	雷嘉					
xh007	刘学文					
xh008	李显萧					
xh009	勾婷婷					
xh010	王含					
类别	事假	病假	旷课	迟到	早退	出勤
符号	○	△	×	□	＼	✓

图 5-55　输入符号

Step 10　在电子表格中输入各个学生的出勤情况，如图 5-56 所示。

班级考勤

学号	姓名	星期一	星期二	星期三	星期四	星期五
xh001	胡凯	✓	✓	✓	✓	×
xh002	曾秋毅	△	✓	✓	✓	✓
xh003	孙鹏	✓	✓	✓		✓
xh004	王志秉	✓	✓	□	✓	□
xh005	张韩	✓	＼	○	✓	✓
xh006	雷嘉	□	✓	✓	＼	✓
xh007	刘学文	✓	✓	＼	✓	○
xh008	李显萧	□	✓	○	×	✓
xh009	勾婷婷	✓	✓	✓	✓	✓
xh010	王含	○	✓	✓	✓	✓
类别	事假	病假	旷课	迟到	早退	出勤
符号	○	△	×	□	＼	✓

图 5-56　输入出勤情况

Step 11　将“事假”所在的单元格设置为蓝色，“病假”所在的单元格设置为绿色，“旷课”所在的单元格设置为红色，“迟到”所在的单元格设置为黄色，“早退”所在的单元格设置为紫色。具体设置方法为：选择单元格，选择【格式】/【单元格】命令，在“单元格格式”对话框中选择“图案”选项卡，在“颜色”栏中选择相应的颜色即可，如图 5-57 所示。

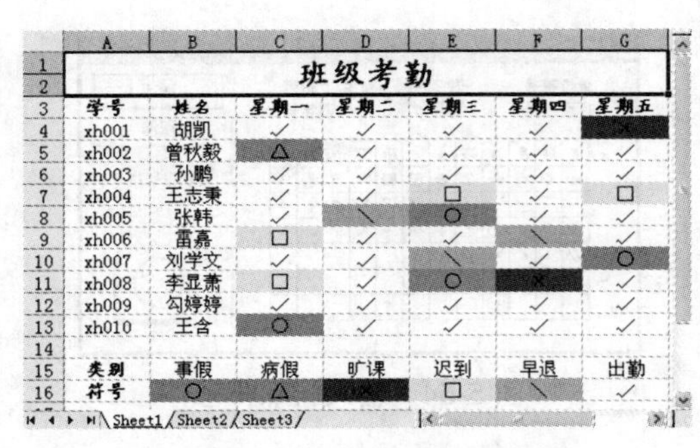

学号	姓名	星期一	星期二	星期三	星期四	星期五
xh001	胡凯	✓	✓	✓	✓	×
xh002	曾秋毅	△	✓	✓	✓	✓
xh003	孙鹏	✓	✓	✓	✓	✓
xh004	王志秉	✓	✓	□	✓	□
xh005	张韩	✓	＼	○	✓	✓
xh006	雷嘉	□	✓	✓	＼	✓
xh007	刘学文	✓	✓	＼	✓	○
xh008	李显萧	□	✓	○	×	✓
xh009	勾婷婷	✓	✓	✓	✓	✓
xh010	王含	○	✓	✓	✓	✓
类别	事假	病假	旷课	迟到	早退	出勤
符号	○	△	×	□	＼	✓

图 5-57　设置单元格背景颜色

Step 12　选择 A3:G16 单元格区域，选择【格式】/【单元格】命令，在“单元格格式”对话框中选择“边框”选项卡，单击“预置”栏中的“外边框”按钮和“内部”按钮，然后单击 确定 按钮，如图 5-58 所示，完成班级考勤表的创建和编辑并保存。

班级考勤

学号	姓名	星期一	星期二	星期三	星期四	星期五
xh001	胡凯	✓	✓	✓	✓	×
xh002	曾秋毅	△	✓	✓	✓	✓
xh003	孙鹏	✓	✓	✓	✓	✓
xh004	王志秉	✓	✓	□	✓	□
xh005	张韩	✓	＼	○	✓	✓
xh006	雷嘉	□	✓	✓	＼	✓
xh007	刘学文	✓	✓	＼	✓	○
xh008	李显萧	□	✓	○	×	✓
xh009	勾婷婷	✓	✓	✓	✓	✓
xh010	王含	○	✓	✓	✓	✓
类别	事假	病假	旷课	迟到	早退	出勤
符号	○	△	×	□	＼	✓

图 5-58　完成效果

5.7.2 【实训二】制作“产品销售统计报表”图表

1. 实训目的

通过实训掌握使用 Excel 2003 制作图表的方法。具体的实训目的如下。

- 熟悉 Excel 2003 中图表的创建。
- 熟练使用各种类型的图表。

完成效果：效果文件\第 5 章\产品销售统计报表.xls
视频演示：第 5 章\上机实训\实训二.swf

2. 实训要求

启动 Excel 2003 并创建“产品销售统计报表”图表，完成效果如图 5-59 所示。

具体要求如下。

（1）在 Excel 2003 中创建“产品销售统计报表”表格。

（2）根据表格中的内容创建关于“产品销售统计报表”的统计饼图。

上半年产品销售统计报表

产品名称	一月份	二月份	三月份	四月份	五月份	六月份	合计
沐浴液	890555	875266	901233	890446	789944	875266	5222710
洗面奶	567777	492233	625678	326667	492233	688989	3193577
止汗香露	366778	360000	395654	436577	452222	634688	2645919
防晒霜	256778	247888	225767	377888	429444	608823	2146588
面膜	346222	305333	325667	345673	305333	356888	1985116
护肤霜	236889	236689	134598	345466	345266	235656	1534564
爽肤水	183660	163030	200664	288944	163030	297773	1297101
遮瑕霜	173690	153030	214567	245671	251155	153030	1191143

图 5-59　制作图表

3. 完成实训

Step 1　新建名为“产品销售统计报表”工作簿，在 Excel 2003 中录入并制作出图 5-60 所示的工作表。

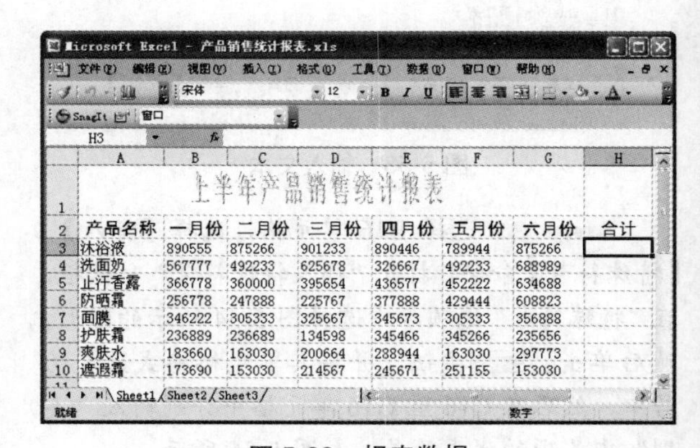

上半年产品销售统计报表

产品名称	一月份	二月份	三月份	四月份	五月份	六月份	合计
沐浴液	890555	875266	901233	890446	789944	875266	
洗面奶	567777	492233	625678	326667	492233	688989	
止汗香露	366778	360000	395654	436577	452222	634688	
防晒霜	256778	247888	225767	377888	429444	608823	
面膜	346222	305333	325667	345673	305333	356888	
护肤霜	236889	236689	134598	345466	345266	235656	
爽肤水	183660	163030	200664	288944	163030	297773	
遮瑕霜	173690	153030	214567	245671	251155	153030	

图 5-60　报表数据

Step 2　选中H3单元格，然后单击编辑栏上的"插入函数"按钮，在打开的"插入函数"对话框中选择"SUM"函数，然后单击确定按钮，如图5-61所示。

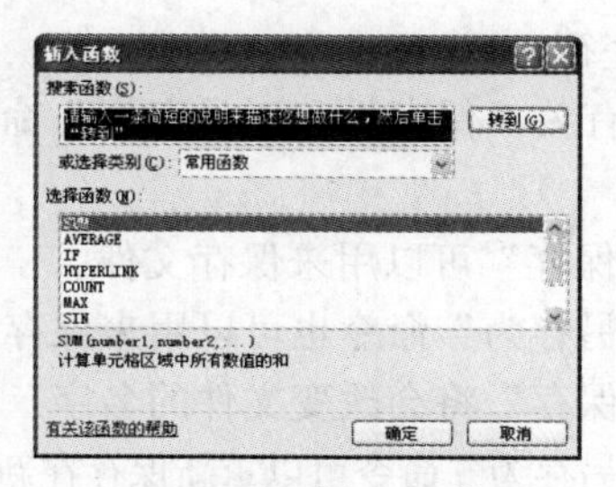

图5-61　插入函数

Step 3　在打开的"函数参数"对话框中的"Number1"文本框中，单击右侧的"收缩"按钮，选择B3:G3单元格，然后单击"展开"按钮，回到"函数参数"对话框，再单击确定按钮，如图5-62所示。

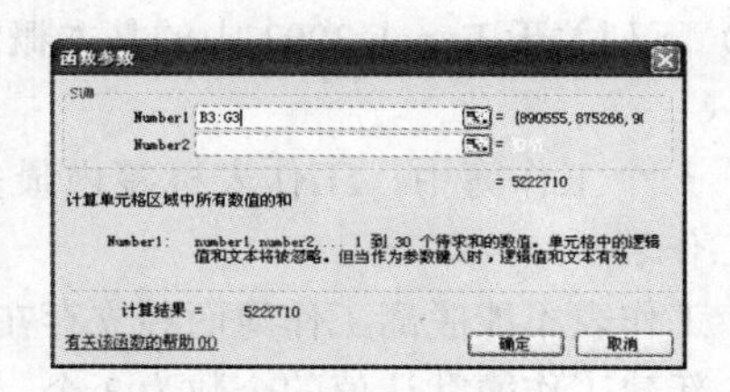

图5-62　函数参数

Step 4　将鼠标移至H3单元格右下角，当鼠标变为+时，单击鼠标向下拖动，填充剩余需要计算产品合计的单元格。

Step 5　选择【插入】/【图表】命令，打开"图表向导-4步骤之1-图表类型"对话框，在"图表类型"列表框中选择"饼图"，在"子图表类型"栏中选择第一个"饼图"，如图5-63所示。

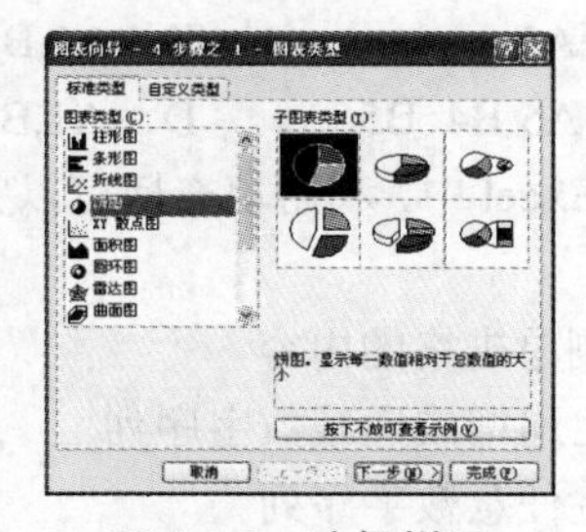

图5-63　选择饼图

Step 6　单击下一步(N) >按钮，在打开的对话框中选择源数据，单击"数据区域"文本框右侧的"收缩"按钮，选择H2:H10单元格区域，如图5-64所示，然后单击"展开"按钮，将对话框展开，保持其他选项默认，单击下一步(N) >按钮，如图5-65所示。

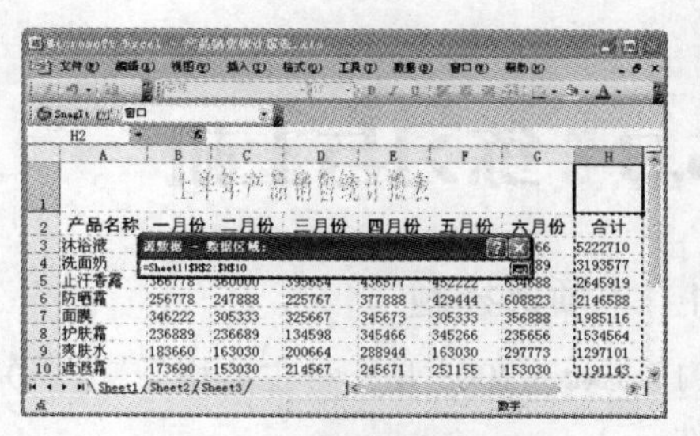

图5-64　选择单元格区域

图5-65　保持默认

Step 7　在"图表向导-4步骤之3-图表选项"对话框中的"标题"选项卡中，在"图表标题"文本框中输入"销售合计"，在"图例"选项卡中选中"底部"单选项，在"数据标志"选项卡中选中"类别名称"复选框，然后单击下一步(N) >按钮，如图5-66所示，在步骤4中选中"作为其中的对象插入"单选项，然后单击完成(F)按钮，如图5-67所示。

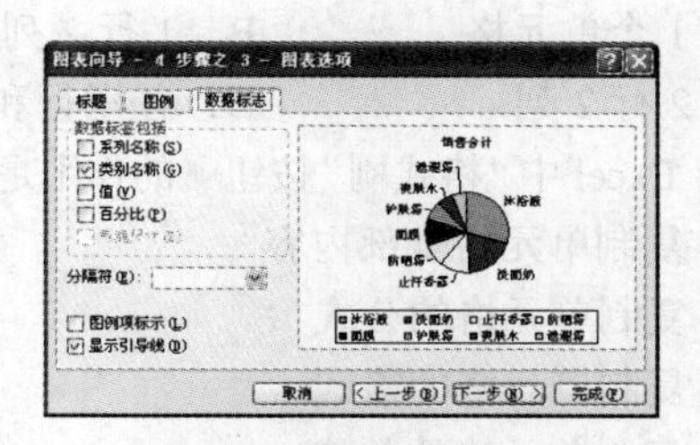

图5-66　步骤3

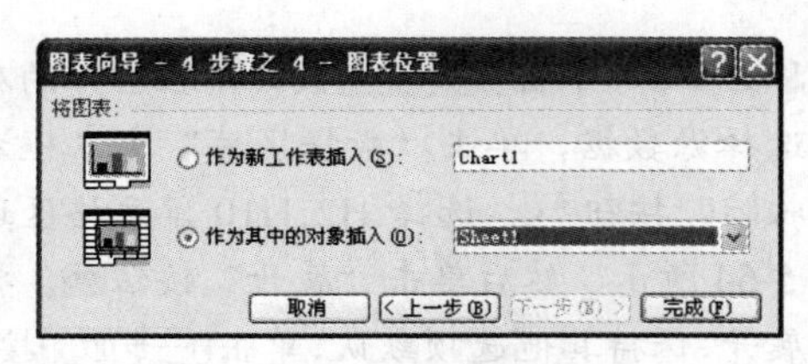

图 5-67　步骤 4

5.8 练习与上机

1. 单项选择题

（1）Excel 2003 是一种主要用于（　　）的办公软件。

A. 画图　　B. 上网

C. 放幻灯片　　D. 绘制表格

（2）Excel 2003 工作簿文件的扩展名为（　　）。

A. DOC　　B. TXT

C. XLS　　D. XLT

（3）工作表是用行和列组成的表格，分别用（　　）区别。

A. 数字和数字　　B. 数字和字母

C. 字母和字母　　D. 字母和数字

（4）工作表标签显示的内容是（　　）。

A. 工作表的大小　　B. 工作表的属性

C. 工作表的内容　　D. 工作表的名称

（5）在 Excel 2003 中，保存文件的快捷键是（　　）。

A. Ctrl+N　　B. Ctrl+S

C. Ctrl+O　　D. Ctrl+Z

（6）合并单元格是指将选定的连续单元区域合并为（　　）。

A. 1 个单元格　　B. 1 行 2 列

C. 2 行 2 列　　D. 任意行和列

（7）Excel 中“格式刷”按钮的作用是（　　）。

A. 复制单元格全部内容

B. 复制单元格的公式

C. 复制单元格的格式

D. 复制单元格的数值

2. 多项选择题

（1）单元格是 Excel 中最基本的存储单位，可以存放（　　）。

A. 数值　　B. 变量

C. 字符　　D. 公式

（2）有关“保存”和“另存为”命令说法正确的是（　　）。

A.“保存”可以用来保存文件

B.“另存为”命令也可以用来保存文件

C.“保存”将会改变文件的名字

D.“另存为”命令可以重新保存在新的文件中

（3）关于电子表格的基本概念，正确的是（　　）。

A. 工作簿是 Excel 中存储和处理数据的文件

B. 工作表是存储和处理数据的工作单位

C. 单元格是存储和处理数据的基本编辑单位

D. 活动单元格是已输入数据的单元格

（4）下列关于 Excel 2003 中的基本概念，正确的是（　　）。

A. 一个工作簿中，工作表标签内最多包含 255 个工作表

B. 工作表不能脱离工作簿而独立存在

C. 新建工作簿默认值的个数为 3 个

D. 双击单元格，光标变成“I”，进入输入状态

（5）工作簿与工作表之间的正确关系是（　　）。

A. 一个工作簿里至少有一个工作表

B. 一个工作簿里只能有一个工作表

C. 一个工作簿最多有 255 列

D. 一个工作簿里可以有多个工作表

（6）下列哪些项目是单元格区域（　　）。

A. A1:A1　　B. A1,B1

C. A4:A5,B4:B5　　D. A1,B2

（7）在 Excel 中，利用填充柄可以完成的操作有（　　）。

A. 复制单击格的内容

B. 产生递增或递减数字序列

C. 产生任意数字序列

D．填充自定义序列

3．实训操作题

（1）制作图 5-68 所示的“学生成绩柱形图”。按照图示输入表格内容后设置其格式，包括设置字体字号、设置对齐方式、添加边框和底纹等，然后再插入柱形图。

完成效果：效果文件\第 5 章\学生成绩柱形图.xls

视频演示：第 5 章\练习与上机\学生成绩柱形图.swf

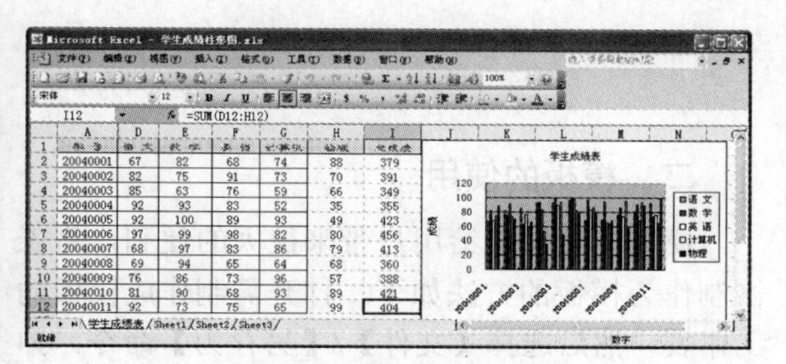

图 5-68　学生成绩柱形图

（2）制作一个图 5-69 所示的“员工工资表”，要求标题字体为“方正水柱简体”，字号为“20号”，居中显示；表格中项目字体为“黑体”，字号为“12 号”，居中显示；表格中内容字体为“宋体”，字号为“12 号”，居中显示。为表格套用名为“序列 2”的格式并计算平均工资。

完成效果：效果文件\第 5 章\员工工资表.xls

视频演示：第 5 章\练习与上机\员工工资表.swf

图 5-69　员工工资表

（3）建立一个各年龄段人口比例的表格，并以这个表格为数据源插入人口比例柱形图，并为图表设置背景为“羊皮纸”，如图 5-70 所示。

完成效果：效果文件\第 5 章\人口比例.xls

视频演示：第 5 章\练习与上机\人口比例.swf

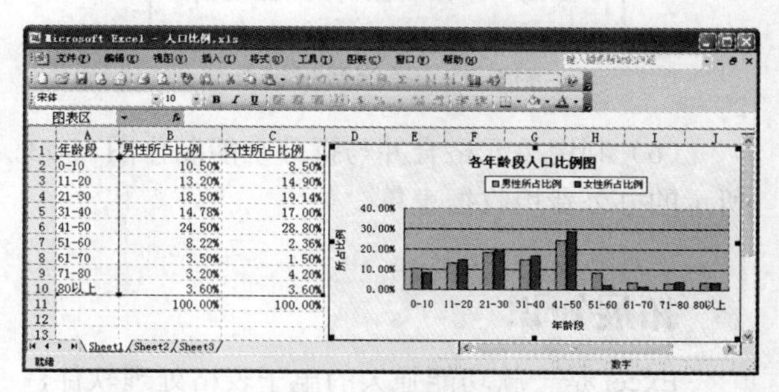

图 5-70　人口比例

（4）如图 5-71 所示，在表格中的 A1 单元格中输入英文文摘，在 A2 单元格中使用函数“TRIM”将其引用。

完成效果：效果文件\第 5 章\英文文摘.xls

视频演示：第 5 章\练习与上机\英文文摘.swf

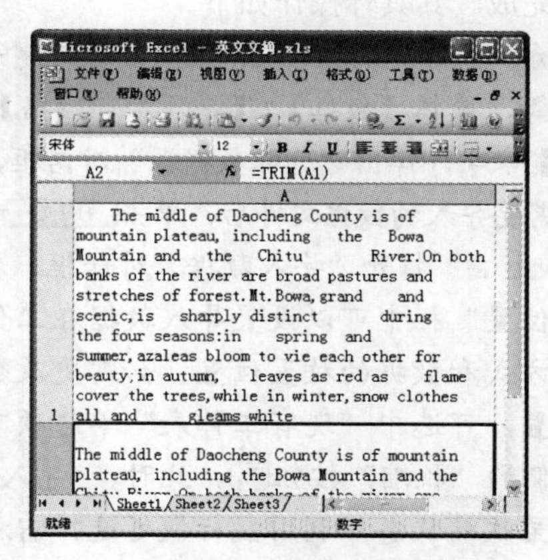

图 5-71　英文文摘

（5）用 Excel 制作图 5-72 所示的“报销单”工作表。

完成效果：效果文件\第 5 章\报销单.xls

视频演示：第 5 章\练习与上机\报销单.swf

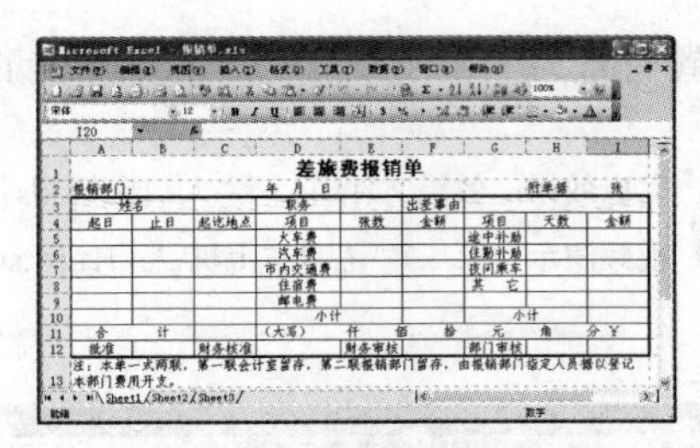

图 5-72 差旅费报销单

（6）利用单元格合并与拆分功能制作图 5-73 所示的办公费用收据表单。

完成效果：效果文件\第 5 章\收据.xls

视频演示：第 5 章\练习与上机\收据.swf

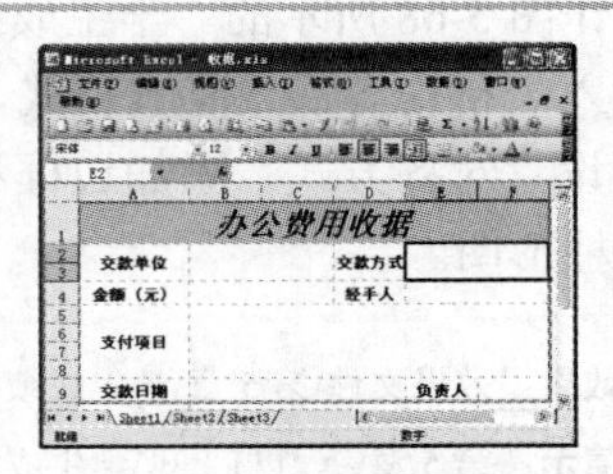

图 5-73 办公费用收据

拓展知识

Excel 是一款功能强大的电子表格处理软件，除了本章讲解的一些常用的操作外，在 Excel 中还能导入外部文件中的数据，使用自制的模板能提高工作效率，并且 Excel 还提供了多种保护数据安全的功能。

一、外部数据的导入

在 Excel 中，不管是导入来自 Access、文本或其他来源的数据，都需要通过“导入外部数据”命令来完成。其具体操作如下。

Step 1 启动 Excel 2003，自动新建一个空白工作簿，选择【数据】/【导入外部数据】/【导入数据】命令，弹出“选取数据源”对话框，在其中选择需要导入的数据文件后，单击打开(O)按钮。

Step 2 打开“导入数据”对话框，在“数据放置位置”栏中可以设置导入数据在工作簿中的显示方式和数据的放置位置。如需更改数据的放置位置，可选中“现有工作表”单选项下方文本框右侧的“收缩”按钮，此时，“导入数据”对话框呈收缩状态，利用鼠标便可选择需放置数据的单元格或单元格区域，选定所需单元格后，单击“导入数据”对话框中的“展开”按钮，在返回的“导入数据”对话框中将重新显示选择的单元格地址，如图 5-74 所示。

Step 3 单击确定按钮即可完成数据的导入操作。

二、模板的使用

模板的使用能给用户带来很大的便利，将表格制作为模板的方法如下。打开需制作成模板的工作表，然后选择【文件】/【另存为】命令，弹出“另存为”对话框。在“保存类型”下拉列表框中选择“Excel 模板”选项，选择保存位置，最后单击保存(S)按钮，工作表将以模板形式保存。

下次制作类似的表格时，就可以在“新建工作簿”对话框的“模板”栏中选择已制作好的模板。

三、数据保护

保护电子表格中的数据就是对工作表进行加密设置。保护工作表的方法如下。打开需保护的工作表后，选择【工具】/【保护】/【保护工作表】命令，打开“保护工作表”对话框，如图 5-75 所示。在其中设置使用密码和允许执行的操作后，单击确定按钮。在弹出的“确认密码”对话框的“重新输入密码”文本框中输入相同密码后，单击确定按钮便可完成工作表的保护操作。

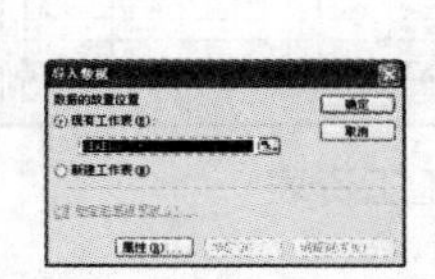

图 5-74 导入外部数据

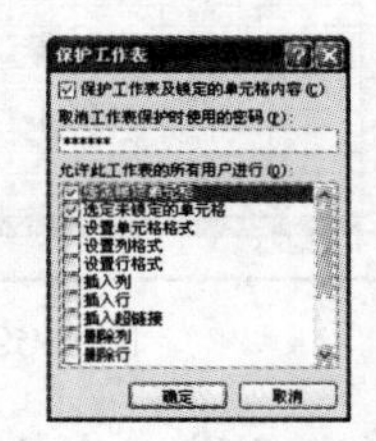

图 5-75 保护工作表

第6章 使用 PowerPoint 演示文稿软件

学习目标

掌握关于 PowerPoint 演示文稿软件的知识，并能独立制作和放映输出演示文稿。包括了解 PowerPoint 基础知识、编辑幻灯片、美化幻灯片、设计统一外观的幻灯片、自定义动画和放映方式以及放映和打包输出幻灯片等。通过完成本章上机实训，实现由基本操作向综合项目实践的转化。

学习重点

熟悉 PowerPoint 的基础知识，掌握幻灯片的制作和美化，掌握幻灯片的放映方式以及打包输出幻灯片的方法。

主要内容

- PowerPoint 基础知识
- 编辑幻灯片
- 美化幻灯片
- 设计统一外观的幻灯片
- 自定义动画和放映方式
- 放映和打包输出幻灯片

6.1 PowerPoint 基础知识

PowerPoint 与 Word 和 Excel 一样，也是 Office 2003 的办公组件之一，它的演示文稿内容包括文字、图片、图表和多媒体等。

6.1.1 PowerPoint 的工作界面

选择【开始】/【所有程序】/【Microsoft Office】/【Microsoft Office PowerPoint 2003】命令即可启动 PowerPoint 2003，其工作界面如图 6-1 所示，主要由标题栏、菜单栏、工具栏、任务窗格、大纲/幻灯片窗格、幻灯片编辑区、视图切换按钮区、备注窗格以及状态栏等组成。

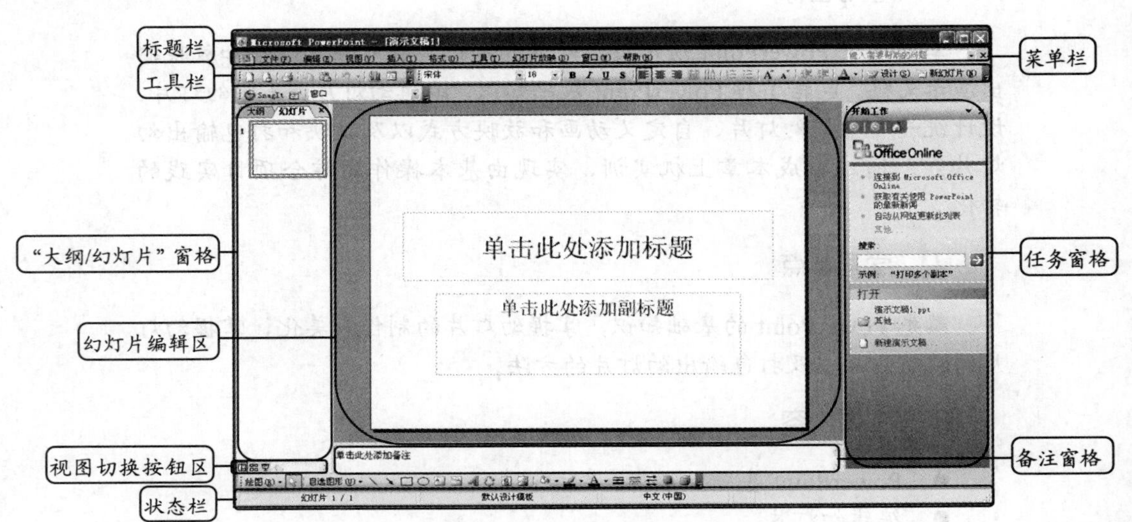

图 6-1　PowerPoint 2003 工作界面

其中标题栏、工具栏、菜单栏等功能作用与 Word 2003 和 Excel 2003 的功能作用相同，这里不再赘述，下面主要讲解 PowerPoint 2003 特有的几项区域的功能。

- "大纲/幻灯片"窗格。在大纲窗格中以大纲形式列出当前演示文稿中各张幻灯片的文本内容，可以对幻灯片进行切换和文本编辑操作；幻灯片窗格中列出了组成当前演示文稿所有幻灯片的缩略图，在其中只能对幻灯片进行相关操作，不能对文本进行编辑。
- 幻灯片编辑区。用于查看和编辑幻灯片，可对幻灯片进行文本编辑、插入图片、声音、视频和图表等操作。
- 备注窗格。位于 PowerPoint 2003 工作界面的底部，用于输入当前幻灯片的提示信息，便于提示演讲者，如说明、注释等。
- 视图切换按钮区。提供了"普通视图"按钮、"幻灯片浏览视图"按钮和"幻灯片放映视图"按钮供用户选择，单击相应的按钮便可将幻灯片切换到对应的浏览模式。在不同的模式下，演示文稿将以不同的表现形式显示。

6.1.2 演示文稿与幻灯片的概念

PowerPoint 2003 创建的文件总称为演示文稿，它是由一系列组织在一起的幻灯片组成的。演示文稿中的每一页称为幻灯片，每张幻灯片可以包含不同的内容，图 6-2 所示即为一个演示文稿。如果将演示文稿比喻成一本书，那么幻灯片就是这本书中的每一页，与真正的书籍不同的是，在演示文稿的每一张幻灯片中除了可以放置文字、图表、图像外，还能添加多媒体等文件。

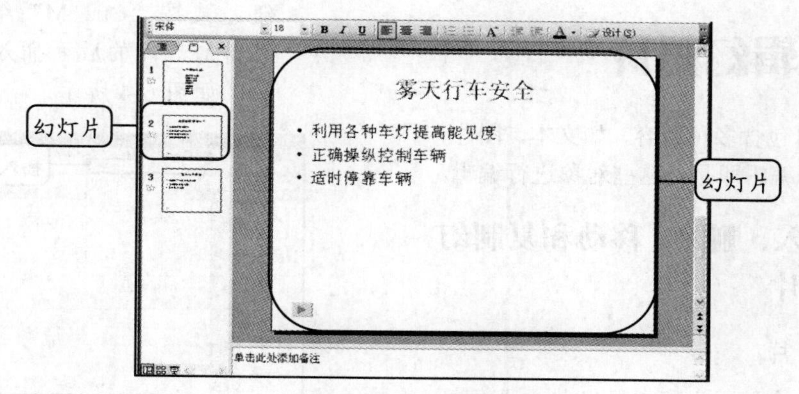

图 6-2　演示文稿

6.1.3　PowerPoint 的视图模式

前面提到 PowerPoint 2003 中提供了“普通视图”“幻灯片浏览视图”和“幻灯片放映视图”3 种视图模式，其功能见表 6-1。

表 6-1　视图模式及功能

视图模式	功　能
普通视图	可对幻灯片整体结构和单个幻灯片内容进行编辑，普通视图也是 PowerPoint 2003 默认视图
幻灯片浏览视图	显示演示文稿中的所有幻灯片的缩略图，可以对幻灯片进行整体操作，包括改变幻灯片的背景设计和配色方案，重新排列，添加或删除幻灯片，复制幻灯片和制作现有幻灯片的副本等，但不能对幻灯片内容进行编辑
幻灯片放映视图	幻灯片将按设定效果进行全屏放映，放映过程中不能对幻灯片内容进行编辑

6.1.4　创建、打开和保存演示文稿

在使用 PowerPoint 2003 之前，应当了解其创建、打开和保存演示文稿的方法。

1. 创建演示文稿

启动 PowerPoint 2003 后，系统将自动创建一个名为“演示文稿 1”的空白演示文稿，除此之外，常用的创建空白演示文稿的方法如下。

- 按“Ctrl+N”组合键。
- 单击“常用”工具栏中的□按钮。
- 选择【文件】/【新建】命令。

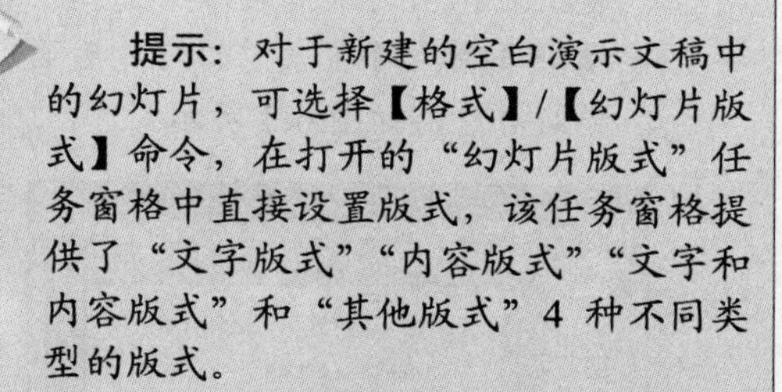

提示：对于新建的空白演示文稿中的幻灯片，可选择【格式】/【幻灯片版式】命令，在打开的“幻灯片版式”任务窗格中直接设置版式，该任务窗格提供了“文字版式”“内容版式”“文字和内容版式”和“其他版式”4 种不同类型的版式。

2. 打开演示文稿

打开演示文稿的方法有如下几种。

- 启动 PowerPoint 2003，选择【文件】/【打开】命令，打开演示文稿。
- 直接双击创建好的演示文稿图标。
- 启动 PowerPoint 2003，按“Ctrl+O”组合键，在打开的对话框中选择需打开的演示文稿。

3. 保存演示文稿

保存演示文稿的方法有如下。

- 按“Ctrl+S”组合键，在打开的对话框中进行保存设置。
- 选择【文件】/【保存】命令，在打开的

对话框中进行保存设置。

6.2 编辑幻灯片

每张幻灯片可包含多种内容，如文本、图片、图表等，幻灯片的编辑即是对这些对象进行编辑。

6.2.1 插入、删除、移动和复制幻灯片

1. 插入幻灯片

默认创建的空白演示文稿中只包含 1 张幻灯片，通常演示文稿中需有多张幻灯片，这就需要插入新的幻灯片，新建的幻灯片将保持上一张幻灯片的版式。新建幻灯片的方法如下。

- 在普通视图的幻灯片窗格中单击鼠标右键，在弹出的快捷菜单中选择“新幻灯片”命令，可在当前幻灯片后面新建一张幻灯片，如图 6-3 所示。

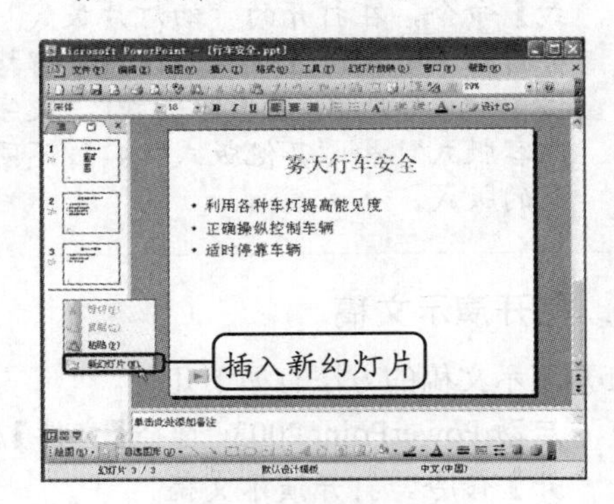

图 6-3　右键插入幻灯片

- 在普通视图的幻灯片窗格中，按“Enter”键可在当前幻灯片后新建一张幻灯片。将光标插入任意两张幻灯片之间，按“Enter”键可在该处新建一张幻灯片。
- 在普通视图的大纲窗格中，将光标置于幻灯片图标之后，按“Enter”键可在该幻灯片后新建一张幻灯片。
- 在幻灯片放映视图外的其他两种视图模式中，选择【插入】/【新幻灯片】命令、单击格式工具栏中的新幻灯片按钮或按“Ctrl+M”组合键都可以在当前幻灯片的后面插入一张新的幻灯片，如图 6-4 所示。

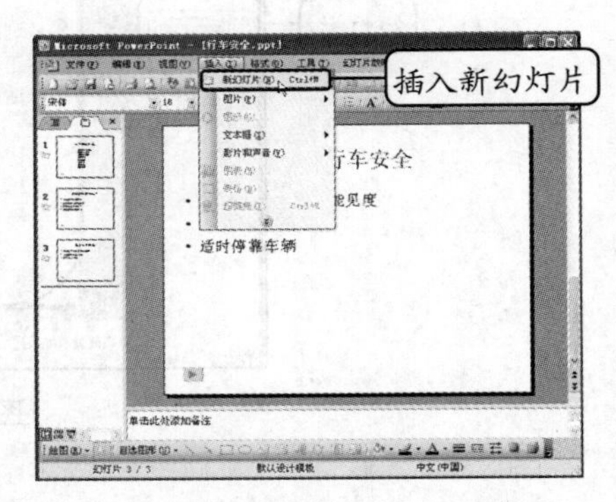

图 6-4　选择菜单命令插入幻灯片

2. 删除幻灯片

在普通视图“大纲/幻灯片”窗格中选中要删除的幻灯片，选择【编辑】/【删除幻灯片】命令，或按“Delete”键即可删除幻灯片，也可以单击鼠标右键，在弹出的快捷菜单中选择“删除幻灯片”命令。

3. 移动和复制幻灯片

移动幻灯片的方法有如下两种。

- 选中欲移动的幻灯片，用鼠标左键将其拖动到新的位置，当松开鼠标时，幻灯片就被移动到了黑色细线所在的位置。
- 选中欲移动的幻灯片，然后选择【编辑】/【剪切】命令，单击想要移动到的新位置，再选择【编辑】/【粘贴】命令，即可移动幻灯片。

【任务 1】打开“行车安全”演示文稿，将第 2 张幻灯片移至第 3 张幻灯片后。

所用素材：素材文件\第 6 章\行车安全.ppt

完成效果：效果文件\第 6 章\行车安全.ppt

Step 1　启动 PowerPoint 2003，选择【文件】

/【打开】命令，打开“行车安全”演示文稿。

Step 2 选择第 2 张幻灯片，按住鼠标左键拖动至第 3 张幻灯片后面，在拖动时有一条黑色细线随着移动，黑色细线所在的位置即为幻灯片所在位置。

Step 3 当黑色细线移动到第 3 张幻灯片后释放鼠标，第 2 张幻灯片即移动到了第 3 张幻灯片后面，如图 6-5 所示。

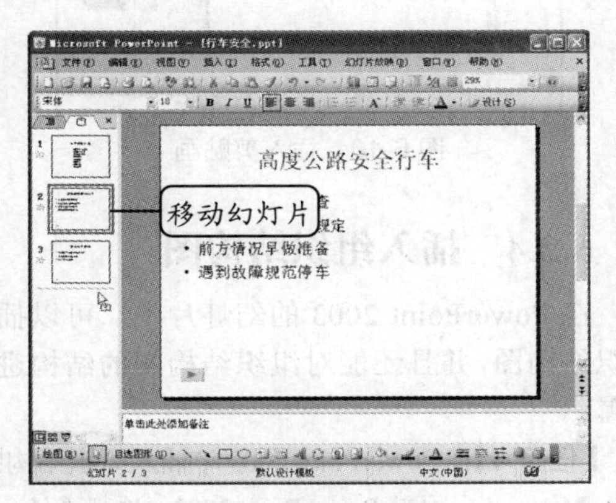

图 6-5 移动幻灯片

复制幻灯片的方法有如下两种。

- 选中需要复制的幻灯片，单击鼠标右键，在弹出的快捷菜单中选择“复制”命令，将鼠标指针定位到需要的位置，单击鼠标右键，在弹出的快捷菜单中选择“粘贴”命令。
- 选中需要复制的幻灯片，通过【编辑】/【复制】和【编辑】/【粘贴】命令进行复制操作。

【任务 2】打开“行车安全”演示文稿，复制第 2 张幻灯片至第 3 张幻灯片后。

Step 1 打开“行车安全”演示文稿，选择第 2 张幻灯片，单击鼠标右键，在弹出的快捷菜单中选择“复制”命令，如图 6-6 所示。

Step 2 将鼠标移至第 3 张幻灯片后，单击鼠标右键，在弹出的快捷菜单中选择“粘贴”命令，即可完成复制操作，如图 6-7 所示。

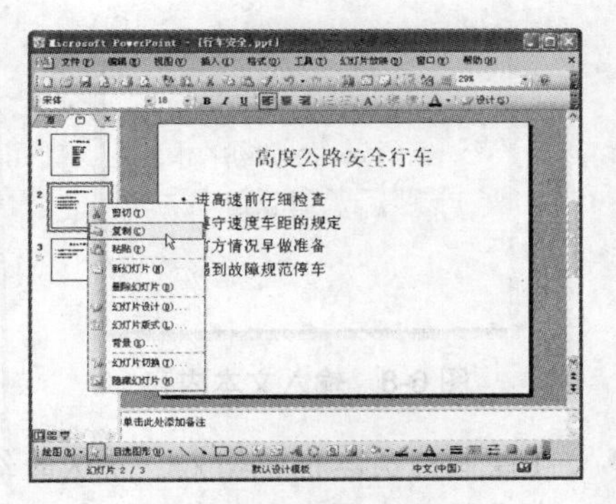

图 6-6 复制幻灯片

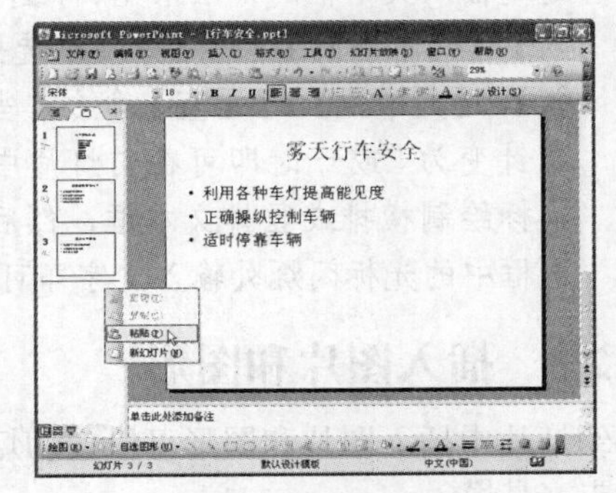

图 6-7 粘贴幻灯片

6.2.2 输入幻灯片文本

无论是 Word.Excel，还是 PowerPoint，在制作和编辑的过程中，文字都是必不可少的一部分，在 PowerPoint 2003 中输入文本的方法主要有如下两种。

- 在占位符中输入。在 PowerPoint 2003 中，有 3 种文本占位符，分别为标题占位符（单击此处添加标题）、副标题占位符（单击此处添加副标题）以及项目占位符（单击此处添加文本）。在 PowerPoint 窗口左侧的“大纲/幻灯片”窗格中单击要在其中输入文本内容的幻灯片，在幻灯片编辑区中显示出该幻灯片。在需输入内容的占位符中单击，将光标插入点定位到其中，然后输入文本内容，如图 6-8 所示。

图 6-8　输入文本内容

- 在绘制的文本框中输入。默认的幻灯片中通常只有两个占位符，添加占位符可通过插入文本框的方法来完成，选择【插入】/【文本框】/【水平】命令或选择【插入】/【文本框】/【垂直】命令，当鼠标指针变为↓或←时即可在幻灯片中拖动鼠标绘制横排或竖排文本框，然后在文本框中的光标闪烁处输入文字即可。

6.2.3　插入图片和图形

在幻灯片中插入图片和图形可以使幻灯片内容更加丰富易懂。

【任务 3】在“行车安全八忌”演示文稿中插入名为“buses”的剪贴画。

所用素材：素材文件\第 6 章\行车安全八忌.ppt
完成效果：效果文件\第 6 章\行车安全八忌.ppt

Step 1　打开“行车安全八忌”演示文稿，选择【插入】/【图片】/【剪贴画】命令。

Step 2　剪贴画窗格出现在右侧的任务窗格中，在“结果类型”下拉文本框中单独勾选“剪贴画”，然后单击搜索按钮，搜索计算机中的剪贴画，如图 6-9 所示。

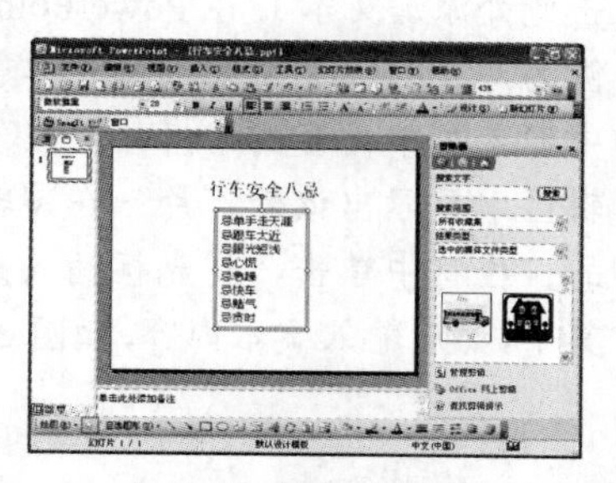

图 6-9　搜索剪贴画

Step 3　单击“buses”剪贴画将其插入幻灯片中，并放置到合适的位置，如图 6-10 所示。

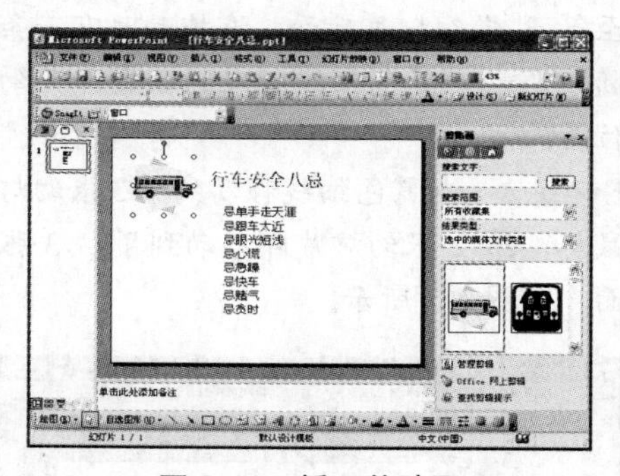

图 6-10　插入剪贴画

6.2.4　插入组织结构图

在 PowerPoint 2003 的幻灯片中，可以插入组织结构图，并且还能对组织结构图的结构进行编辑。

【任务 4】在 PowerPoint 2003 中插入组织结构图。

Step 1　启动 PowerPoint 2003，选择【插入】/【图示】命令，在“图示库”窗口中选择一种图示，然后单击确定按钮，如图 6-11 所示。

图 6-11　选择组织结构图类型

Step 2　在插入图示的同时会打开“组织结构图”工具栏，如图 6-12 所示。

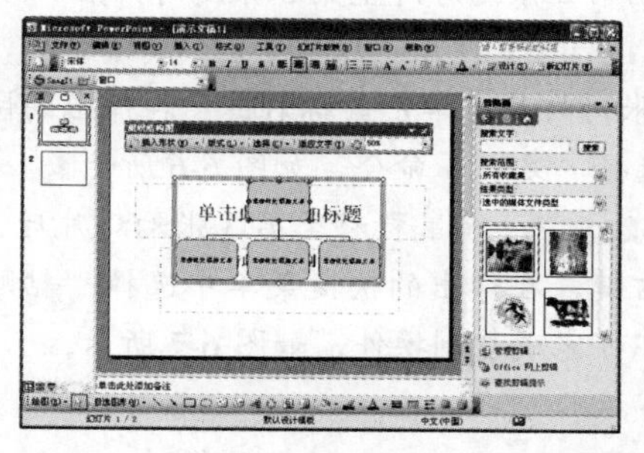

图 6-12　打开“组织结构图”工具栏

Step 3 在“组织结构图”工具栏中单击 插入形状(N) 按钮右侧的下拉按钮，在弹出的菜单中选择“下属”命令可在分支结构上再添加一个组织结构，如图 6-13 所示。

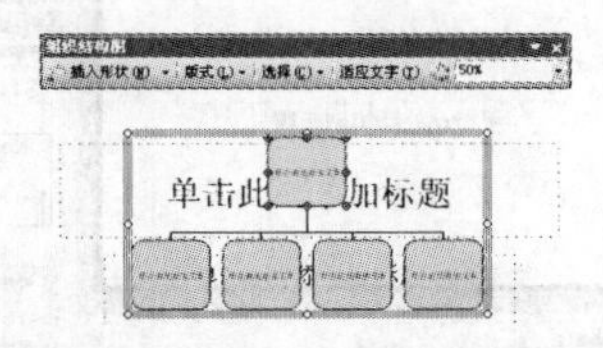

图 6-13 添加“下属”组织结构

Step 4 在“组织结构图”工具栏中单击 插入形状(N) 右侧的下拉按钮，在弹出的菜单中选择“助手”命令可增添新的组织结构，如图 6-14 所示。

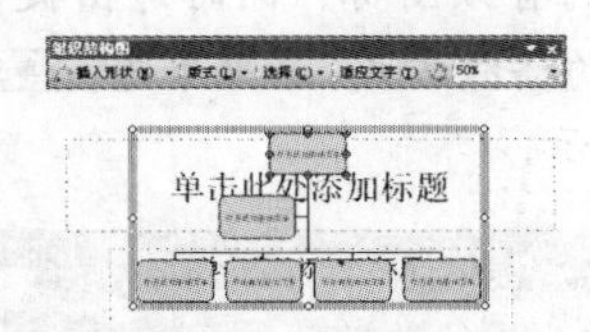

图 6-14 添加“助手”组织结构

【知识补充】在“组织结构图”工具栏中还可以对结构图的版式进行修改，并可通过 选择(C) 按钮选择级别，同时还可单击 适应文字(T) 按钮使组织结构中的各版块适应输入文字的大小。在“组织结构图”工具栏中单击“自动套用格式”按钮，在打开的“组织结构图样式库”对话框中可更改结构图的样式，如图 6-15 所示。

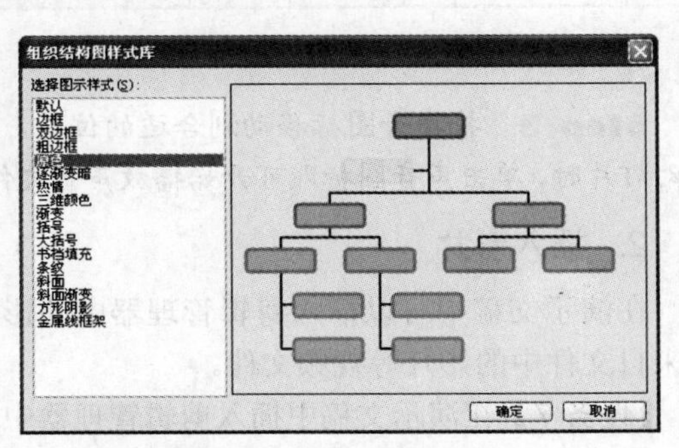

图 6-15 组织结构图样式库

6.2.5 插入表格和图表

PowerPoint 2003 提供了插入表格和图表的功能。插入表格的功能与 Word 2003 中插入表格的功能类似，选择【插入】/【表格】命令，即可在幻灯片中插入表格，并且弹出“表格和边框”工具栏，其操作方法与 Word 2003 中的操作方法类似，这里不再赘述。

图表是将数据以对比的方式来显示，相对于表格来说，图表更形象直观。

【任务 5】在幻灯片中插入图表。

Step 1 启动 PowerPoint 2003，选择【插入】/【图表】命令，PowerPoint 2003 界面变为图 6-16 所示效果。

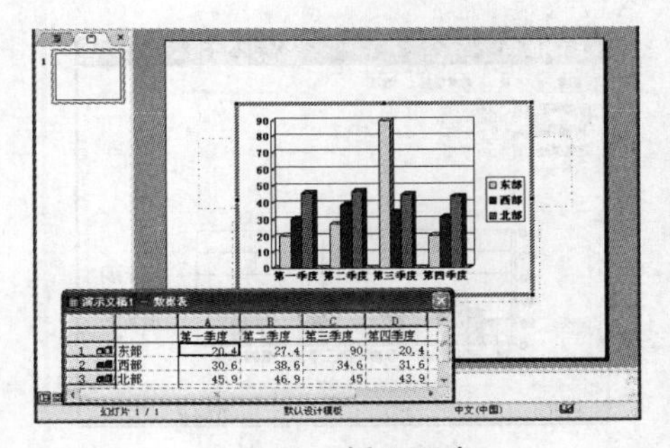

图 6-16 插入图表

Step 2 在“演示文稿 1-数据表”窗口中更改项目数据。

Step 3 在图表中选中数据条，单击鼠标右键，在弹出的快捷菜单中选择“设置数据系列格式”命令，如图 6-17 所示。

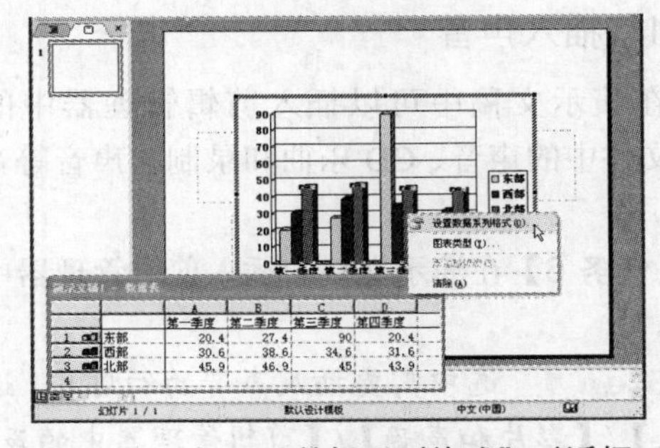

图 6-17 打开“数据系列格式”对话框

Step 4 打开“数据系列格式”对话框，在

"形状"选项卡中选择"圆柱形"样式，如图 6-18 所示。

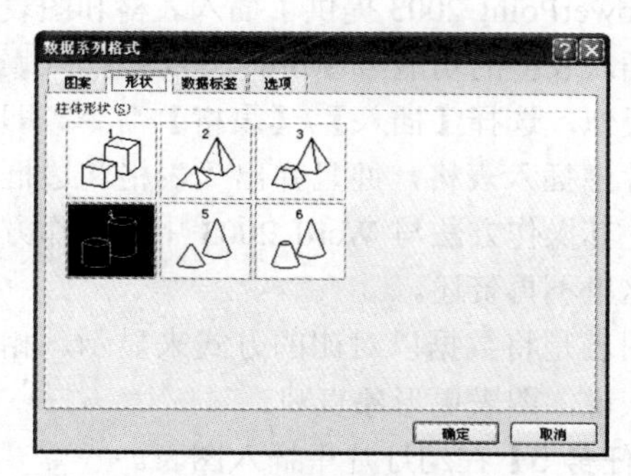

图 6-18 选择圆柱形样式

Step 5 在"选项"选项卡中将"分类间距"设置为 300，如图 6-19 所示。

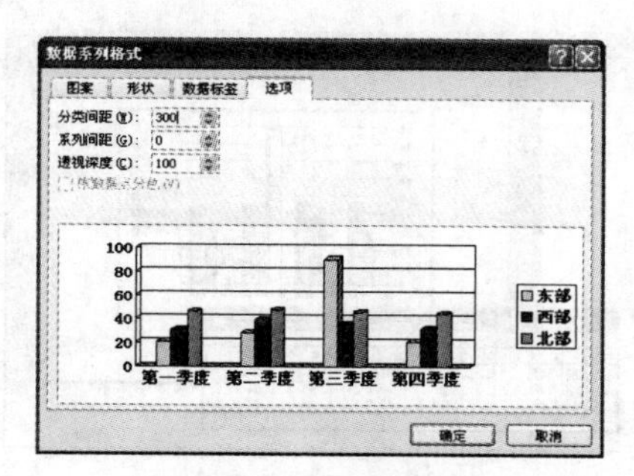

图 6-19 设置分类间距

6.2.6 插入多媒体对象

通过 PowerPoint 2003 的剪辑管理器可以在幻灯片中插入影片和声音，以达到丰富幻灯片内容的目的。

1. 插入声音

在演示文稿中可以插入剪辑管理器中的声音、文件中的声音、CD 乐曲和录制的声音等音频文件。

【任务 6】在演示文稿中插入剪辑管理器中的声音。

Step 1 选中需要插入声音的幻灯片，选择【插入】/【影片和声音】/【剪辑管理器中的声音】命令，此时在右侧的"剪贴画"任务窗格中显示剪辑管理器中的音频文件，如图 6-20 所示。

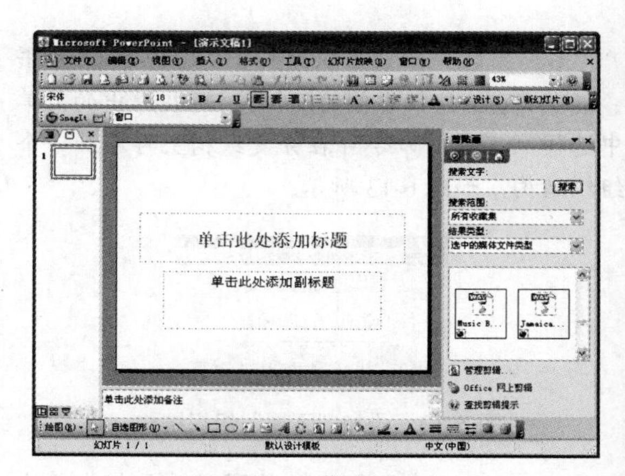

图 6-20 选择声音文件

Step 2 在需要插入幻灯片中的声音文件上单击鼠标左键，即可其添加到幻灯片中，并显示为喇叭状的音频图标。同时弹出提示对话框提示声音文件的播放方式，这里单击 在单击时(C) 按钮，如图 6-21 所示。

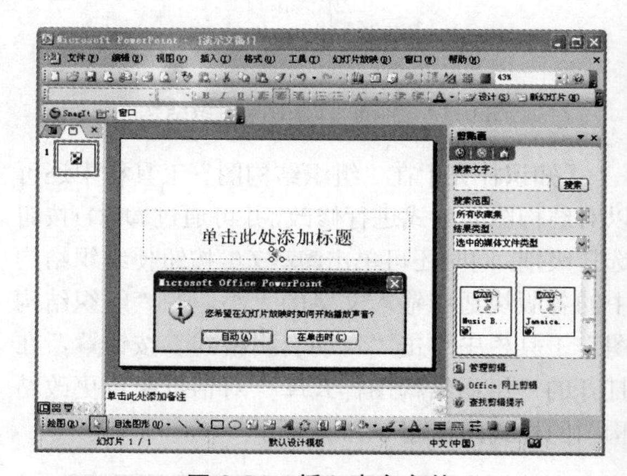

图 6-21 插入声音文件

Step 3 将声音图标移动到合适的位置，播放幻灯片时，单击声音图标即可开始播放声音文件。

2. 插入影片

在演示文稿中可以插入剪辑管理器中的影片和来自文件中的影片等视频文件。

【任务 7】在演示文稿中插入剪辑管理器中的影片。

Step 1 新建一个空白演示文稿，选择【插入】/【影片和声音】/【剪辑管理器中的影片】命令。

Step 2　在右侧的“剪贴画”任务窗格中的列表框中显示了剪辑管理器中的视频文件，如图 6-22 所示。

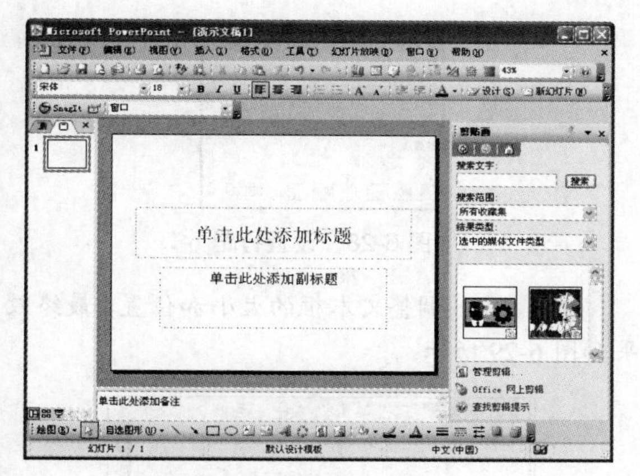

图 6-22　选择影片文件

Step 3　单击影片文件将其插入幻灯片中，如图 6-23 所示。

图 6-23　插入影片文件

Step 4　播放幻灯片时即可看到影片播放效果。

【知识补充】在幻灯片中插入的声音、影片等需要播放的文件，只能在幻灯片放映的过程中播放。

6.3 美化幻灯片

在 PowerPoint 2003 中，可以对幻灯片中的文本进行设置，如设置文本格式和添加项目符号等，通过这些操作，可以使幻灯片更加赏心悦目。

6.3.1　设置幻灯片文本的格式

在幻灯片中可以对输入的文本设置格式，以体现幻灯片的层次感。

【任务 8】新建一个空白演示文稿，插入文本框后输入一段文本，并设置格式。

Step 1　启动 PowerPoint 2003，选择【格式】/【幻灯片版式】命令，单击任务窗格中“内容版式”下的第一种幻灯片版式。

Step 2　选择【插入】/【文本框】/【水平】命令，在幻灯片中绘制出水平文本框，然后拖动文本框四周的控制点改变文本框大小，在文本框中输入一段文本，如图 6-24 所示。

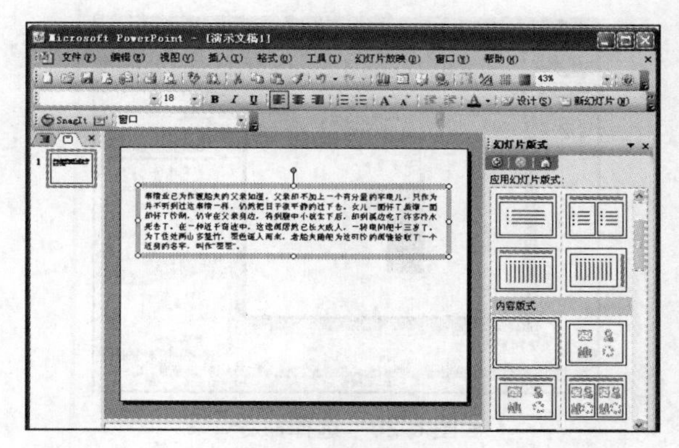

图 6-24　输入文本

Step 3　选中输入的文本，然后选择【格式】/【字体】命令，打开“字体”对话框，在“中文字体”下拉列表中选择“微软雅黑”选项，在“字号”列表框中选择“24”选项，最后单击 确定 按钮完成设置，如图 6-25 所示。

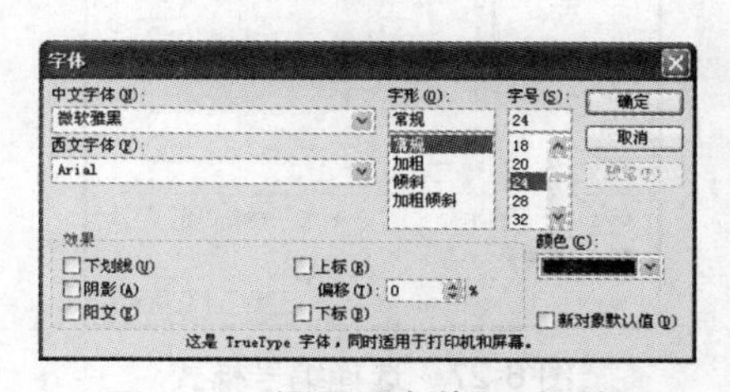

图 6-25　设置“字体”对话框

6.3.2 设置段落项目符号和编号以及行距

在 PowerPoint 2003 中设置项目符号和编号的方法很简单，选择【格式】/【项目符号和编号】命令，在打开的“项目符号和编号”对话框中进行设置即可。选择【格式】/【行距】命令，在打开的“行距”对话框中可对段落的行距进行设置，并且能单独设置段前和段后间距。

【任务 9】为“行车安全八忌”演示文稿设置项目符号和编号，并将每段之间的行距设置为 1.5 行。

Step 1 打开“行车安全八忌”演示文稿，选中需要设置编号的内容，选择【格式】/【项目符号和编号】命令，如图 6-26 所示。

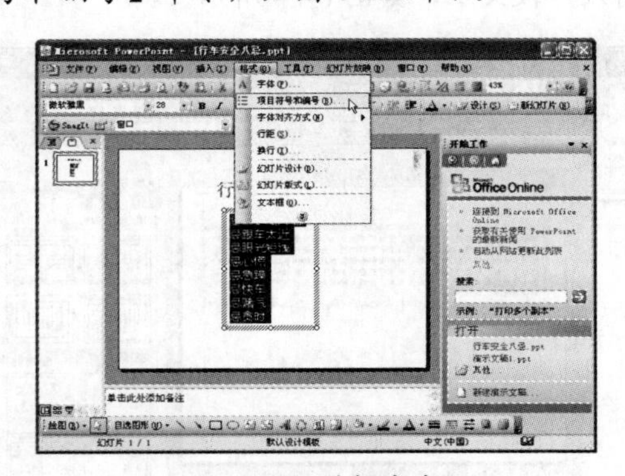

图 6-26 选择命令

Step 2 打开“项目符号和编号”对话框，单击“编号”选项卡，选择一种编号样式，然后单击 确定 按钮，如图 6-27 所示。

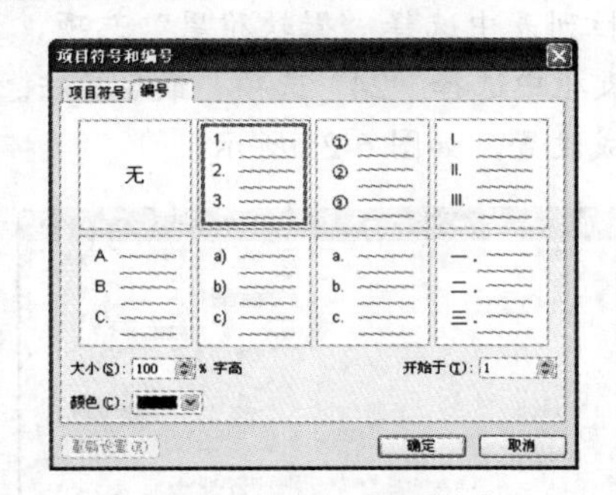

图 6-27 选择编号样式

Step 3 保持文本的选中状态，选择【格式】/【行距】命令，打开“行距”对话框，在“行距”数值框中输入 1.5，然后单击 确定 按钮，如图 6-28 所示。

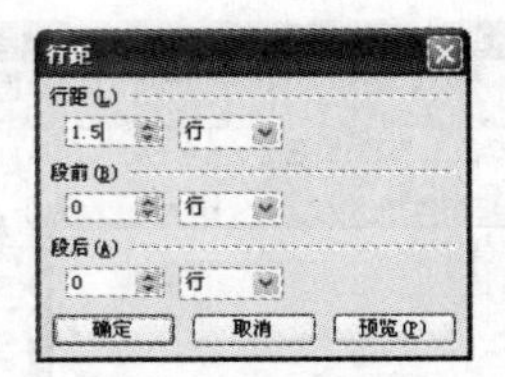

图 6-28 设置行距

Step 4 调整文本框的大小和位置，最终效果如图 6-29 所示。

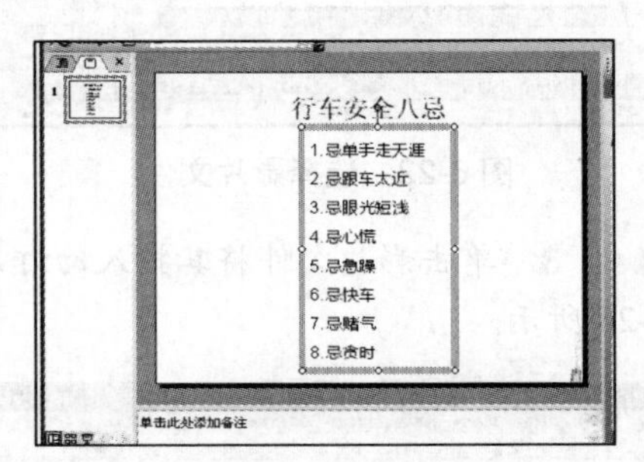

图 6-29 最终效果

6.4 设计统一外观的幻灯片

制作幻灯片时，若将其外观设置为统一的样式，能够大量节省制作时间。

6.4.1 使用幻灯片设计模板

设计模板是 PowerPoint 已经设置并且固定好格式的范本或样式，选用一种模板后，演示文稿中幻灯片的背景、配色方案等将变为选用的设计模板中的样式。

选择【格式】/【幻灯片设计】命令或单击任务窗格名称右侧的▼按钮，在弹出的下拉菜单中选择“幻灯片设计”命令，即可在“幻灯片设计”任务窗格中显示内置的设计模板。

【任务 10】为演示文稿应用名为“古瓶荷花”的设计模板。

Step 1　打开演示文稿，选择【格式】/【幻灯片设计】命令，在右侧任务窗格的“应用设计模板”中显示了可供使用的幻灯片设计模板，如图 6-30 所示。

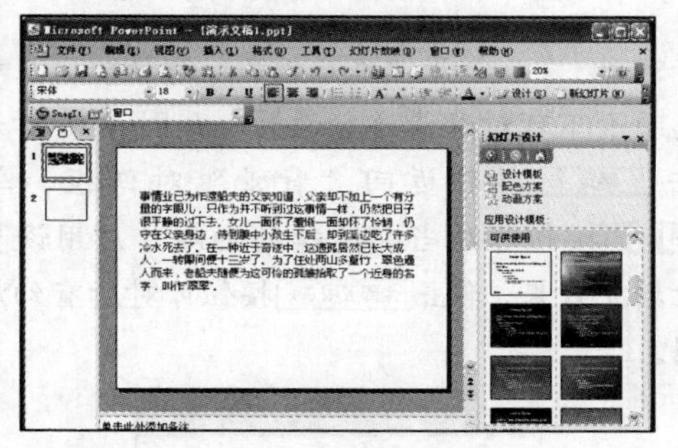

图 6-30　幻灯片设计模板

Step 2　在其中单击“古瓶荷花”设计模板，即可将模板应用在演示文稿中，如图 6-31 所示。

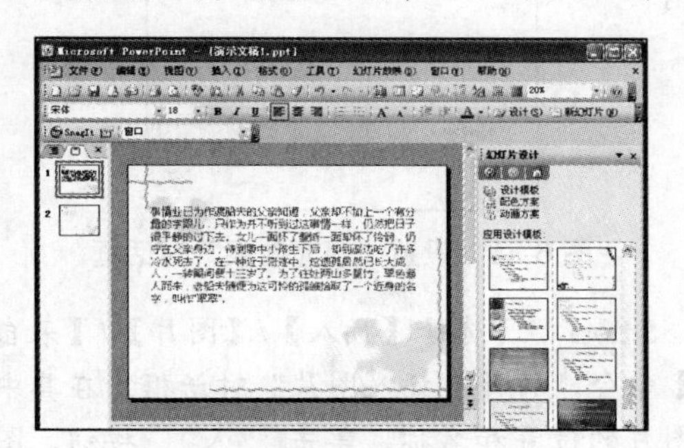

图 6-31　应用模板

注意：在任务窗格中选择设计模板，当鼠标指针移动到相应的设计模板图片上，图片右侧会出现一个下拉按钮，单击该按钮可以选择模板的应用模式，如应用于所有幻灯片或应用于选定幻灯片。

6.4.2　使用幻灯片配色方案

在 PowerPoint 2003 工作界面右侧的任务窗格中，单击任务窗格名称右侧的▾按钮，在弹出的下拉菜单中选择“幻灯片设计-配色方案”命令，打开“幻灯片设计”任务窗格，如图 6-32 所示。选中一种配色方案，单击右侧的下拉按钮，在弹出的菜单中选择应用范围即可。同幻灯片设计模板一样，配色方案也分为应用于所有幻灯片和应用于所选幻灯片两种，前者将应用到演示文稿的每一张幻灯片中，后者仅应用于当前选中的幻灯片。

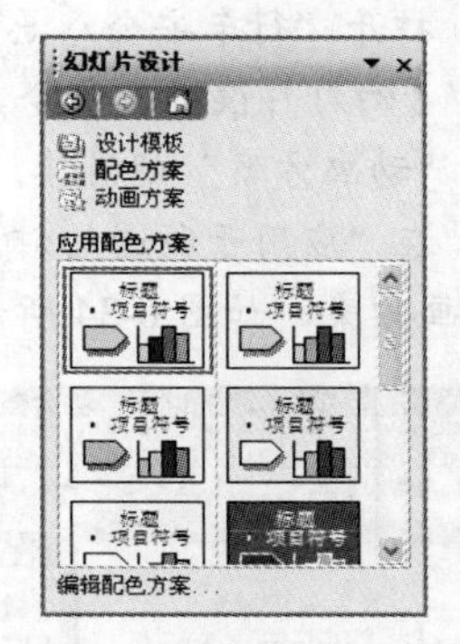

图 6-32　使用幻灯片配色方案

提示：在“幻灯片设计”任务窗格中选择一种配色方案，然后单击左下方的“编辑配色方案”超链接，在打开的“编辑配色方案”对话框中可对配色方案进行自定义设置，如图 6-33 所示。

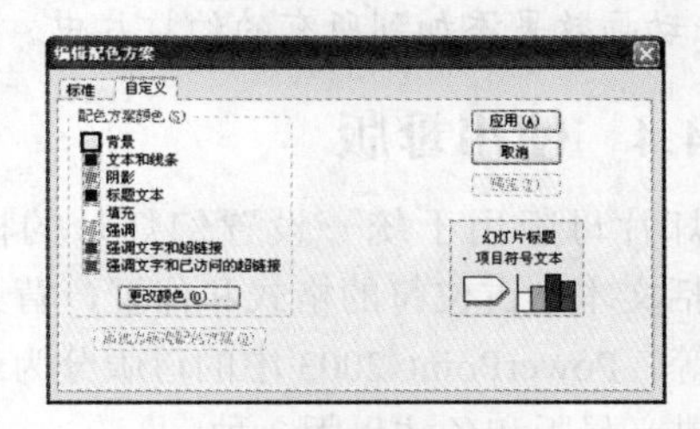

图 6-33　编辑配色方案

6.4.3　使用幻灯片动画方案

动画方案可为演示文稿中的幻灯片快速设置动画效果，打开“幻灯片设计”任务窗格，在任务窗格中单击“动画方案”超链接，即可打开动画方案。

在“应用于所选幻灯片”列表框中即可为当前幻灯片设置需要的动画效果。单击[应用于所有幻灯片]按钮可为演示文稿中的所有幻灯片设置同样的动画方案。在应用动画方案时，会播放动画效果，如果需要对应用的动画方案再次查看，可单击[▶ 播放]按钮。

【任务 11】为“行车安全八忌”演示文稿添加动画方案。

Step 1 打开“行车安全八忌”演示文稿，选择【格式】/【幻灯片设计】命令，在右侧的任务窗格中单击“动画方案”超链接。

Step 2 在“应用于所选幻灯片”列表中选择“典雅”动画方案，如图 6-34 所示。

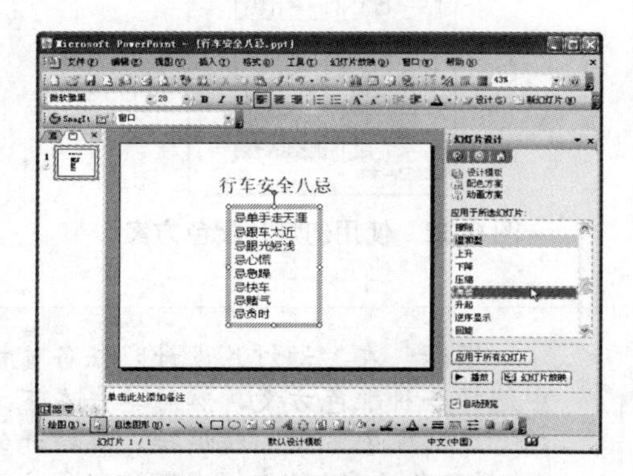

图 6-34　使用幻灯片动画方案

Step 3 单击[应用于所有幻灯片]按钮可将选择的“典雅”动画效果添加到所有的幻灯片中。

6.4.4　使用母版

幻灯片母版用于统一设置幻灯片的模板信息，包括文本、占位符的格式和位置，背景和配色方案等。PowerPoint 2003 中的母版分为幻灯片母版、讲义母版和备注母版 3 种。

【任务 12】设置幻灯片母版。

Step 1 选择【视图】/【母版】/【幻灯片母版】命令，进入幻灯片母版视图。选择【格式】/【背景】命令，打开图 6-35 所示的“背景”对话框，单击[▾]按钮，在弹出的下拉列表中选择“填充效果”选项。

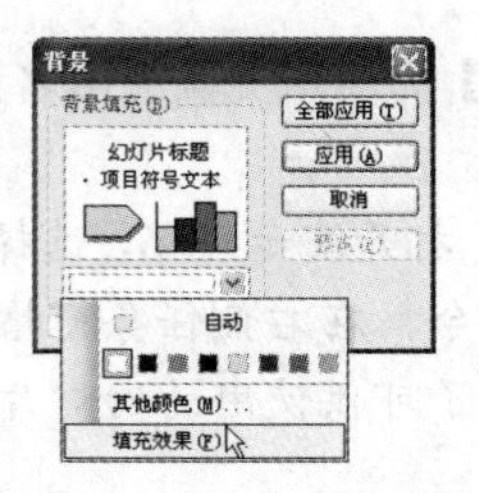

图 6-35　设置“背景”对话框

Step 2 打开“填充效果”对话框，在相应的选项卡下可对背景进行设置，如图 6-36 所示。单击[确定]按钮返回“背景”对话框，单击[应用(A)]按钮可对当前选择的幻灯片应用设置的背景填充效果，单击[全部应用(T)]按钮可对所有幻灯片应用。

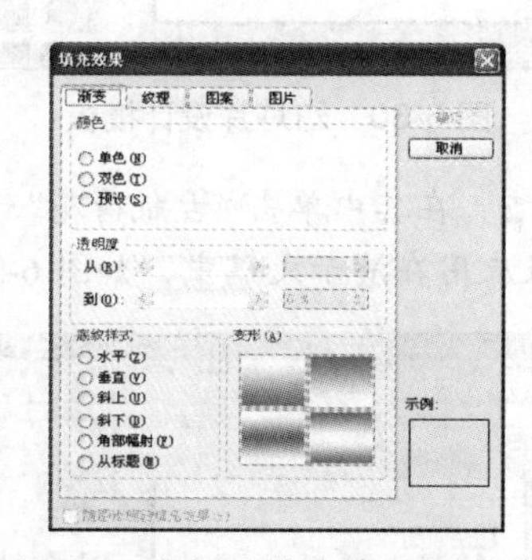

图 6-36　设置“填充效果”对话框

Step 3 选择【插入】/【图片】/【来自文件】命令，打开“插入图片”对话框。在其中选择图片的位置和名称。单击[插入(S)]按钮，图片将插入到当前幻灯片母版的中央，调整图片位置、大小和颜色即可。

Step 4 在母版中也可插入各种对象，并可对标题、文字格式等进行详细设置，其方法与在普通视图中插入对象以及设置文本格式的方法基本一致。在完成母版的设置后，单击“幻灯片母版视图”工具栏中的[关闭母版视图(C)]按钮退出即可。

提示：在幻灯片视图中编辑内容时，不能修改在母版中插入的对象，只有选择【视图】/【母版】/【幻灯片母版】命令，才能对母版进行修改。

6.5 自定义动画和放映方式

PowerPoint 2003 还可以自定义动画方案的放映方式，来达到不同的演示文稿的制作要求，如自定义动画特效、添加动作按钮、使用超链接等。

6.5.1　自定义动画特效

当 PowerPoint 2003 中自带的动画方案不能满足制作需要时，可以通过自定义动画效果来达到要求。

【任务 13】为幻灯片设置自定义动画。

Step 1　选择【幻灯片放映】/【自定义动画】命令，打开“自定义动画”任务窗格。

Step 2　选择需要设置动画的对象，这里选中图 6-37 所示的文本。

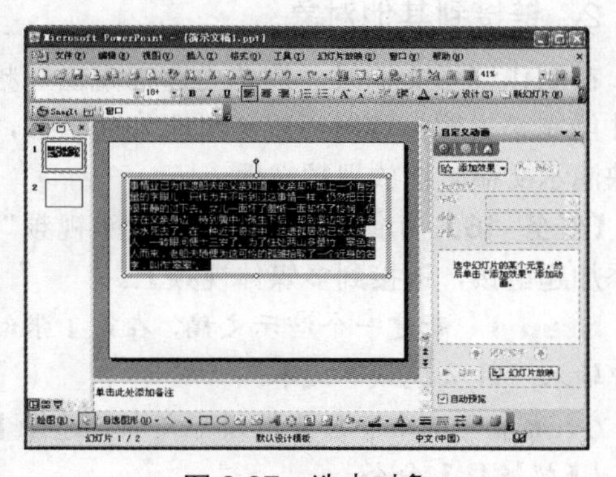

图 6-37　选中对象

Step 3　单击［添加效果］按钮，在弹出的下拉列表中选择【进入】/【百叶窗】命令，如图 6-38 所示，即可将动画效果应用到选定的文本上。

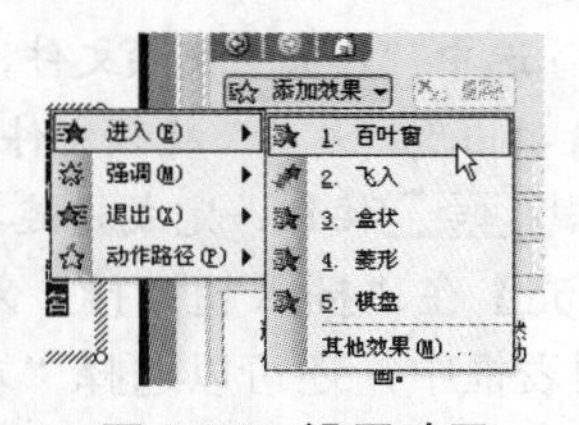

图 6-38　设置动画

【知识补充】根据对显示文本的不同需要可设置不同的动画效果。

- “进入”选项用于设置在幻灯片放映时文本及对象进入放映界面时的动画效果。
- “强调”选项用于在演示过程中对需要强调的部分设置动画效果。
- “退出”选项用于设置在幻灯片放映时相关内容退出时的动画效果。
- “动作路径”选项用于指定相关内容放映时动画所通过的轨迹。

6.5.2　添加动作按钮

在 PowerPoint 2003 中可以为幻灯片添加一些动作按钮，当放映这些幻灯片时，可通过单击动作按钮进行相应的幻灯片切换操作。

【任务 14】为“行车安全八忌”演示文稿的放映添加动作按钮。

Step 1　打开“行车安全八忌”演示文稿，选中第 1 张幻灯片，选择【幻灯片放映】/【动作按钮】命令，在弹出的菜单中选择“前进或下一项”动作按钮▷，如图 6-39 所示。

图 6-39　选择动作按钮

Step 2　在幻灯片中拖动鼠标绘制相应的动作按钮，绘制完成的同时弹出“动作设置”对话框。

Step 3　在“单击鼠标”选项卡中设置单击该按钮时将要执行的操作，这里选中“超链接到”单选项，在其下的文本框中单击右侧的⌄按钮，在弹出的下拉列表中选择“下一张幻灯片”，完成后单击确定按钮。

Step 4 为第2张幻灯片添加同样的效果，设置完成后单击确定按钮，在放映的过程中即可单击动作按钮来切换到下一页，如图6-40所示。

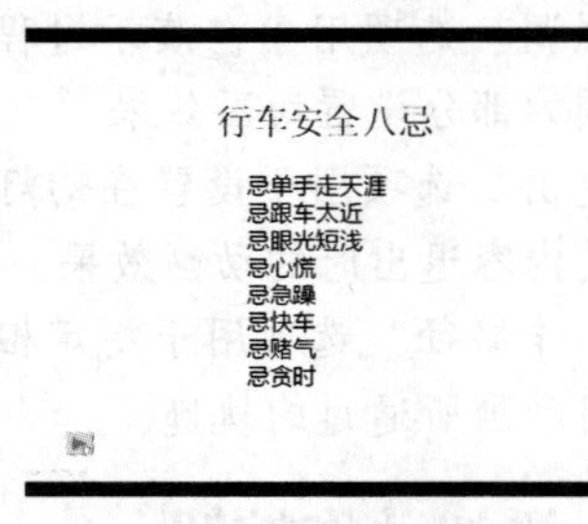

图6-40 放映幻灯片

6.5.3 使用超链接

在PowerPoint 2003中可以为文本或图片添加超链接，使其单击后能跳转到其他演示文稿、幻灯片、文本、网页等内容。

1. 为内容添加超链接

为幻灯片中的对象添加超链接后，可以使演示文稿变得更加丰富。

【任务15】为“百度首页”文本添加超链接，并链接到百度网首页。

Step 1 新建一个演示文稿，在第1张幻灯片中输入“百度首页”文本。

Step 2 选中“百度首页”文本，选择【插入】/【超链接】命令。

Step 3 打开“插入超链接”对话框，单击“链接到”列表框中的“原有文件或网页”，单击“浏览Web”按钮，如图6-41所示。

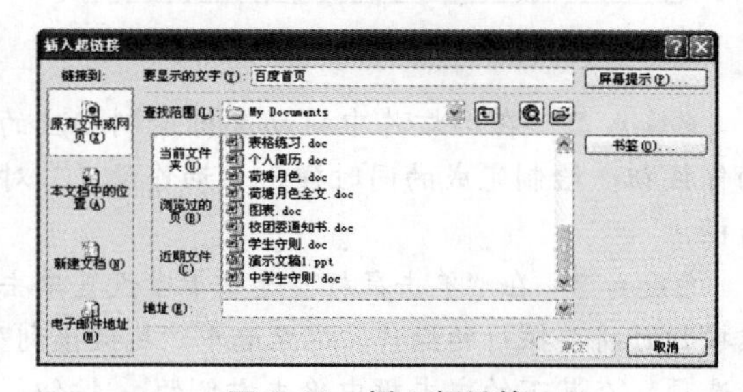

图6-41 插入超链接

Step 4 找到并选择要链接到的百度首页网址，复制网址并粘贴到“地址”文本框中，如图6-42所示，单击确定按钮，即可为文本添加超链接。

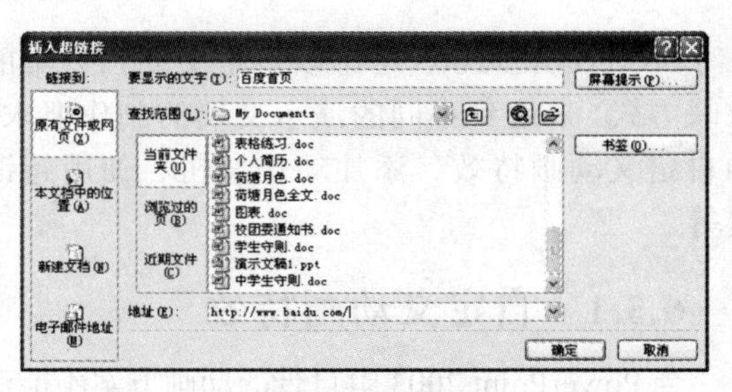

图6-42 粘贴网址

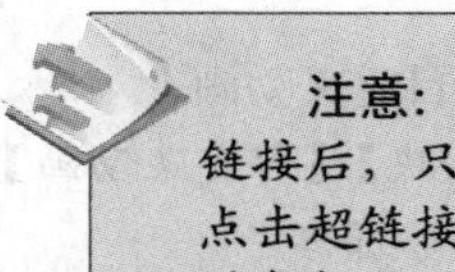

注意：为演示文稿中的对象添加超链接后，只有在放映演示文稿时，才能点击超链接，将链接到的文件或网页等对象打开。

2. 链接到其他对象

在制作演示文稿时，有些内容需配上视频文件才能完整说明，这时可以通过添加超链接，在放映演示文稿时播放视频文件。

【任务16】为演示文稿中的“片头视频”文本添加超链接，链接到多媒体视频上。

Step 1 新建一个演示文稿，在第1张幻灯片中输入“片头视频”文本。

Step 2 选中“片头视频”文本，选择【插入】/【超链接】命令。

Step 3 打开“插入超链接”对话框，在“链接到”列表框中选择“原有文件或网页”选项，在“查找范围”栏中，查找“片头”视频文件（提供在光盘素材中）。

Step 4 选中“片头”视频文件，在“地址”文本框中会自动出现“片头”视频文件在计算机中的地址。单击确定按钮，完成超链接的添加。

【知识补充】在“插入超链接”对话框中的“链接到”列表框中，还可以选择“本文档中的位置”选项，该选项将对象链接到同一演示文稿

的不同幻灯片中；选择“新建文档”可新建一个文档,并设置文档路径,将对象链接到该文档中；选择“电子邮件地址”可将对象链接到一个电子邮件中。

6.6 放映和打包输出幻灯片

演示文稿多用于教育教学、产品展示、工作总结等方面，制作完成的演示文稿可以将其输出放映，下面讲解放映和打包输出幻灯片的方法。

6.6.1 设置幻灯片的放映方式

在不同的场合，幻灯片有不同的放映方式，可以根据具体情况对放映方式进行设置。选择【幻灯片放映】/【设置放映方式】命令，打开“设置放映方式”对话框，如图 6-43 所示。在对话框中根据需要进行设置。然后选择【幻灯片放映】/【观看放映】命令或按“F5”键，即可根据所设置的方式进行放映。

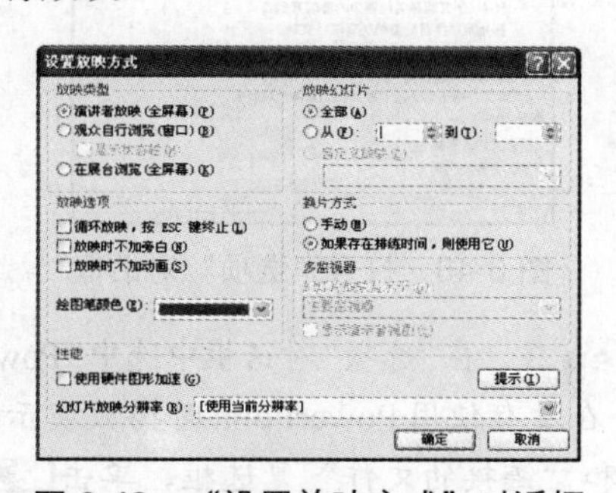

图 6-43 “设置放映方式”对话框

“设置放映方式”对话框中常用设置栏的含义介绍如下。

- 放映类型。“演讲者放映（全屏幕）”是一种比较正式的放映方式，便于演讲者浏览和展示，放映时呈全屏显示，在放映过程中可通过单击鼠标左键跳转到下一页；“观众自行浏览（窗口）”是使用窗口幻灯片进行放映，此种放映方式下可以进行翻页、打印和浏览操作，还可通过设置排练计时后自动放映幻灯片，但是只能自动放映或利用滚动条进行放映。“在展台浏览（全屏幕）”是最简单的放映方式，在放映过程中只保留了鼠标指针，用于选择屏幕对象，若要终止放映只能按“Esc”键。
- 放映选项。该栏的设置受放映类型设置的影响，主要作用在于控制放映过程中的旁白、动画以及循环播放。
- 放映幻灯片。选中“全部”单选项时，所有幻灯片都将被放映；选中“从”单选项时，在其后的数值框内输入开始和结束幻灯片的编号，可对输入编号之间的幻灯片进行放映，其他幻灯片将不被放映。

6.6.2 设置放映时间

设置放映时间是指通过设置放映演示文稿时播放的速度，对动画播放和幻灯片切换的时间进行控制。

【任务 17】使用排练计时设置“行车安全八忌”演示文稿的放映时间。

Step 1 打开演示文稿，选择【幻灯片放映】/【排练计时】命令，进入放映排练状态。

Step 2 此时幻灯片进入放映状态，并打开“预演”计时框，如图 6-44 所示。

图 6-44 排练计时

Step 3 在人工控制下，进行幻灯片的展示和切换，同时进行计时。

Step 4 放映结束，按“Esc”键退出并打开提示对话框，提示预演时间和是否保留该排练时间，如图 6-45 所示。

图 6-45 确定是否采用预演计时的时间控制

Step 5 单击[是(Y)]按钮，返回浏览视图。之后，在放映该幻灯片的过程中，将会按照预演计时的时间进行放映。

6.6.3 隐藏及取消隐藏幻灯片

有时不需要全部播放演示文稿中的幻灯片，这时可以通过PowerPoint 2003中幻灯片的隐藏功能将不需要播放的幻灯片进行隐藏，而不用删除这些幻灯片。被隐藏的幻灯片在浏览视图中仍能够看到并能进行编辑，并且幻灯片编号上有“\”标记。隐藏幻灯片的方法如下。

- 选中需要隐藏的幻灯片，单击鼠标右键，在弹出的快捷菜单中选择“隐藏幻灯片”命令即可。
- 选中需要隐藏的幻灯片，选择【幻灯片放映】/【隐藏幻灯片】命令。

取消隐藏幻灯片只需重复上述操作，取消“隐藏幻灯片”前的按钮的选中状态即可。

6.6.4 在幻灯片上做标记

在幻灯片放映过程中，有时需对一些内容进行标记以着重强调或以示区别。放映幻灯片时，单击鼠标右键，在弹出的快捷菜单中选择【指针选项】/【圆珠笔】命令，如图6-46所示，此时鼠标指针变成，按下鼠标左键，在需要着重指出的地方拖动即可绘制线条。

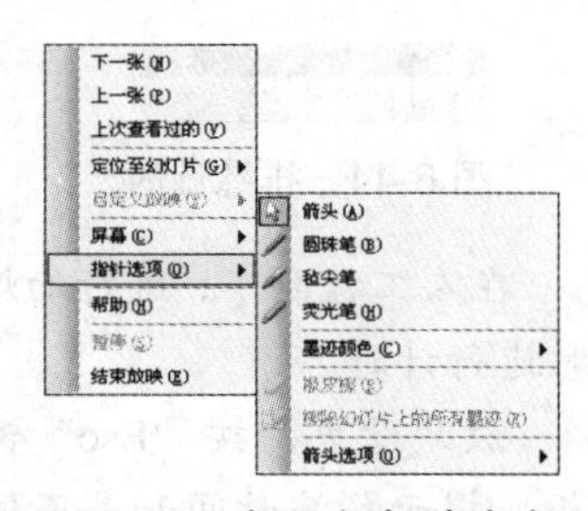

图6-46 标记幻灯片内容

如果想更换绘图笔颜色，只需在快捷菜单选择【指针选项】/【墨迹颜色】命令，然后在打开的对话框中选择喜欢的颜色即可。如果不想保留所做的标记，可在结束放映时，在打开的询问是否保留墨迹注释的提示对话框中单击[放弃(D)]按钮。

6.6.5 打包演示文稿

当演示文稿制作完成时，可对其打包输出。由于演示文稿可能需要在不同的计算机上放映，可能会出现一些如找不到链接文件的问题。对此，PowerPoint 2003新增了“打包成CD”功能，该功能可以快速利用记录机将制作好的演示文稿打包并记录，这样，在其他计算机上放映该演示文稿时，就不容易出错。

【任务18】将演示文稿打包到文件夹中。

Step 1 选择【文件】/【打包成CD】命令，打开“打包成CD”对话框，如图6-47所示。

图6-47 打开“打包成CD”对话框

Step 2 单击[选项(O)...]按钮，打开“选项”对话框，如图6-48所示。

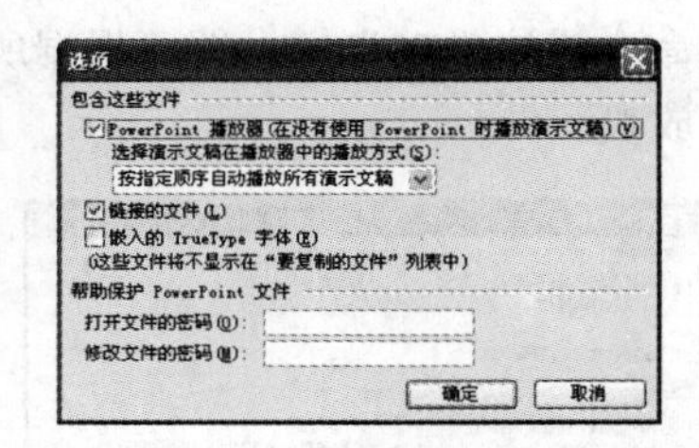

图6-48 打开“选项”对话框

Step 3 在“选项”对话框中选中“PowerPoint播放器(在没有使用PowerPoint时播放演示文稿)”复选框和“链接的文件”复选框，单击[确定]按钮返回“打包成CD”对话框。

Step 4 在“打包成CD”对话框中单击[复制到文件夹(F)...]按钮，打开“复制到文件夹”对话框，输入文件夹名称及位置后单击[确定]按钮，演示文稿开始打包输出。

Step 5 输出完成后，在“打包成CD”对话框中单击[关闭]按钮完成演示文稿的打包。

【知识补充】打包演示文稿分为将演示文稿压缩到CD或文件夹两种，其中压缩到CD要求计算

机中必须配有刻录光驱，而打包成文件夹则只是将演示文稿打包到计算机上的一个文件夹。

放映打包的演示文稿时，可使用打包文件夹中的“PowerPoint 浏览器”进行放映。在打包文件存放的位置双击 pptview.exe 文件，打开“Microsoft Office PowerPoint Viewer”对话框后，选择打包文件所在目录中的演示文稿文件，单击打开(O)按钮即可放映。

6.6.6 设置和打印幻灯片

演示文稿制作完成后，有时还需要将其打印输出，根据打印内容的不同，可以分为打印幻灯片、打印讲义、打印备注和打印大纲4种方式。

【任务19】预览和打印演示文稿。

Step 1 打开需要打印的演示文稿，选择【文件】/【打印预览】命令，进入打印预览状态，如图6-49所示。

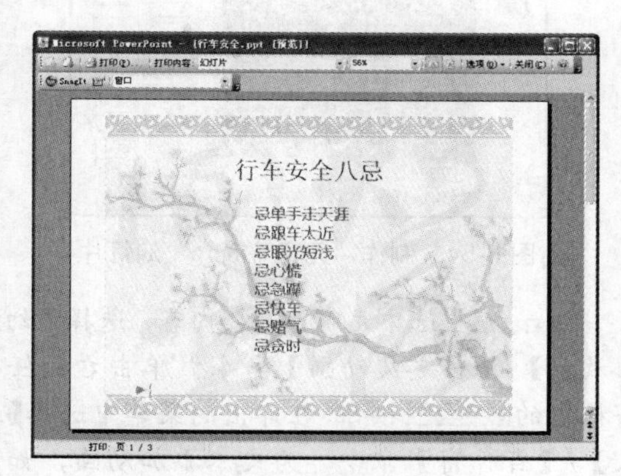

图6-49 预览打印效果

Step 2 在“打印内容”下拉列表框中选择需要打印的内容，这里选择“幻灯片”。

Step 3 选择【选项】/【颜色/灰度】/【灰度】命令，将打印颜色设置为黑白。

Step 4 单击工具栏中的关闭(C)按钮，退出打印预览状态。

Step 5 选择【文件】/【打印】命令，打开“打印”对话框，如图6-50所示。

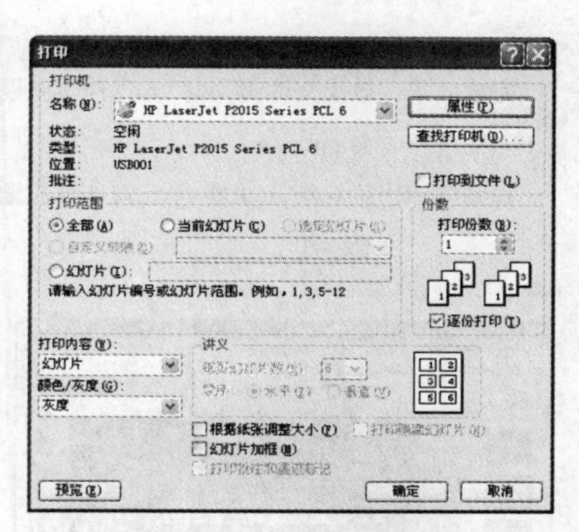

图6-50 打印演示文稿

Step 6 单击属性(P)按钮，打开打印机属性对话框，可对纸张等进行设置。

Step 7 单击确定按钮返回“打印”对话框，在“打印份数”数值框中输入需要打印的份数，单击确定按钮即可开始打印。

6.7 上机实训——制作“元宵佳节”演示文稿

1. 实训目的

通过实训掌握制作演示文稿的方法和技巧。具体的实训目的如下。

- 熟悉PowerPoint 2003演示文稿软件的操作。
- 熟练运用PowerPoint 2003制作幻灯片。

2. 实训要求

启动PowerPoint 2003并能使用该软件制作演示文稿，完成效果如图6-51所示。

具体要求如下。

（1）制作“元宵佳节主题班会”演示文稿，为文稿添加幻灯片模板。

（2）在幻灯片中输入文本内容，并对文本内容格式进行设置。

完成效果：效果文件\第 6 章\元宵佳节主题班会.ppt

视频演示：第 6 章\上机实训\元宵佳节主题班会.swf

图 6-51 元宵佳节主题班会

3. 完成实训

Step 1 启动 PowerPoint 2003，程序将自动新建一个空白演示文稿，将演示文稿以“元宵佳节主题班会”为名进行保存。

Step 2 选择【格式】/【幻灯片设计】命令，在右侧任务窗格的“应用设计模板”列表框中选择“Fireworks”作为演示文稿的背景主题，如图 6-52 所示。

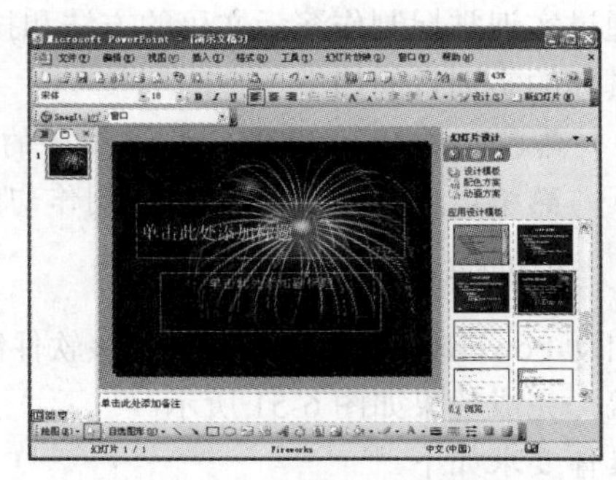

图 6-52 应用幻灯片主题背景

Step 3 在主标题文本框中输入“元宵佳节主题班会”，并选中文本，将格式设置为“微软雅黑、居中、加粗”，在副标题文本框中输入“农历正月十五”。在任务窗格中单击“动画方案”，在动画方案中选择“大标题”，如图 6-53 所示。

图 6-53 编辑第 1 张幻灯片

Step 4 按“Enter”键添加一张新的幻灯片，在第 2 张幻灯片的标题文本框中输入“元宵节简介”文本，并将其居中，在下面的文本框中输入元宵节简介的内容，如图 6-54 所示。

图 6-54 制作“元宵节简介”幻灯片

Step 5 选中元宵节简介内容，选择【幻灯片放映】/【自定义动画】命令。单击右侧任务窗格中的“添加效果”按钮，在弹出的菜单中选择【进入】/【百叶窗】命令，为文本添加动画，如图 6-55 所示。

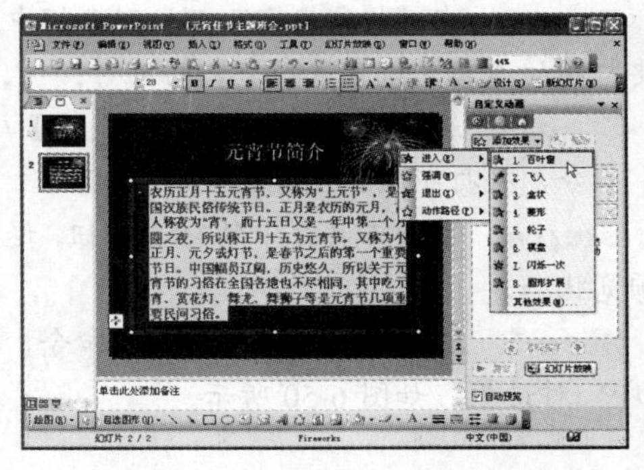

图 6-55 为元宵节简介添加动画

Step 6 多次按“Enter”键添加 5 张幻灯片，在第 3 张幻灯片标题文本框中输入“元宵节由来”文本。在其下的文本框中输入内容并将其选中。选择【格式】/【项目符号和编号】命令，在打开的对话框中为文本内容设置编号，如图 6-56 所示。

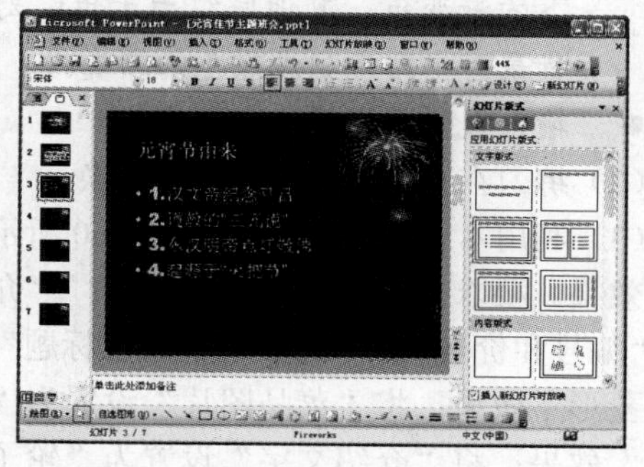

图 6-56 制作“元宵节由来”幻灯片

Step 7 在余下的 4 张幻灯片中分别输入其他内容，具体内容可参考效果文件。

Step 8 在第 3 张幻灯片中选择“1.汉文帝纪念平吕”，选择【插入】/【超链接】命令，打开“插入超链接”对话框。

Step 9 在“链接到”列表框中选择“本文档中的位置”选项，在“请选择文档中的位置”列表框中，选择第 4 张幻灯片，在“幻灯片预览”栏中可看到所选幻灯片的内容，如图 6-57 所示，确认无误后单击 确定 按钮。

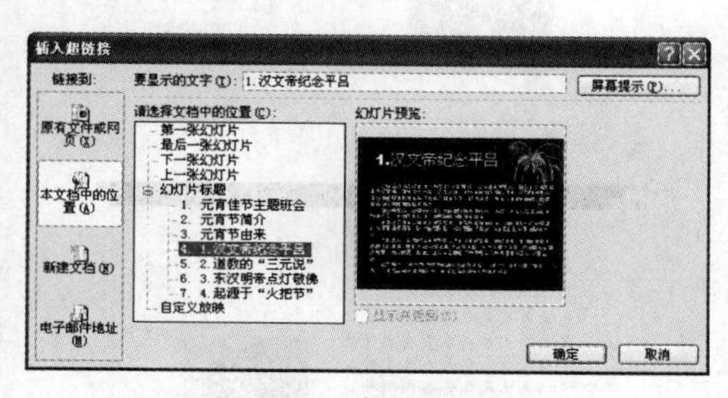

图 6-57 创建超链接

Step 10 为第 3 张幻灯片中的其他 3 项添加超链接，分别链接到相应的幻灯片上。设置完成后，第 3 张幻灯片中的 4 个项目均变为可单击的超链接，完成设置，如图 6-58 所示。

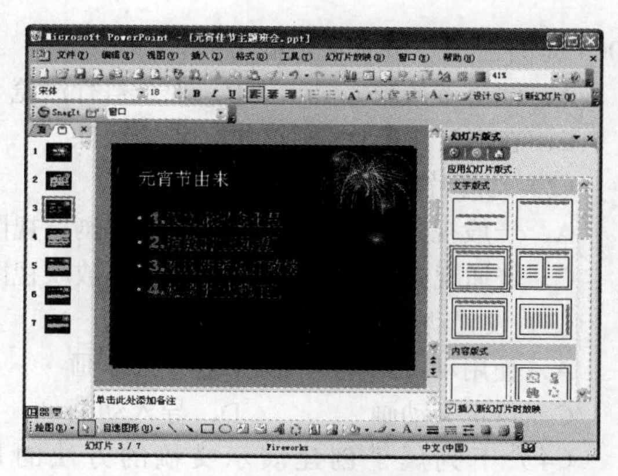

图 6-58 查看效果

6.8 练习与上机

1. 单项选择题

（1）在进行幻灯片放映的任意时刻，按（　　）键可以退出幻灯片放映。

A．空格键　　B．Esc

C．鼠标左键　　D．鼠标右键

（2）在（　　）方式下可以进行幻灯片的放映控制。

A．普通视图　　B．幻灯片浏览视图

C．幻灯片放映视图　　D．以上都不正确

（3）在选择打印幻灯片的颜色模式时，PowerPoint 2003 中没有的模式是（　　）。

A．彩色模式　　B．灰度模式

C．纯黑白模式　　D．半灰度模式

（4）为避免在不同的计算机上放映演示文稿时出现问题，可将演示文稿（　　）。

A．另存为不同的文件名　　B．加密演示文稿

C．打包成 CD　　D．以上都不正确

（5）下列不属于动作效果选项的是（　　）。

A．进入　　B．强调

C．退出　　D．消失

2. 多项选择题

（1）在设置幻灯片的放映方式时，PowerPoint

2003 提供了（　　）3 种放映方式。

A．演讲者放映　　B．观众自行浏览

C．在展台浏览　　D．混合放映

（2）幻灯片的视图模式包括（　　）。

A．一般视图　　B．幻灯片浏览视图

C．普通视图　　D．幻灯片放映视图

（3）设置动画效果的方法有（　　）。

A．使用动画方案　　B．外设动画

C．自定义动画　　D．导入动画

（4）下列属于创建演示文稿的方法的是（　　）。

A．按“Ctrl+N”组合键

B．单击“常用”工具栏中的□按钮

C．选择【文件】/【新建】命令

D．按“Ctrl+M”组合键

（5）母版一般分为（　　）。

A．幻灯片母版　　B．浏览母版

C．讲义母版　　D．备注母版

（6）下列属于插入幻灯片的操作的是（　　）。

A．选择【插入】/【新幻灯片】命令

B．单击鼠标右键，在弹出的快捷菜单中选择“新幻灯片”命令

C．在两张幻灯片之间按“Enter”键

D．按“Ctrl+M”组合键

3. 实训操作题

完成效果：效果文件\第 6 章\九九乘法表.ppt

视频演示：第 6 章\练习与上机\九九乘法表.swf

（1）制作一张“九九乘法表”幻灯片，如图 6-59 所示，要求如下。

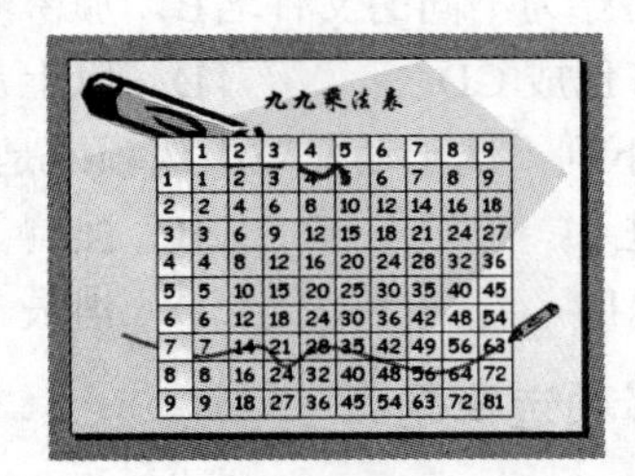

图 6-59　九九乘法表

- 使用设计模板“Crayons”新建演示文稿，输入标题。
- 选择【插入】/【表格】命令插入表格，输入内容后设置字体、边框和底纹。将第 1 行与第 1 列的表格背景设置为斜向下的渐变色，其他底纹为无色，幻灯片背景为由白色到浅绿色的渐变。
- 输入数据并设置文本格式。

（2）练习在不同的视图间进行切换。

（3）利用本章所讲知识制作图 6-60 所示的幻灯片效果。要求按“标题”“菜品图片”“介绍文字”“编号和价格”的顺序制作。将“标题”设置为“菱形”效果；将“菜品图片”设置为“橄榄球形”效果；将“介绍文字”设置为“轮子”效果；将“编号和价格”设置为“圆形扩展”效果，最后将每一个动画设置为在前一动画之后播放。

所用素材：素材文件\第 6 章\麻婆豆腐.jpg、鱼香肉丝.jpg

完成效果：效果文件\第 6 章\菜谱.ppt

视频演示：第 6 章\练习与上机\菜谱.swf

图 6-60　“菜谱”幻灯片效果

拓展知识

在学习了 Word 和 Excel 后，PowerPoint 2003 学起来是否感觉简单多了呢？下面介绍如何将 PowerPoint 2003 与 Word 2003 协同使用来提高工作效率。

用户可以把幻灯片转换成 Word 文档，也可以把 Word 文档中的内容导入到 PowerPoint 演示文稿中。

Step 1　打开演示文稿，选择【文件】/【发送】/【Microsoft Office Word】命令，如图 6-61 所示。

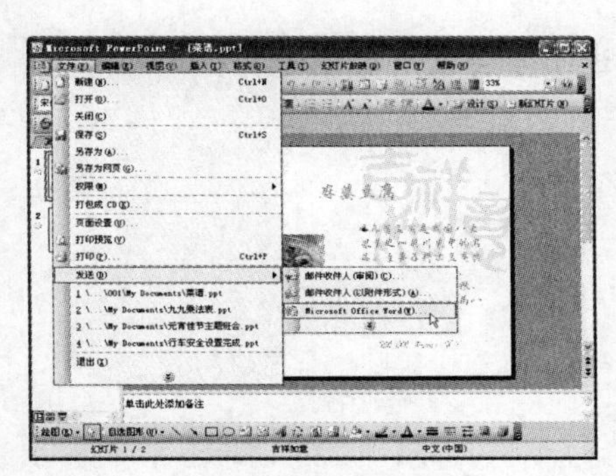

图 6-61　选择命令

Step 2　打开“发送到 Microsoft Office Word”对话框，如图 6-62 所示，在“Microsoft Office Word 使用的版式”栏中选中“空行在幻灯片旁”单选项，在“将幻灯片添加到 Microsoft Office Word 文档”栏下选中“粘贴链接”单选项，单击 确定 按钮。

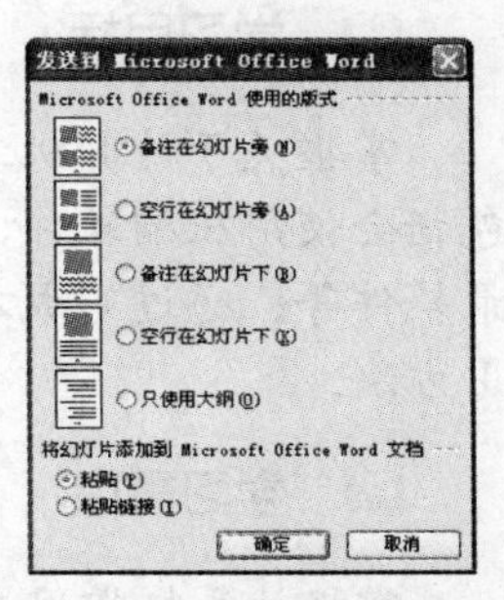

图 6-62　选择使用版式

Step 3　自动打开 Word 软件，相关内容已发送至 Word 中显示。

在对话框中选中“粘贴链接”单选项后，在 PowerPoint 2003 中的幻灯片进行更改后，Word 2003 中的幻灯片也会自动更改；选择“粘贴”单选项，则 PowerPoint 2003 中的幻灯片更改后不会影响 Word 2003 中的幻灯片的内容。若要编辑 Word 2003 文档中的幻灯片，则需要双击该幻灯片后，在 PowerPoint 2003 界面中进行编辑，编辑完成后，单击“保存”按钮，Word 中的内容即更新。

第7章 使用常用工具软件

📖 学习目标

掌握关于计算机工具软件的知识，并能灵活地使用这些工具软件。包括会使用压缩软件、看图软件、文档阅读软件、格式工厂以及光盘刻录软件等。通过完成本章上机实训，进一步掌握相关工具软件的实际应用方法。

📖 学习重点

掌握计算机常用工具软件的使用方法，进而学会使用其他计算机工具软件。

📖 主要内容

- 压缩软件——WinRAR
- 看图软件——ACDSee
- PDF 文档阅读软件——Adobe Reader
- 音视频格式转换——格式工厂
- 光盘刻录软件——Nero

7.1 压缩软件——WinRAR

WinRAR 是一种通过对计算机文件压缩和解压缩，以达到合理运用磁盘空间，同时方便文件传递和备份的工具软件，它支持 RAR、ZIP、CAB、TAR、GZ、ACE、ARJ、LZH、UUE、BZ2 和 JAR 等多种格式的压缩，压缩后所生成的文件称为压缩包。下面将以 WinRAR（评估版本）为例进行讲解。

安装 WinRAR 后，选择【开始】/【所有程序】/【WinRAR】/【WinRAR】命令，便可启动 WinRAR，其操作界面如图 7-1 所示，工具栏中各按钮功能介绍如下。

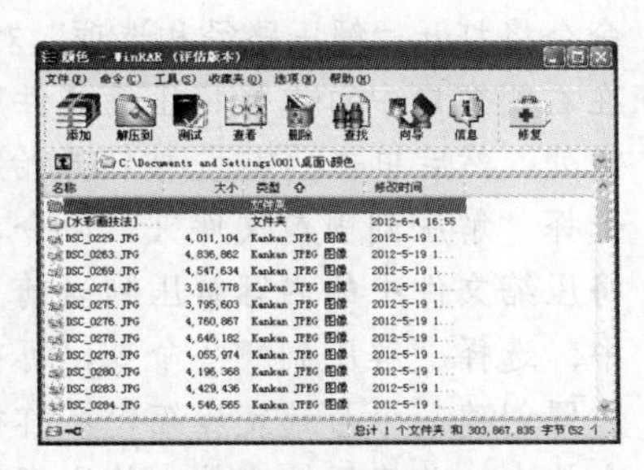

图 7-1　WinRAR 操作界面

- "添加"按钮。单击该按钮可对内容窗格中选择的文件或文件夹进行压缩操作。
- "解压到"按钮。单击该按钮可对内容窗格中选择的压缩文件进行解压操作。
- "测试"按钮。单击该按钮可对内容窗格中选择的压缩文件进行解压测试，查看有无错误。
- "查看"按钮。单击该按钮可查看在内容窗格中选择的压缩文件中的内容。
- "删除"按钮。单击该按钮可删除内容窗格中选择的文件或文件夹。
- "查找"按钮。单击该按钮可进行文件的查找。
- "向导"按钮。单击该按钮可通过"向导"对话框进行压缩和解压缩操作。
- "信息"按钮。单击该按钮可查看内容窗格中选择的文件或文件夹的信息。
- "修复"按钮。单击该按钮可对损坏的压缩文件进行修复。

7.1.1 压缩文件

通过压缩操作，可将多个文件或文件夹压缩成一个文件，以减少占用的磁盘空间。通过 WinRAR 窗口压缩或直接压缩都可以实现压缩操作，其方法分别介绍如下。

- 通过 WinRAR 窗口压缩。选择【开始】/【所有程序】/【WinRAR】/【WinRAR】命令启动 WinRAR 工具软件，在 WinRAR 地址栏中选择需压缩文件所在的磁盘，再在内容窗格中双击打开压缩对象所在的文件夹，然后选择要压缩的文件或文件夹，单击"添加"按钮，打开"压缩文件名和参数"对话框，在"文件名"文本框中输入压缩文件的名称，单击 浏览(B)... 按钮，在打开的对话框中选择压缩文件的存放位置，单击 打开(O) 按钮返回"压缩文件名和参数"对话框，最后单击 确定 按钮即可开始创建压缩文件。
- 直接压缩。将需要压缩的文件或文件夹整理到一起并全部选中，然后单击鼠标右键，在打开的快捷菜单中选择"添加到压缩文件"命令，在打开的"压缩文件名和参数"对话框中设置压缩文件名，单击 确定 按钮即可开始压缩文件并显示压缩进度。

【任务 1】通过 WinRAR 窗口压缩计算机中的文件夹。

Step 1　选择【开始】/【所有程序】/【WinRAR】/【WinRAR】命令，启动 WinRAR。

Step 2　单击地址栏右侧的按钮，在打开的下拉列表中选择需要压缩的文件的路径，在其下方的列表框中选择需要压缩的文件，然后单击“添加”按钮，如图 7-2 所示。

图 7-2　添加压缩文件

Step 3　在打开的“压缩文件名和参数”对话框的“压缩文件名”文本框中输入压缩后文件的名称，这里保持默认。

Step 4　在“压缩文件格式”栏中设置文件压缩后的格式，有 RAR 和 ZIP 两种，这里选中“RAR”单选项。

Step 5　在“压缩方式”下拉列表中选择压缩的方式，这里保持默认的“标准”压缩方式，还可以选择“最快”“最好”等压缩方式。

Step 6　在“压缩选项”栏中选中“压缩后删除源文件”复选框，即文件进行压缩后，将源文件删除，如图 7-3 所示，然后单击确定按钮，开始压缩文件。在压缩文件的过程中，WinRAR 会打开“正在创建压缩文件”的对话框，该对话框显示了文件的压缩进度、已用时间和剩余时间等参数。完成压缩后，在压缩文件的位置生成一个带有图标的压缩文件。

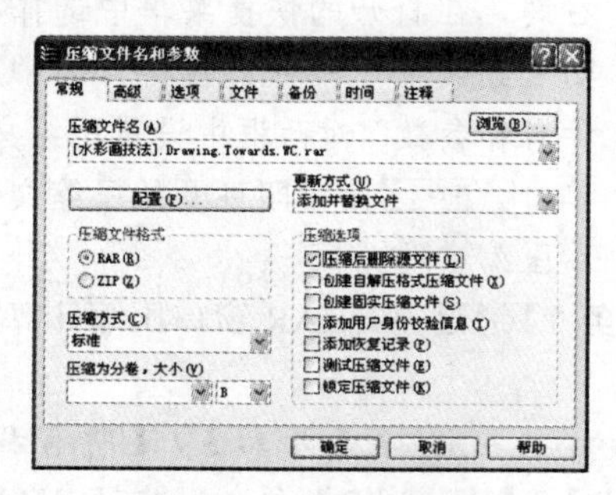

图 7-3　设置压缩参数

【知识补充】在设置压缩参数的过程中，选择“最快”压缩方式时，压缩速度最快，但压缩质量最低，选择“最好”压缩方式时，压缩质量最高，但压缩速度最慢。在“压缩文件名和参数”对话框中的“高级”选项卡下单击设置密码(P)...按钮，可在打开的“输入密码”对话框中设置压缩文件的密码。

7.1.2　解压缩文件

若要使用压缩文件中的文件，首先需将压缩后的文件还原为未压缩的状态，该过程称为解压缩文件。文件的解压缩操作与压缩操作类似，同样有两种方法，分别介绍如下。

- 直接解压缩文件。在需解压的压缩文件上单击鼠标右键，在打开的快捷菜单中选择相应的解压命令即可对压缩文件进行解压缩操作。其中选择“解压文件”命令将打开“解压路径和选项”对话框，在右侧窗口中可选择将压缩文件解压到何处，然后单击确定按钮开始解压；选择“解压到当前文件夹”命令，可以将压缩文件中的内容解压到当前文件夹中；选择“解压到**”命令，可在当前位置创建一个与选定压缩包名称相同的文件夹，并将压缩文件中的内容解压到该文件夹中，其中星号“**”为选定压缩包的名称。
- 通过 WinRAR 窗口解压缩文件。选择【开始】/【所有程序】/【WinRAR】/【WinRAR】命令启动 WinRAR 工具软件，在地址栏中选择压缩文件所在的位置，再在内容窗格中选择压缩文件，单击“解压到”按钮，打开“解压路径和选项”对话框，进行相应设置后单击确定按钮即可。

【任务 2】通过直接解压缩的方法将文件解压。

Step 1　在计算机中找到需要解压缩的文件，在该文件上单击鼠标右键，在打开的快捷菜单中选择“解压文件”命令。

Step 2　在打开的“解压路径和选项”对话框中，设置解压后文件的存储路径，这里保持默认。

Step 3　在“目标路径”文本框中可以更改解压后文件的名称，这里同样保持默认。

Step 4　其他选项保持默认，如图7-4所示，单击确定按钮，开始解压缩文件，如图7-5所示。

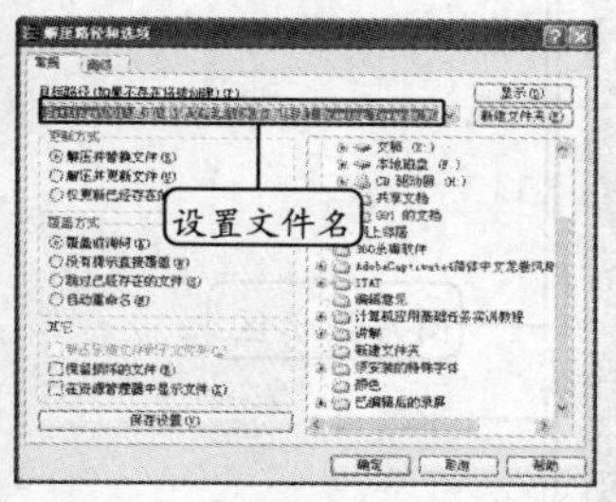

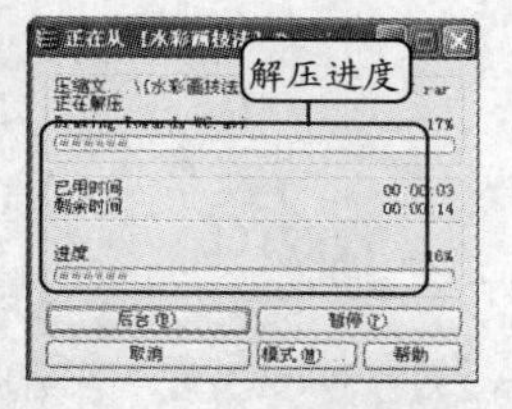

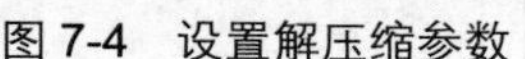

图7-4　设置解压缩参数　　图7-5　开始解压缩

7.2 看图软件——ACDSee

ACDSee是功能较强大的一款图形图像浏览工具，支持对多种图像格式的查看，相对于Windows自带的图片查看器使用更为方便，且提供了图片编辑功能。下面将以ACDSee 10版本为例进行讲解。

7.2.1　ACDSee界面介绍

选择【开始】/【所有程序】/【ACDSystems】/【ACDSee】命令，启动ACDSee 10，图7-6所示为ACDSee 10的操作界面。

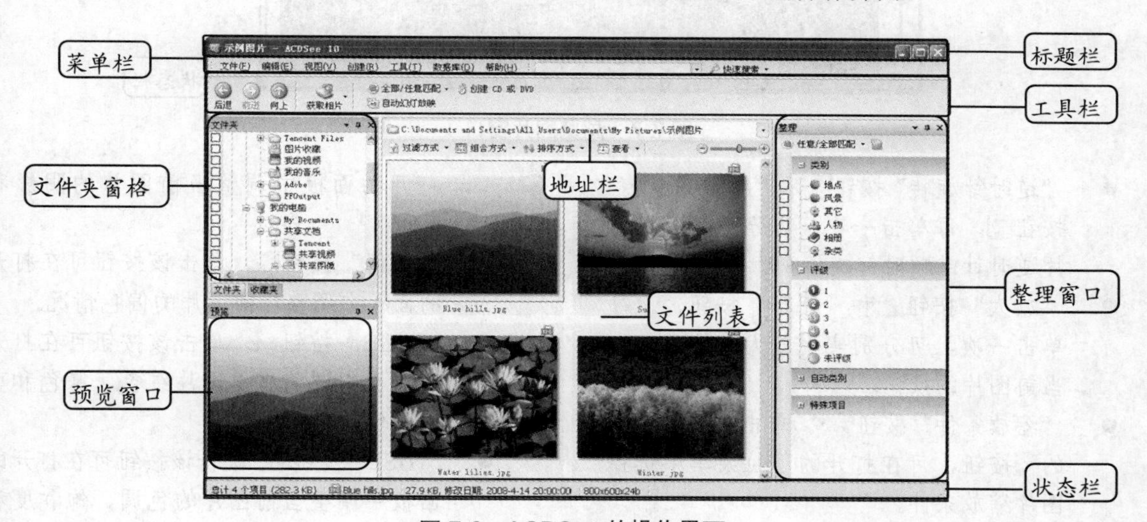

图7-6　ACDSee的操作界面

7.2.2　浏览图片

在ACDSee默认的工作界面中只能看到图片的缩略图，双击缩略图可切换到图片浏览窗口，在图片浏览窗口中可查看图片具体效果，如图7-7所示。

通过浏览窗口中的工具栏按钮可对图像进行不同操作，部分按钮的功能介绍如下。

- “浏览”按钮浏览。单击该按钮可返回ACDSee操作界面。
- “编辑图像”按钮。单击该按钮旁的按钮，在打开的下拉菜单中可选择相应的工具对该图片进行编辑。
- “打开”按钮。单击该按钮可打开对话框选择要在窗口中浏览的图片。
- “保存”按钮。单击该按钮可另存图片。
- “上一幅”按钮和“下一幅”按钮。分别单击可查看上一张或下一张图片。
- “自动播放”按钮。单击该按钮可自

动播放当前文件夹中的所有图片。

- "滚动"按钮。若图片太大，窗口显示不完全，单击该按钮可拖动浏览图片的其他部分。
- "选择"按钮。单击该按钮可选取图片区域。

图 7-7 浏览图片窗口

- "逆时针旋转"按钮和"顺时针旋转"按钮。每单击一次，可分别实现将图片逆时针或顺时针旋转 90° 的操作。
- "放大"按钮和"缩小"按钮。每单击一次，可分别实现放大或缩小一次当前图片的操作。
- "缩放条件"按钮。单击该按钮右侧的按钮，可在打开的下拉菜单中选择图片缩放条件。
- "打印"按钮。单击该按钮可打印图片。
- "撤消编辑"按钮和"重做编辑"按钮。对当前图片进行编辑后，可单击相应的按钮进行撤消和恢复操作。
- "自动曝光"按钮。单击该按钮，可在打开的面板中调整当前图片的曝光度。
- "亮度"按钮。单击该按钮可在打开的面板中调整当前图片的亮度。
- "色阶"按钮。单击该按钮可在打开的面板中调整当前图片的色阶。
- "阴影/高光"按钮。单击该按钮可在打开的面板中调整当前图片的阴影和高光。
- "色偏"按钮。单击该按钮可在打开的面板中调整当前图片的偏色情况。
- "RGB"按钮。单击该按钮可在打开的面板中调整当前图片红色、绿色和蓝色的值的大小。
- "HSL"按钮。单击该按钮可在打开的面板中调整当前图片的色调、饱和度和亮度。
- "灰度"按钮。单击该按钮可将当前图片设置为灰度显示。
- "红眼消除"按钮。单击该按钮可在打开的面板中调整人物图像中的红眼现象。
- "模糊蒙版"按钮。单击该按钮可在打开的面板中调整当前图片的模糊值的大小。
- "消除杂点"按钮。单击该按钮可在打开的面板中调整当前图片杂色值的大小。

- “调整大小”按钮。单击该按钮可在打开的面板中调整当前图片像素的大小。
- “裁剪”按钮。单击该按钮可在打开的面板中对当前图片进行裁剪。
- “旋转”按钮。单击该按钮可在打开的面板中对当前图片旋转的角度进行精确设置。
- “相片修理”按钮。单击该按钮切换到新窗口中，在新窗口中的图片某个位置单击鼠标右键，定义修理目标，然后在当前图片中单击鼠标左键并拖动鼠标可用右键定义的部分遮盖当前图片中部分，其功能类似于 Photoshop 中“印章”的功能。
- “效果”按钮。单击该按钮可在打开的面板中根据选项调整当前图片的显示效果。

7.2.3 编辑图片

在浏览图片时，若对图片的效果不满意，可以利用工具栏中的工具对图片进行调整，如调整图片的色彩、大小等。方法是单击工具栏中的“编辑图像”按钮，在打开的下拉菜单中选择“编辑模式”命令，即可在图 7-8 所示的编辑窗口中对图片进行编辑。

图 7-8 编辑图片窗口

【任务 3】使用 ACDSee 调整图片，得到类似浮雕的效果。

Step 1 选择【开始】/【所有程序】/【ACD Systems】/【ACDSee】命令，打开 ACDSee 工具软件。

Step 2 选择图片文件，在图片缩略图上双击鼠标左键，打开图片浏览窗口，ACDSee 10 将自动调整图片大小以适合显示区域。

Step 3 单击图片浏览窗口左下角的 “效果”按钮，打开新的编辑窗口。

Step 4 在左侧效果编辑面板的“选择类别”下拉列表中选择“所有效果”，在其下的“双击效果以运行它”列表框中列出所有的效果种类，如图 7-9 所示。

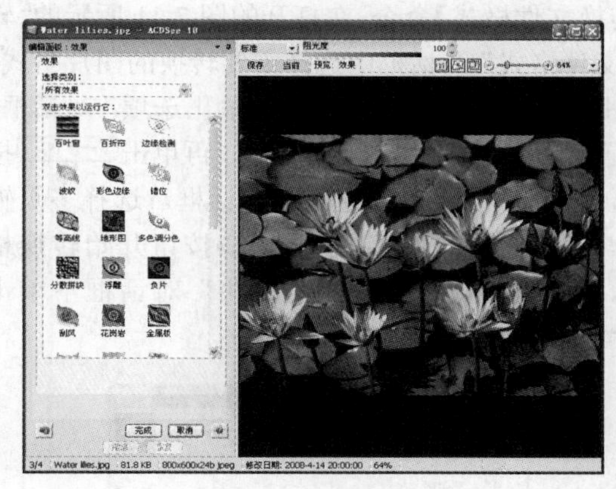

图 7-9 选择效果

Step 5 双击“浮雕”效果，右侧的预览窗口中将显示图片相应的变换，同时左侧打开“浮雕”选项卡，如图 7-10 所示。

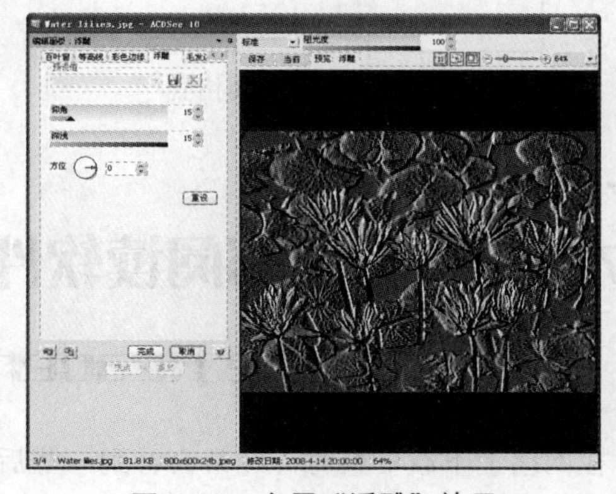

图 7-10 应用“浮雕”效果

Step 6 在“浮雕”选项卡中可以进一步调整效果，完成后单击完成按钮，程序将自动应用效果并返回到图片浏览窗口。

Step 7 在图片浏览窗口中单击“浏览器”按钮，打开“保存改变”提示对话框，在其中可以直接保存、另存为或者丢弃更改的图片，这里单击保存按钮保存修改后的图片。

7.2.4 转换图片格式

在 ACDSee 工具软件中不仅可以查看和编辑计算机中各种格式的图片，还可以将图片导出到其他位置或转换成其他格式。

在 ACDSee 的图片浏览窗口中，选择【修改】/【转换文件格式】命令。在打开的图 7-11 所示的“转换文件格式”对话框中选择需要转换的图片格式，单击下一步(N)>按钮，打开“设置输出选项”对话框，设置转换后的图片的保存位置，再单击下一步(N)>按钮，打开“设置多页选项”对话框，选择多页输入与输出的方式，单击开始转换(C)按钮开始转换格式，完成后在“正在转换文件”对话框中单击完成按钮即可。

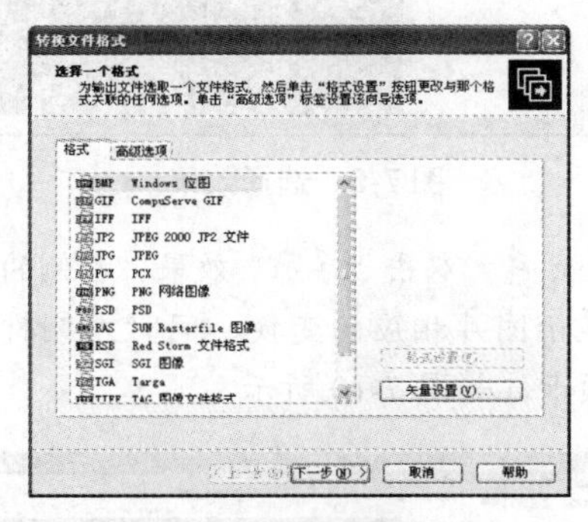

图 7-11 选择转换格式

7.3 PDF 文档阅读软件——Adobe Reader

在网络上下载资料时，经常会看到一些后缀名为“pdf”的文件，这些文件的查看需要用到一款专门的文档阅读软件——Adobe Reader。

7.3.1 阅读 PDF 文档

一般在启动计算机时，系统将默认启动 Adobe Reader，如 Adobe Reader 不是开机启动项，那么在阅读电子书之前，必须手动启动 Adobe Reader。方法是选择【开始】/【所有程序】/【Adobe Reader】命令，启动 Adobe Reader 后，选择【文件】/【打开】命令，在“打开”对话框中选择需打开的文档，单击打开按钮即可打开文档进行阅读。

Adobe Reader 工具栏中主要按钮的作用如下。

- “上一页”按钮和“下一页”按钮。单击这两个按钮，可分别查看上一页文档或下一页文档内容。
- 页码框10/83。前面显示当前页码，后面显示文档的总页码。
- “缩小”按钮和“放大”按钮。单击这两个按钮，可分别缩小或放大文档的显示效果。

7.3.2 编辑 PDF 文档

PDF 格式的电子图书文件应用范围广泛，有时需要将其中的图片或文本复制出来以供使用，这时就需要用到 Adobe Reader 的编辑功能。

【任务 4】启动 Adobe Reader，阅览电子图书，并对需要的文本和图片内容进行复制保存。

Step 1 选择【开始】/【所有程序】/【Adobe Reader】命令，启动 Adobe Reader 工具软件。

Step 2 选择【文件】/【打开】命令，在打开的“打开”对话框中选择需要查看的文件，这里选中“素描 马.pdf”，如图 7-12 所示，单击打开按钮，打开文件。

Step 3 单击操作界面左侧的“页面”按钮显示页面缩略图，在缩略图面板中找到需要保存的图片所在的页面，单击页面缩略图，在右侧的页面浏览区域中显示选择的页面，如图 7-13 所示。

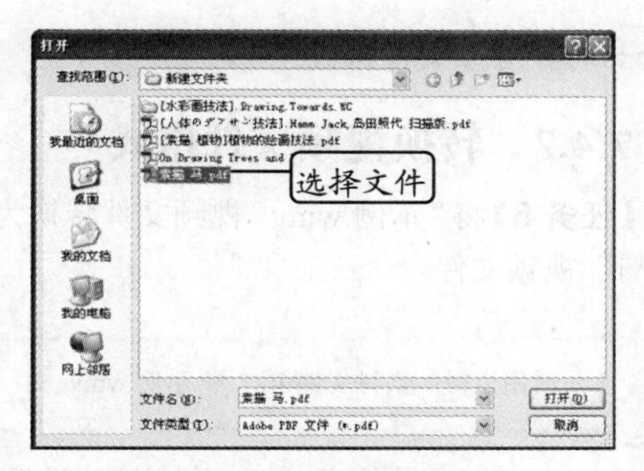

图 7-12　打开文件

所用素材：素材文件\第 7 章\素描马.pdf

图 7-13　选择页面

Step 4　将鼠标指针移动到需要复制的图像上，鼠标指针变为┼时，单击选中图像，再在其上单击鼠标右键，在打开的快捷菜单中选择“复制图像”命令（或按“Ctrl+C”组合键），如图 7-14 所示。

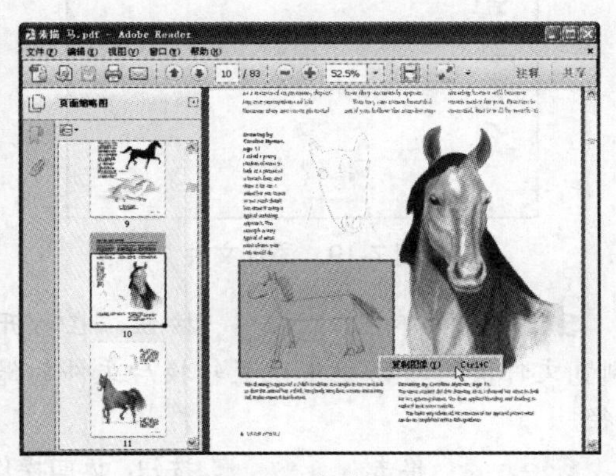

图 7-14　复制图片

Step 5　启动 Microsoft Office Word，在打开的 Word 文档编辑区中，将光标定位到目标位置，按“Ctrl+V”组合键粘贴图像，如图 7-15 所示。

图 7-15　粘贴图片

Step 6　单击工具栏上的⊕按钮，放大显示效果，将鼠标指针移动到需要复制的文本区域中，鼠标指针变为I时，选择需要复制的文本，单击鼠标右键，在打开的快捷菜单中选择“复制”命令。

Step 7　在打开的 Word 文档编辑区中，将光标插入点定位到目标位置，按“Ctrl+V”组合键进行粘贴，完成对 PDF 文档中文本内容的复制。

提示：有些文档页面虽然看起来都是文字，但是无法通过上述操作选择其中的文本，这是因为该页面是扫描或者拍摄的，其中的页面实际上都是图片。

7.4 音视频格式转换——格式工厂

在使用一些音视频文件时，有时根据使用情况的不同，需要转换音频文件或视频文件的格式。音视频格式的转换需要用到专门的格式转换工具，格式工厂以其简单易上手的优势成为常用的格式转换工具。下面将以格式工厂 2.95 版本为例进行讲解。

7.4.1 转换音频文件格式

【任务 5】将“BGM.mp3”转换为“BGM.wma”。

所用素材：素材文件\第 7 章\BGM.mp3

Step 1 在计算机中安装“格式工厂”后，双击桌面上的“格式工厂”快捷图标，启动该软件。

Step 2 单击操作窗口左侧的“音频”选项卡，在其中选择“所有转到 wma”选项，如图 7-16 所示。

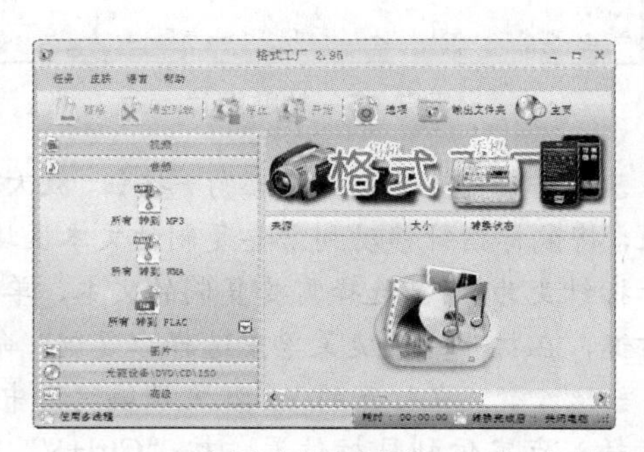

图 7-16 选择“所有转到 wma”选项

Step 3 在打开的“所有转到 wma”对话框中单击 添加文件 按钮，在打开的“打开”对话框中查找音频文件所在位置，打开“BGM.mp3”音频文件，如图 7-17 所示。

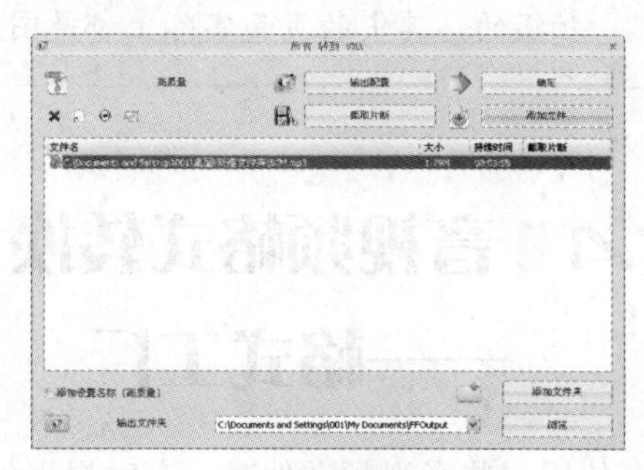

图 7-17 设置音频位置

Step 4 单击 浏览 按钮设置转换后的“BGM.wma”音频文件的保存位置，然后单击 确定 按钮，返回操作界面。

Step 5 单击操作窗口上方的 开始 按钮，即可开始转换音频文件格式。

7.4.2 转换视频文件格式

【任务 6】将“示例.wmv”视频文件转换为“示例.avi”视频文件。

所用素材：素材文件\第 7 章\示例.wmv

Step 1 启动格式工厂，单击操作界面左侧窗格中的“视频”选项卡，选择其中的“所有转到 avi”选项，如图 7-18 所示。

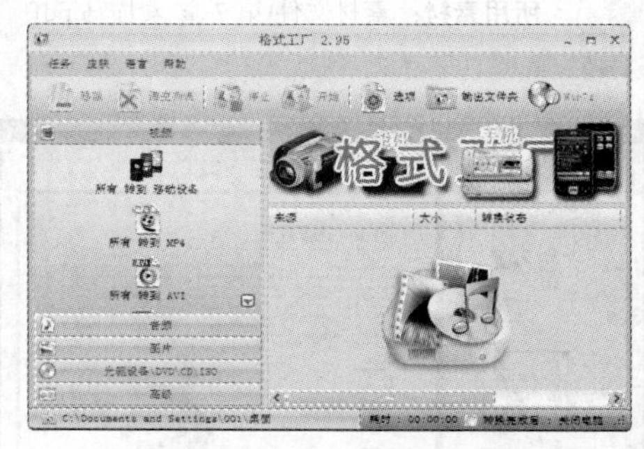

图 7-18 选择“所有转到 avi”选项

Step 2 在打开的窗口中单击 添加文件 按钮，在“打开”对话框中选择文件位置，选中“示例.wmv”视频文件并将其打开，如图 7-19 所示。

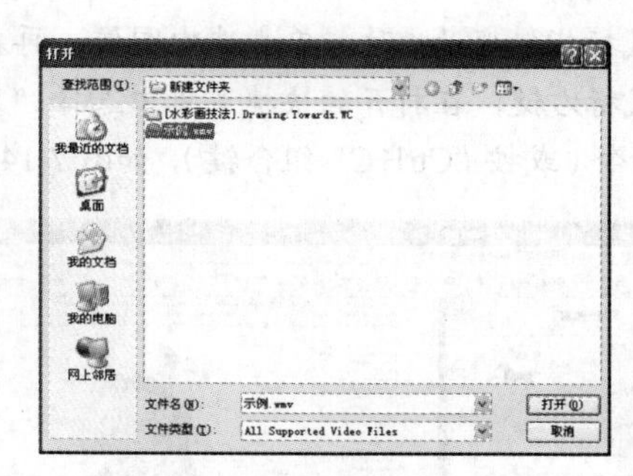

图 7-19 添加文件

Step 3 单击 浏览 按钮，在打开的“浏览文件夹”对话框中设置转换后文件的保存路径。

Step 4 单击 确定 按钮，返回操作界面，单击 开始 按钮，即可开始转换视频文件格式。

7.5 光盘刻录软件——Nero

Nero是德国Nero公司研发的光盘刻录软件，可以刻录多种类型的光盘，是一款功能强大，操作简单的刻录软件，下面以在Nero Buring BOM中刻录光盘为例，讲解Nero Buring BOM的使用方法。

【任务7】利用Nero Buring BOM刻录光盘。

Step 1　选择【开始】/【所有程序】/【Nero Buring BOM】命令，启动Nero Buring BOM，单击 刻录 按钮，在打开的“新编辑”对话框中单击 打开(O)... 按钮，如图7-20所示。

图7-20　“新编辑”对话框

Step 2　在打开的“选择文件及文件夹”对话框中选择需要刻录的文件，如图7-21所示，单击 添加(A)... 按钮将需要刻录的文件添加到列表中，然后单击 关闭(C) 按钮关闭该对话框。

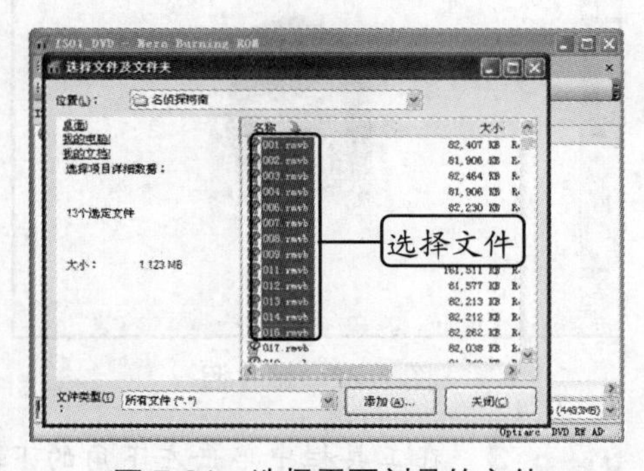

图7-21　选择需要刻录的文件

Step 3　单击工具栏中的 新建(A) 按钮，在打开的“刻录编译”对话框中单击 刻录(A) 按钮，如图7-22所示。

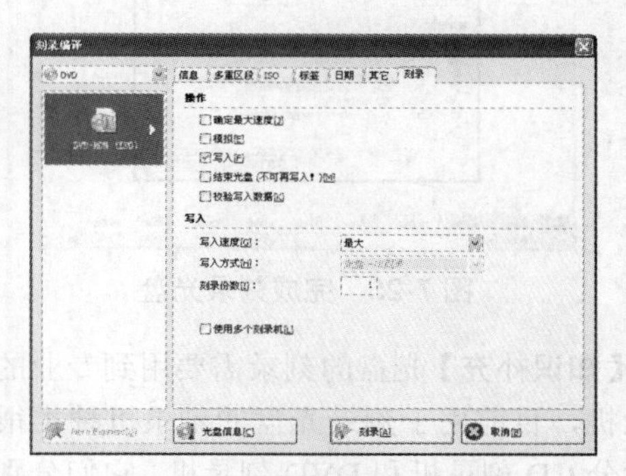

图7-22　单击“刻录”按钮

Step 4　此时打开“等待光盘”对话框，如图7-23所示。

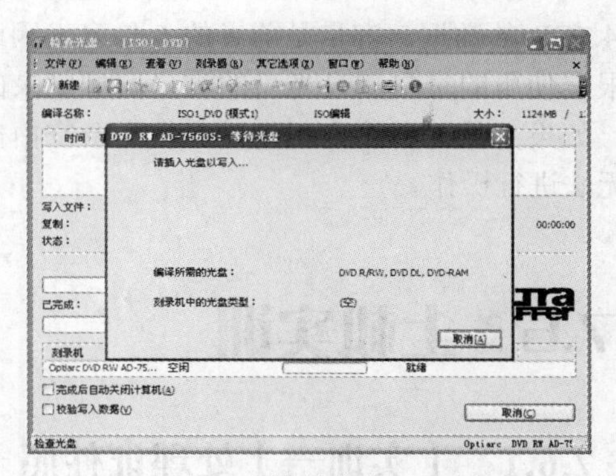

图7-23　“等待光盘”对话框

Step 5　将准备的光盘放入光驱中即可开始刻录，在图7-24所示的对话框中显示了刻录进度，进度完成后单击 确定 按钮完成刻录光盘文件的操作，如图7-25所示。

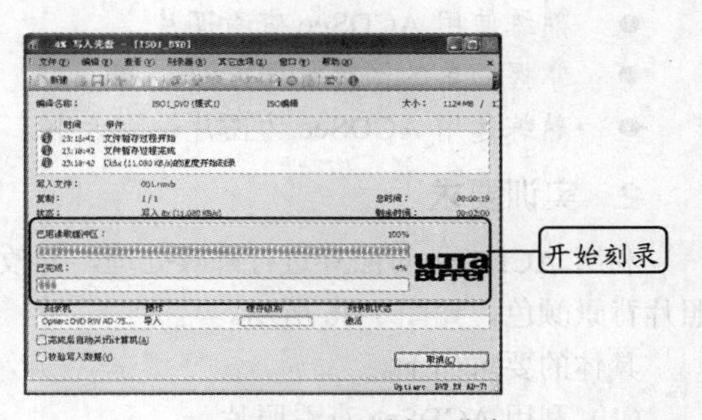

图7-24　显示刻录进度

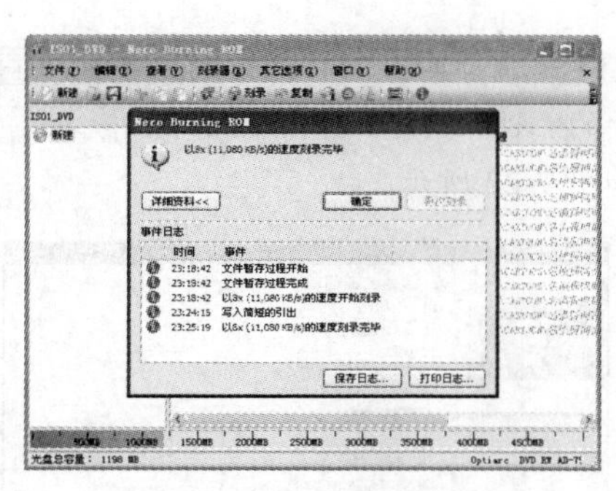

图 7-25　完成刻录光盘

【知识补充】光盘的刻录需要用到专业的光盘刻录机，目前用于刻录光盘的刻录机种类很多，一般分 CD 刻录机和 DVD 刻录机，它们分别使用 CD 刻录光盘和 DVD 刻录光盘，其中 CD 刻录光盘能够容纳大约 74 分钟的音频或视频数据，或者 700MB 的数据；而一般的 DVD 刻录光盘可以容纳 4.7GB 的数据，容量是前者的 6 倍多。因此，应根据使用的空白刻录光盘的容量安排刻录的文件，如果文件占用的空间超过光盘所余空白空间将无法进行操作。

7.6 上机实训

7.6.1　【实训一】处理证件照

1. 实训目的

通过实训熟练掌握 ACDSee 处理图像的操作方法。

具体的实训目的如下。

- 熟练使用 ACDSee 查看图片。
- 掌握简单的图片处理方法。
- 熟练运用 ACDSee 为图片设置大小。

2. 实训要求

利用 ACDSee 对照片进行降噪处理，并改变照片背景颜色，如图 7-26 所示。

具体的要求如下。

（1）利用 ACDSee 查看照片。

（2）在 ACDSee 中将照片进行降噪处理。

（3）将照片设置为二分之一大小。

所用素材：素材文件\第 7 章\证件照.jpg

完成效果：效果文件\第 7 章\证件照.jpg

视频演示：第 7 章\上机实训\实训一.swf

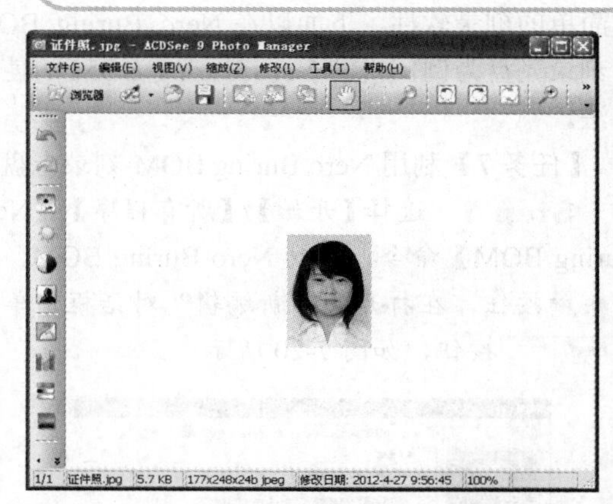

图 7-26　证件照

3. 完成实训

Step 1　启动 ACDSee，选择【文件】/【打开】命令。

Step 2　在打开的“打开文件”对话框中查找名为“证件照”的图像文件，并将文件打开，如图 7-27 所示。

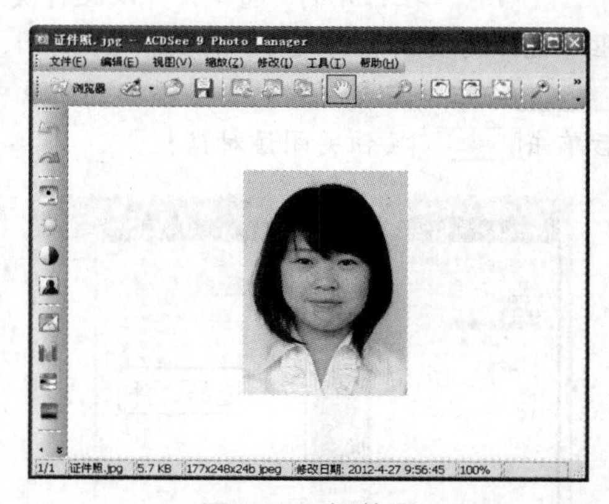

图 7-27　证件照

Step 3　在工具栏中单击左下角的下拉按钮，在打开的菜单中选择“降噪”选项，打开降

噪处理窗口。

Step 4　单击“显示预览栏”按钮，如图 7-28 所示，打开“预览栏”窗口，并在预览窗口中显示降噪之前和降噪之后的对比效果。

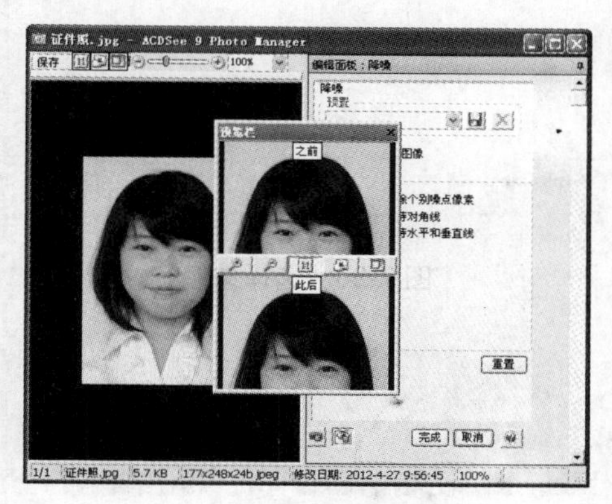

图 7-28　降噪处理

Step 5　选中降噪窗口右侧“中等降噪”面板中“‘+’保持水平和垂直线”单选项，然后单击[完成]按钮，完成降噪处理，并退出降噪处理窗口。

Step 6　返回图像处理窗口，单击左侧工具栏中的下拉按钮，在打开的菜单中选择“缩放大小”选项，如图 7-29 所示。

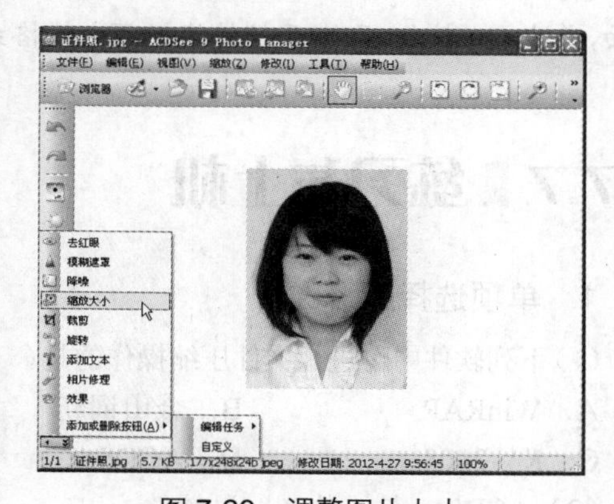

图 7-29　调整图片大小

Step 7　在右侧面板中的“预置”下拉列表中选择“1/2 大小”选项，如图 7-30 所示，设置完后单击[完成]按钮，返回图像处理窗口，完成证件照的处理。

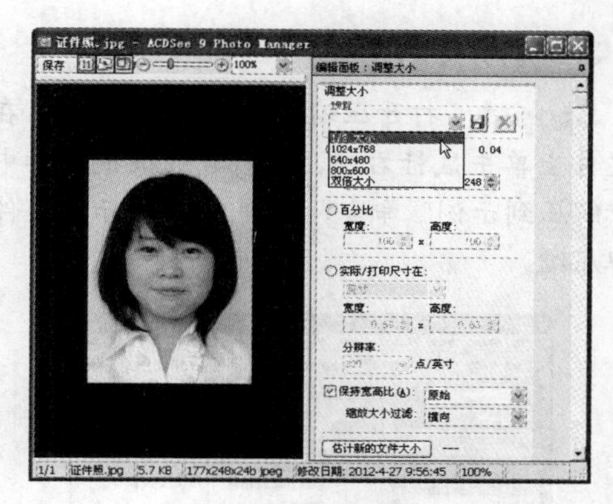

图 7-30　设置显示大小

7.6.2　【实训二】解压后转换音频文件格式

1. 实训目的

通过使用 WinRAR 和格式工厂工具软件，加深对工具软件的理解和认识，并能举一反三掌握其他类似的工具软件。

具体的实训目的如下。

- 熟悉 WinRAR 工具软件的解压缩操作方法。
- 熟练使用格式工厂对音频等文件进行格式转换。
- 能够举一反三掌握其他类似的工具软件。

2. 实训要求

使用 WinRAR 工具软件解压文件后在格式工厂中转换文件的格式。

具体要求如下。

（1）在需要解压的压缩文件上单击鼠标右键，解压缩文件。

（2）启动格式工厂，在格式工厂中将解压后的音频文件“示例.mp3”转换为“示例.wma”格式。

所用素材： 素材文件\第 7 章\示例.mp3

完成效果： 效果文件\第 7 章\示例.wma

视频演示： 第 7 章\上机实训\实训二.swf

3. 完成实训

Step 1 打开压缩文件所在磁盘目录，在压缩文件上单击鼠标右键，在打开的快捷菜单中选择“解压到示例”命令，如图 7-31 所示，文件开始解压缩。

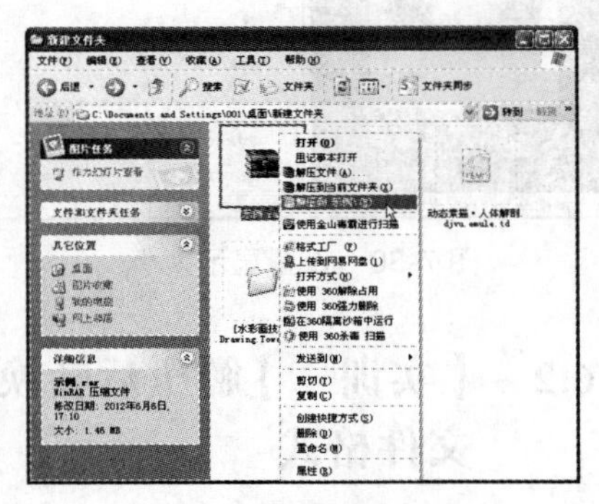

图 7-31 解压文件

Step 2 双击解压缩后的文件夹，在文件夹中找到“示例.mp3”。

Step 3 启动格式工厂工具软件，单击操作界面左侧窗格中的“音频”选项卡，选择其中的“所有转到 wma”选项，如图 7-32 所示。

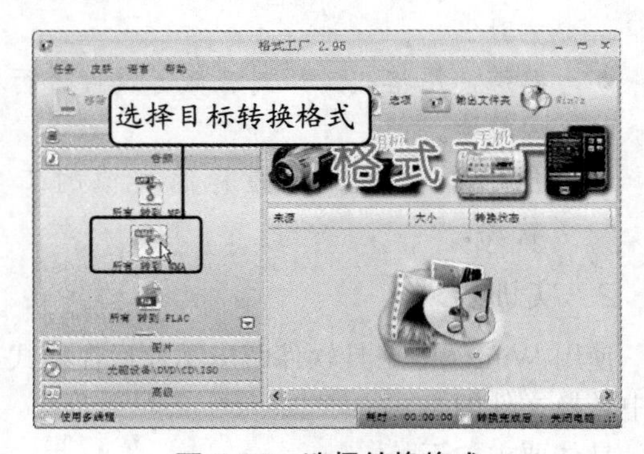

图 7-32 选择转换格式

Step 4 在打开的窗口中单击添加文件按钮，在“打开”对话框中查找文件位置，选中“示例.mp3”视频文件并将其打开，如图 7-33 所示。

Step 5 单击浏览按钮，在打开的“浏览文件夹”对话框中设置转换后文件的保存路径，如图 7-34 所示。

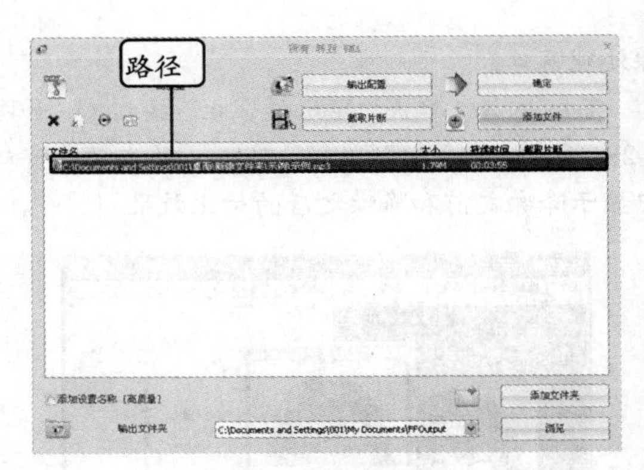

图 7-33 选择文件

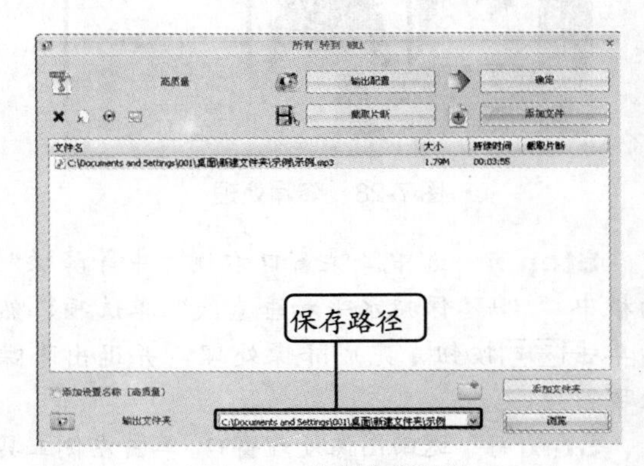

图 7-34 选择存储路径

Step 6 单击确定按钮，返回操作界面，单击开始按钮，即可开始转换视频文件格式。

7.7 练习与上机

1. 单项选择题

(1) 下列软件中可进行文件压缩操作的是（ ）。

A. WinRAR　　B. 金山词霸

C. KV 2008　　D. ACDSee

(2) ACDSee 是一款（ ）软件。

A. 音频处理　　B. 视频处理

C. 图片处理　　D. 以上都不正确

(3) 格式工厂是一种（ ）软件。

A. 图片处理　　B. 音频处理

C. 视频处理　　D. 格式转换

（4）Adobe Reader 能够打开的文件后缀是（　）。

A．rar　　B．mp3

C．wmv　　D．pdf

（5）Nero 属于（　）软件。

A．图片处理　　B．格式转换

C．光盘刻录　　D．看图软件

2．多项选择题

（1）格式工厂能进行（　）格式的转换。

A．音频　　B．视频

C．图片　　D．光驱设备

（2）以下能用 WinRAR 进行解压缩的是（　）。

A．ZIP　　B．右击

C．TAR　　D．JAR

（3）格式工厂中能将后缀名为 mp3 的音频转换为（　）格式。

A．wma　　B．flac

C．amr　　D．wav

（4）格式工厂中能将后缀名为 avi 的视频转换为（　）格式。

A．rmvb　　B．mp4

C．3gp　　D．wmv

（5）使用 Nero 软件一次性可刻录（　）的容量。

A．500MB　　B．2G

C．4G　　D．10G

（6）在 Adobe Reader 中能够进行的操作是（　）。

A．复制文字　　B．另存图片

C．复制图片上的文字　　D．以上都不可以

3．实训操作题

（1）用 ACDSee 浏览计算机上保存的图片。

（2）使用 WinRAR 压缩软件压缩文件并解压缩。

（3）使用格式工厂将计算机中的影片转换为 MP4 格式。

拓展知识

除了本章介绍的常用工具软件，在计算机应用过程中，还会用到许多功能各异的工具软件，它们丰富了计算机的内容，同时也给用户带来了便利。下面介绍其他 3 款常用的工具软件。

一、Audition

Audition 是集音频录制、编辑和混合于一身的音频处理工具软件。具有功能强大，控制灵活的特点，使用它可以录制、混合、编辑和控制数字音频文件。

- 录制音频。启动 Adobe Audition，连接好麦克风，单击“录音”按钮，在打开的“新建波形”对话框中设置采样率、声道和采样精度，单击确定按钮即可录音。
- 编辑音频文件。启动 Adobe Audition 并打开音频文件，单击左侧的“效果”选项卡，双击某个效果编辑器选项即可对音频文件进行降噪、添加混响等效果处理。
- 合成音频文件。单击菜单栏下方的“多轨”按钮，利用左侧“文件”选项卡中的“导入”按钮导入多个音频文件，将文件分别拖动到右侧的多个轨道上，然后选择【编辑】/【混缩到新文件】/【会话中的主控输出（立体声）】命令，即可将多个轨道上的文件合成为一个音频文件。

二、千千静听

千千静听是一款界面小巧美观、使用方便的音乐播放器，能同步显示歌词、循环播放喜欢的歌曲，如图 7-35 所示。

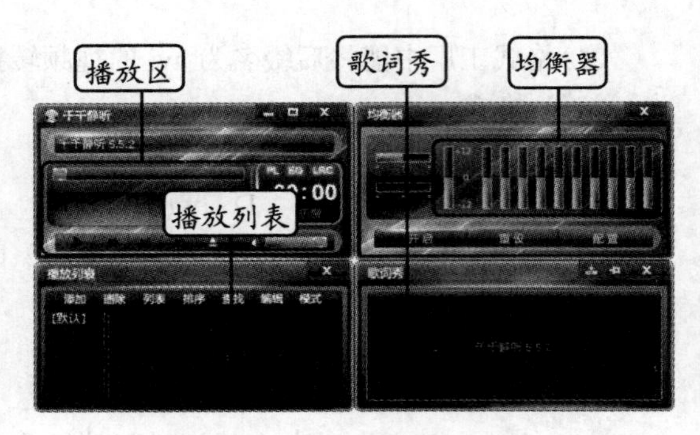

图 7-35　千千静听播放界面图

- 播放区。用于播放音频文件，在下方有控制播放的功能按钮，其作用与随身听和 DVD 上的相应按钮相同。
- 播放列表。用于显示添加到千千静听中播放的歌曲文件的名称。
- 均衡器。通过调节均衡器中的各个滑块，可以调节声音的具体参数。
- 歌词秀。在播放歌曲时，可以同步显示该歌曲的歌词。

三、金山词霸

金山词霸是由金山软件公司开发的一款翻译软件，集成了全球领先的 TTS 全程化语音技术，可以进行英汉互译，如图 7-36 所示。

图 7-36　金山词霸的操作界面

第8章 系统管理与维护

📖 学习目标

通过学习有关计算机系统管理与维护的基础知识，能自主地对计算机系统进行管理。包括管理与维护磁盘、管理打印机设备、备份与还原数据以及维护系统等。

📖 学习重点

熟悉磁盘的管理与维护，掌握添加打印机设备的方法并能管理打印任务，熟练掌握数据备份与还原的方法，熟悉系统维护的方法。

📖 主要内容

- 磁盘管理与维护
- 打印机设备管理
- 数据备份与还原
- 系统维护

8.1 磁盘管理与维护

计算机在使用一段时间后会出现运行速度变慢的问题，这是因为在使用过程中，经常需要对计算机中的应用程序、文件以及数据等进行修改、保存和删除操作，这些操作完成后，在磁盘中留下的许多临时文件和磁盘碎片占用了大量磁盘空间，导致计算机运行缓慢。要解决这个问题，就需要定期对磁盘进行管理与维护。

8.1.1 查看磁盘属性

磁盘的属性包括磁盘的类型、文件系统、空间大小、卷标信息等常规信息，以及磁盘的查错、碎片整理等处理程序和磁盘的硬件信息。

【任务 1】查看计算机中磁盘 C 的常规属性。

Step 1 双击“我的电脑”图标，打开“我的电脑”窗口。

Step 2 在磁盘 C 上单击鼠标右键，在弹出的快捷菜单中选择“属性”命令。

Step 3 打开“磁盘属性”对话框，单击“常规”选项卡，如图 8-1 所示。

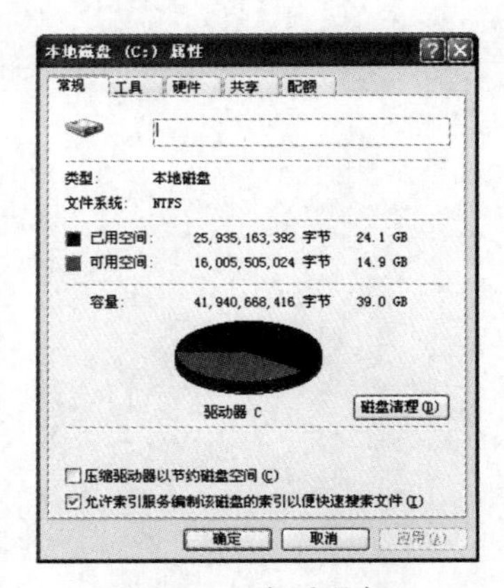

图 8-1 查看磁盘

Step 4 在该选项卡中，用户可以在最上面的文本框中键入该磁盘的卷标；选项卡的中间显示了磁盘的类型、文件系统、已用空间及可用空间的信息；在“容量”栏中显示了磁盘的总容量并以饼图的形式显示了已用空间和可用空间的比例信息。单击 磁盘清理(D) 按钮，可启动磁盘清理程序，进行磁盘清理。

Step 5 当对磁盘的属性进行了更改，单击 应用(A) 按钮，即可应用修改设置。

8.1.2 硬盘分区与格式化

硬盘是计算机存储数据的设备，在计算机中要将硬盘分割成几个区域才能使用，格式化硬盘是指对硬盘进行分区，以便数据在写入时有方向性。

1. 硬盘分区

在磁盘管理中，一般将硬盘分为两大类分区，主分区和扩展分区。其中，扩展分区不能直接使用，必须将扩展分区分割为逻辑分区后才能使用，一个扩展分区可以分割成多个逻辑分区，其关系如图 8-2 所示。

图 8-2 分区之间的关系

- 主分区。一个硬盘上至少有一个主分区，最多可以有 4 个主分区。划分多个主分区是为了安装多操作系统，但通常情况下都只划分一个主分区。在 DOS 和 Windows 系列操作系统中，一般为主分区分配的盘符都为“C”。
- 扩展分区。创建主分区后，剩余的部分就叫扩展分区。扩展分区不能直接使用，需改为逻辑分区的格式才能使用，在使用软件工具进行分区时，有的软件会自动将扩展分区更改为逻辑分区，不需要用户手动更改。扩展分区可以是一个逻辑分区，也可以是若干个逻辑分区。
- 逻辑分区。逻辑分区是在扩展分区的基础上划分出来的，可以创建多个，用来存

储资料和文件，如常见盘符D、E、F等。

【任务2】在Windows系统下对磁盘重新进行分区。

Step 1　在Windows桌面上的“我的电脑”图标上单击鼠标右键，在弹出的快捷菜单中选择“管理”命令，如图8-3所示。

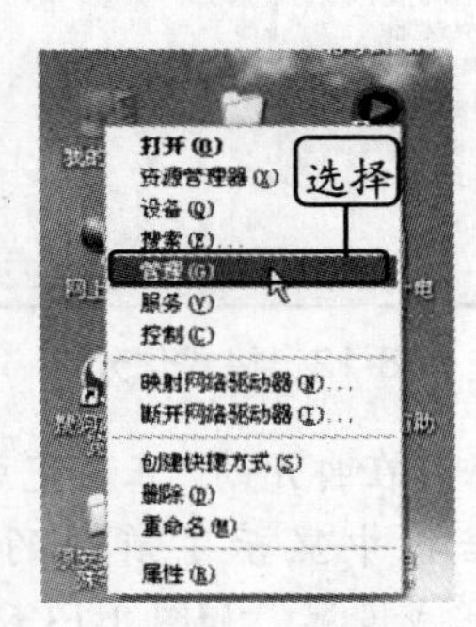

图8-3　选择“管理”命令

Step 2　在打开的“计算机管理”窗口左侧列表框中选中“磁盘管理”选项，如图8-4所示。

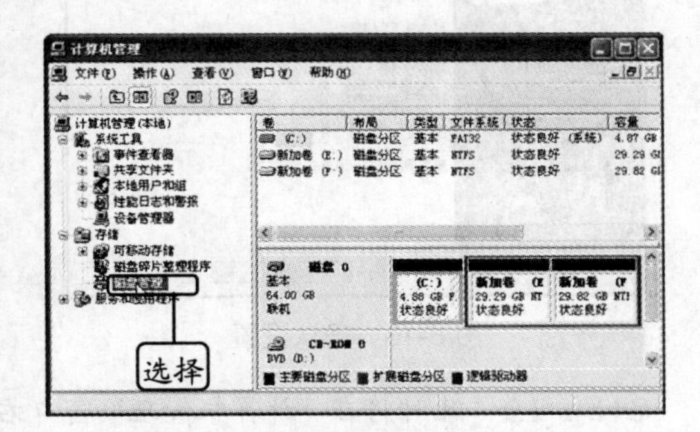

图8-4　选择“磁盘管理”选项

Step 3　在窗口右侧需要删除的E盘分区上单击鼠标右键，在打开的快捷菜单中选择“删除逻辑驱动器”命令，如图8-5所示。若该分区上有重要数据则需先备份到其他位置，一定要谨慎操作。

Step 4　打开“删除逻辑驱动器”对话框，确认后单击 是(Y) 按钮，如图8-6所示。

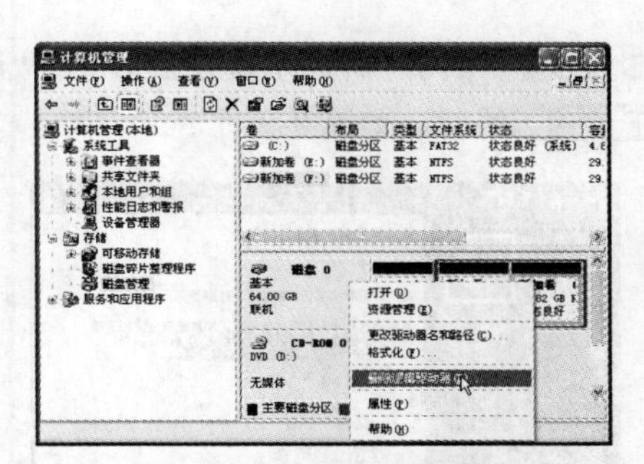

图8-5　选择删除逻辑分区

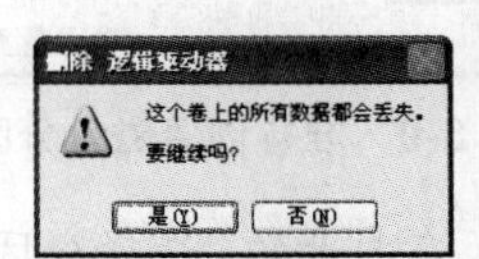

图8-6　确认删除

Step 5　删除E分区后，原E盘的空间将作为新的可用空间，用于创建其他分区，如图8-7所示。

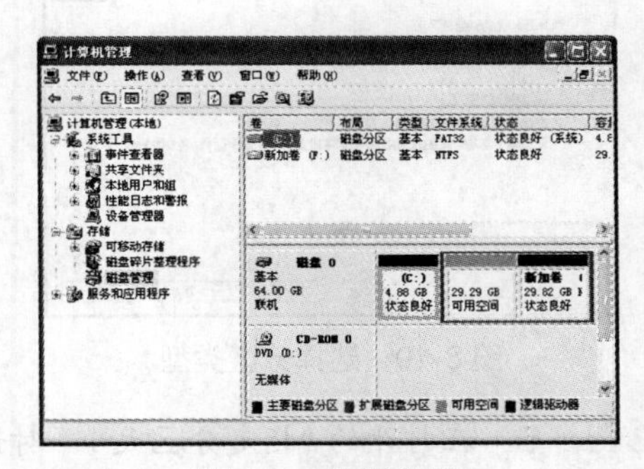

图8-7　还原分区

Step 6　在显示“可用空间”的图标上单击鼠标右键，在弹出的快捷菜单中选择“新建逻辑驱动器”命令，如图8-8所示。

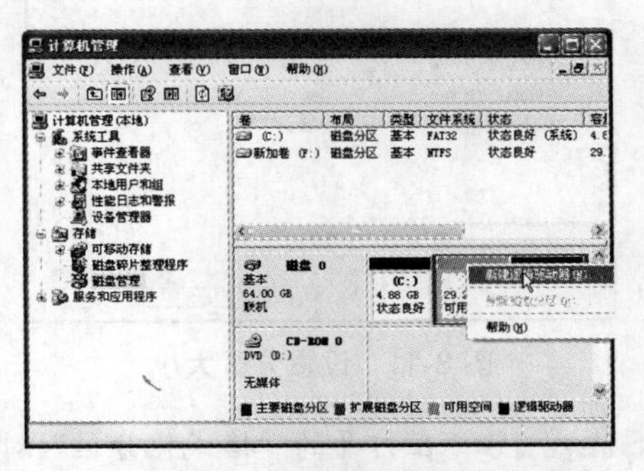

图8-8　选择“新建逻辑驱动器”命令

Step 7 打开“新建磁盘分区向导”对话框，单击下一步(N) >按钮，如图 8-9 所示。

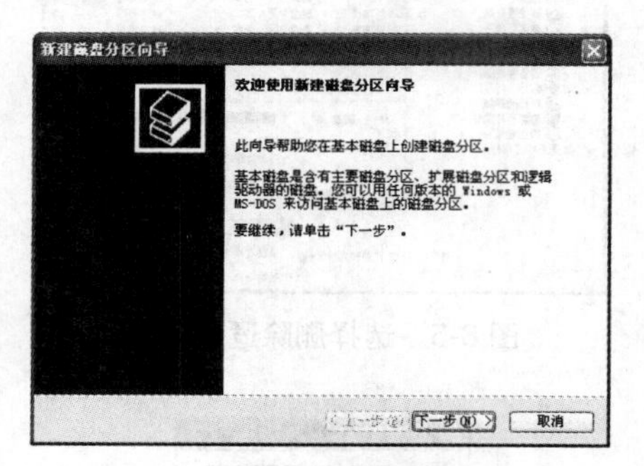

图 8-9 准备创建磁盘分区

Step 8 在打开的“选择分区类型”对话框中选中“逻辑驱动器”单选项，单击下一步(N) >按钮，如图 8-10 所示。

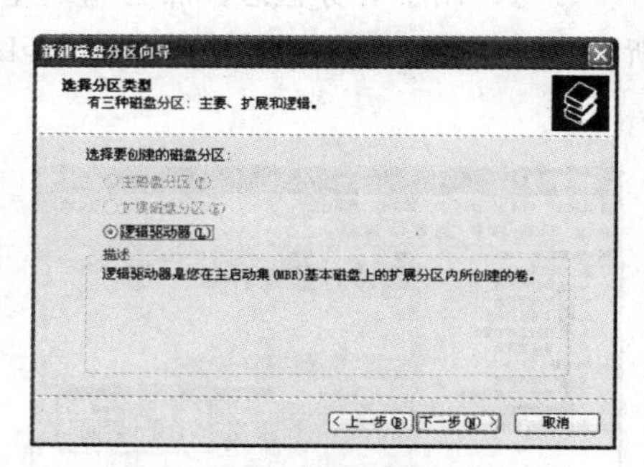

图 8-10 选择分区类型

Step 9 在打开的“指定分区大小”对话框中的“分区大小”数值框中输入分区大小，如“20000”，单击下一步(N) >按钮，如图 8-11 所示。

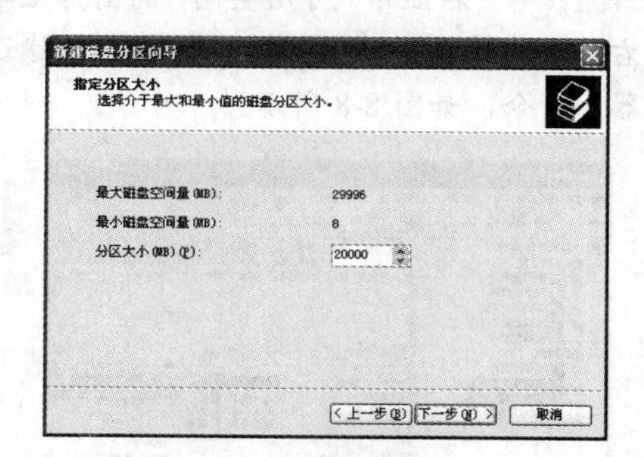

图 8-11 设置分区大小

Step 10 在打开的“格式化分区”对话框中选中“按下面的设置格式化这个磁盘分区”单选项，选中“执行快速格式化”复选框，单击下一步(N) >按钮，如图 8-12 所示。

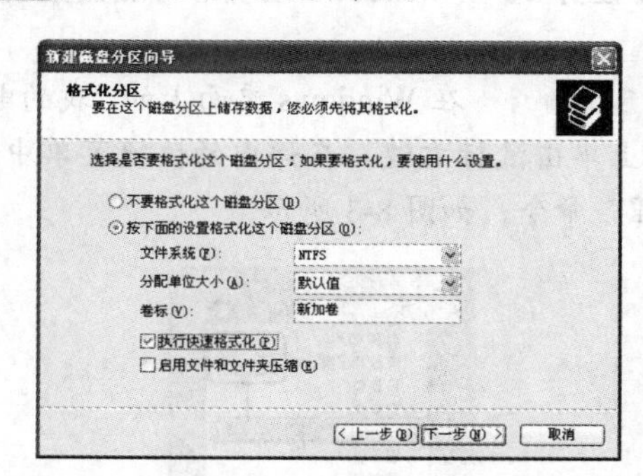

图 8-12 格式化分区

Step 11 在打开的“正在完成新建磁盘分区向导”对话框中显示了前面的设置，单击完成按钮完成设置，如图 8-13 所示。

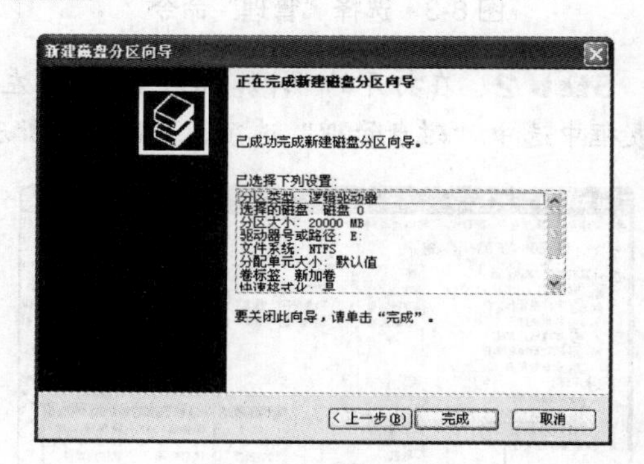

图 8-13 确认设置

Step 12 此时将在“计算机管理”窗口右侧显示新创建的 E 盘，并显示正在执行格式化操作，下方显示剩下的可用空间，如图 8-14 所示，用户可以参考上面的方法再创建其他逻辑分区。

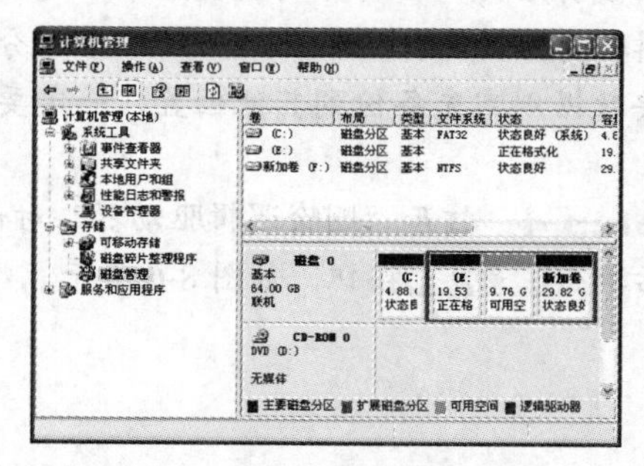

图 8-14 完成创建并格式化分区

若要在保留数据的前提下进行磁盘的分区，可使用 PartitionMagic 软件来进行无损数据分区。该软件可直接调整分区容量和新建分区等。

【任务 3】使用 PartitionMagic 软件调整分区容量。

Step 1 下载并安装 PartitionMagic 后，选择【开始】/【所有程序】/【PowerQuest PartitionMagic 8.0】/【PartitionMagic 8.0】命令，如图 8-15 所示。

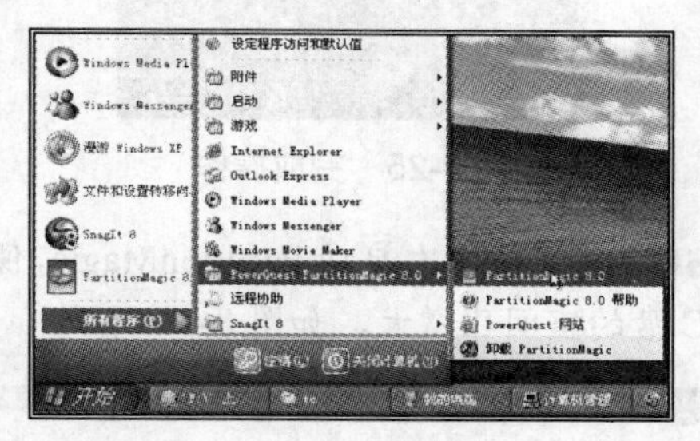

图 8-15 启动 PartitionMagic 8.0

Step 2 启动 PartitionMagic 后，在主界面左侧任务窗格中单击"调整一个分区的容量"超链接，如图 8-16 所示。

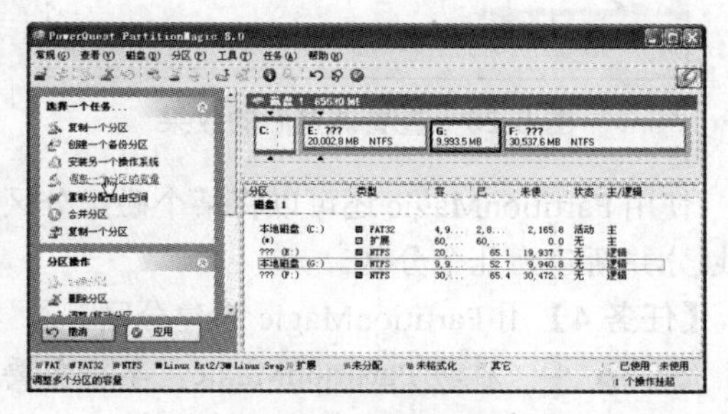

图 8-16 调整分区容量

Step 3 在打开的"调整分区的容量"对话框中对其操作进行了说明，直接单击 下一步> 按钮，如图 8-17 所示。

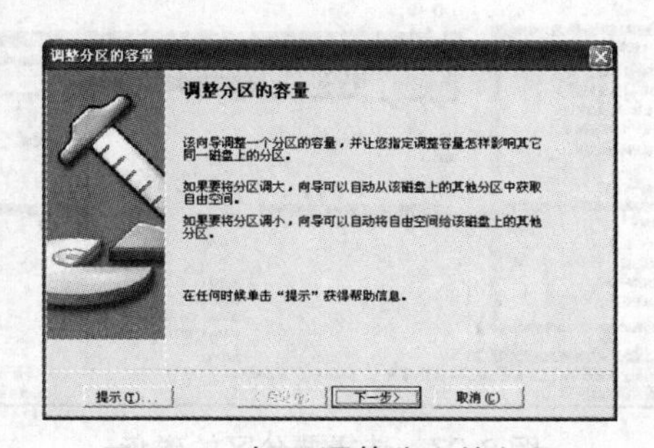

图 8-17 打开调整分区的向导

Step 4 在打开的"选择分区"对话框中选择要调整容量的分区，这里选择 F 分区，单击 下一步> 按钮，如图 8-18 所示。

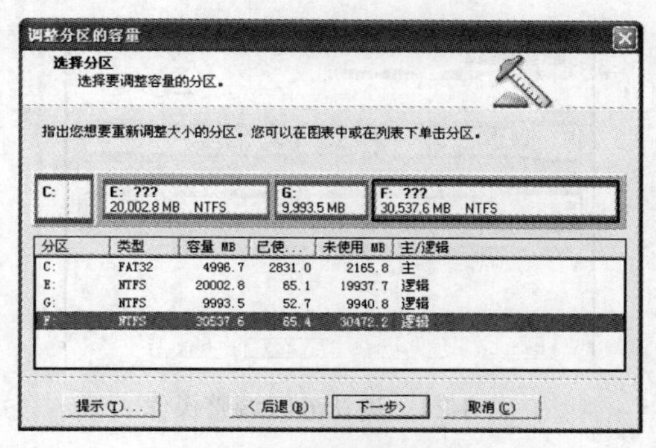

图 8-18 选择要调整容量的分区

Step 5 在打开的"指定新建分区的容量"对话框中输入分区容量，这里输入"10000"，单击 下一步> 按钮，如图 8-19 所示。

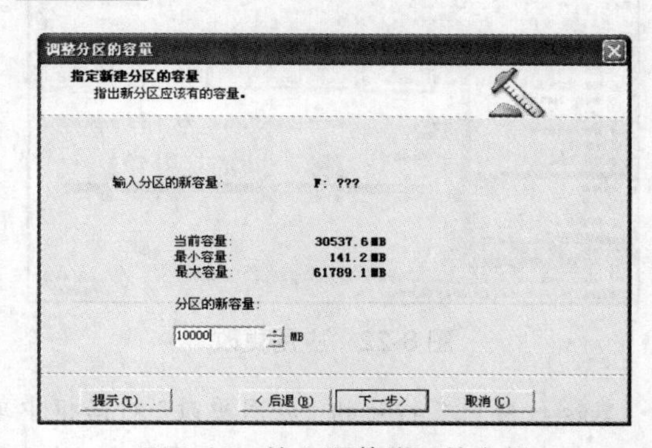

图 8-19 输入调整分区的容量

Step 6 在打开的对话框中设置将释放的空间分配给其他的分区，这里选择 C 分区，单击 下一步> 按钮，如图 8-20 所示。

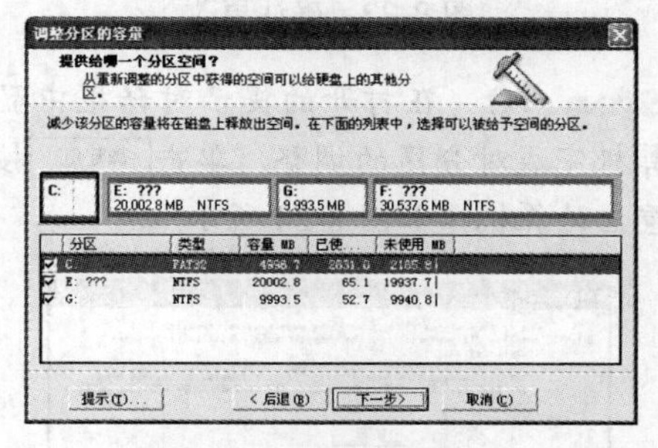

图 8-20 选择分配给的分区

Step 7 在打开的"确认分区调整容量"对话框中可以比较调整前后的分区容量，确认后单击［完成］按钮，如图 8-21 所示。

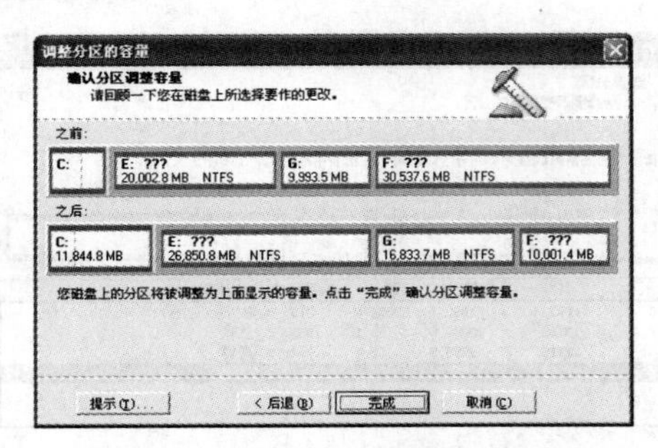

图 8-21 确认分区调整操作

Step 8 返回 PartitionMagic 主界面，单击左侧任务窗格中的［应用］按钮。若要取消调整操作，则单击［撤消］按钮，如图 8-22 所示。

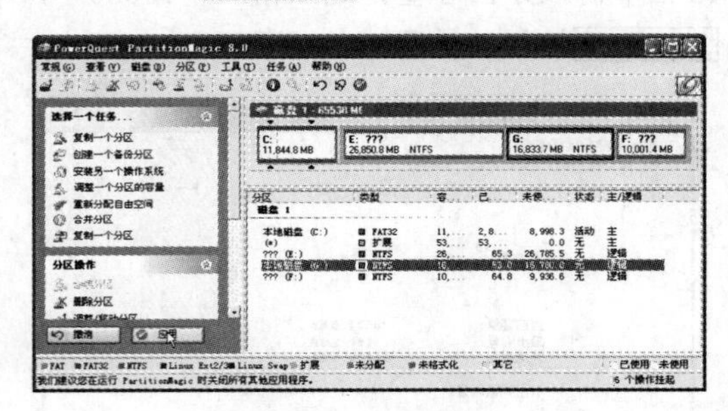

图 8-22 应用更改

Step 9 在打开的"应用更改"对话框中单击［是(Y)］按钮，立即应用更改，如图 8-23 所示。

图 8-23 确认更改

Step 10 在打开的提示对话框中显示重启计算机完成对分区的调整，单击［确定(O)］按钮，立即重启计算机，如图 8-24 所示。

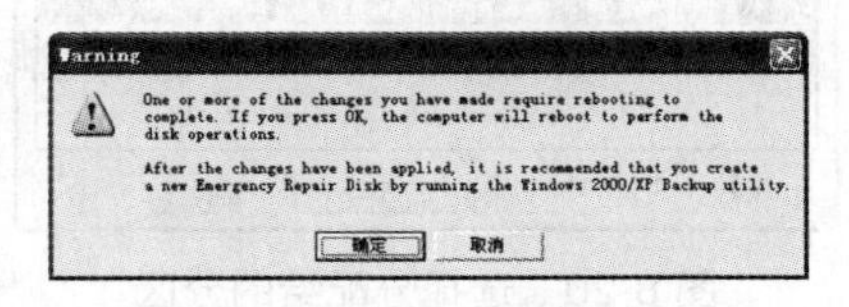

图 8-24 提示重启计算机

Step 11 计算机重启后将自动调整分区大小，并显示调整过程和进度等，完成后再次重启计算机，如图 8-25 所示。

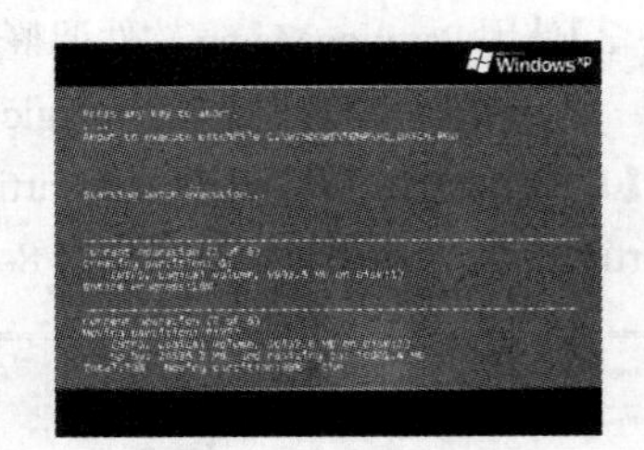

图 8-25 完成操作

Step 12 再次启动 PartitionMagic，便可查看到 C 盘的空间已增大，如图 8-26 所示。

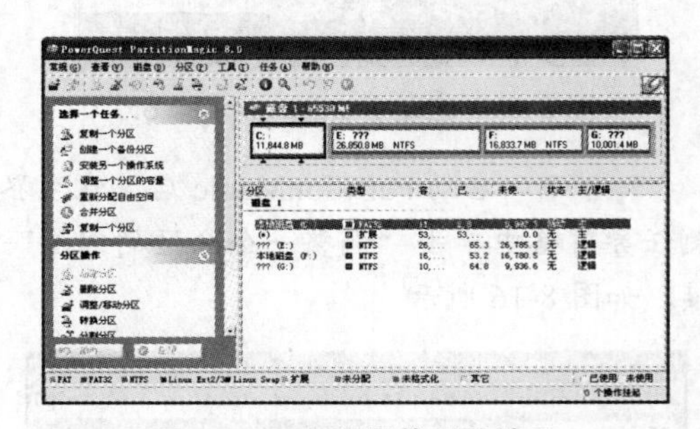

图 8-26 查看调整后的效果

使用 PartitionMagic 还可以将某个磁盘分区进行划分并新建为几个分区。

【任务 4】用 PartitionMagic 新建分区。

Step 1 启动 PartitionMagic，单击需要创建新分区的分区，这里用鼠标右键单击 E 盘分区图，在弹出的快捷菜中选择"调整容量/移动"选项，如图 8-27 所示。

图 8-27 选择要分区的磁盘

Step 2　在打开的“调整容量/移动分区-E:(NTFS)”对话框中的“自由空间之前”或“自由空间之后”数值框中输入新分区的容量，这里直接将上方紫色滑块向左拖动，“自由空间之后”数值框中的值将自动分配并显示，也可手动修改其值，然后单击[确定]按钮，如图 8-28 所示。

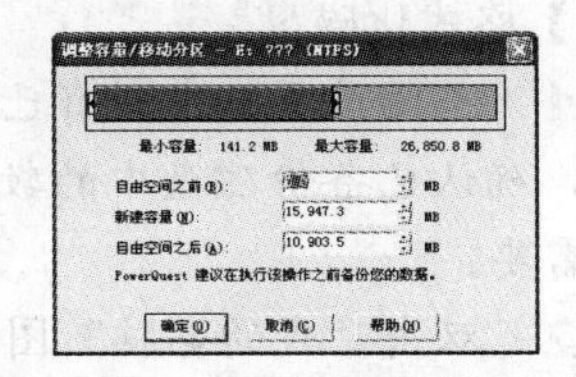

图 8-28　调整分区容量

Step 3　此时在 PartitionMagic 主界面右侧的“分区”列表框中可以看到 E 盘减少了 10GB 左右空间，并多了一个未分配的分区，如图 8-29 所示。

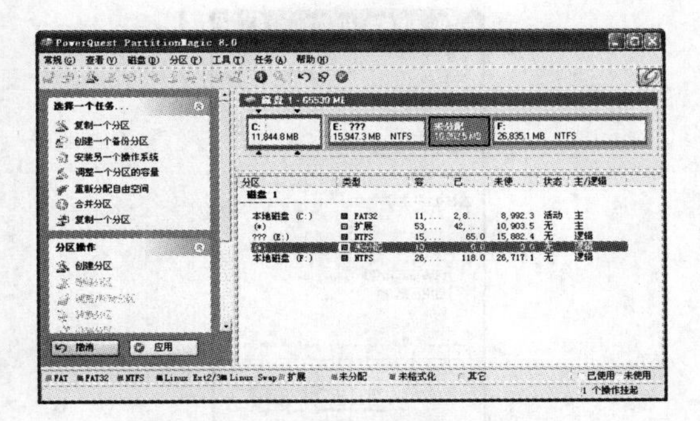

图 8-29　选择合并的第一个分区

Step 4　选择分区列表中未分配的分区选项。在左侧任务窗格中单击“分区操作”栏下的“创建分区”超链接，如图 8-30 所示。

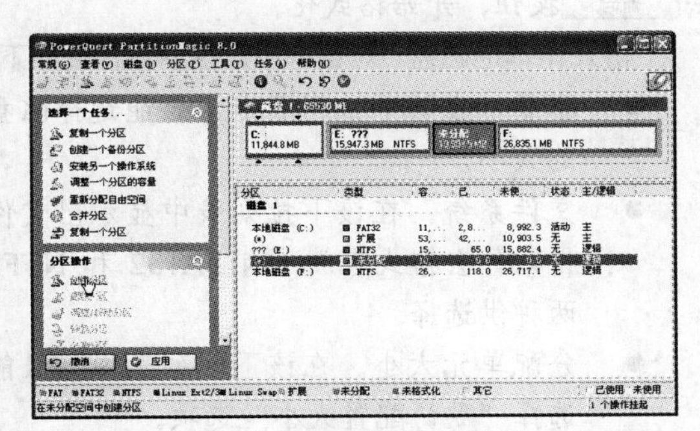

图 8-30　选择合并的第二个分区

Step 5　在打开的“创建分区”对话框中设置分区类型和盘符等，然后单击[确定]按钮，如图 8-31 所示。

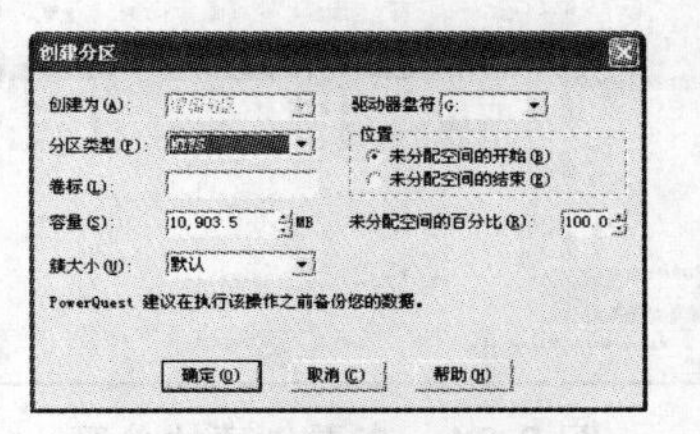

图 8-31　设置创建的分区

Step 6　此时便可将未分配的空间创建为一个逻辑分区，单击左侧任务窗格中的[应用]按钮确认操作，如图 8-32 所示。

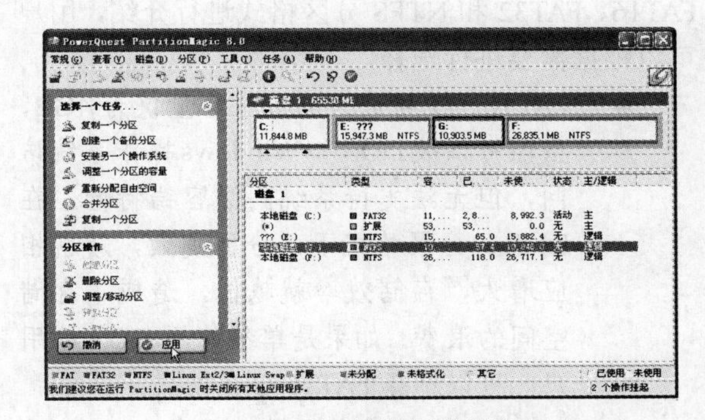

图 8-32　返回并显示分区容量

Step 7　在打开的“过程”对话框中显示调整分区大小的进度条，如图 8-33 所示。

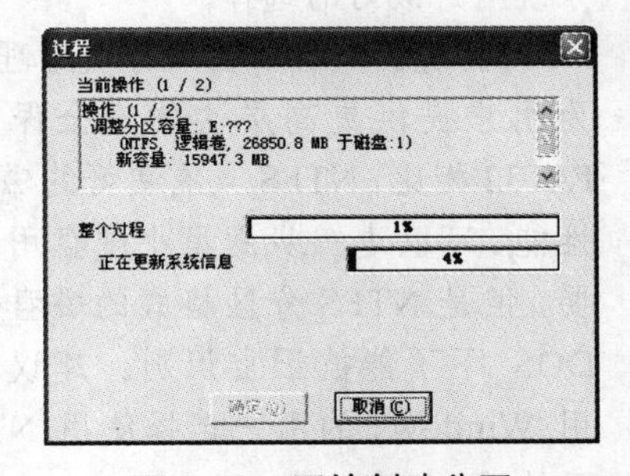

图 8-33　开始创建分区

Step 8　完成后返回 PartitionMagic 主界面，在右侧的“分区”列表框中可以查看新创建的 G 盘及其分区容量，如图 8-34 所示。

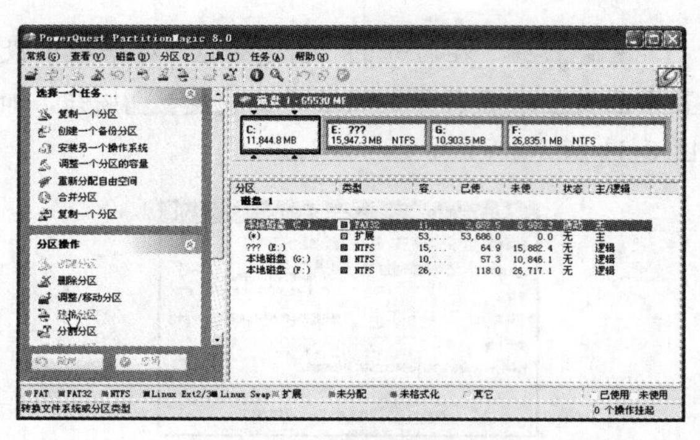

图 8-34　查看创建的分区

【知识补充】在为磁盘创建分区的过程中，系统会要求用户选择相应的分区格式，常见的分区格式有 FAT16、FAT32 和 NTFS 等。下面分别对 FAT16、FAT32 和 NTFS 分区格式进行介绍，用户可以根据需要进行选择。

- FAT16。支持最大的分区容量仅为 4GB，虽然可以被 DOS 和 Windows 操作系统访问，但无法支持系统高级容错特性。在 FAT16 分区格式下，分区越大，簇就相应增大，存储效率就越低，造成了存储空间的浪费。如果是单独使用 DOS 的用户，可以选择 FAT16 分区格式。
- FAT32。支持最大逻辑分区为 32GB，采用了更小的簇，可以更加有效地保存文件信息，是单独使用 Windows XP 操作系统用户最好的选择。
- NTFS。支持文件加密和分类管理功能，为用户提供更高层次的安全保证。与 FAT32 相比，NTFS 具有更好的磁盘压缩性能，可以进一步满足小硬盘用户的需要，但是 NTFS 分区格式的磁盘分区在 DOS 下不能被正常识别。建议单独使用 Windows 的用户选择使用 NTFS 分区格式。

2. 磁盘格式化

磁盘格式化是指在磁盘的所有数据区上写零的操作过程，由于大部分磁盘在出厂时已经被格式化，所以一般只有在磁盘介质产生错误时才需要进行格式化。格式化是一种纯物理操作，在格式化的同时对磁盘介质做一致性检测，并且标记出不可读和已损坏的扇区。

如果确定要进行格式化操作，一定要先将重要数据备份到其他分区上，因为格式化将删除磁盘原有数据。

【任务 5】格式化磁盘。

Step 1　关闭计算机中所有已经打开的文件或文件夹，确认已备份磁盘中的数据或磁盘中的数据已不需要。

Step 2　双击“我的电脑”图标，打开“我的电脑”窗口，在需要格式化的磁盘分区上单击鼠标右键，在弹出的快捷菜单中选择“格式化”命令，打开“格式化本地磁盘”对话框，如图 8-35 所示。用户可以根据实际情况设置各选项，这里保持默认。

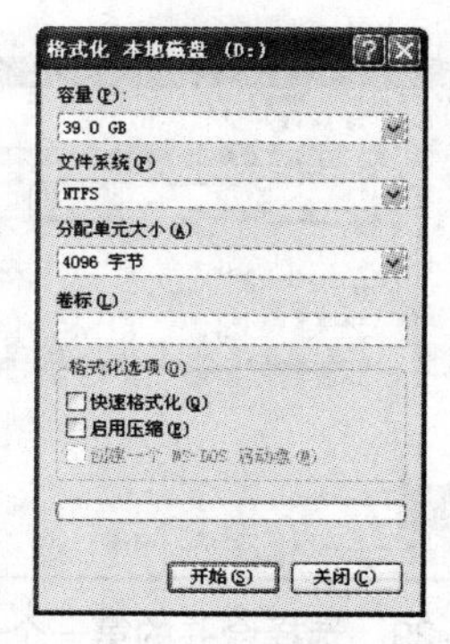

图 8-35　格式化硬盘

Step 3　单击 开始(S) 按钮，系统将自动打开一个对话框，提示用户是否确定要格式化，单击 确定 按钮，开始格式化。

“格式化本地磁盘”对话框中，各参数含义如下。

- 容量。在该下拉列表中，只能选择磁盘的大小。
- 文件系统。在该下拉列表中显示出文件将以什么格式存放，有 FAT32 和 NTFS 两种供选择。
- 分配单元大小。在该下拉列表中，只能选择“默认配置大小”选项。
- 卷标。该文本框用来为磁盘命名。

- 格式化选项。一般情况下只有“快速格式化”为可选状态。

8.1.3　清理磁盘

在使用计算机的过程中会产生许多的垃圾文件，如临时文件。这些文件不但会占用磁盘的空间，还会影响计算机的运行速度。Windows 自带的磁盘清理功能可以对这些垃圾文件进行清理，以保证计算机良好的运行状态。

【任务 6】利用 Windows 自带的系统工具清理磁盘。

Step 1　选择【开始】/【所有程序】/【附件】/【系统工具】/【磁盘清理】命令，打开“选择驱动器”对话框，在“驱动器”下拉列表框中选择要清理的磁盘，如选择“C 盘”，单击 确定 按钮，如图 8-36 所示。

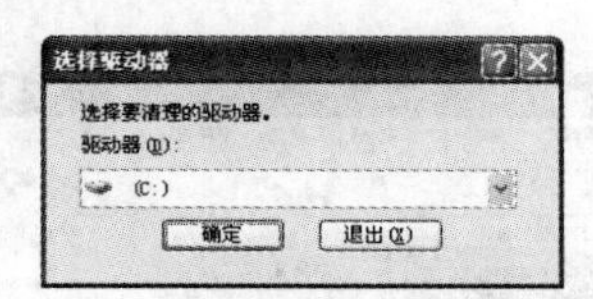

图 8-36　选择磁盘

Step 2　打开“磁盘清理”对话框，对磁盘中的文件进行计算和扫描。

Step 3　系统开始自动查找所选磁盘上的垃圾文件，并打开磁盘清理对话框，在“要删除的文件”列表框中选中要删除文件前的复选框，单击 确定 按钮，如图 8-37 所示。

图 8-37　磁盘清理

Step 4　打开提示对话框，询问是否执行清理操作，单击 是(Y) 按钮清理选择的文件，如图 8-38 所示。

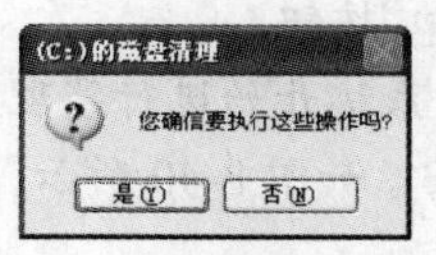

图 8-38　确认清理

注意：除了在开始菜单中可以进行清理磁盘的操作，还可以在需要清理的磁盘上单击鼠标右键，在打开的快捷菜单中选择“属性”命令，在“常规”选项卡中单击 磁盘清理(D) 按钮，打开“磁盘清理”对话框对磁盘进行清理。

8.1.4　整理磁盘碎片

在计算机中对文件进行了如移动、复制和删除等操作后，存储在磁盘上的完整的数据段有可能变成不连续的存储碎片被分段存放在不同的存储单元中，导致计算机运行缓慢，此时可通过整理磁盘碎片来提高计算机运行速度。

【任务 7】整理磁盘 C 中的碎片。

Step 1　选择【开始】/【所有程序】/【附件】/【系统工具】/【磁盘碎片整理程序】命令，打开“磁盘碎片整理程序”对话框。

Step 2　在上方的列表框中选择要整理的磁盘，这里选择 C 盘，单击 分析 按钮，如图 8-39 所示。

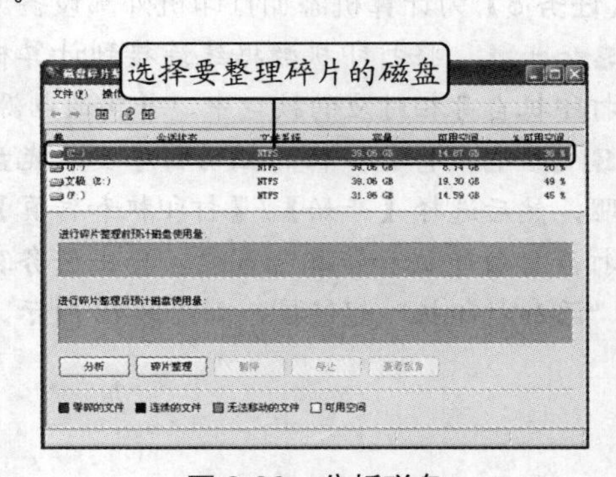

图 8-39　分析磁盘

Step 3 系统会自动对 C 盘进行分析，分析完毕后自动打开“磁盘碎片整理程序”对话框，提示是否需要对该磁盘进行碎片整理，如需要整理，单击 碎片整理(D) 按钮。

Step 4 系统开始进行整理，并且显示整理前后的磁盘效果，如图 8-40 所示。

注意：在对磁盘进行碎片整理的过程中，要确保准备整理的磁盘分区中有足够的可用空间，否则将打开图 8-41 所示的对话框，提示操作无法进行。

Step 5 整理完成后，打开提示对话框提示整理完成，单击 关闭(C) 按钮。

图 8-40 整理磁盘碎片

图 8-41 提示对话框

8.2 打印机设备管理

打印机主要用于将计算机中的图形、文字和表格等内容打印到纸张上，以方便阅读、使用和存档，是最常用的计算机外部输出设备之一。

8.2.1 添加打印机

在使用打印机之前应先安装打印机，将其正确地与计算机连接，然后安装相应的打印机驱动程序。

【任务 8】为计算机添加打印机外部设备。

Step 1 将打印机数据线连接到计算机主机和打印机自身相对应的接口中，并接通电源。

Step 2 将打印机的驱动程序安装光盘放入光驱，然后选择【开始】/【打印机和传真】命令，打开“打印机和传真”窗口，单击任务窗格中的“添加打印机”超链接，如图 8-42 所示。

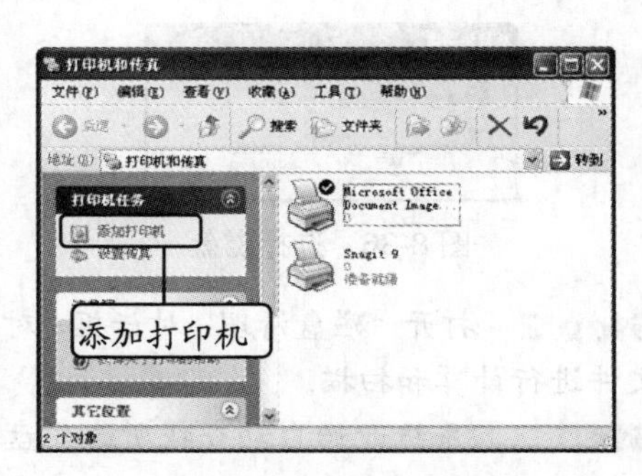

图 8-42 添加打印机

Step 3 打开“添加打印机向导”对话框，单击 下一步(N) > 按钮，如图 8-43 所示。

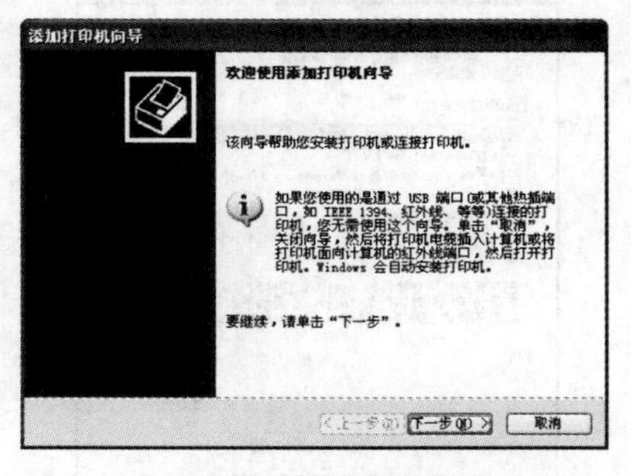

图 8-43 启动安装向导

Step 4 在打开的对话框中选中“连接到此

计算机的本地打印机”单选项，然后选中“自动检测并安装即插即用打印机”复选框，单击下一步(N)>按钮，如图 8-44 所示。

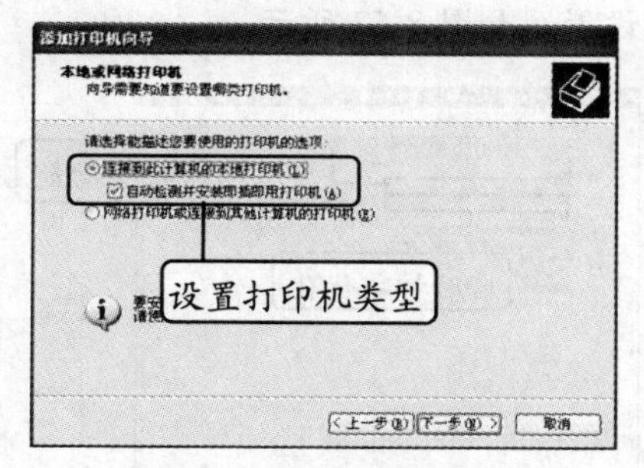

图 8-44 设置打印机类型

Step 5 在打开的对话框中根据打印机端口类型选择相应的端口选项，然后单击下一步(N)>按钮，如图 8-45 所示。

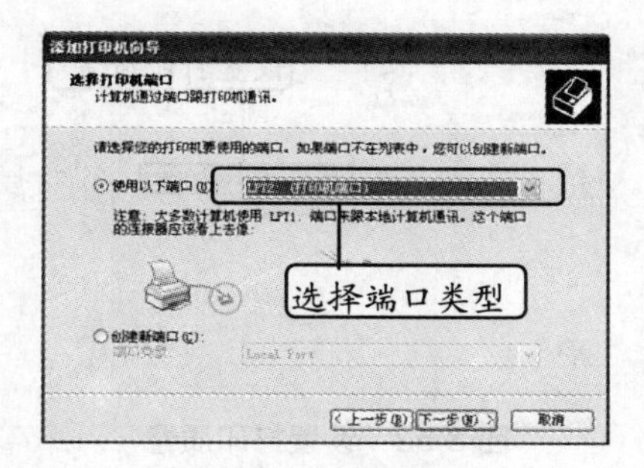

图 8-45 设置端口

Step 6 打开“安装打印机软件”对话框，可通过单击从磁盘安装(H)...按钮，并在打开的对话框中选择光盘中的驱动程序文件进行安装，这里由于计算机上已有驱动程序，因此可直接在对话框中进行选择，然后单击下一步(N)>按钮，如图 8-46 所示。

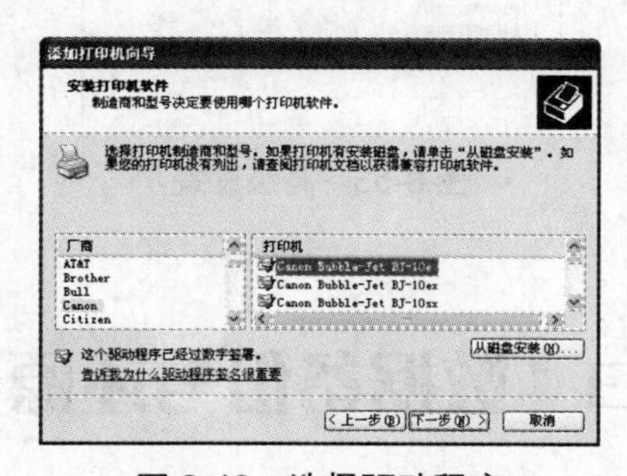

图 8-46 选择驱动程序

Step 7 在打开的对话框的“打印机名”文本框中可设置打印机名称，选中“是”单选项将该打印机设置为默认打印机，然后单击下一步(N)>按钮，如图 8-47 所示。

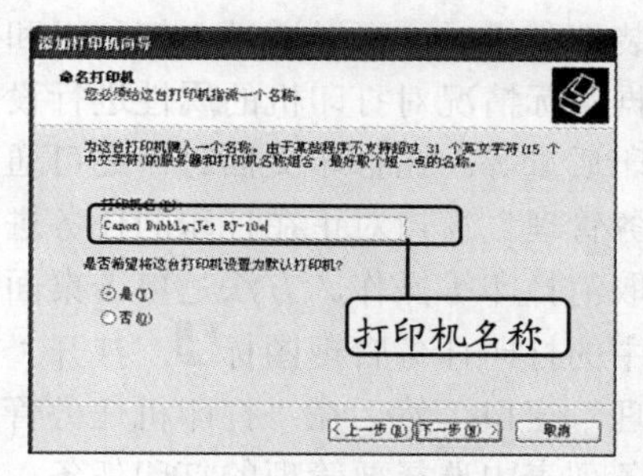

图 8-47 命名打印机

Step 8 在打开的对话框中选中“不共享这台打印机”单选项，然后单击下一步(N)>按钮，如图 8-48 所示。

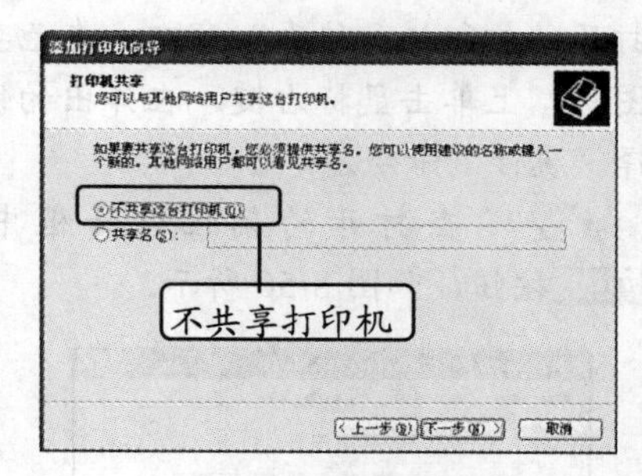

图 8-48 设置共享

Step 9 在打开的对话框中选中“是”单选项，单击下一步(N)>按钮，如图 8-49 所示。

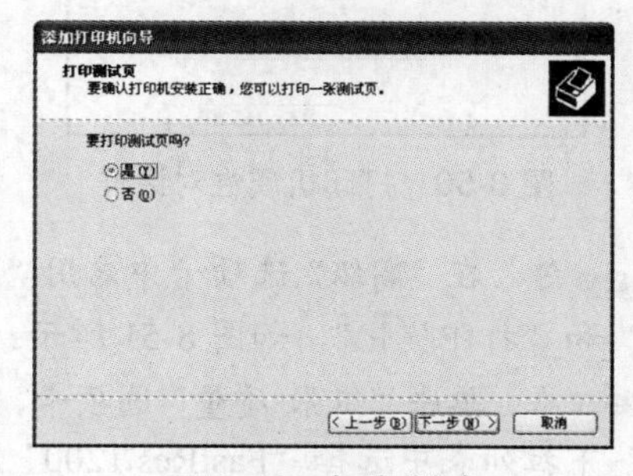

图 8-49 打印测试

Step 10 将打印纸张放入打印机，在打开的对话框中单击 完成 按钮，待 Windows 完成打

印机的安装后，即可打印默认页测试效果。

8.2.2 设置打印属性和管理打印任务

安装打印机后，可以通过“打印机和传真”窗口根据实际情况对打印机的属性进行设置，如设置打印质量等。在打印文档时，还可通过“打印机任务管理”窗口对正在打印的任务进行暂停打印或取消打印等操作。方法是单击桌面右下角任务栏中的打印任务管理图标，打开“打印机任务管理”窗口，然后在“打印机任务管理”窗口的任务列表中选择要管理的打印任务，在该任务上单击鼠标右键，在弹出的快捷菜单中选择要进行的管理操作即可。

【任务9】设置打印机的打印属性。

Step 1 选择【开始】/【打印机和传真】命令，打开“打印机和传真”窗口，在已安装的打印机图标上单击鼠标右键，在弹出的快捷菜单中选择“属性”命令。

Step 2 在打开的属性对话框中单击 打印首选项(I)... 按钮，如图8-50所示。

图8-50 打印机属性对话框

Step 3 在“高级”选项卡中启用“高级打印功能”和“打印优化”，如图8-51所示。

Step 4 单击“纸张/质量”选项卡，在“打印质量”下拉列表中选择“FastRes 1200”选项，如图8-52所示。

Step 5 单击 确定 按钮，返回“打印机属性”对话框，在其中单击“高级”选项卡，选中“总可以使用”和“立即开始打印”单选项，选中“首先打印后台文档”和“启用高级打印功能”复选框，然后单击 确定 按钮，完成打印机属性的设置，如图8-53所示。

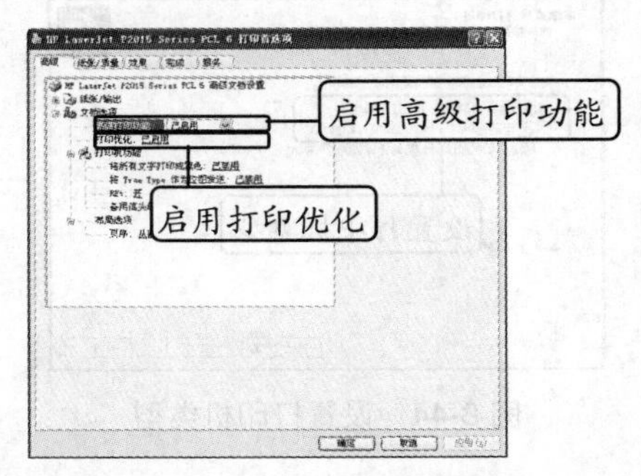

图8-51 设置文档打印选项

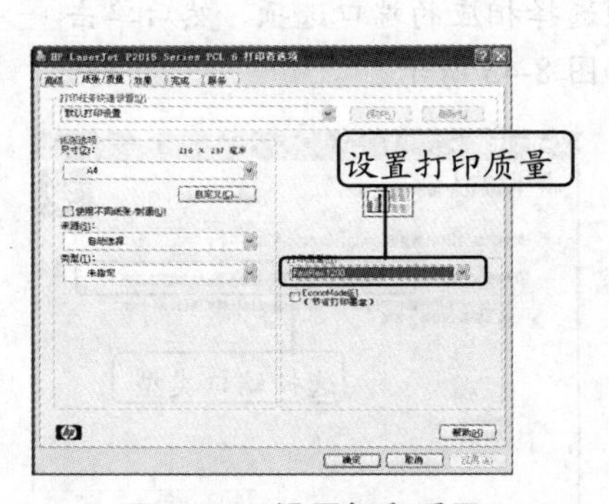

图8-52 设置打印质量

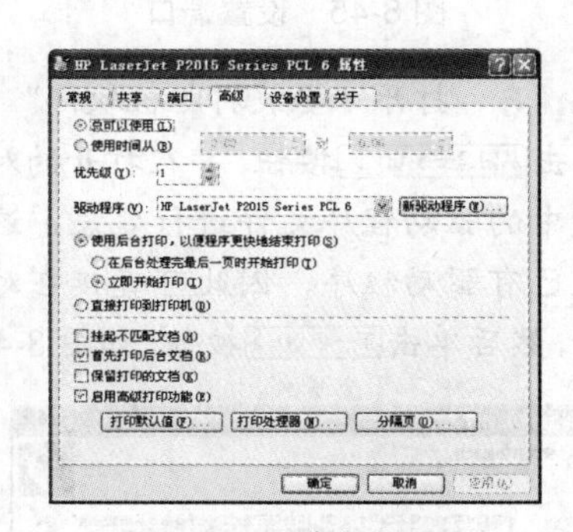

图8-53 高级设置

8.3 数据备份与还原

在使用计算机时，可以对计算机中的一些重

要数据进行备份，以避免数据出现损坏、丢失等情况，造成损失，还可以对系统中出现错误或不小心删除的数据进行还原。

8.3.1　使用 Windows XP 备份工具

除了利用 U 盘或移动硬盘对数据进行复制备份外，还可利用 Windows XP 自带的文件备份功能进行备份。

【任务 10】利用 Windows XP 自带的文件备份功能对数据进行备份。

Step 1　选择【开始】/【所有程序】/【附件】/【系统工具】/【备份】命令，如图 8-54 所示。

图 8-54　启动备份工具

Step 2　打开“备份或还原向导”对话框，单击下一步(N) >按钮，如图 8-55 所示。

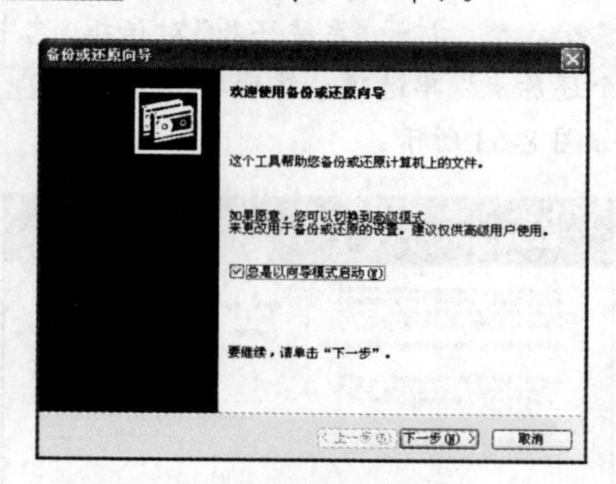

图 8-55　打开向导

Step 3　在打开的对话框中选中“备份文件和设置”单选项，单击下一步(N) >按钮，如图 8-56 所示。

Step 4　在打开的对话框中选中“让我选择要备份的内容”单选项，单击下一步(N) >按钮，如图 8-57 所示。

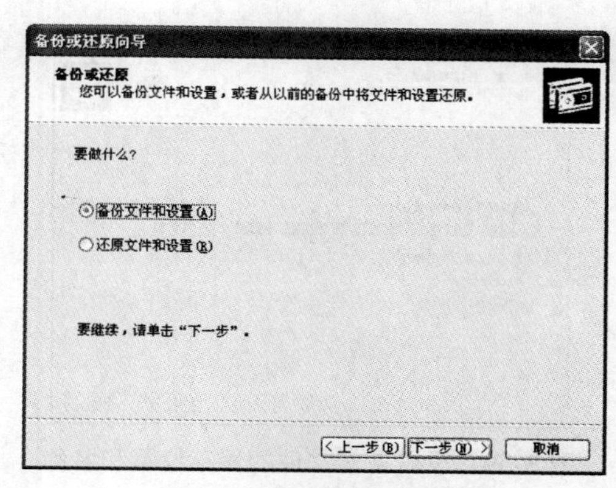

图 8-56　选择备份操作

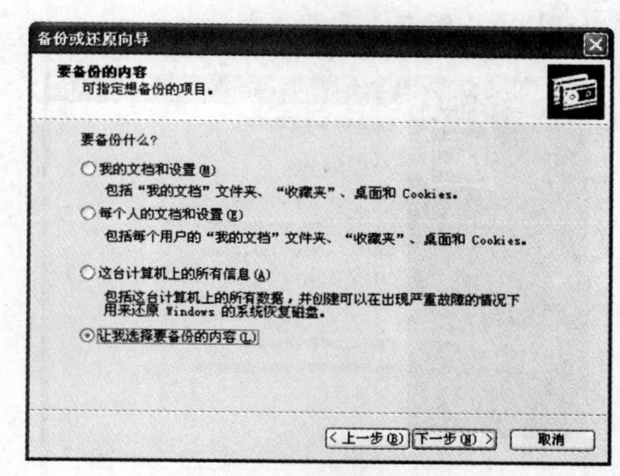

图 8-57　选择备份内容

Step 5　在打开的对话框左侧选中需备份的文件对应的复选框，然后单击下一步(N) >按钮，如图 8-58 所示。

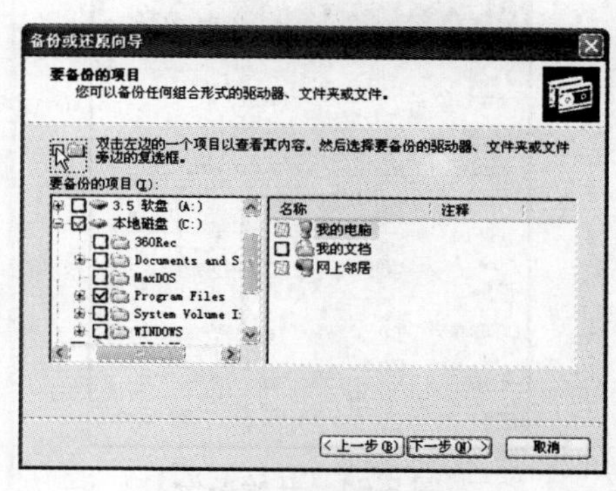

图 8-58　选择备份文件

Step 6　在打开的对话框中单击浏览(W)...按钮，设置备份文件的保存位置，并设置文件的名称，然后单击下一步(N) >按钮，如图 8-59 所示。

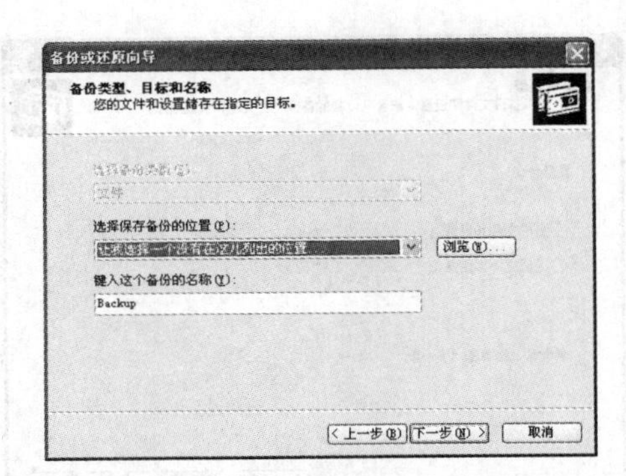

图 8-59　设置备份文件的保存位置和名称

Step 7　在打开的对话框中单击［完成］按钮，如图 8-60 所示。

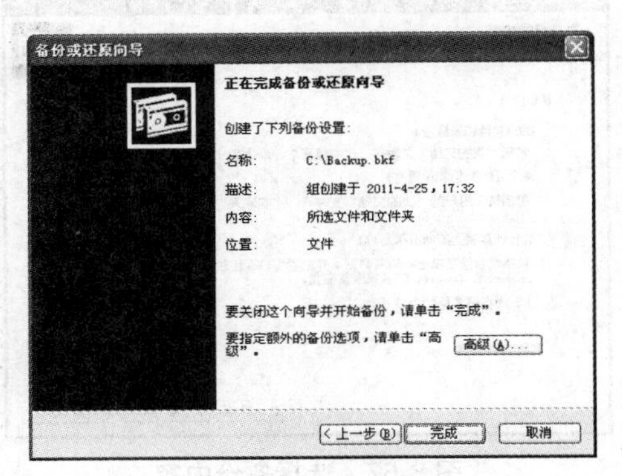

图 8-60　完成设置

Step 8　打开“备份进度”对话框，其中显示了具体的备份进度，如图 8-61 所示。

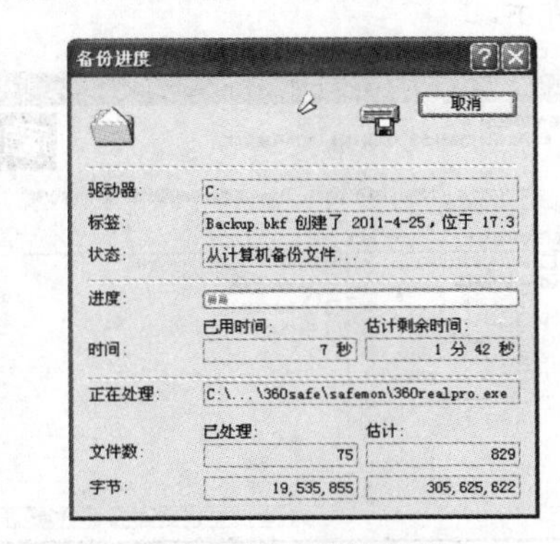

图 8-61　开始备份

Step 9　完成后在“备份进度”对话框中单击［关闭(C)］按钮即可。

8.3.2　备份与还原系统

除了可以备份文件资源外，还可以备份操作系统，当系统出现问题时可利用备份文件进行还原，避免重新安装操作系统的麻烦。

Windows XP 除了具有备份功能，还自带了系统还原功能，以帮助用户随时备份和恢复操作系统。使用系统还原功能首先需要创建还原点，当需要进行还原时，可将操作系统恢复到还原点的环境。

【任务 11】使用 Windows XP 自带的备份功能为系统建立还原点，然后对系统进行还原。

Step 1　选择【开始】/【所有程序】/【附件】/【系统工具】/【系统还原】命令，如图 8-62 所示。

图 8-62　启动系统还原工具

Step 2　打开“系统还原”对话框，选中“创建一个还原点”单选项，然后单击［下一步(N) >］按钮，如图 8-63 所示。

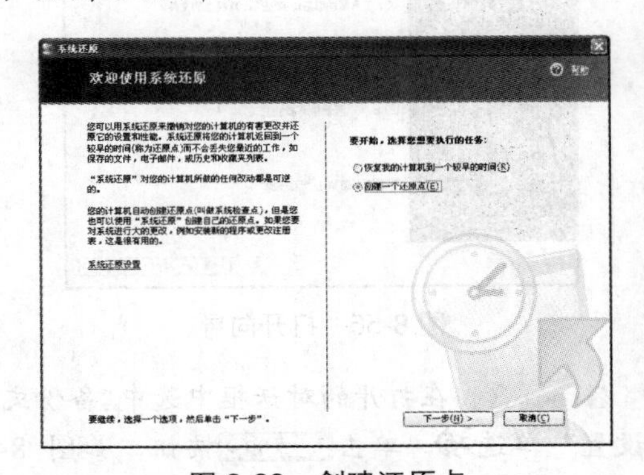

图 8-63　创建还原点

Step 3　在打开的对话框的文本框中输入还原点名称，单击［创建(R)］按钮，如图 8-64 所示。

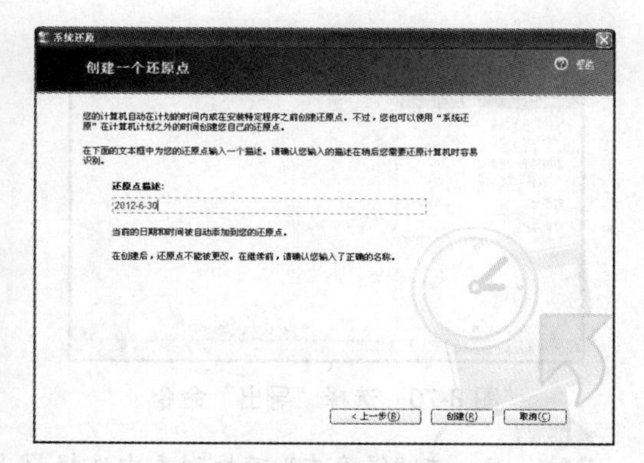

图 8-64 设置还原点名称

Step 4 在打开的对话框中提示还原点已创建，单击[关闭(C)]按钮，如图 8-65 所示。

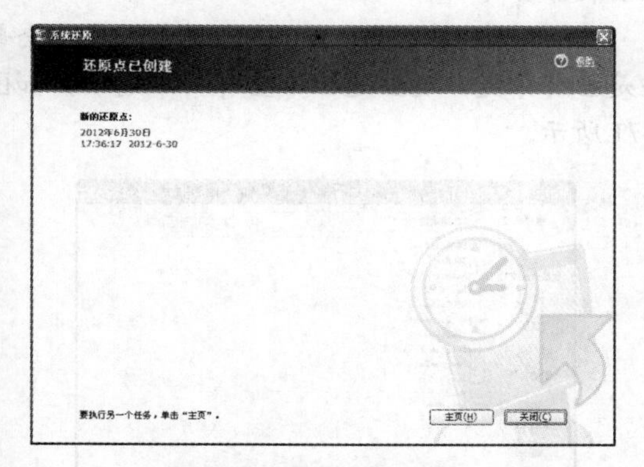

图 8-65 成功创建还原点

Step 5 当系统出现问题需要还原时，便可启动系统还原工具，在打开的对话框中选中“恢复我的计算机到一个较早的时间”单选项，然后单击[下一步(N) >]按钮，如图 8-66 所示。

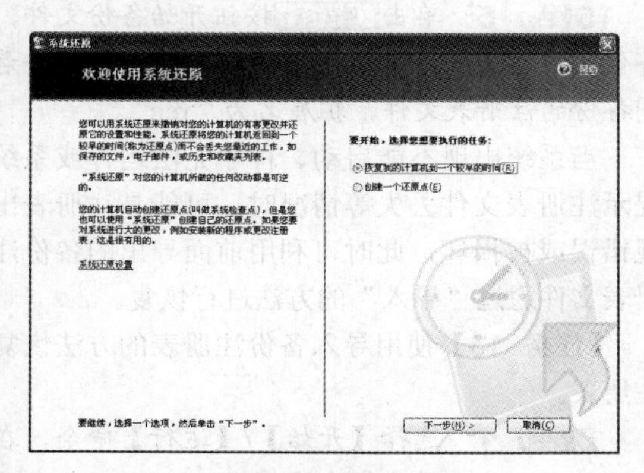

图 8-66 还原系统

Step 6 在打开的对话框中选择需还原的还原点，单击[下一步(N) >]按钮，如图 8-67 所示。

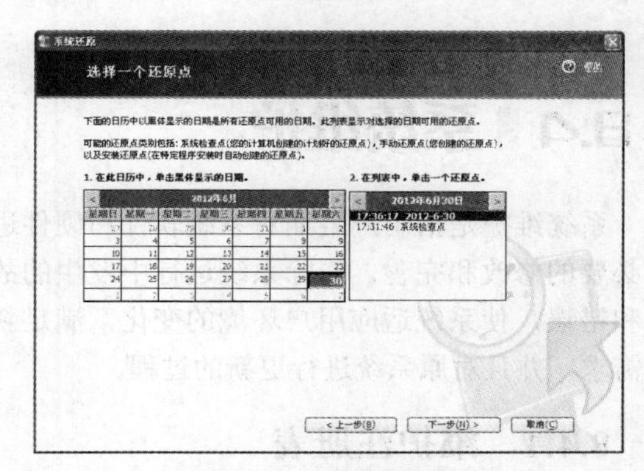

图 8-67 选择还原点

Step 7 在打开的对话框中单击[下一步(N) >]按钮，如图 8-68 所示。

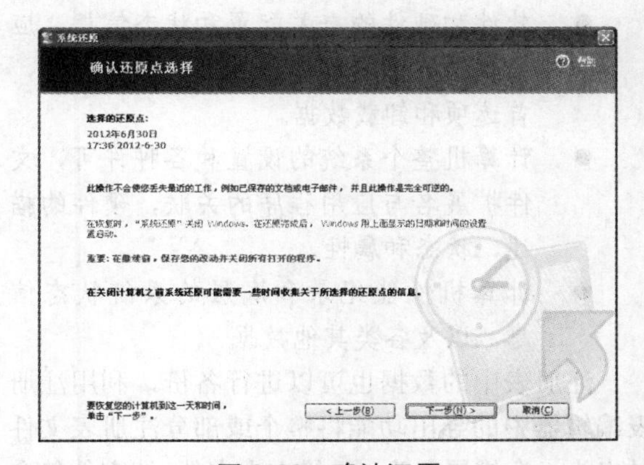

图 8-68 确认还原

Step 8 此时将关闭计算机，并开始对系统进行还原操作，如图 8-69 所示。

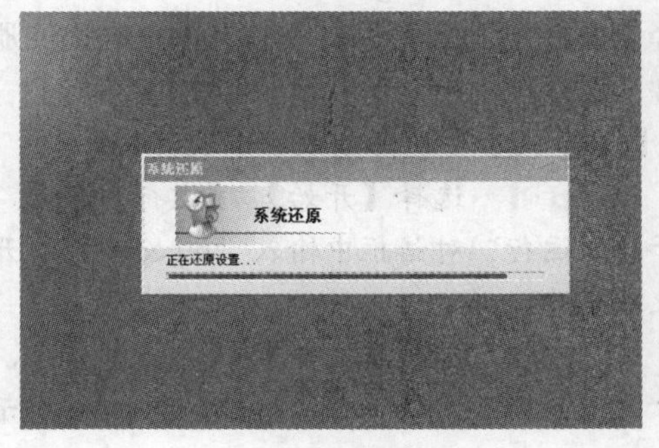

图 8-69 正在还原

Step 9 重启计算机后，将自动打开“系统还原”对话框，单击[确定(O)]按钮即可。

8.4 系统维护

系统维护是指用户定期对系统软件和硬件进行必要的修改和完善，清除系统运行中发生的故障和错误，使系统适应用户环境的变化，满足新的需求，并且对原系统进行更新的过程。

8.4.1 维护注册表

注册表（Registry）是Windows系统中一个重要的数据库，用于存储系统和应用程序的设置信息，它存储的内容具体如下。

- 软件和硬件的有关配置和状态信息，应用程序和资源管理器外壳的初始条件、首选项和卸载数据。
- 计算机整个系统的设置和各种许可，文件扩展名与应用程序的关联，硬件的描述、状态和属性。
- 计算机性能纪录和底层的系统状态信息，以及各类其他数据。

注册表中的数据也可以进行备份，利用注册表编辑器中的导出功能将整个或部分注册表文件导出为一个扩展名为 reg 的文本文件，该文件包含了导出部分注册表的全部信息，如子键、键值项与键值的信息。

其方法是运行 regedit 后打开注册表编辑器，选择“文件\导出”命令，在打开的“导出注册表文件”对话框中指定保存路径和文件名即可。

【任务 12】导出注册表中的文件。

Step 1 选择【开始】/【运行】命令，在打开的“运行”对话框中输入“regedit”，打开注册表编辑器。

Step 2 选择【文件】/【导出】命令，打开“导出注册表文件”对话框，如图 8-70 所示。

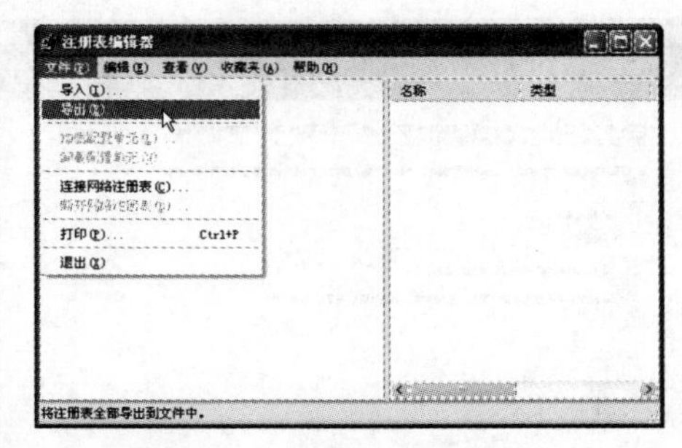

图 8-70 选择“导出”命令

Step 3 在“保存在”下拉列表中选择导出文件的保存位置，这里选择 D 盘，在“文件名”文本框中输入备份文件名，这里输入“Windows XP 注册表备份”。

Step 4 在“导出范围”栏选择是备份全部还是当前分支，这里选择“全部”单选项，如图 8-71 所示。

图 8-71 选择保存路径并输入文件名

Step 5 单击[保存(S)]按钮开始备份文件，备份完成后打开保存路径下的文件夹，即可查看到备份的注册表文件，扩展名为“reg”。

当系统出现不能启动、程序无法运行或系统提示注册表文件丢失等情况时，可能是注册表出现错误或被损坏，此时可利用前面导出的备份注册表文件通过“导入”的方法进行恢复。

【任务 13】使用导入备份注册表的方法恢复注册表。

Step 1 选择【开始】/【运行】命令，在打开的“运行”对话框中输入“regedit”，打开注

册表编辑器。

Step 2　选择【文件】/【导入】命令，打开“导入注册表文件”对话框，在“查找范围”下拉列表中选择备份文件的位置，这里选择 D 盘。

Step 3　选择备份的注册表文件，这里选择“Windows XP 注册表备份.reg”文件，单击打开按钮，如图 8-72 所示。

图 8-72　选择导入注册表文件

Step 4　打开“导入注册表文件”对话框，显示导入进度，导入完成后将提示导入成功，关闭注册表编辑器即可，如图 8-73 所示。

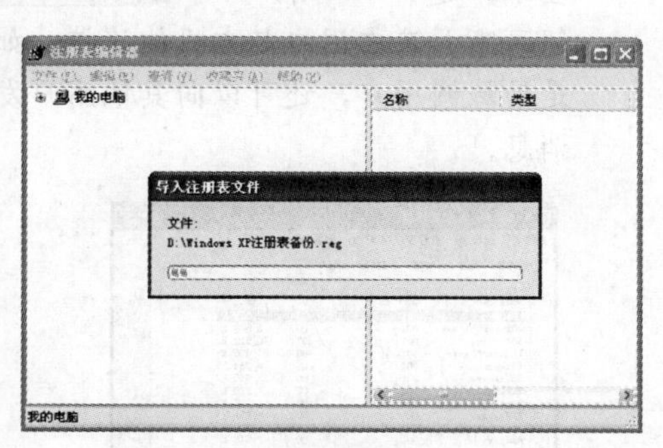

图 8-73　开始导入

8.4.2　使用命令提示符

命令提示符（CMD）是系统中的一种 DOS 程序，主要在维护系统时使用，在命令提示符的输入窗口中可以快速输入一些命令来查看计算机的运行状况，使用命令提示符操作比可视化窗口操作快，但难以记忆。

方法是在桌面上选择【开始】/【运行】命令，在打开的“运行”对话框中输入“cmd”，然后单击确定按钮，如图 8-74 所示，即可打开命令提示符输入窗口，如图 8-75 所示。

图 8-74　“运行”对话框

图 8-75　命令提示符输入窗口

命令提示符中的常用命令见表 8-1。

表 8-1　常用命令提示符

命　令	说　明	命　令	说　明
cd	改变当前目录	sys	制作 DOS 系统盘
copy	拷贝	del	删除文件
deltree	删除目录树	dir	列文件名
diskcopy	复制磁盘	edit	文本编辑
format	格式化磁盘	md	建立子目录
mem	查看内存状况	type	显示文件内容
rd	删除目录	ren	改变文件名

8.4.3　使用事件查看器

在桌面上选择【开始】/【控制面板】/【性能和维护】/【管理工具】/【事件查看器】命令，即可打开“事件查看器”对话框，如图 8-76 所示。

事件查看器相当于系统日志，它记录了软、硬件以及系统运行情况，不但可以查看系统运行日志文件，而且还可以查看事件类型，使用事件日志来解决系统故障。事件查看器根据来源将日志记录事件分为应用程序日志（Application）、安全日志（Security）和系统日志（System），其作用分别如下。

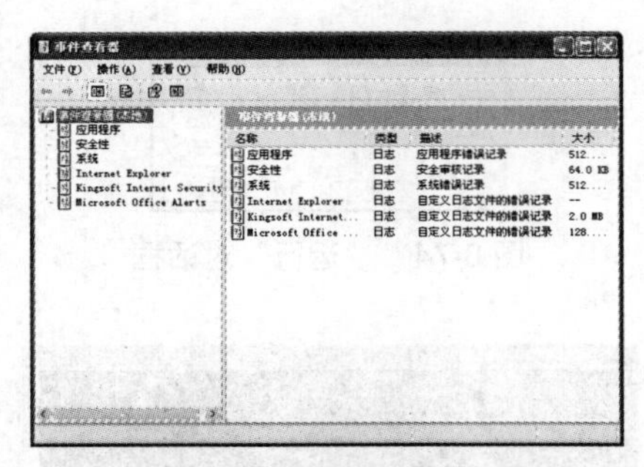

图 8-76　事件查看器

- 应用程序日志包含由应用程序或一般程序记录的事件，主要记载程序运行方面的信息。
- 安全日志可以记录有效和无效的登录尝试等安全事件以及与资源使用有关的事件，如创建、打开或删除文件，启动时某个驱动程序加载失败。
- 系统日志包含由 Windows 系统组件记录的事件，如在系统日志中记录启动期间要加载的驱动程序或其他系统组件的故障。

8.4.4　使用任务管理器

按“Ctrl+Alt+Delete”组合键可以快速打开任务管理器，如图 8-77 所示。Windows 任务管理器提供了有关计算机性能的信息，其下有“应用程序”“进程”“性能”“联网”和“用户”5 个选项卡，窗口底部的状态栏显示了当前系统的进程数、CPU 使用比率、更改的内存/容量等数据。在“进程”选项卡中显示了计算机上运行的程序和进程的详细信息，如果连接到网络，那么还可以在“联网”选项卡中查看网络连接状态。任务管理器中的 5 个选项卡的作用介绍如下。

- “应用程序”选项卡。一般只显示已打开的窗口程序，最小化至系统托盘区的应用程序并不会显示在其中。选择正在运行的程序，然后单击[结束任务(E)]按钮可直接关闭程序。
- “进程”选项卡。显示了所有当前正在运行的进程，包括应用程序、后台服务等。隐藏在系统底层运行的病毒程序或木马程序都可以在这里找到。在此选项卡中找到需要结束的进程名，然后单击[结束进程(E)]按钮可以强行终止进程，但是强行终止进程将丢失未保存的数据，且如果结束的是系统服务进程，则系统的某些功能可能无法正常使用。
- “性能”选项卡。在此选项卡中可以看到计算机性能的动态使用率，如 CPU 和各种内存的使用情况。
- “联网”选项卡。显示了本地计算机所连接的网络的通信量，使用多个网络连接时可以比较各个连接的通信量。
- “用户”选项卡。显示了当前已登录和连接到本机的用户数、标识、活动状态和客户端名。选中一个用户，单击[注销(L)]按钮可以重新使用该用户账户登录；选中一个用户，单击[断开(D)]按钮可断开选中用户与本机的连接；如果是局域网用户，还可以向其他用户发送消息。

图 8-77　任务管理器

8.4.5　调整虚拟内存

计算机中运行的程序均需经由内存执行，若

执行的程序占用内存很多，则会导致计算机运行缓慢，甚至出现程序崩溃的情况。

虚拟内存技术是解决计算机随机存储器(RAM)不足，保证系统或程序正常运行的技术，它使用硬盘中的一部分空间充当内存，以缓解内存紧张。当计算机中内存不足时，计算机可将内存中的数据移动到称为“分页文件”的空间中，同时释放内存，以便完成工作。但是，计算机从RAM读取数据的速率要比从硬盘读取数据的速度快，因而扩增RAM容量是最佳选择。

虚拟内存一般应设置为物理内存大小的2倍，设置过小会影响系统程序的正常运行。

【任务14】设置计算机的虚拟内存。

Step 1 在“我的电脑”图标上单击鼠标右键，在弹出的快捷菜单中选择“属性”命令，在“高级”选项卡中单击“性能”框中的设置(S)按钮。

Step 2 在“性能选项”对话框中选择“高级”选项卡，然后在“虚拟内存”栏中单击更改(C)按钮，在打开的“虚拟内存”对话框中重设虚拟内存数值，如图8-78所示。

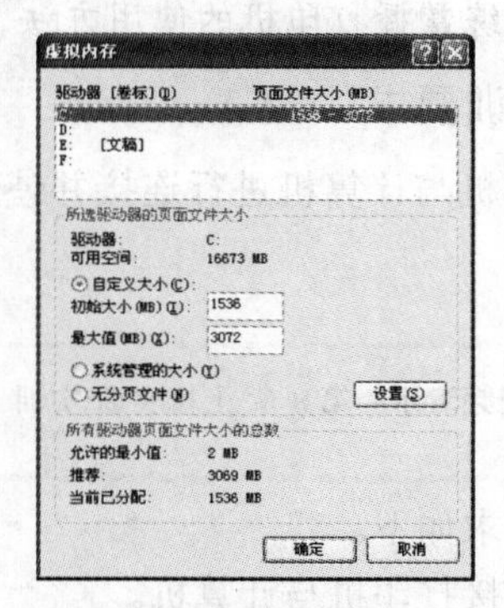

图8-78 设置虚拟内存

Step 3 单击设置(S)按钮，再单击确定按钮，重启计算机即可完成虚拟内存的设置。

8.4.6 管理系统服务和自启动程序

很多软件在安装时默认设置开机自动运行，这样就导致系统中开机启动的程序越来越多，不但延长了开机时间，而且造成了系统资源极大的浪费。

应用程序一般通过“启动”菜单和“Startup”菜单进行自启动。这是最直接也是最简单的一种加载自启动程序的方法，将应用程序的快捷方式添加到【开始】/【程序】/【启动】(或许还有“Startup”)中，当系统启动时，“启动”组中的程序就会自行启动。另外Winstar.bat也是一个能被Windows 9X系统自动运行的文件，它可以人为创建。如果要查找自启动程序，请不要忽略了该文件是否存在以及其具体内容。

所有启动的程序都会占用系统的资源，因此节省系统资源能提高整个系统的稳定性。

【任务15】利用Windows自带的工具禁止自启动程序。

Step 1 选择【开始】/【运行】命令，在“运行”对话框中输入“msconfig”，单击确定按钮，打开“系统配置实用程序”对话框。

Step 2 单击“启动”选项卡，取消选中不需要启动的项目，然后单击确定按钮，即可禁止启动不需要开机运行的程序，如图8-79所示。

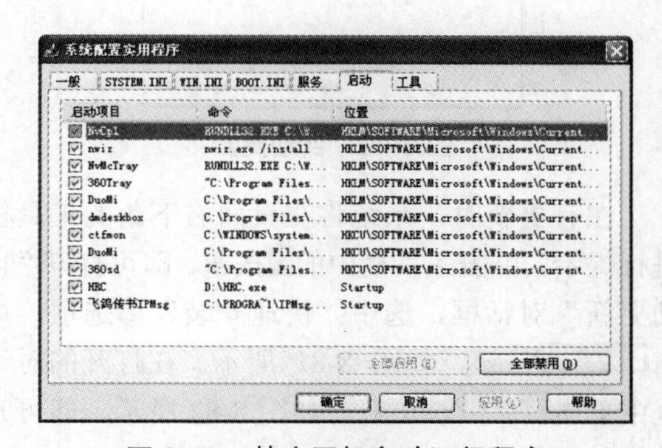

图8-79 禁止开机自动运行程序

8.4.7 系统修复和自动更新

在系统出现故障时，可以通过系统修复的方式对系统内缺失或损坏的文件进行还原，同时，系统还能自动对文件进行更新，以修补系统中的不足，提升系统的运行能力。

1. 修复系统

根据系统损坏的情况，可以只修复损坏的部

分，通常来说，用户无法查找系统损坏的原因，这时可以直接插入系统光盘，对系统的整体进行修复。其方法为选择【开始】/【运行】命令，在打开的“运行”对话框中输入“SFC/SCANNOW”命令，然后在光驱中插入系统光盘，系统将自动比较硬盘中的文件并进行修复操作。

2. 自动更新

在“我的电脑”图标上单击鼠标右键，在弹出的快捷菜单中选择“属性”命令，在“系统属性”对话框中单击“自动更新”选项卡，选中“自动（建议）”单选项，单击确定按钮即可将计算机设置为自动更新，如图 8-80 所示。

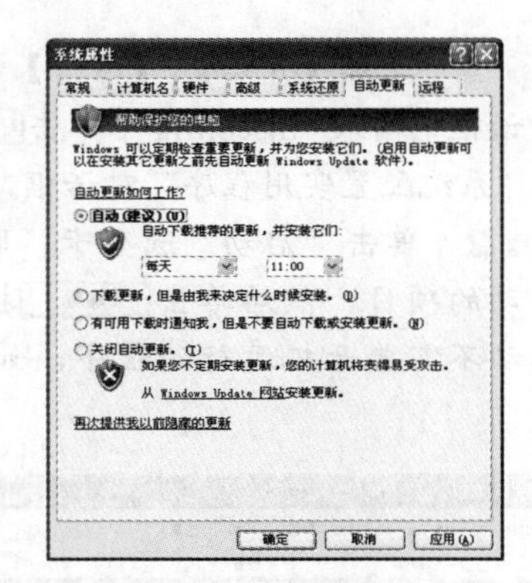

图 8-80 自动更新

在有更新时，系统将在桌面右下角的工具栏进行提示，单击工具栏中的按钮，即可打开“自动更新”对话框，选中“快速安装”单选项，单击安装按钮，如图 8-81 所示。在打开的对话框中单击我接受(A)按钮，如图 8-82 所示，即可开始安装更新。

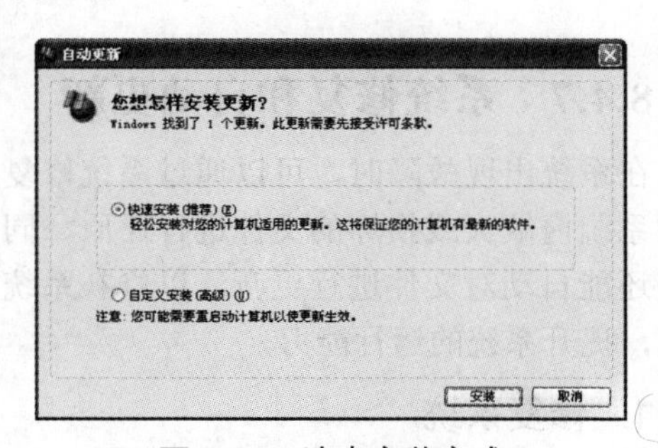

图 8-81 选中安装方式

图 8-82 接收安装协议

8.5 上机实训

8.5.1 【实训一】安装和使用打印机

1. 实训目的

通过实训熟练掌握计算机外部设备的安装和使用方法。

具体的实训目的如下。

- 掌握计算机中添加打印机的方法。
- 熟练掌握打印机的使用方法。

2. 实训要求

将打印机与计算机进行连接并使用打印机打印资料。

视频演示：第 8 章\上机实训\实训一.swf

具体要求如下。

（1）连接打印机与计算机。

（2）在计算机中添加打印机设备的驱动程序。

（3）设置打印机属性并打印一篇文档。

3. 完成实训

Step 1 将打印机连接到机箱后部的打印机接口上并接通电源，在 Windows XP 系统中选择【开始】/【打印机和传真】命令。

Step 2 在打开的“打印机和传真”窗口中，单击窗口左侧“打印机任务”栏中的“添加打印

机”超链接，如图 8-83 所示，打开“添加打印机向导”对话框。

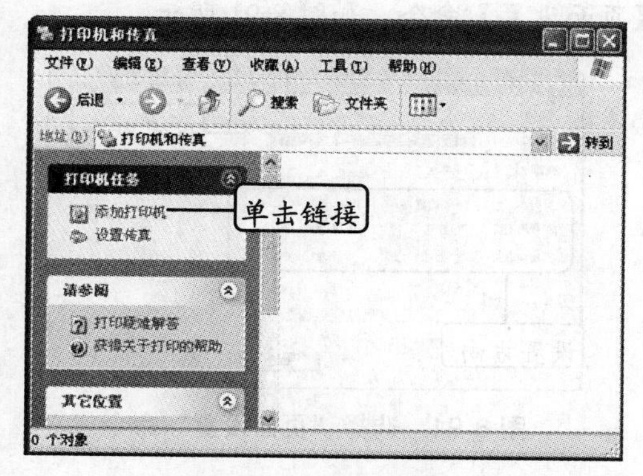

图 8-83　单击超链接

Step 3　在打开的“添加打印机向导”对话框中单击[下一步(N) >]按钮。然后在“本地或网络打印机”对话框中，选中“连接到此计算机的本地打印机”单选项，并单击[下一步(N) >]按钮，如图 8-84 所示。

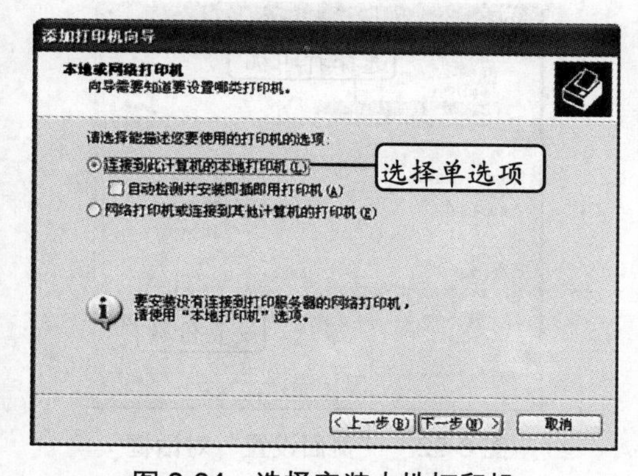

图 8-84　选择安装本地打印机

Step 4　在打开的“选择打印机端口”对话框中，选中“使用以下端口”单选项，然后在右侧的下拉列表框中根据打印机的实际连接情况，选择连接打印机使用的计算机端口，并单击[下一步(N) >]按钮，如图 8-85 所示。

Step 5　在打开的“安装打印机软件”对话框的列表框中，选中打印机厂商和打印机型号（应与连接的打印机一致），然后单击[下一步(N) >]按钮，如图 8-86 所示。

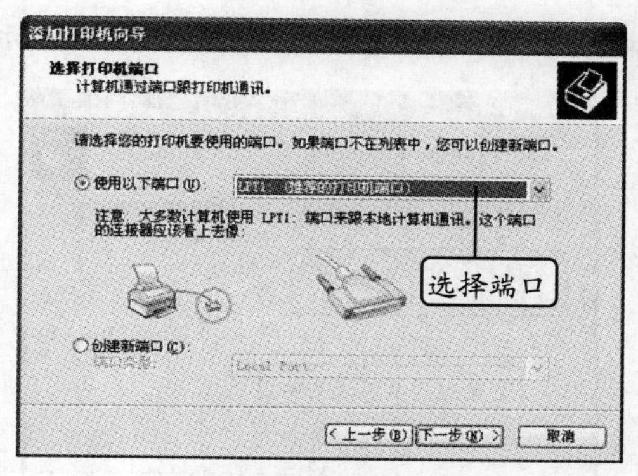

图 8-85　选择打印机端口

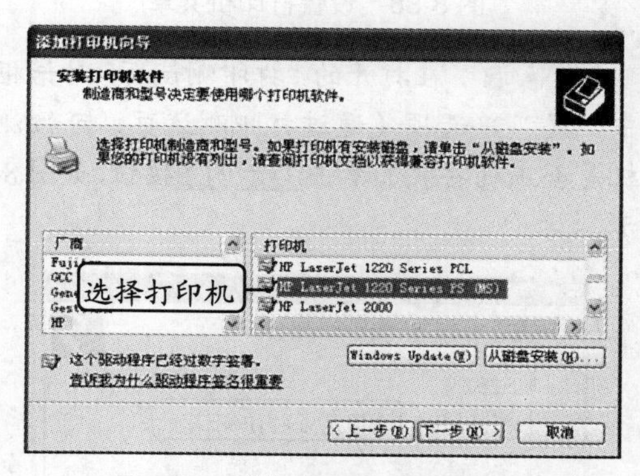

图 8-86　选择厂商和打印机型号

Step 6　在打开的“命名打印机”对话框中的“打印机名”文本框中输入打印机名称，这里保持打印机的默认名称，单击[下一步(N) >]按钮，如图 8-87 所示。

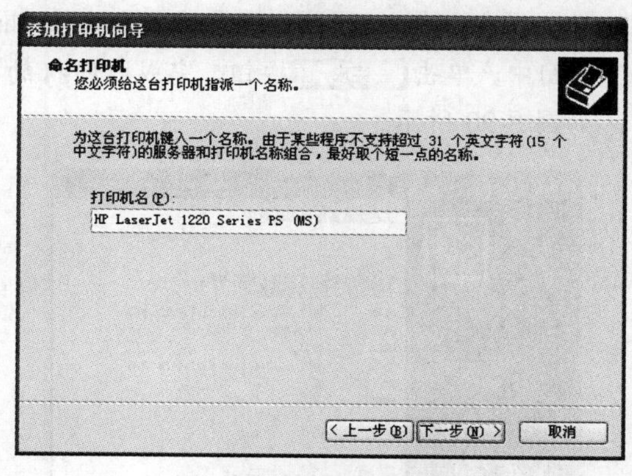

图 8-87　命名打印机

Step 7　在打开的“打印机共享”对话框中，根据需要选中“不要共享这台打印机”或“共享名”

单选项，然后单击下一步(N)>按钮，如图8-88所示。

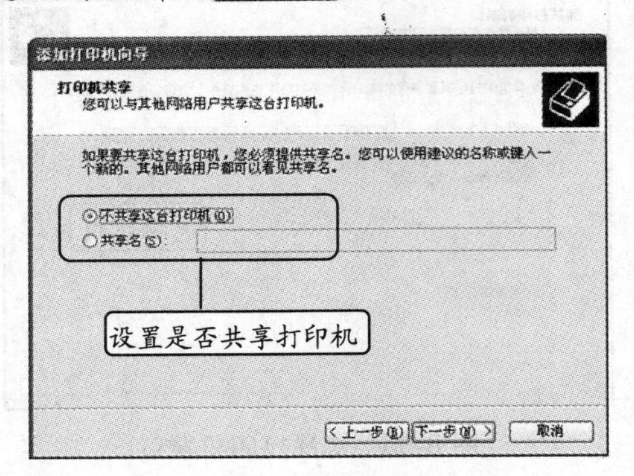

图8-88　设置打印机共享

Step 8　在打开的“打印测试页”对话框中选中“是”单选项（通过打印测试页，可检测打印机是否正确安装），单击下一步(N)>按钮，如图8-89所示。

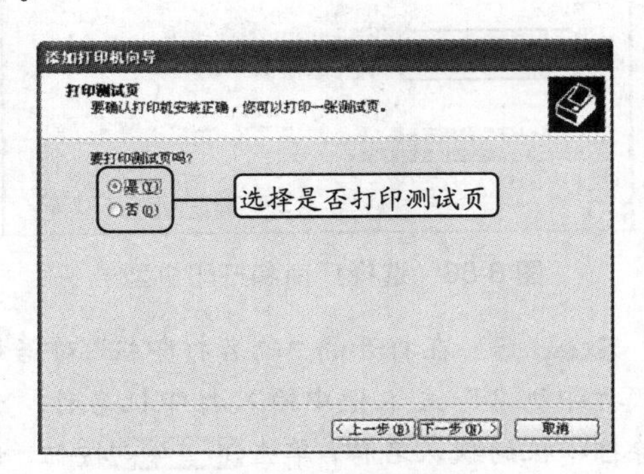

图8-89　打印测试页

Step 9　在打开的“正在完成添加打印机向导”界面中，单击完成按钮，完成打印机的安装，如图8-90所示。

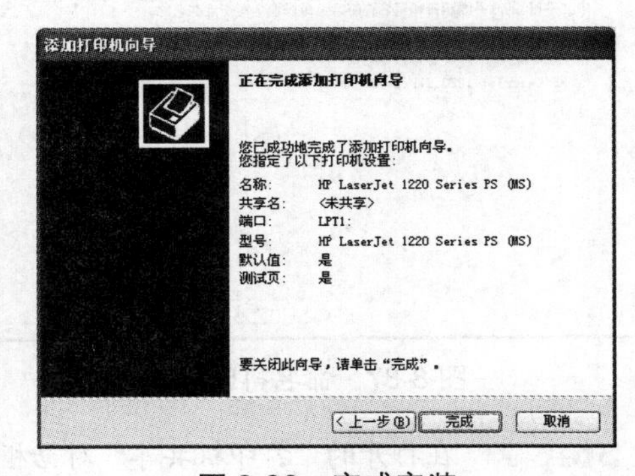

图8-90　完成安装

Step 10　下面可以对打印机的功能进行验证，用Word打开一篇文档，然后选择【文件】/【页面设置】命令，如图8-91所示。

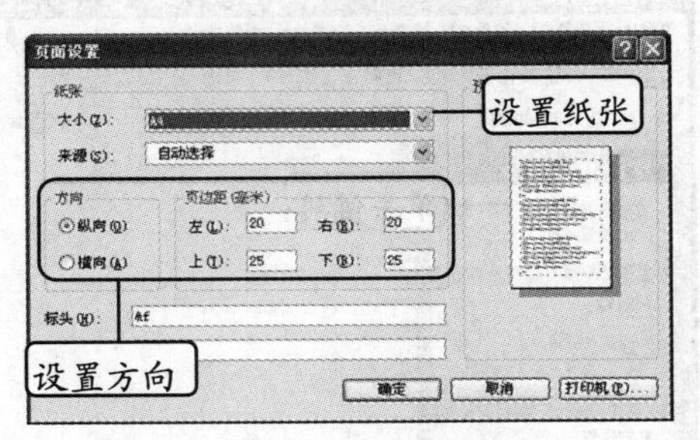

图8-91　选择“页面设置”命令

Step 11　在打开的“页面设置”对话框中，设置纸张的大小和文档的打印方向，并对打印内容进行预览，确认无误后单击确定按钮。

Step 12　选择【文件】/【打印】命令，选择连接的打印机，并设置所要打印的文档份数，单击打印(P)按钮即可，如图8-92所示。

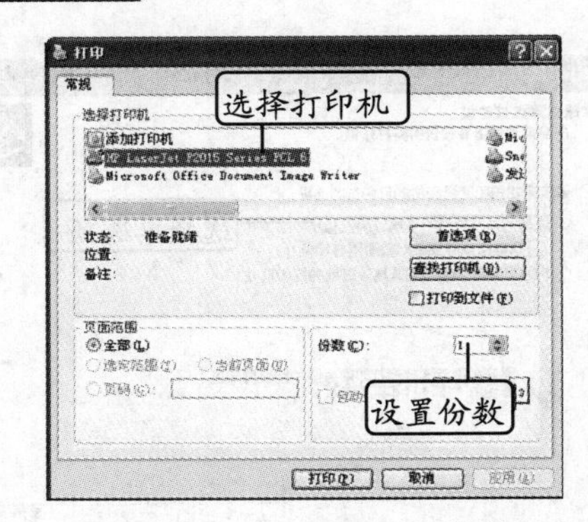

图8-92　“页面设置”对话框

8.5.2　【实训二】备份和整理磁盘碎片

1. 实训目的

通过对磁盘进行备份和维护，掌握维护计算机的方法。

具体的实训目的如下。

- 掌握计算机磁盘中数据的备份方法。
- 熟练使用计算机自带的备份工具。
- 熟悉磁盘碎片的整理方法。

2. 实训要求

使用计算机自带的备份工具进行磁盘的备份并清理磁盘中的碎片。

具体要求如下。

（1）在“开始”菜单中设置磁盘的备份。

（2）对磁盘碎片进行整理，提高系统运行速度。

3. 完成实训

Step 1　选择【开始】/【所有程序】/【附件】/【系统工具】/【备份】命令，如图8-93所示。

图8-93　启动备份工具

Step 2　打开“备份或还原向导”对话框，单击下一步(N) >按钮，如图8-94所示。

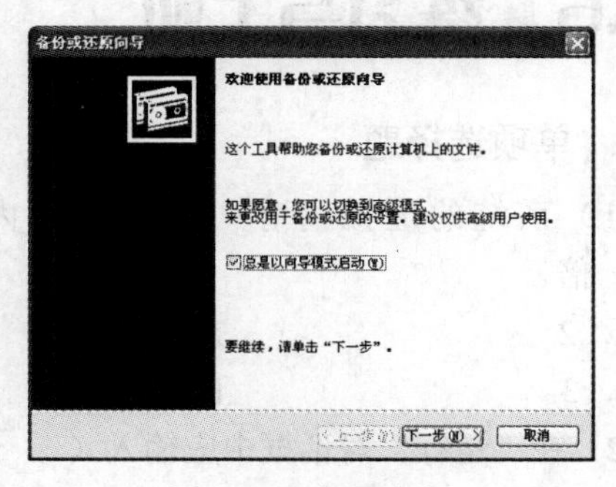

图8-94　打开向导

Step 3　在打开的对话框中选中“备份文件和设置”单选项，单击下一步(N) >按钮，如图8-95所示。

Step 4　在打开的对话框中选中“让我选择要备份的内容”单选项，单击下一步(N) >按钮，如图8-96所示。

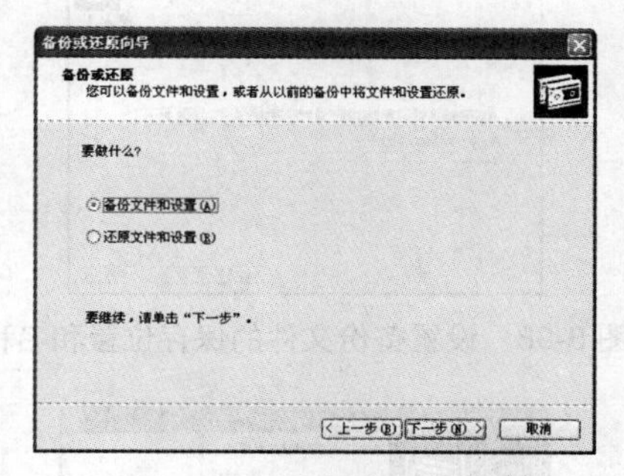

图8-95　选择备份操作

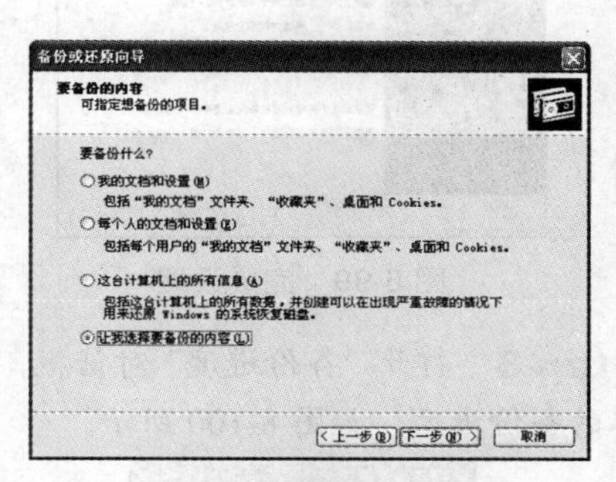

图8-96　选择备份内容

Step 5　在打开的对话框左侧选中需备份的文件对应的复选框，这里选择D盘，然后单击下一步(N) >按钮，如图8-97所示。

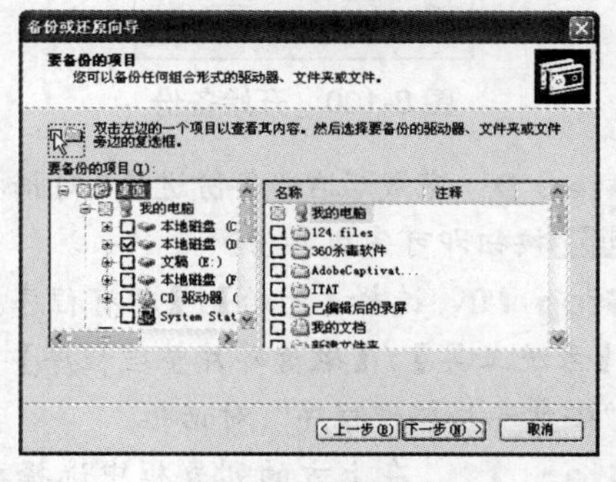

图8-97　选择文件

Step 6　在打开的对话框中通过浏览(W)...按钮设置备份文件的保存位置，这里选择F盘，并设置文件的名称，然后单击下一步(N) >按钮，如图8-98所示。

Step 7　在打开的对话框中单击完成按钮，如图8-99所示。

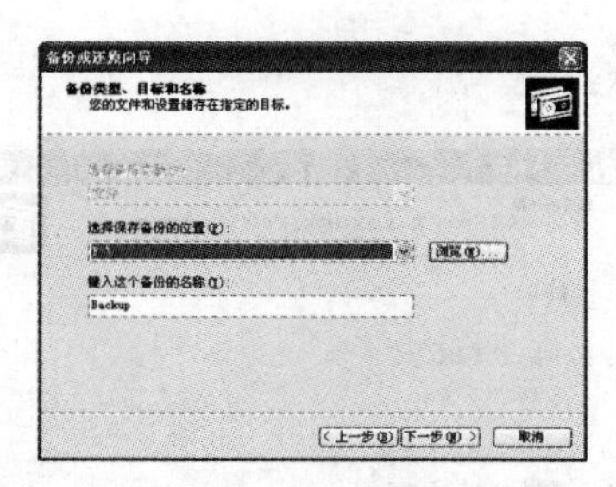

图 8-98　设置备份文件的保存位置和名称

图 8-99　完成设置

Step 8　打开“备份进度”对话框，其中显示具体的备份进度，如图 8-100 所示。

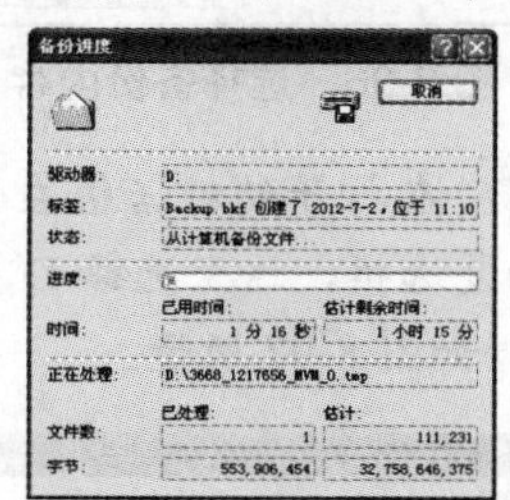

图 8-100　开始备份

Step 9　完成后在“备份进度”对话框中单击[关闭(C)]按钮即可完成备份。

Step 10　选择【开始】/【所有程序】/【附件】/【系统工具】/【磁盘碎片整理程序】命令，打开“磁盘碎片整理程序”对话框。

Step 11　在上方的列表框中选择要整理的磁盘，这里选择 D 盘，单击[分析]按钮，如图 8-101 所示。

Step 12　系统会自动对 D 盘进行分析，分析完毕后自动打开“磁盘碎片整理程序”对话框，提示是否需要对该磁盘进行碎片整理，如需要整理，单击[碎片整理(D)]按钮。系统开始对所选磁盘进行整理，并且显示整理前后的磁盘效果，如图 8-102 所示，整理完成后，打开提示对话框提示整理完成，单击[关闭(C)]按钮即可。

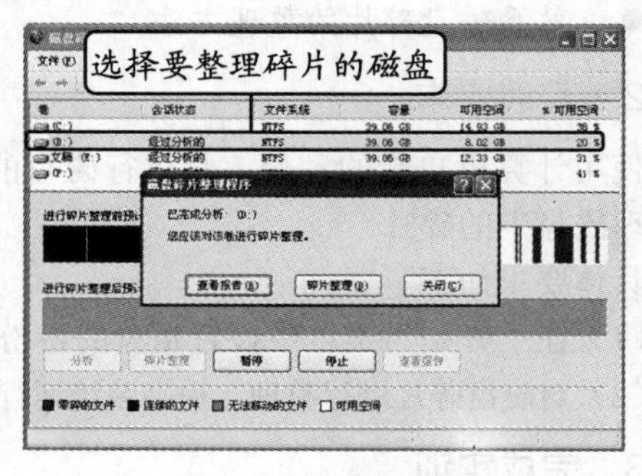

图 8-101　分析磁盘

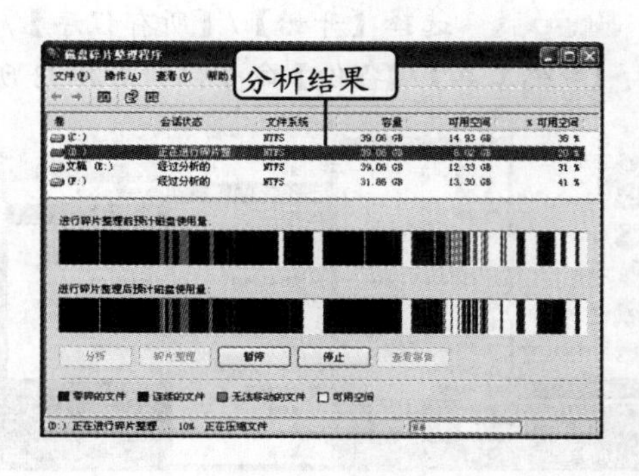

图 8-102　整理磁盘碎片

8.6 练习与上机

1. 单项选择题

（1）系统的虚拟内存一般为物理内存的（　）倍。

A. 2　　B. 1

C. 3　　D. 4

（2）在“运行”对话框中应输入（　）打开命令提示符输入窗口。

A. CAD　　B. CND

C. CMD　　D. 以上都不正确

（3）按（　）组合键可以打开“任务管理器”窗口。

A. Ctrl+Shift+Delete　　B. Ctrl+Shift+Alt

C. Ctrl+Alt+Enter　　D. Ctrl+Alt+Delete

（4）系统一般安装在硬盘的（　　）。

A．逻辑分区　　B．扩展分区
C．主分区　　D．副分区

（5）PartitionMagic 软件是一种（　　）软件。

A．下载资料　　B．还原系统
C．观看视频　　D．管理硬盘分区

（6）解决计算机随机存储器（RAM）不足的方法是（　　）。

A．扩增虚拟内存　　B．更换大容量硬盘
C．更换高性能主板　　D．减少虚拟内存

（7）存储系统和应用程序的设置信息的是（　　）。

A．C 盘　　B．注册表
C．运行窗口　　D．以上都不正确

（8）使用（　　）可以查看系统运行日志文件，而且还可以查看事件类型。

A．事件查看器　　B．命令提示符
C．注册表　　D．任务管理器

2. 多项选择题

（1）磁盘的分区可分为两大类（　　）。

A．主分区　　B．逻辑分区
C．扩展分区　　D．光驱设备

（2）常见的分区格式有（　　）。

A．FAT8　　B．FAT32
C．FAT16　　D．NTFS

（3）以下可以对数据进行复制备份的工具有（　　）。

A．U 盘　　B．移动硬盘
C．软盘　　D．光盘

（4）下列哪些操作是在【开始】/【所有程序】/【附件】/【系统工具】中可以选择进行的（　　）。

A．整理磁盘碎片　　B．清理磁盘
C．备份　　D．还原系统

（5）PartitionMagic 软件可以对硬盘进行（　　）操作。

A．调整分区容量　　B．合并分区
C．创建新分区　　D．格式化分区

（6）磁盘的属性包括（　　）等常规信息。

A．磁盘的类型　　B．文件系统
C．空间大小　　D．卷标信息

3. 实训操作题

视频演示：第 8 章\练习与上机\备份数据.swf

（1）为计算机连接一台扫描仪。

（2）将计算机 D 盘中的数据进行备份。

拓展知识

除了利用 Windows XP 自带的工具备份与还原系统外，还可利用一些专业的系统备份和还原程序实现这一目的。下面介绍一款管理和维护磁盘的工具—— 一键还原精灵。

“一键还原精灵”是一款用于快速备份和还原系统的程序，具有安全、快速、保密性强、压缩率高和兼容性好等特点。将其安装到 Windows XP 上以后，选择【开始】/【所有程序】/【一键还原精灵】/【一键还原精灵】命令即可启动该程序，如图 8-103 所示。用户还可以通过另一种方式进入“一键还原精灵”，即启动计算机后当屏幕出现“请选择启动的操作系统”界面时，利用键盘上的上下箭头键，选择“一键还原精灵”选项，然后按“Enter”键进入一键还原精灵主界面。

在对话框中单击备份系统按钮，然后在打开的对话框中单击确定按钮即可快速完成系统的备份操作。完成系统备份后，只需单击还原系统按钮便可轻松将系统进行还原。但是安装一键还原精灵后，不能更改硬盘中分区的数量或是格式化硬盘上的所有分区，否则“一键还原精灵”将失去作用。

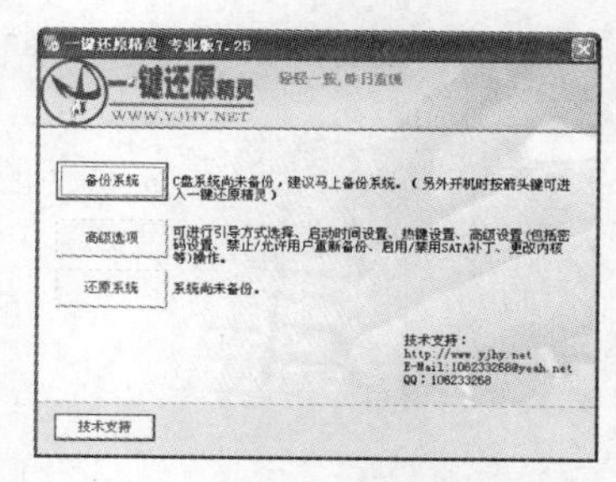

图 8-103　一键还原精灵

第9章 计算机安全

学习目标

通过学习计算机安全的相关知识，掌握计算机软件和硬件的日常维护、病毒防范、查杀木马、修复漏洞、清理垃圾以及处理常见的故障等的技能。同时通过本章上机实训，完成对计算机安全进行维护的实践。

学习重点

熟悉计算机软、硬件的日常维护和病毒防范技巧，熟练运用杀毒软件查杀病毒和木马，掌握计算机中故障的处理方法。

主要内容

- 计算机的日常维护
- 计算机病毒防范
- 计算机日常安全处理
- 计算机常见故障及其处理

9.1 计算机的日常维护

计算机是电器设备的一种，需要经常维护以延长其使用寿命。计算机的日常维护主要包括对硬件和软件的维护。

9.1.1 计算机硬件的日常维护

硬件是组成计算机的基础，硬件的质量以及性能将直接影响计算机的整体寿命，计算机硬件的日常维护主要包括以下几点。

- 避免频繁开关计算机。在计算机使用过程中，频繁地开关机容易使计算机硬件受到损伤。
- 正确开关计算机。启动计算机应先打开计算机外设（如显示器、打印机和扫描仪等）的电源，再打开主机电源；关闭计算机的顺序与启动的顺序相反。
- 远离磁场。如果计算机附近有较强的磁场，则显示屏幕的荧光物质容易被磁化，从而导致显示器产生局部变化和发黑等现象。
- 硬盘工作指示灯未熄灭时不能关机。硬盘工作指示灯亮说明正在读写数据，此时断电将对硬盘造成很大损害，应在指示灯熄灭后再关机。
- 光驱指示灯未灭时不要弹出光盘。在使用光驱读取数据时，如果光驱工作指示灯亮着，表示光驱中正在进行读写操作，这时不能强行取出光盘，否则容易损伤盘面甚至减少光驱的寿命。
- 避免在计算机工作的过程中插拔电源。在计算机工作时，不要插拔主机中的各种控制板卡和连接电缆，因为在插拔瞬间将产生静电和信号电压不匹配等现象，容易损坏芯片。
- 定期清洁计算机。清洁计算机表面时，可使用专门的清洁剂（特别是计算机屏幕），避免用水直接擦拭计算机。清洁计算机主机内部主要是清扫其中的灰尘，这时可使用电吹风、毛刷等，电吹风一定要用冷风，不能使用热风，否则容易使CPU、电容等受到损坏。

9.1.2 计算机软件的日常维护

计算机软件的日常维护主要是保证操作系统的正常运行，主要包括如下几点。

- 合理安装软件。计算机中的软件应根据需要及计算机的配置进行安装，安装过多会影响计算机运行速度。
- 定期删除不使用的文件。计算机中的文件应归类放置，对于不需要的文件应将其删除，并定期清空回收站，释放磁盘空间。
- 不要使用来历不明的文件。在使用移动存储设备或下载网络中的文件时，应先查杀病毒，以避免病毒感染计算机。
- 不轻易修改计算机的配置信息。对计算机不熟悉的用户，不要轻易修改系统的BIOS、注册表或其他配置信息，以免计算机不能正常使用。
- 尽量将应用软件安装在非系统盘。应用软件的安装默认路径为C盘的Program Files文件夹，而C盘一般为系统所在的磁盘，C盘中空间占用过多会导致计算机运行速度变慢。所以在安装应用软件时可以将应用软件安装在其他分区中。

9.2 计算机病毒防范

计算机病毒是计算机技术和以计算机为核心的社会信息化进程发展到一定阶段的产物。计算机病毒不仅会对用户的个人信息、隐私造成威胁，还会对集体利益造成损害，严重者甚至危害社会稳定。

9.2.1 什么是计算机病毒

计算机病毒（Computer Virus）在《中华人民共和国计算机信息系统安全保护条例》中被明确定义为“编制者在计算机程序中插入的破坏计算机功能或者破坏数据，影响计算机使用并且能够自我复制的一组计算机指令或者程序代码”。

在使用计算机的过程中，与外界进行信息交流必不可少，在上网查看资料、使用U盘或移动硬盘进行文件交换时，病毒往往会趁机找到可以依附的条件，使计算机感染病毒。

计算机病毒通常隐藏在系统启动区、设备驱动程序或者可执行文件中。一旦感染病毒，计算机就会出现运行缓慢、内存和磁盘空间消耗大，破坏硬盘和计算机数据、乱发垃圾邮件或其他信息的情况，从而造成网络堵塞或瘫痪，窃取用户隐私、机密文件和账号信息等危害，并且随着网络应用在日常工作生活中的重要性越来越高，这种危害会越来越大。因此，除了加强系统的安全性外，还必须要做好计算机病毒的防范工作。

9.2.2 计算机病毒的特点

计算机病毒主要有以下特点。

- 传染性。计算机病毒一旦侵入计算机，就会寻找适合其传染的文件或存储介质，并将代码复制到其中，从而达到传染的目的。
- 隐蔽性。有些病毒占用的空间很小，隐藏在磁盘文件的某个角落，或者伪装成计算机系统文件，很难被发现。
- 潜伏性。病毒感染计算机后并不会立即产生破坏，它潜伏在计算机的文件中，当达到预设的条件（如某个时间或执行何种操作）后，才实施破坏。
- 破坏性。计算机病毒会对系统、软件及存储的数据产生破坏，影响计算机的正常运行，严重时还会使系统崩溃。
- 变异性。有些计算机病毒在传播和感染的过程中能自我更改程序代码，其危害更大。
- 顽固性。病毒一般很难一次性根除，被病毒破坏的系统、文件和数据等更是难以恢复。

9.2.3 计算机病毒的分类

计算机病毒通常按照以下3种方式进行分类。

1. 按隐藏的位置分类

计算机病毒可以隐藏在计算机中的很多地方，如硬盘引导扇区、磁盘文件、电子邮件或网页等，按计算机病毒隐藏位置的不同，可将其分为以下几类。

- 引导扇区病毒。这类病毒的攻击目标主要是软盘和硬盘的引导扇区，当系统启动时，它会自动加载到内存中，并常驻内存，而且很难被发现。
- 宏病毒。指利用宏语言编制的病毒。
- 文件病毒。这类病毒的主要攻击目标为普通文件或可执行文件等。
- Internet 语言病毒。指使用 JavA、VB、ActiveX 等用于网络的语言所编写的病毒。

2. 按传播速度、破坏性和传播范围分类

计算机病毒按传播速度、破坏性和传播范围可以分为以下几类。

- 单机病毒。单机病毒的危害性相对较小，它只对一台计算机上的数据进行破坏。
- 网络病毒。网络病毒在网络上进行传播，所有连接到网络中的计算机都有可能被感染，并继续成为病毒的传染源，危害性相当大。

3. 按破坏程度分类

不同的计算机病毒对计算机的破坏程度也不同。从对计算机的破坏程度来看可将计算机病毒分为以下几类。

- 良性病毒。这类病毒不会对磁盘信息和用户数据产生破坏，只是对屏幕产生干扰，或使计算机的运行速度大大降低，

如毛毛虫、欢乐时光病毒等。

- 恶性病毒。这类病毒会对磁盘信息、用户数据产生不同程度的破坏，而且大多在产生破坏后才会被人们发现，有极大的危害性，如 CIH 病毒等。

9.2.4　使用 360 杀毒软件查杀病毒

目前，专业的杀毒软件很多，如 360 杀毒、金山毒霸、卡巴斯基以及瑞星杀毒软件等，各类杀毒软件的使用方法基本相同。

【任务 1】使用 360 杀毒软件查杀病毒。

Step 1　安装 360 杀毒软件后，在桌面上双击快捷图标，打开“360 杀毒”窗口。

Step 2　在“病毒查杀”选项卡中单击“指定位置扫描”按钮，如图 9-1 所示。

图 9-1　360 杀毒软件操作界面

Step 3　在打开的“选择扫描目录”对话框中选择 C 盘，然后单击 扫描 按钮，如图 9-2 所示。

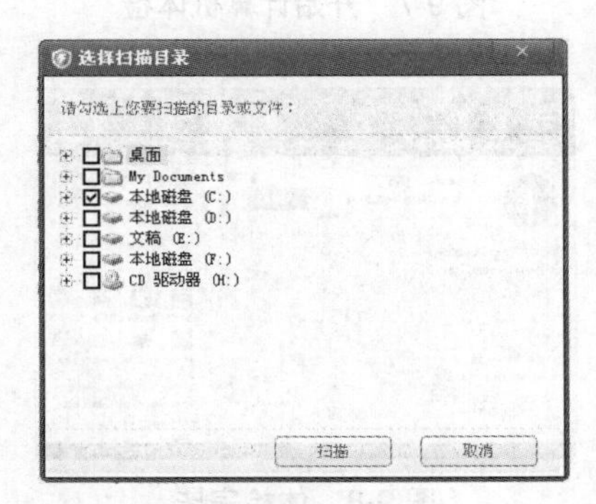

图 9-2　选择扫描目录

Step 4　360 杀毒软件开始扫描指定的扫描位置 C 盘，如图 9-3 所示。

图 9-3　正在查杀

Step 5　扫描完成将显示扫描结果，如图 9-4 所示。

图 9-4　查杀完毕

Step 6　如果在扫描结果中发现病毒，可单击 立即处理 按钮对这些病毒进行处理。

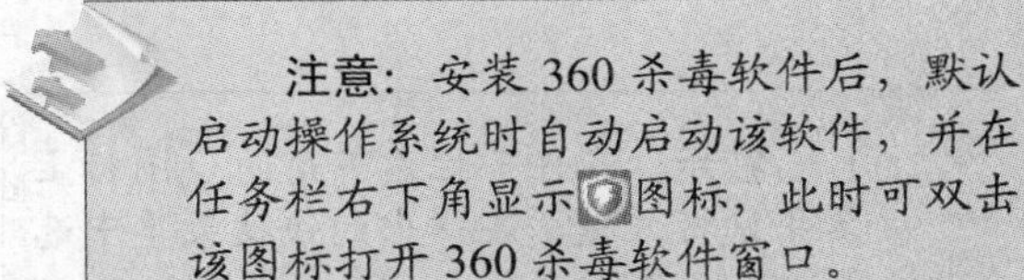

注意：安装 360 杀毒软件后，默认启动操作系统时自动启动该软件，并在任务栏右下角显示图标，此时可双击该图标打开 360 杀毒软件窗口。

9.2.5　升级病毒库

计算机病毒随计算机软硬件技术的发展会不断更新，为了能查杀更新后的计算机病毒，杀毒软件必须随时更新病毒库。

【任务2】升级360杀毒软件的病毒库。

Step 1 双击任务栏右下角的360杀毒软件图标，打开360杀毒软件。

Step 2 在"360杀毒"窗口中选择"产品升级"选项卡，360杀毒软件将自动开始升级，如图9-5所示。

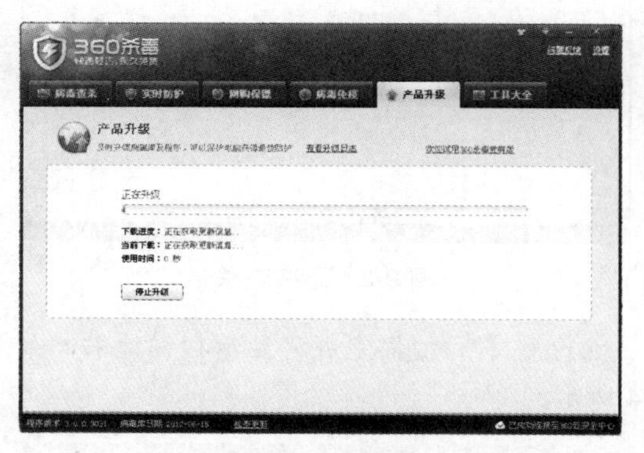

图9-5 开始升级

Step 3 升级完毕后打开图9-6所示的对话框，单击"确定"按钮完成升级操作。

图9-6 升级完毕

提示：在任务栏右下角的图标上单击鼠标右键，在弹出的快捷菜单中选择"设置"命令，打开"设置"对话框，选择左侧的"升级设置"选项，在右侧对话框中的"自动升级设置"栏中选择"自动升级病毒特征库及程序"单选项。这样，360杀毒软件便能自动更新病毒库。

9.3 计算机日常安全处理

如今，计算机已成为人们生活和工作的一部分，为了让计算机更好地为我们服务，在使用计算机的过程中需要对计算机进行日常的维护，并确保计算机的运行环境安全。目前，大多数计算机用户除了在计算机中安装一款杀毒软件外，还会安装一款安全与维护软件，下面以360安全卫士为例进行讲解。

9.3.1 计算机体检

使用360安全卫士可以对计算机进行安全体检和评分，用户可根据体检结果对计算机进行相应的升级和修复操作，从而提高计算机的安全性。方法是双击桌面上的360安全卫士快捷方式图标，或者左键单击任务栏右下角的图标，即可打开360安全卫士，此时软件将自动对计算机进行体检，如图9-7所示。体检完成后软件将显示需要优化的项目，如扫描木马、清理垃圾和更新软件等，如图9-8所示。用户可根据自身需要对这些优化项目进行操作。

图9-7 开始计算机体检

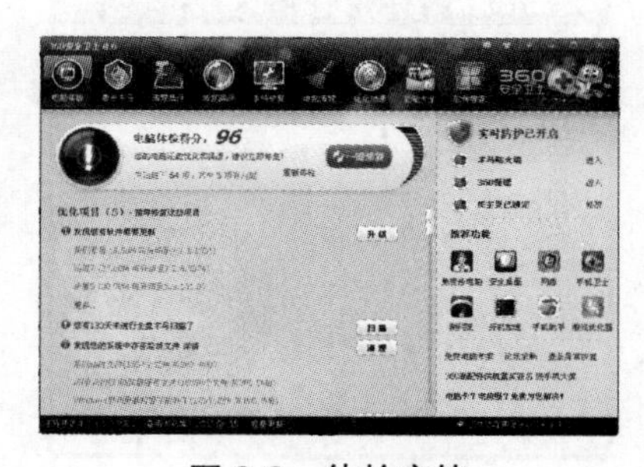

图9-8 体检完毕

9.3.2 木马查杀

木马是一种利用系统漏洞侵入操作系统并窃取计算机中用户资料的程序。木马病毒一般不会直接对计算机产生危害，但是却对用户的自身利益造成了很大威胁。与一般的病毒不同，木马不会自我繁殖，也不会感染其他文件，它通过自身伪装吸引用户下载执行，使得其他人可以通过另一台计算机控制感染了木马的计算机。

【任务 3】使用 360 安全卫士查杀木马。

Step 1 使用 360 安全卫士体检完成后，若有要进行木马扫描的项目，可单击图 9-8 所示的界面中的 扫描 按钮对计算机中的木马进行扫描，也可以在打开 360 安全卫士后，单击“常用”模块上的查杀木马按钮。

Step 2 360 安全卫士跳转到图 9-9 所示的界面，用户可根据需要选择“快速扫描”“全盘扫描”或“自定义扫描”。如选择“快速扫描”，软件将开始对计算机中易感染的重要位置进行扫描，扫描完成后，软件将提示计算机中的安全威胁，如图 9-10 所示。

图 9-9 查杀木马

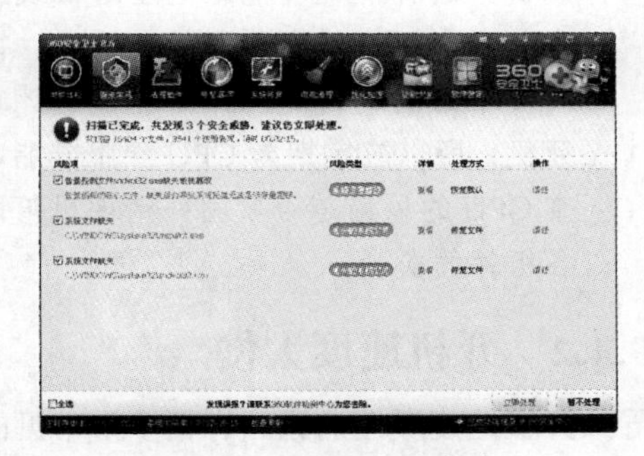

图 9-10 处理安全隐患

Step 3 单击 立即处理 按钮，即可对扫描出的安全隐患进行处理，处理完成后系统将提示重启计算机以确保计算机不会被木马重复感染。

9.3.3 漏洞修复

系统漏洞是指应用软件或操作系统中的缺陷或错误，计算机黑客经常利用系统漏洞植入病毒或木马，从而窃取计算机中的重要资料，甚至破坏系统，使计算机无法正常运行。

在 360 安全卫士中单击“常用”模块上的修复漏洞按钮，可对计算机进行全面扫描，如图 9-11 所示，扫描完成后在打开的窗口中将显示各种危害等级的系统漏洞，用户可根据需要选择漏洞，单击“立即修复”按钮立即修复进行修复，如图 9-12 所示。

图 9-11 检查系统漏洞

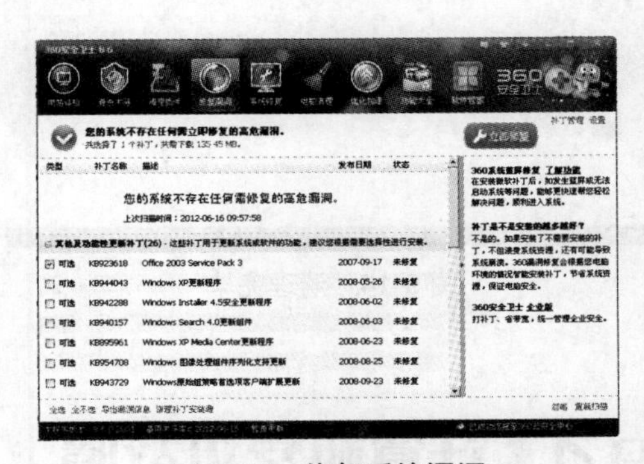

图 9-12 修复系统漏洞

9.3.4 垃圾清理

系统垃圾是指用户把安装的程序卸载后，程序残留在计算机中的文件，这些文件不仅会占用

磁盘空间，还会给系统增加负担。利用 360 安全卫士便可方便地对系统中的垃圾进行清理。

启动 360 安全卫士，单击“常用”模块上的“电脑清理”按钮，显示界面如图 9-13 所示。在清理面板中有“电脑中的垃圾”“使用电脑和上网产生的痕迹”和“注册表中的多余项目”3 个选项，用户可根据需要选择相应选项，然后单击一键清理按钮开始清理，清理完成后显示清理结果，如图 9-14 所示。

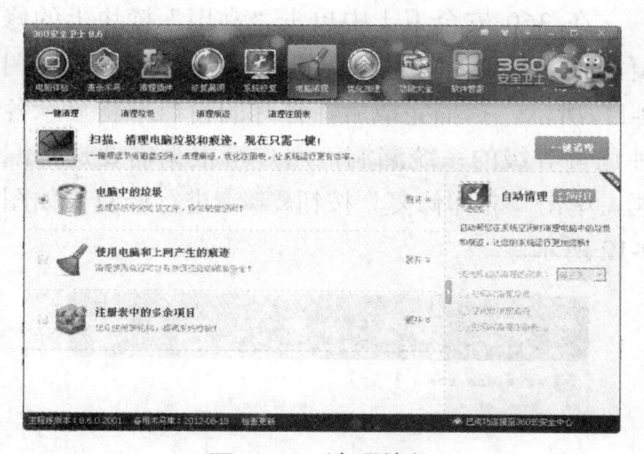

图 9-13　清理垃圾

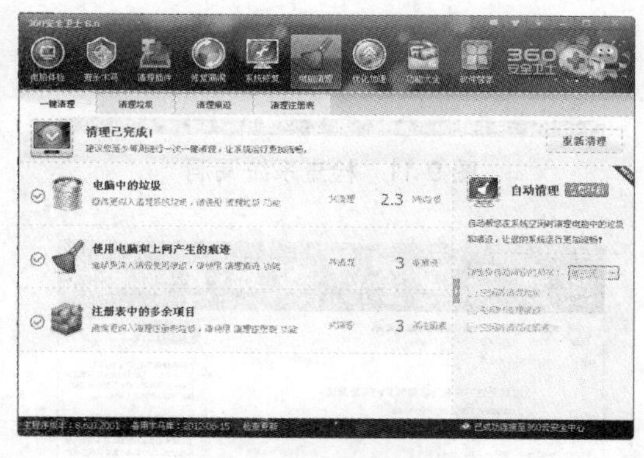

图 9-14　清理完毕

9.4 计算机常见故障及其处理

在使用计算机的过程中有时会碰到一些问题，如计算机在运行过程中死机、开机速度慢和操作系统文件损坏等，遇到这些问题时可以试着自行对计算机进行检查，并排除这些故障。

9.4.1　计算机死机故障

计算机在正常工作时突然无法运行，鼠标光标停在桌面上无法移动，这种情况被称为“死机”。死机通常是由于在使用计算机的过程中运行了太多程序，或打开了太多文件造成内存不足，或者操作不当造成的。常见死机问题的形式及解决方法如下。

- 突然死机。在运行某个程序时突然死机。主要是由于启动的应用程序过多，解决这个问题的办法是关闭不需要的程序或重新启动计算机。
- 启动中死机。计算机在启动时出现死机。出现这种情况的原因主要是 BIOS 中硬盘设置的问题，如果由于参数设置不正确导致系统在启动时死机，只需要重新设置硬盘参数即可解决启动计算机时死机的问题；光驱连接不正常，若光驱和硬盘连接在同一根数据线上，并且在“Config.sys”文件中加载了光驱在 DOS 模式下的驱动程序，则系统启动时有可能会出现死机，重新连接光驱即可解决这一问题；操作系统出现故障导致的系统无法启动或启动时死机，这种情况需要重装系统。
- 经常死机。计算机运行一段时间后经常死机。这种情况可能是电压过低或机箱内部硬件温度过高引起的。CPU、内存或显卡的温度过高，都可能造成计算机死机，所以应定期为 CPU 涂上硅脂、检查 CPU 的风扇是否紧固并清理机箱内部各组件的灰尘。

9.4.2　开机速度太慢

导致开机速度缓慢的原因有很多，常见的原因及解决方法如下。

- 计算机配置较低。较低的计算机配置会使计算机启动的速度非常缓慢，也会使系统在运行时变得缓慢，还容易造成死机。解决低配置的问题一般是更换较高配置的硬件，如升级内存容量等。
- 计算机启动项太多。计算机每次启动时都会对开机启动项进行加载，若启动项太多，则会延长计算机的开机时间，这时可将一些不必要的开机启动项禁止，减少开机时间。
- 计算机中病毒。某些病毒会导致开机速度缓慢或死机，使用杀毒软件杀毒即可。

9.4.3 操作系统文件损坏

计算机操作系统中某些文件或驱动程序被破坏或丢失，都会导致计算机无法启动或启动后无法进行正常操作，这时需要重新安装操作系统。

【任务4】重装 Windows XP 操作系统。

Step 1 启动计算机后，当界面显示“Press DEL to enter SETUP”提示时，按“Delete”键，进入 BIOS 的设置界面。

Step 2 在键盘上按“↓”键至“Advanced BIOS Features”选项（高级 BIOS 设置），按“Enter”键进入其设置界面

Step 3 依次按“↓”键至“First Boot Device（第一开机设备）”选项，按“Enter”键进入选择界面，如图 9-15 所示。

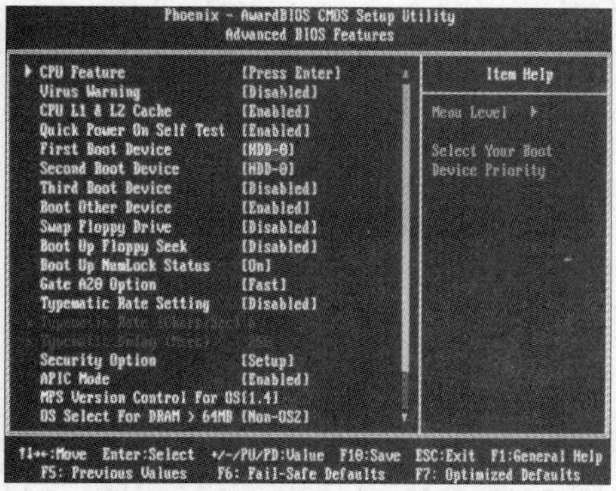

图 9-15 选择第一启动顺序项

Step 4 依次按“↓”键将方块标记移到“CD-ROM”选项（光驱）后面，表示将计算机的第一启动盘设为从光驱启动，按“Enter”键确定，如图 9-16 所示。

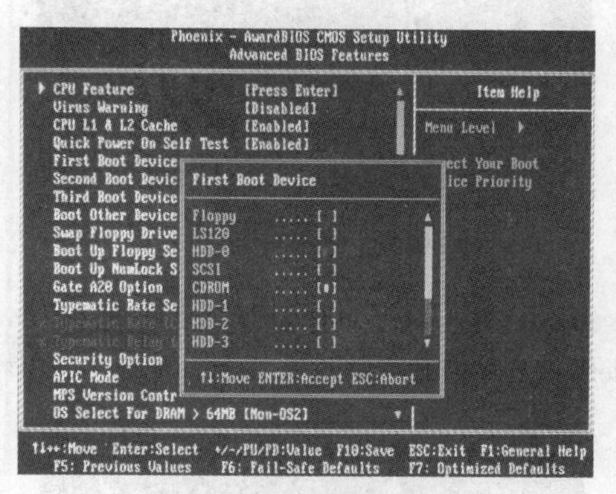

图 9-16 选择光驱启动

Step 5 按“F10”键，弹出消息框询问是否保存设置，默认为“Y”（是），按“Enter”键，保存设置并退出 BIOS。

Step 6 将 Windows XP 安装光盘放入光驱，重启计算机，运行 Windows XP 安装光盘的内容，打开选择安装方式的界面，其中有 3 个选项，这里按“Enter”键开始安装 Windows XP，如图 9-17 所示。

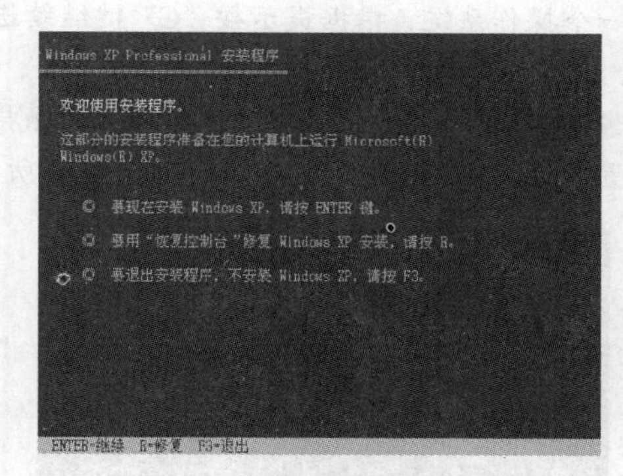

图 9-17 选择安装 Windows XP

Step 7 打开的界面询问是进行修复安装还是全新安装，按“Esc”键选择全新安装，如图 9-18 所示。

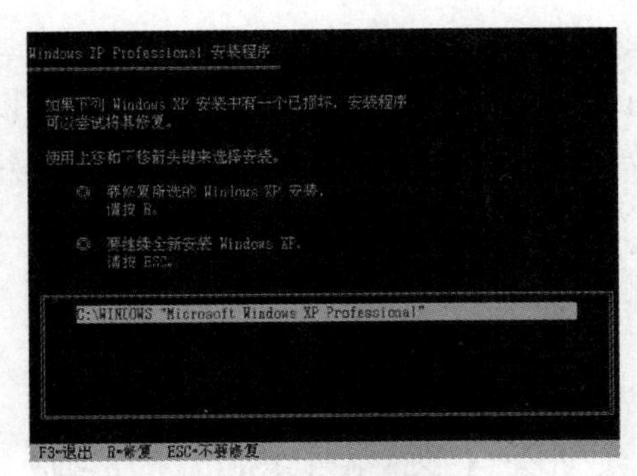

图 9-18　选择全新安装

Step 8　打开界面提示选择安装分区，按“Enter”键直接在原系统盘中安装，如图 9-19 所示。

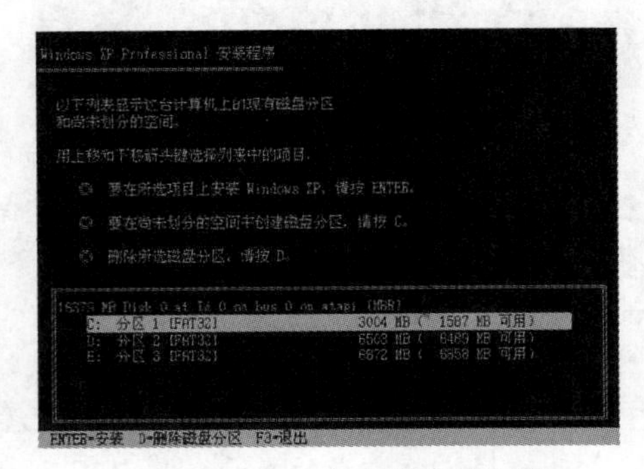

图 9-19　在 C 盘安装操作系统

Step 9　打开的界面提示该分区已经安装了另一个操作系统，根据提示按“C”键继续进行安装。

Step 10　打开文件格式选择界面，保持默认设置即可，按“Enter”键确认，如图 9-20 所示。

图 9-20　选择文件系统格式

Step 11　打开的界面提示是否将新的系统安装到不同文件夹，按“L”键删除原来 C 盘中的系统文件再安装。

Step 12　安装程序自动将系统文件复制到计算机上，并显示安装进程，当复制完成后，计算机自动重新启动，然后根据提示设置用户名、时间等参数后即可完成操作系统的安装。

9.4.4　修复 IE 浏览器

在使用浏览器浏览网页的过程中，一些网站会恶意更改浏览器中的默认信息，如默认首页被篡改、IE 的标题栏被修改、IE 右键菜单被修改等。通过 360 安全卫士便可对 IE 浏览器被更改的设置进行修复。

【任务 5】使用 360 安全卫士修复 IE 浏览器。

Step 1　双击桌面上的快捷图标，打开 360 安全卫士。

Step 2　单击“常用”工具栏上的“系统修复”按钮，在打开的面板中单击“常规修复”按钮，软件开始扫描系统，如图 9-21 所示。

图 9-21　扫描系统

Step 3　扫描完成后，在其中找到需要修复的 IE 选项，如图 9-22 所示。

图 9-22　选择修复项

Step 4 单击立即修复按钮，开始对选中项进行修复，如图9-23所示。

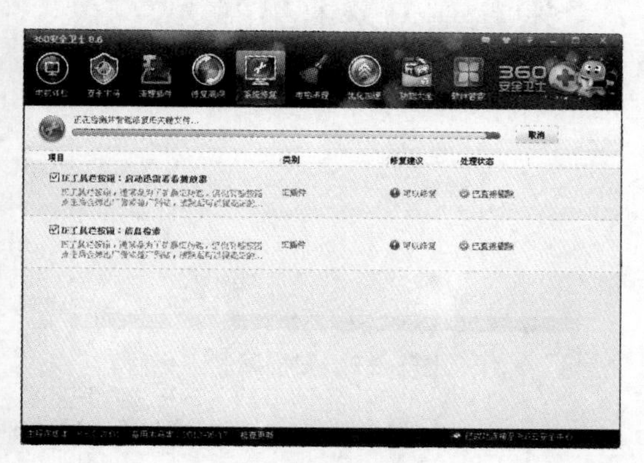

图9-23 正在修复

Step 5 修复完毕后显示修复结果，单击返回按钮返回即可，如图9-24所示。

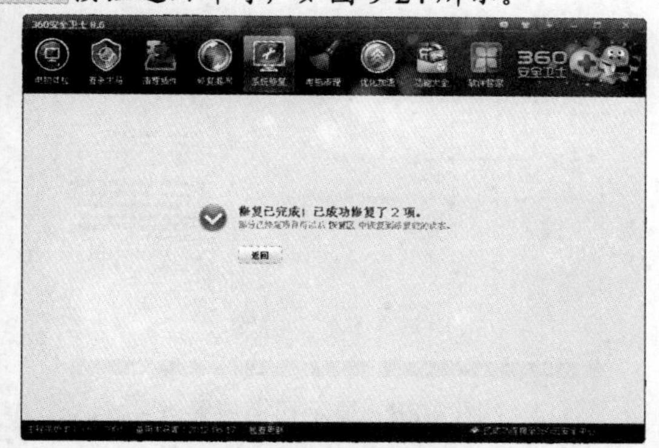

图9-24 修复完毕

9.5 上机实训

9.5.1 【实训一】使用360杀毒软件查杀计算机中的病毒

1. 实训目的

通过实训熟练掌握使用软件查杀计算机病毒的操作。

视频演示：第9章\上机实训\实训一.swf

具体的实训目的如下。

- 认识360杀毒软件。
- 掌握360杀毒软件的使用方法。

2. 实训要求

利用360杀毒软件对计算机中的病毒进行扫描并处理。

具体要求如下。

（1）启动360杀毒软件，利用软件对计算机进行病毒扫描。

（2）对扫描出的病毒进行处理。

3. 完成实训

Step 1 在桌面上双击任务栏右下角的360杀毒软件图标，启动360杀毒软件。

Step 2 在"病毒查杀"选项卡中单击"快速扫描"按钮，软件将对系统重要位置进行快速扫描，如图9-25所示。

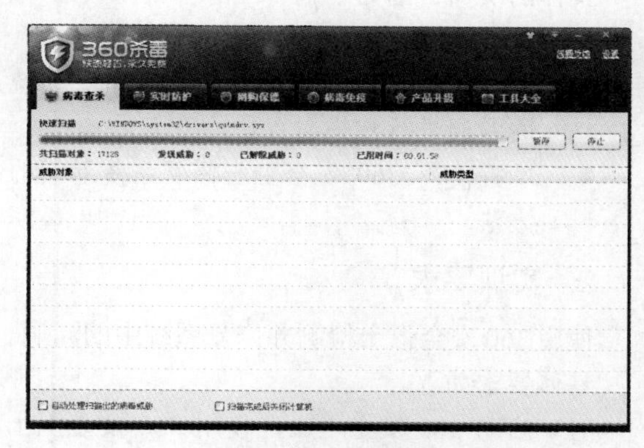

图9-25 正在查杀

Step 3 扫描完成后，根据扫描结果进行相应的处理，图9-26所示为查找到的安全威胁，单击开始处理按钮即可将病毒查杀，处理完成后单击确认按钮即可。

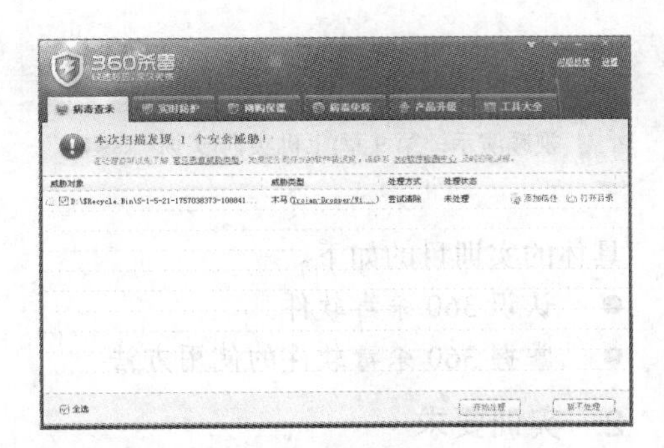

图 9-26　查杀完毕

9.5.2 【实训二】使用 360 安全卫士修复系统漏洞

1. 实训目的

通过使用 360 安全卫士对系统的漏洞进行修复，了解 360 安全卫士的主要功能，并能触类旁通，对其他杀毒软件有一个大致的了解。

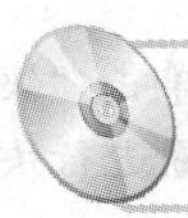

视频演示：第 9 章\上机实训\实训二.swf

具体的实训目的如下。

- 熟悉 360 安全卫士的操作界面。
- 熟练使用 360 安全卫士对计算机中系统的漏洞进行扫描。
- 掌握使用 360 安全卫士修复系统漏洞的方法。

2. 实训要求

使用 360 安全卫士检测并修复系统中的漏洞。具体要求如下。

（1）启动 360 安全卫士，使用 360 安全卫士对系统进行漏洞扫描。

（2）扫描完成后，对漏洞进行修复。

3. 完成实训

Step 1　在桌面上双击任务栏右下角的 360 安全卫士图标，单击“常用”工具栏上的“修复漏洞”按钮。

Step 2　开始对计算机中的漏洞进行扫描，如图 9-27 所示。

图 9-27　扫描漏洞

Step 3　扫描完成后，在系统没有高危漏洞的情况下，360 安全卫士“修复漏洞”面板中的“立即修复”按钮呈灰色，但是系统中仍然可能存在一些可选择性完善的项目，如图 9-28 所示。

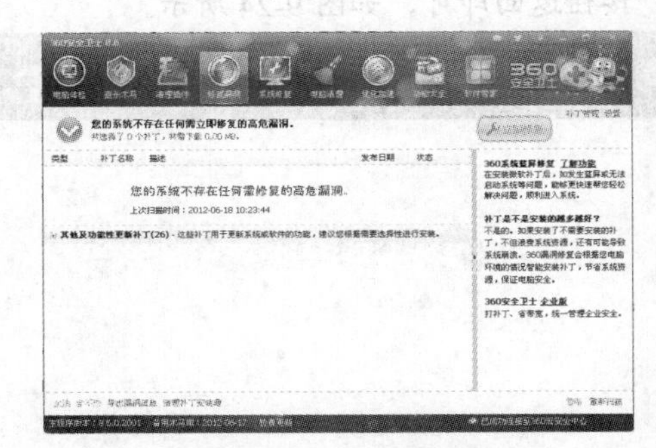

图 9-28　显示扫描结果

Step 4　单击“其他及功能性补丁”前的加号，软件将在“其他及功能性补丁”的下方面板中列出可选的补丁，如图 9-29 所示。

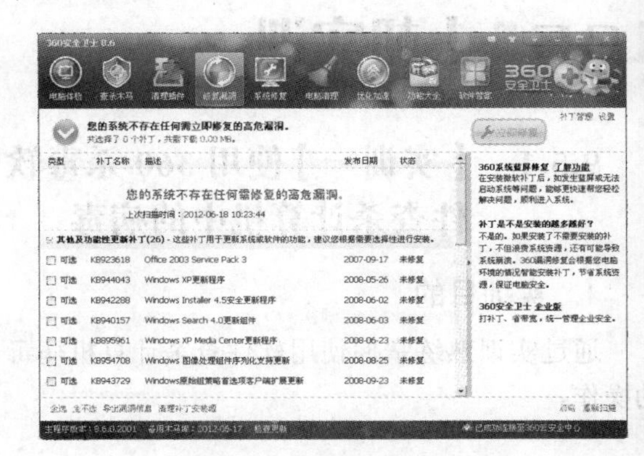

图 9-29　需要修复的补丁

Step 5　选择补丁，呈灰色显示的“立即修复”按钮变为绿色 立即修复，如图 9-30 所示。

图 9-30　选择补丁

Step 6　也可单击面板下方的“全选”超链接，将所有补丁全部选中，然后单击 立即修复 按钮，软件立即开始对系统中的漏洞进行修复，如图 9-31 所示。

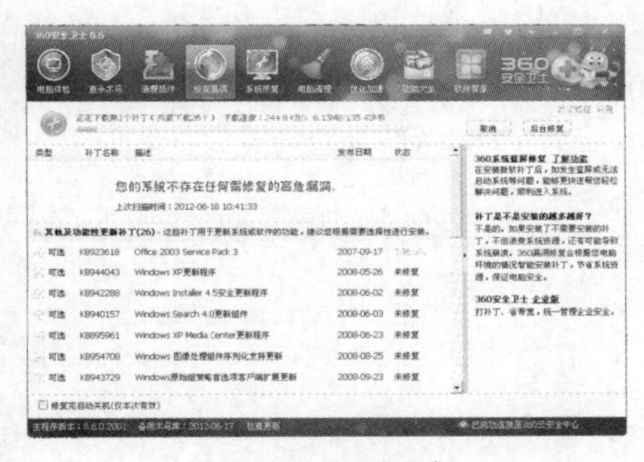

图 9-31　开始修复

Step 7　若检查出系统中存在高危漏洞，如图 9-32 所示，可直接单击 立即修复 按钮，对系统进行修复，修复完成单击 立即重启 按钮重新启动计算机使补丁生效。

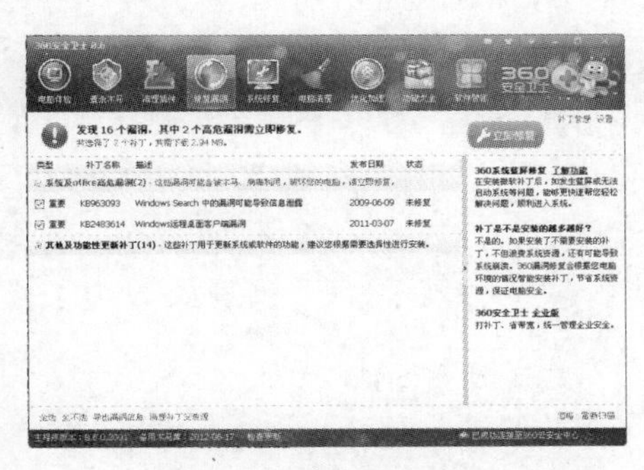

图 9-32　修复高危漏洞

9.6 练习与上机

1. 单项选择题

（1）下列哪个软件可以对计算机中的病毒进行查杀（　　）。

A．腾讯 QQ

B．360 安全卫士

C．360 杀毒软件

D．IE 浏览器

（2）操作系统中文件损坏并且无法修复时，可通过（　　）进行处理。

A．360 安全卫士

B．360 杀毒软件

C．重装系统

D．以上都不正确

2. 多项选择题

（1）下列属于计算机病毒特点的是（　　）。

A．传染性　　B．隐蔽性

C．变异性　　D．潜伏性

（2）按破坏程度可将计算机病毒分为（　　）。

A．良性病毒　　B．软性病毒

C．顽固性病毒　　D．恶性病毒

（3）下列属于计算机软件的日常维护的是（　　）。

A．合理安装软件

B．定期删除不使用的文件

C．不轻易修改计算机的配置信息

D．将应用软件统一安装在非系统盘

3. 实训操作题

（1）使用瑞星杀毒软件对计算机进行杀毒。

（2）定期清理计算机。

视频演示：第 9 章\练习与上机\使用瑞星杀毒.swf

拓展知识

在日常应用中，引起计算机无法运行，出现故障的问题还有很多，如主机内各部件出现问题等，这些都属于硬件故障。

通常当计算机硬件出现故障时，可通过以下方法查找并排除故障。

- 观察法。包括看各设备是否出现问题，听各部件工作时声音是否正常运行，闻是否有烧焦味，用手触摸感觉部件温度。
- 听报警声法。主板报警声是指计算机刚开机时，由主板上的BIOS所发出的报警声，不同的故障报警声不同。
- 清洁法。通过对机箱内部的灰尘进行清理，解决计算机主机部件因散热不良引起的无法正常运行的问题。
- 替换法。在条件允许的情况下，通过使用相同或相近型号的板卡、电源、硬盘及显示器等设备去替换原来的硬件设备，查看问题出在哪个设备上。
- 最小化系统法。用最少的计算机硬件组成的且能正常运行的计算机系统进行测试，由电源、主板、CPU、内存组成，通过声音来判断这一核心组成部分是否可以正常工作。

附录　练习题参考答案

第 1 章　计算机基础知识

【单项选择题】

（1）B

（2）A

（3）B

【多项选择题】

（1）AD

（2）ABCD

（3）ABCD

第 2 章　使用 Windows XP 操作系统

【单项选择题】

（1）A

（2）D

（3）C

（4）D

（5）A

（6）A

（7）D

（8）C

（9）A

【多项选择题】

（1）ABCD

（2）BCD

（3）ABC

（4）ABC

（5）ABCD

（6）ABCD

（7）ABC

第 3 章　计算机网络基础与应用

【单项选择题】

（1）A

（2）A

（3）A

【多项选择题】

（1）AB

（2）ABCD

（3）ABC

（4）ABC

第 4 章　使用 Word 2003 文档编辑软件

【单项选择题】

（1）B

（2）B

（3）D

（4）D

（5）B

（6）B

（7）D

（8）B

（9）A

【多项选择题】

（1）ABD

（2）BD

（3）ABD

（4）BCD

（5）BC

（6）ABCD

第 5 章　使用 Excel 电子表格软件

【单项选择题】

（1）D

（2）C

（3）D

（4）D

（5）B

（6）A

（7）C

【多项选择题】

（1）ABCD

（2）ABD

（3）ABC

（4）ABCD

（5）AD

（6）BC

（7）ABCD

第 6 章　使用 powerPoint 演示文稿软件

【单项选择题】

（1）B

（2）C

（3）D

（4）C

（5）D

【多项选择题】

（1）ABC

（2）BCD

（3）AC

（4）ABC

（5）ACD

（6）ABCD

第 7 章　使用常用工具软件

【单项选择题】

（1）A

（2）C

（3）D

（4）D

（5）C

【多项选择题】

（1）ABCD

（2）ABCD

（3）ABCD

（4）ABCD

（5）ABC

（6）AB

第 8 章　系统管理与维护

【单项选择题】

（1）A

（2）C

（3）D

（4）C

（5）D

（6）A

（7）B

（8）A

【多项选择题】

（1）AC

（2）BCD

（3）AB

（4）ABCD

（5）ABCD

（6）ABCD

第 9 章　计算机安全

【单项选择题】

（1）C

（2）C

【多项选择题】

（1）ABCD

（2）AD

（3）ABCD